嵌入式人工智能开发丛书

嵌入式实时操作系统
基于ARM Mbed OS的应用实践

王宜怀 刘长勇 蔡闯华 余文森◎著

电子工业出版社
Publishing House of Electronics Industry
北京·BEIJING

内 容 简 介

嵌入式实时操作系统是嵌入式人工智能与物联网终端的重要工具和运行载体。本书以 ARM Mbed OS 实时操作系统为背景，阐述实时操作系统的线程、调度、延时函数、事件、消息队列、线程信号、信号量、互斥量等基本要素，给出实时操作系统下的程序设计方法。本书分为基础应用篇（第 1～7 章）、原理剖析篇（第 8～12 章）及综合实践篇（第 13、14 章）三大部分，如果读者只做实时操作系统下的应用开发，可只阅读基础应用篇与综合实践篇；如果希望理解实时操作系统原理，那么建议通读全书。

本书面向软件开发工程师、高等学校研究生及高年级本科生，也可作为实时操作系统的技术培训用书。

未经许可，不得以任何方式复制或抄袭本书之部分或全部内容。
版权所有，侵权必究。

图书在版编目（CIP）数据

嵌入式实时操作系统：基于 ARM Mbed OS 的应用实践/王宜怀等著. 一北京：电子工业出版社，2022.6
（嵌入式人工智能开发丛书）
ISBN 978-7-121-43762-5

Ⅰ. ①嵌… Ⅱ. ①王… Ⅲ. ①实时操作系统－软件开发 Ⅳ. ①TP316.2

中国版本图书馆 CIP 数据核字（2022）第 101329 号

责任编辑：田宏峰　　　　特约编辑：田学清
印　　刷：北京七彩京通数码快印有限公司
装　　订：北京七彩京通数码快印有限公司
出版发行：电子工业出版社
　　　　　北京市海淀区万寿路 173 信箱　　邮编：100036
开　　本：787×1092　1/16　印张：26　字数：703 千字
版　　次：2022 年 6 月第 1 版
印　　次：2023 年 4 月第 3 次印刷
定　　价：138.00 元

凡所购买电子工业出版社图书有缺损问题，请向购买书店调换。若书店售缺，请与本社发行部联系，联系及邮购电话：（010）88254888，88258888。
质量投诉请发邮件至 zlts@phei.com.cn，盗版侵权举报请发邮件至 dbqq@phei.com.cn。
本书咨询联系方式：tianhf@phei.com.cn。

PREFACE 前言

嵌入式实时操作系统是面向微控制器类应用的嵌入式人工智能与物联网终端的重要工具和运行载体，它的种类繁多。但是，其共性是一致的，就是多线程编程，内核负责调度，线程之间或线程与中断服务程序之间采用通信机制。不同实时操作系统的性能及对外接口函数等有一定差异，但均包含调度、延时函数、事件、消息队列、信号量、互斥量等基本要素。学习实时操作系统有两个可能的出发点：一是学会在实时操作系统场景下进行基本应用程序开发；二是在掌握应用编程的前提下，理解其运行原理，进行深度应用程序开发。本书基于这两种场景进行撰写。

虽然实时操作系统种类繁多，有国外的，也有国产的；有收费的，也有免费的；有开发者持续维护升级的，也有依赖爱好者更新升级的。但是无论哪一种，学习实时操作系统时都必须以一个具体的实时操作系统为蓝本。实际上，不同的实时操作系统，其应用方法及原理大同小异，掌握其共性是学习的关键，这样才能达到举一反三的效果。

本书推荐的 Mbed OS 是 ARM 公司于 2014 年开始推出并逐步完善的一款免费的开源嵌入式实时操作系统，Mbed OS 专为基于 ARM Cortex-M 内核的 MCU 设计，主要面向物联网终端。本书以 Mbed OS 为蓝本，以通用嵌入式计算机（GEC）为硬件载体，阐述实时操作系统中的线程、调度、延时函数、事件、消息队列、线程信号、信号量、互斥量等基本要素，给出实时操作系统下的程序设计方法。

为了让读者更容易学习、应用实时操作系统，本书把应用与原理分开撰写，先学习应用，后学习原理。全书包括基础应用篇（第 1~7 章）、原理剖析篇（第 8~12 章）及综合实践篇（第 13、14 章）三大部分，如果读者只做实时操作系统下的应用开发，可只阅读基础应用篇与综合实践篇；如果希望理解实时操作系统原理，那么建议通读全书。基础应用篇将 Mbed OS 驻留于 BIOS 内部，并在此基础上进行实时操作系统下应用开发的学习实践，架构简洁明了，编译链接速度快，符合应用开发特点。原理剖析篇采用源代码级剖析，利用 printf 输出至工具计算机显示屏，清晰给出运行原理，达到知其然也知其所以然的目的。综合实践篇为实时操作系统在嵌入式人工智能与物联网领域的综合应用。本书若作为教材，可根据课时做适当缩减，一般情况下，在本科教学中，基础应用篇和综合实践篇是重点，若用于研究生教学，原理剖析篇则作为重点。

本书配有网上电子资源，主要包含文档及源代码等。获得途径：搜索"苏州大学嵌入式学习社区"官网，在"著作"→"mbedOS"栏目下获得电子资源。

需要特别说明的是，为了体现实时操作系统的共性技术，本书在撰写内容上最大限度地与本书第一作者的另外一部著作《嵌入式实时操作系统——基于 RT-Thread 的 EAI&IoT 系统开发》（参考文献[1]）保持一致，但实时操作系统的蓝本不同。

苏州大学嵌入式人工智能与物联网实验室的研究生参与了本书的程序开发及书稿整理工作，刘纯平教授、赵雷教授、章晓芳副教授、李领治副教授、徐丽华副教授、徐文彬副教授等参与了本书讨论，苏州金蒲芦物联网技术有限公司的施连敏博士提出了建设性的建议，在此一一表示感谢。鉴于作者水平有限，书中难免存在不足之处，恳请读者批评指正。

作者
2021 年 9 月

CONTENTS 目录

第1篇　基础应用篇

第1章　实时操作系统的基本概念与线程基础知识 ··············· 3
1.1　实时操作系统的基本含义 ··············· 3
1.1.1　嵌入式系统的基本分类 ··············· 3
1.1.2　无操作系统与实时操作系统 ··············· 4
1.1.3　实时操作系统与非实时操作系统 ··············· 5
1.2　实时操作系统中的基本概念 ··············· 6
1.2.1　线程与调度的基本含义 ··············· 6
1.2.2　内核的基本概念 ··············· 7
1.2.3　线程的基本概念 ··············· 9
1.3　线程的三要素、四种状态及三种基本形式 ··············· 10
1.3.1　线程的三要素 ··············· 10
1.3.2　线程的四种状态 ··············· 11
1.3.3　线程的三种基本形式 ··············· 13
1.4　本章小结 ··············· 14

第2章　相关基础知识 ··············· 17
2.1　CPU 内部寄存器的分类及 ARM Cortex-M 处理器的主要寄存器 ··············· 17
2.1.1　CPU 内部寄存器的分类 ··············· 17
2.1.2　ARM Cortex-M 处理器的主要寄存器 ··············· 18
2.2　C 语言中的构造类型及编译相关问题 ··············· 21
2.2.1　C 语言中的构造类型 ··············· 21
2.2.2　编译相关问题 ··············· 25
2.3　实时操作系统内核使用的数据结构 ··············· 26
2.3.1　栈与堆 ··············· 26
2.3.2　队列 ··············· 28
2.3.3　链表 ··············· 29

2.4　汇编语言概述 36
　　　　2.4.1　汇编语言格式 36
　　　　2.4.2　常用伪指令简介 38
　　2.5　本章小结 40

第3章　Mbed OS 第一个样例工程 41

　　3.1　Mbed OS 简介 41
　　3.2　软件和硬件开发平台 42
　　　　3.2.1　GEC 架构简介 42
　　　　3.2.2　硬件平台 43
　　　　3.2.3　软件平台 44
　　　　3.2.4　网上电子资源 45
　　3.3　第一个样例工程 46
　　　　3.3.1　样例程序功能 46
　　　　3.3.2　工程框架设计原则 46
　　　　3.3.3　无操作系统的工程框架 47
　　　　3.3.4　Mbed OS 的工程框架 51
　　3.4　本章小结 56

第4章　实时操作系统下应用程序的基本要素 57

　　4.1　中断的基本概念及处理过程 57
　　　　4.1.1　中断的基本概念 57
　　　　4.1.2　中断处理的基本过程 58
　　4.2　时间嘀嗒与延时函数 60
　　　　4.2.1　时间嘀嗒 60
　　　　4.2.2　延时函数 60
　　4.3　调度策略 61
　　　　4.3.1　调度基础知识 61
　　　　4.3.2　Mbed OS 中使用的调度策略 62
　　　　4.3.3　Mbed OS 中的固有线程 63
　　4.4　实时操作系统中的功能列表 64
　　　　4.4.1　就绪列表 64
　　　　4.4.2　延时列表 64
　　　　4.4.3　等待列表 64
　　　　4.4.4　条件阻塞列表 64
　　4.5　本章小结 65

第5章　同步与通信的应用方法 67

　　5.1　实时操作系统中同步与通信的基本概念 67

    5.1.1 同步的含义与通信手段···67
    5.1.2 同步类型···68
5.2 事件···69
    5.2.1 事件的含义及应用场合···69
    5.2.2 事件的常用函数···69
    5.2.3 事件的编程举例：通过事件实现中断与线程的通信···71
    5.2.4 事件的编程举例：通过事件实现线程之间的通信···74
5.3 消息队列··76
    5.3.1 消息队列的含义及应用场合···76
    5.3.2 消息队列的常用函数···76
    5.3.3 消息队列的编程举例···78
5.4 线程信号··82
    5.4.1 线程信号的含义及应用场合···82
    5.4.2 线程信号的常用函数···83
    5.4.3 线程信号的编程举例···84
5.5 信号量···87
    5.5.1 信号量的含义及应用场合···87
    5.5.2 信号量的常用函数··88
    5.5.3 信号量的编程举例··89
5.6 互斥量···92
    5.6.1 互斥量的含义及应用场合···92
    5.6.2 互斥量的常用函数··94
    5.6.3 互斥量的编程举例··95
5.7 本章小结··98

第6章 底层硬件驱动构件···99

6.1 嵌入式构件概述··99
    6.1.1 制作构件的必要性··99
    6.1.2 构件的基本概念··99
    6.1.3 嵌入式开发中构件的分类···100
    6.1.4 构件的基本特征与表达形式···101
6.2 底层硬件驱动构件设计原则与方法···102
    6.2.1 底层硬件驱动构件设计的基本原则··102
    6.2.2 底层硬件驱动构件设计要点分析··103
    6.2.3 底层硬件驱动构件封装规范概要··104
    6.2.4 封装的前期准备··105
6.3 底层硬件驱动构件设计举例··106
    6.3.1 GPIO 构件···106

VII

6.3.2　UART 构件 ··· 114
　　6.3.3　Flash 构件 ·· 119
　　6.3.4　ADC 构件 ··· 123
　　6.3.5　PWM 构件 ·· 127
6.4　应用构件及软件构件设计实例 ··· 131
　　6.4.1　应用构件设计实例 ·· 131
　　6.4.2　软件构件设计实例 ·· 133
6.5　本章小结 ··· 142

第 7 章　实时操作系统下的程序设计方法 ··· 143

7.1　程序稳定性问题 ··· 143
　　7.1.1　稳定性的基本要求 ·· 143
　　7.1.2　看门狗复位与定期复位的应用 ··· 144
　　7.1.3　临界区的处理 ·· 147
7.2　中断服务程序设计、线程划分及优先级安排问题 ··· 148
　　7.2.1　中断服务程序设计的基本问题 ··· 148
　　7.2.2　线程划分的简明方法 ·· 149
　　7.2.3　线程优先级安排问题 ·· 149
7.3　利用信号量解决并发与资源共享的问题 ·· 150
　　7.3.1　并发与资源共享的问题 ··· 150
　　7.3.2　应用实例 ··· 151
7.4　优先级反转问题 ··· 155
　　7.4.1　优先级反转问题的出现 ··· 155
　　7.4.2　Mbed OS 中避免优先级反转问题的方法 ··· 157
7.5　本章小结 ··· 162

第 2 篇　原理剖析篇

第 8 章　理解 Mbed OS 的启动过程 ·· 165

8.1　芯片启动到 main 函数之前的运行过程 ··· 165
　　8.1.1　寻找第一条被执行指令的存放处 ·· 165
　　8.1.2　通过启动文件理解芯片启动过程 ·· 167
8.2　Mbed OS 启动流程概要 ·· 169
　　8.2.1　相关宏定义及结构体 ·· 169
　　8.2.2　栈和堆的配置 ·· 176
　　8.2.3　启动过程概述 ·· 179
　　8.2.4　如何运行到主线程 ··· 181
　　8.2.5　启动过程总流程源代码 ··· 182
8.3　深入理解启动过程（一）：内核初始化解析 ··· 183

8.3.1 内核初始化准备工作·················183
8.3.2 进入SVC中断服务程序SVC_Handler·················186
8.3.3 实际内核初始化函数·················187
8.3.4 返回流程·················199
8.4 深入理解启动过程（二）：创建主线程、启动内核·················200
8.4.1 创建主线程·················201
8.4.2 启动内核·················215
8.4.3 定时器线程函数·················226
8.4.4 消息获取与处理函数·················228
8.4.5 线程延时等待函数·················238
8.5 中断服务程序SVC_Handler详解·················240
8.5.1 SVC_Handler功能概要·················241
8.5.2 SVC_Handler完整流程·················241
8.5.3 SVC_Handler功能分段解析·················243
8.5.4 SVC_Handler完整代码注释·················246
8.6 函数调用关系总结及存储空间分析·················249
8.6.1 启动过程中函数的调用关系总结·················250
8.6.2 启动过程存储空间分析·················253
8.7 本章小结·················257

第9章 理解时间嘀嗒·················259

9.1 时间嘀嗒的建立与使用·················259
9.1.1 SysTick定时器的寄存器·················259
9.1.2 SysTick定时器的初始化·················260
9.1.3 SysTick中断服务程序·················263
9.2 延时函数·················266
9.2.1 线程延时等待函数·················266
9.2.2 线程延时嘀嗒函数·················267
9.2.3 其他时间嘀嗒函数·················269
9.3 延时等待列表工作机制·················271
9.3.1 线程插入延时等待列表函数·················271
9.3.2 从延时等待列表中移除线程的函数·················274
9.3.3 延时函数调度过程实例剖析·················275
9.4 与时间相关的函数·················279
9.4.1 获取系统运行时间函数·················280
9.4.2 日期转时间戳函数·················281
9.4.3 时间戳转日期函数·················283
9.5 本章小结·················286

第 10 章 理解调度机制 ······ 287

10.1 ARM Cortex-M4 的 SVC 和 PendSV 中断的调度作用 ······ 287
- 10.1.1 SVC 中断的调度作用 ······ 287
- 10.1.2 PendSV 中断的调度作用 ······ 288
- 10.1.3 列表分析 ······ 288

10.2 中断服务程序 PendSV_Handler 剖析 ······ 289
- 10.2.1 osRtxPendSV_Handler 的功能概要 ······ 289
- 10.2.2 osRtxPendSV_Handler 函数源代码解析 ······ 290
- 10.2.3 跳转到 SVC_Context 进行上下文切换 ······ 291
- 10.2.4 PendSV_Handler 函数完整代码注释 ······ 291

10.3 PendSV 应用举例 ······ 292
- 10.3.1 PendSV 在事件中的应用 ······ 292
- 10.3.2 PendSV 在线程信号中的应用 ······ 296

10.4 本章小结 ······ 300

第 11 章 理解事件与消息队列 ······ 301

11.1 事件 ······ 301
- 11.1.1 事件的相关结构体 ······ 301
- 11.1.2 事件函数深入剖析 ······ 302
- 11.1.3 事件调度剖析 ······ 307

11.2 消息队列 ······ 311
- 11.2.1 消息或消息队列结构体 ······ 311
- 11.2.2 消息队列函数深入剖析 ······ 313
- 11.2.3 消息队列调度剖析 ······ 318

11.3 本章小结 ······ 322

第 12 章 理解线程信号、信号量与互斥量 ······ 323

12.1 线程信号 ······ 323
- 12.1.1 线程操作函数 ······ 323
- 12.1.2 线程信号函数深入剖析 ······ 329
- 12.1.3 线程信号调度剖析 ······ 333

12.2 信号量 ······ 337
- 12.2.1 信号量控制块结构体 ······ 337
- 12.2.2 信号量函数深入剖析 ······ 337
- 12.2.3 信号量调度剖析 ······ 341

12.3 互斥量 ······ 345
- 12.3.1 互斥量结构体 ······ 345
- 12.3.2 互斥量函数深入剖析 ······ 346

  12.3.3 互斥量调度剖析 ·············352
  12.3.4 互斥量避免优先级反转问题调度剖析 ·············356
 12.4 本章小结 ·············359

第3篇　综合实践篇

第13章　基于Mbed OS的AHL-EORS应用 ·············363

 13.1 AHL-EORS简介 ·············363
  13.1.1 硬件清单 ·············363
  13.1.2 硬件测试导引 ·············364
 13.2 卷积神经网络概述 ·············364
  13.2.1 卷积神经网络的技术特点 ·············364
  13.2.2 卷积神经网络原理 ·············365
 13.3 AHL-EORS选用模型分析 ·············368
  13.3.1 MobileNetV2模型 ·············369
  13.3.2 NCP模型 ·············370
 13.4 AHL-EORS的数据采集与训练过程 ·············373
  13.4.1 数据采集程序 ·············373
  13.4.2 模型训练与部署 ·············376
 13.5 在通用嵌入式计算机GEC上进行的推理过程 ·············377
 13.6 本章小结 ·············380

第14章　基于Mbed OS的NB-IoT应用开发 ·············381

 14.1 窄带物联网应用开发概述 ·············381
  14.1.1 窄带物联网简介 ·············381
  14.1.2 NB-IoT应用开发所面临的难题及解决思路 ·············382
  14.1.3 直观体验NB-IoT数据传输 ·············383
  14.1.4 金葫芦NB-IoT开发套件简介 ·············384
 14.2 NB-IoT应用架构及通信基本过程 ·············386
  14.2.1 建立NB-IoT应用架构的基本原则 ·············386
  14.2.2 终端、信息邮局与人机交互系统的基本定义 ·············386
  14.2.3 基于信息邮局粗略了解基本通信过程 ·············387
 14.3 终端与云侦听程序的通信过程 ·············388
  14.3.1 基于mbed的终端模板工程设计 ·············389
  14.3.2 云侦听模板工程功能简介 ·············391
  14.3.3 建立云侦听程序的运行场景 ·············392
  14.3.4 运行云侦听与终端模板工程 ·············394
  14.3.5 通信过程中的常见错误说明 ·············396
 14.4 通过Web网页的数据访问 ·············397

14.4.1 运行 Web 模板观察终端的数据 ·· 397
14.4.2 NB-IoT 的 Web 网页模板工程结构 ····································· 398
14.5 通过微信小程序的数据访问 ··· 399
14.5.1 运行小程序模板观察终端的数据 ·· 399
14.5.2 NB-IoT 的微信小程序模板工程结构 ···································· 401

参考文献 ·· 403

基础应用篇

第1篇

基础应用篇

第下篇

第 1 章
实时操作系统的基本概念与线程基础知识

在进行嵌入式应用产品开发时,根据项目需求、主控芯片的资源状况、软件可移植性要求及软件开发工程师的技术背景等,可以选用一种实时操作系统(Real-Time Operating System, RTOS)作为嵌入式软件设计的载体。特别是随着嵌入式人工智能与物联网的发展,对嵌入式软件的可移植性要求不断增强,实时操作系统的应用也将变得更加普及。

作为本书的开始,本章从一般意义上阐述实时操作系统的基本含义;给出线程与调度的基本含义及相关术语;阐述线程的三要素、四种状态及三种基本形式。通过本章的学习,读者可以对实时操作系统的基本概念有一个初步的认识,这是应用编程及理解原理的基础。

1.1 实时操作系统的基本含义

实时操作系统是一种应用于嵌入式系统的系统软件,学习实时操作系统可以从了解其基本功能开始。本节首先简要介绍嵌入式系统的基本分类,随后阐述无操作系统(No Operating System, NOS)与实时操作系统下程序运行流程的区别,由此初步了解实时操作系统的基本功能,最后介绍实时操作系统与非实时操作系统的主要差异。

1.1.1 嵌入式系统的基本分类

嵌入式系统,即嵌入式计算机系统,它是不以计算机面目出现的计算机。这类计算机隐含在各种具体产品之中,在这些产品中,计算机程序发挥着核心作用。主要的嵌入式产品有手机、平板电脑、冰箱、工业控制系统、农业大棚控制系统、月球车等。应用于嵌入式系统的处理器,被称为嵌入式处理器。嵌入式处理器按其应用范围可以分为电子系统智能化(微控制器)和计算机应用延伸(应用处理器)两大类。

1. 微控制器

一般来说,微控制器(Microcontroller Unit,MCU)与应用处理器的主要区别在于可靠性、数据处理量、工作频率等方面。相对应用处理器来说,微控制器的可靠性要求更高、数据处理量较小、工作频率较低。电子系统智能化类的嵌入式系统,主要用于嵌入式人工智能终端、物联网终端、工业控制、现代农业、家用电器、汽车电子、测控系统、数据采集等,这类应用所使用的嵌入式处理器一般被称为微控制器。这类嵌入式系统产品从形态上看,更类似于早期的电子系统,但其内部,计算机程序起核心控制作用。本书阐述的实时操作系统主要面向微控制器。

2．应用处理器

应用处理器类的嵌入式系统,主要用于平板电脑、智能手机、电视机顶盒、企业网络设备等,这类应用所使用的嵌入式处理器一般被称为应用处理器或多媒体应用处理器(Multimedia Application Processor,MAP),多在非实时操作系统下进行编程。

1.1.2 无操作系统与实时操作系统

在嵌入式产品开发中,可以根据硬件资源、软件复杂程度、可移植性需求、研发人员的知识结构等各个方面综合考虑是否使用操作系统,若使用操作系统,应选择哪种操作系统。

1．无操作系统下程序运行流程

在无操作系统的嵌入式系统复位后,首先进行堆栈、中断向量、系统时钟、内存变量、部分硬件模块等初始化工作,然后进入无限循环。在这个无限循环中,CPU根据一些全局变量的值决定执行各种功能程序(线程),这是第一条运行路线。若发生中断,将响应中断,执行中断服务程序(Interrupt Service Routines,ISR),这是第二条运行路线,执行完ISR后,返回中断处继续执行。从操作系统的调度功能的视角来理解,无操作系统中的主程序可以被简单地理解为一个实时操作系统内核,这个内核负责系统初始化和调度其他线程。

2．实时操作系统下程序运行流程及其基本功能

本书主要阐述面向嵌入式人工智能与物联网领域的实时操作系统的应用方法与原理。在基于实时操作系统的编程模式下,有两条线路:一条是线程线,编程时把一个较大工程分解成几个较小的工程(被称为线程或任务),由调度者负责这些线程的执行;另一条线路是中断线,与无操作系统情况类似,若发生中断,将响应中断,执行中断服务程序,然后返回中断处继续执行。

可以进一步理解为,实时操作系统是一个标准内核,包括芯片初始化、设备驱动及数据结构的格式化。软件开发工程师可以不直接对硬件设备和资源进行操作,而是通过标准调用方法实现对硬件的操作,所有的线程都由实时操作系统内核负责调度。也可以这样理解,实时操作系统是一段嵌入目标代码中的程序,系统复位后首先执行它,用户的其他应用程序(线程)都建立在实时操作系统之上。不仅如此,实时操作系统将CPU时间、中断、I/O、定时器等资源都封装起来,留给用户一个标准的应用程序编程接口(Application Programming Interface,API),并根据各个线程的优先级,合理地在不同线程之间分配CPU时间。实时操作系统的基本功能可以简单地概括为,实时操作系统为每个线程建立一个可执行的环境,方便线程间传递消息,在中断服务程序与线程之间传递事件,区分线程执行的优先级,管理内存,维护时钟及中断系统,并协调多个线程对同一个I/O设备的调用。简而言之,实时操作系统负责线程管理与调度、线程间的同步与通信、存储管理、时间管理、中断处理等工作。

3. 实时操作系统的应用场合

一个具体的嵌入式系统产品是否需要使用操作系统，使用何种操作系统，必须根据系统的具体要求做出合理的决策，这就依赖于对系统的理解和所具备的操作系统知识。是否使用操作系统，可以从以下几个方面来考虑。

第一，系统是否复杂到必须需要使用操作系统的程度。

第二，硬件是否具备足够的资源来支撑操作系统的运行。

第三，是否需要并行运行多个较复杂的线程，线程间是否需要进行实时交互。

第四，应用层软件的可移植性是否能得到更好的保证。

此外，如果决定使用操作系统，那么选择哪一种操作系统呢？是否是实时操作系统？这还要从性能、熟悉程度、是否免费、是否有产品使用许可、是否会出现收费陷阱等角度考虑。

本书阐述的 Mbed OS 是由 ARM 公司于 2014 年推出的一款免费的开源嵌入式实时操作系统。

1.1.3 实时操作系统与非实时操作系统

我们知道，操作系统（Operating System，OS）是一套用于管理计算机硬件与软件资源的程序，是计算机的系统软件。通常，我们使用的个人计算机系统，在硬件上一般由主机、显示屏、鼠标、打印机等组成。操作系统提供设备驱动管理、进程管理、存储管理、文件系统、安全机制、网络通信及使用者界面等功能，这类操作系统有 Windows、Mac OS、Linux 等。

嵌入式操作系统（Embedded Operating System，EOS）是一种工作在嵌入式微型计算机上的系统软件。一般情况下，它固化到微控制器或应用处理器内的非易失存储体中，它具有一般操作系统最基本的功能，负责嵌入式系统的软、硬件资源的分配、线程调度、同步机制、中断处理等。

嵌入式操作系统有实时与非实时之分。一般情况下，应用处理器使用的嵌入式操作系统对实时性要求不高，这类操作系统主要有 Android、iOS、嵌入式 Linux 等。而以微控制器为核心的嵌入式系统，如工业控制设备、军事设备、航空航天设备、嵌入式人工智能与物联网终端等，大多对实时性的要求较高，希望能够在较短的确定时间内完成特定的系统功能或中断响应，应用于这类系统的操作系统就是实时操作系统。

相对于实时操作系统而言，适合应用处理器的嵌入式操作系统一般不再追求实时性指标，这类操作系统主要有：最初由 Andy Rubin 开发，2005 年后由 Google 持续改进的 Android，在智能手机中得到广泛应用；于 2007 年首发的、由苹果公司推出的 iOS 操作系统等。而实时操作系统中，实时性是其关注的重点，这类操作系统主要有：于 2014 年首发的、由 ARM 公司出品的 Mbed OS；于 2003 年首发的、由亚马逊公司资助的 FreeRTOS；于 1992 年首发的、由 Jean Labrosse 持续改进的 μC/OS；于 1989 年首发的、后由 NXP 公司推出的 MQX；上海睿赛德电子科技有限公司于 2006 年发布的 RT-Thread（Real Time-Thread）等。

与一般运行在个人计算机或服务器上的通用操作系统相比，实时操作系统的突出特点是实时性。一般的通用操作系统（如 Window、Linux 等）大都是从"分时操作系统"发展而来的。在单中央处理器（Central Processing Unit，CPU）的条件下，分时操作系统的主要运行方式是，对于多个线程，CPU 的运行时间被分为多个时间段，并且将这些时间段平均分配给每个线程，让每个线程轮流运行一段时间，或者每个线程独占CPU一段时间，如此循环，直到完成所有线程为止。这类操作系统注重所有线程的平均响应时间，而较少关注单个线程的响应时间。对单个线程来说，其注重每次执行的平均响应时间，而不关注某次特定执行的响应时间。在实时操作系统中，要求能"立即"响应外部事件的请求，这里的"立即"含义是相对于一般操作系统而言的，即在更短的时间内响应外部事件。与通用操作系统不同，实时操作系统注重的不是系统的平均表现，而是要求每个线程在最坏情况下都要满足其实时性。也就是说，实时操作系统注重的是个体表现，更准确地讲是个体在最坏情况下的表现。

1.2 实时操作系统中的基本概念

在实时操作系统中，线程与调度是两个最重要的概念，本节首先阐述这两个概念，然后给出实时操作系统的其他相关术语的解释，理解这些基本概念是学习实时操作系统的关键一环。这里的内核是指实时操作系统的核心部分，是实时操作系统厂家提供的程序，而线程则是指应用程序设计者编制的程序，它在内核的调度下运行。

1.2.1 线程与调度的基本含义

线程与调度是实时操作系统中两个不可分割的重要概念，透彻地理解它们，对实时操作系统的学习至关重要。

1. 线程的基本含义

线程是实时操作系统中十分重要的概念之一。在实时操作系统下，把一个复杂的嵌入式应用工程按一定规则分解成一个个功能清晰的小工程，然后设定各个小工程的运行规则，交给实时操作系统管理，这就是基于实时操作系统的基本编程思想。这一个个小工程被称为线程（Thread），实时操作系统管理这些线程，被称为调度（Scheduling）。

要给实时操作系统中的线程下一个准确而完整的定义并不容易，可以从不同视角理解线程。从线程调度视角来理解，可以认为实时操作系统中的线程是一个功能清晰的小程序，是实时操作系统进行调度的基本单元；从实时操作系统的软件设计视角理解，就是在软件设计时，需要根据具体应用，划分出独立的、相互作用的程序集合，这样的程序集合被称为线程，每个线程都被赋予一定的优先级；从CPU视角来理解，在单CPU下，某一时刻CPU只会处理（执行）一个线程，或者说只有一个线程占用CPU。实时操作系统内核的关键功能就是以合理的方式为系统中的每个线程分配时间（即调度），使之正常运行。

实际上，根据特定的实时操作系统，线程可能被称为任务（Task），也可能使用其他名词，含义或许稍有差异，但本质不变，也不必花过多精力追究其精确含义。掌握任务设计方法，理解调度过程与底层驱动原理，提高程序的健壮性、规范性、可移植性、可复用性，提升嵌入式系统的实际开发能力等才是学习实时操作系统的重点。要真正理解与掌握利用线程进行基于实时操作系统的嵌入式软件开发，需要从线程的状态、结构、优先级、调度、同步等视角来认识实时操作系统，这将在后续章节中详细阐述。

2．调度的基本含义

在多线程系统中，实时操作系统内核（Kernel）负责管理线程，或者说为每个线程分配 CPU 时间，并且负责线程间的通信。

调度就是决定该轮到哪个线程运行了，它是内核最重要的职责。每个线程根据其重要程度的不同，被赋予一定的优先级。不同的调度算法对实时操作系统的性能有较大影响，基于优先级的调度算法是实时操作系统常用的调度算法，其核心思想是，总是让处于就绪态、优先级最高的线程先运行。然而，何时高优先级的线程可以掌控 CPU 的使用权，由实时操作系统的内核类型决定。基于优先级的内核可分为不可抢占型和可抢占型两种。

1.2.2 内核的基本概念

在实时操作系统场景下编程，芯片在启动时会先运行一段被称为实时操作系统内核的程序代码，这段代码的功能是开辟用户线程的运行环境，准备对线程进行调度。实时操作系统一般由内核与扩展部分组成，内核的最主要功能是线程调度，扩展部分的最主要功能是提供 API。内核的基本概念主要有时间嘀嗒、代码临界段、不可抢占型内核（Non-Preemptive Kernel）与可抢占型内核（Preemptive Kernel）、实时性相关概念及实时操作系统的实时性指标等。

1．时间嘀嗒

时钟节拍（Clock Tick）有时也直接译为时间嘀嗒，它是通过定时器产生的周期性中断，以便内核判断是否有更高优先级的线程进入了就绪态。

2．代码临界段

代码临界段也称为临界区，是指处理时不可分割的代码，一旦这部分代码开始执行，就不允许任何中断"打扰"。为确保临界区代码的执行，在进入临界区之前要关中断，并且临界区代码执行完后应立即开中断。

3．不可抢占型内核与可抢占型内核

不可抢占型内核要求每个线程主动放弃 CPU 的使用权。不可抢占型调度算法也称为合作型多线程，各个线程彼此合作共享一个 CPU。但异步事件还是由中断服务程序来处理的。中断服务程序可使高优先级的线程从挂起状态变为就绪态。当中断服务程序执行结束后，使用权还是回到原来被中断的那个线程，直到该线程主动放弃 CPU 的使用权后，新的高优先级的线程才能获得 CPU 的使用权。

当系统响应时间很重要时，须使用可抢占型内核。在可抢占型内核中，一个正在运行的线程可以被中断，而让另一个优先级更高且变为就绪态的线程运行。如果在中断服务程序的执行过程中有高优先级的线程进入就绪态，则当中断完成时，被中断的线程会被挂起，更高优先级的线程开始运行。

4．实时性相关概念及实时操作系统实时性指标

硬实时（Hard Real-Time）要求在规定的时间内必须完成操作，这是在设计操作系统时保证的，通常将具有优先级驱动、时间确定性、可抢占调度的实时操作系统称为硬实时系统。

软实时（Soft Real-Time）则没有那么严格，只要求按照线程的优先级，尽可能快地完成操作。

实时操作系统追求的是调度的实时性、响应时间的可确定性、系统的高度可靠性，所以评价一个实时操作系统时一般可以从线程调度、内存开销、系统响应时间、中断延迟等方面来考量。

1）线程调度的时间指标

实时操作系统的实时性和多线程能力在很大程度上取决于它的线程调度机制。在大多数的商用实时系统中，为了让操作系统能够在发生突发事件时迅速获得系统使用权，以便对事件做出反应，大都提供了抢占式线程调度功能，也就是说操作系统有权主动中止应用程序（应用线程）的执行，并且将执行权交给拥有最高优先级的线程。

调度延时（Scheduling Latency）：指当一个更高优先级的线程从就绪到开始运行的这段时间。简而言之，就是一个线程被触发后，由就绪到开始运行的时间。

线程切换时间（Context-Switching Time）：由于某种原因使一个线程退出运行时，实时操作系统保存它的运行现场信息，并插入到相应列表，依据一定的调度算法重新选择一个新的线程使之投入运行，这一过程所需时间称为线程切换时间。线程切换时间越短，实时操作系统的性能就越高。

恢复时间（Recovery Time）：指从线程执行结束后，系统恢复执行主程序所需要的时间。

2）最小内存开销

在实时操作系统的设计过程中，由于成本限制，嵌入式系统产品的内存一般都不大，而在有限的内存空间内不仅要装载实时操作系统，还要装载用户程序，因此最小内存开销是一个重要的指标，这是设计实时操作系统与设计其他操作系统的明显区别之一。

3）系统响应时间

系统响应时间（System Response Time）：指用户发出处理要求到系统给出应答信号的时间，需要满足一定的时间约束。控制要满足一定的实时性要求，就是响应时间小于临界时间。系统响应时间由反应时间和处理时间两部分组成，其中反应时间指从提交外部中断到CPU开始处理中断的时间，处理时间指CPU完成中断处理的时间。提高系统响应时间，可以从缩短反应时间和处理时间两个方面入手。反应时间是电信号的传导时间，对于不同频率的处理器，这个时间相差不大。因此，在实际的应用程序中往往通过改进算法来提高处理效率，缩短处理时间，从而缩短系统响应时间，满足系统的实时性要求。

4）中断延迟

中断是一种硬件机制，用于通知CPU发生了一个异步事件。CPU一旦识别出一个中断，就会在保存线程的上下文后跳转到该中断服务程序执行，处理完这个中断后从就绪列表中选择最高优先级的线程开始执行。当实时操作系统运行在核心态或执行某些系统调用的时候，不会因为外部中断的到来而立即执行中断服务程序，只有当实时操作系统重新回到用户态时才会响应外部中断请求，这一过程所需的最大时间就是中断禁止时间。

中断延迟（Interrupt Latency）时间：指系统确认中断开始直到执行中断服务程序第一条指令为止，整个处理过程所需要的时间。中断禁止时间越短，中断延迟时间就越短，系统的实时性就越高。

1.2.3 线程的基本概念

线程的基本概念主要有线程的上下文及线程切换、线程间通信、死锁、线程优先级、优先级驱动、优先级反转、优先级继承、资源、共享资源与互斥等。

1．线程的上下文及线程切换

线程的上下文（Context）即 CPU 内寄存器。当多线程内核决定运行其他线程时，将保存正在运行线程的上下文，这些内容保存在随机存储器（Random Access Memory，RAM）中的线程当前状况保存区（Task's Context Storage Area），也就是线程自己的堆栈之中。完成入栈工作后，就把下一个将要运行线程的当前状况从其线程堆栈中重新装入 CPU 的寄存器中，开始下一个线程的运行，这一过程称为线程切换或上下文切换。

2．线程间通信

线程间通信是指线程间的信息交换，其作用是实现同步及数据传输。同步是指根据线程间的合作关系，协调不同线程间的执行顺序。线程间通信的主要方式有事件、消息队列、信号量、互斥量等。线程间通信、优先级反转、优先级继承、资源、共享资源与互斥等概念将在后续章节中详细阐述。

3．死锁

死锁是指两个或两个以上的线程无限期地互相等待对方释放其所占资源而造成的一种阻塞现象。死锁产生的必要条件有四个，即资源的互斥访问、资源的不可抢占、资源的请求保持及线程的循环等待。解决死锁问题的方法是破坏产生死锁的任一必要条件，如规定所有资源仅在线程运行时才分配，其他任意状态都不可分配，破坏其资源请求保持特性。

4．线程优先级、优先级驱动、优先级反转、优先级继承

在一个多线程系统中，每个线程都有一个优先级（Priority）。

优先级驱动（Priority Driven）：在一个多线程系统中，正在运行的线程总是优先级最高的线程。在任何给定的时间内，总是把 CPU 分配给优先级最高的线程。

优先级反转（Priority Inversion）：当一个线程等待比它优先级低的线程释放资源而被阻塞时，可能出现其他中等优先级线程先于高优先级线程被运行的现象，这种现象被称为优先级反转，这是一个需要在编程时必须注意的问题。优先级继承技术可以解决优先级反转问题，目前市场上大多数商用操作系统都使用了优先级继承技术。

优先级继承（Priority Inheritance）：它是用来解决优先级反转问题的技术。当优先级反转发生时，较低优先级线程的优先级暂时被提高，以匹配较高优先级线程的优先级。这样，就可以使较低优先级线程尽快地被执行，并释放较高优先级线程所需要的资源。

5．资源、共享资源与互斥

资源（Resources）：任何被线程占用的实体均可称为资源。资源可以是输入/输出设备，如打印机、键盘及显示器，也可以是一个变量、结构或数组等。

共享资源（Shared Resources）：可以被一个以上线程使用的资源叫作共享资源。为了防止数据被破坏，每个线程在与共享资源打交道时，必须独占资源，即互斥。

互斥（Mutual Exclusion）：互斥是用于控制多线程对共享数据进行顺序访问的同步机制。在多线程应用中，当两个或更多的线程同时访问同一数据区时，就会造成访问冲突。互斥能使它们依次访问共享数据而不引起冲突。

1.3 线程的三要素、四种状态及三种基本形式

线程是完成一定功能的函数，但不是所有的函数都可以被称为线程。一个函数只有在给出其线程描述符及线程堆栈的情况下，才可以被称为线程，才能够被调度运行。本节先介绍线程的三要素（线程函数、线程堆栈和线程描述符），然后介绍线程的四种状态（终止态、阻塞态、就绪态和激活态），最后介绍线程的三种基本形式（单次执行、周期执行和资源驱动）。

1.3.1 线程的三要素

从线程的存储结构上看，线程由线程函数、线程堆栈和线程描述符三个部分组成，这三个组成部分也称为线程的三要素。线程函数就是线程要完成具体功能的程序；每个线程拥有自己独立的线程堆栈空间，用于保存线程在调度时的上下文信息及线程内部使用的局部变量；线程描述符是关联线程属性的程序控制块，用于记录线程的各个属性。

1. 线程函数

一个线程对应一段函数代码，完成一定功能，可被称为线程函数。从代码上看，线程函数与一般函数并无区别，被编译链接生成机器码之后，一般存储在 Flash 中。但是从线程自身视角来看，线程认为 CPU 就是属于它自己的，并不知道还有其他线程存在。线程函数也不是用来被其他函数直接调用的，而是由实时操作系统内核调度运行的。要使线程函数能够被实时操作系统内核调度运行，必须先登记线程函数，设置线程优先级、堆栈大小，给线程编号等，不然当运行多个线程时，实时操作系统内核无法知道先运行哪个线程。由于任何时刻只能有一个线程在运行（处于激活态），因此当实时操作系统内核通过调度使一个线程运行时，之前运行的线程就会退出激活态。CPU 被处于激活态的线程独占，从这个角度来看，线程函数与无操作系统中的"main"函数性质相近，一般被设计为永久循环，认为线程一直在执行，永远独占处理器。但也有一些特殊性，这将在第 7 章中讨论。

2. 线程堆栈

线程堆栈是独立于线程函数之外的 RAM，是按照先进后出策略组织的一段连续存储空间，是实时操作系统中线程概念的重要组成部分。在实时操作系统中，每个线程都有自己私有的堆栈空间。在线程的运行过程中，堆栈用于保存线程的上下文、线程运行过程中的局部变量。此外，当线程调用普通函数时，它还会为线程保存返回地址等参数变量。

虽然前面已经简要描述过线程的上下文的概念，但是这里还要多说几句，以便对线程堆栈用于保存线程上下文有充分的认识。在多线程系统中，每个线程都认为 CPU 寄存器是自己的。当一个线程正在运行，实时操作系统内核决定不让该线程继续运行，而转去运行别的线程时，就要把 CPU 的当前状态保存在属于该线程的线程堆栈中；当实时操作系统内核再次决

定让其运行时，就从该线程的线程堆栈中恢复原来的 CPU 状态，就像未被暂停过一样。

在系统资源充裕的情况下，可分配尽量多的堆栈空间，可以是 K 数量级的（如常用 1024 字节），但若是系统资源受限，就得精打细算了，具体的数值要根据线程的执行内容确定。线程堆栈的组织及使用由系统维护，对于用户而言，只要在创建线程时指定其大小即可。

3. 线程描述符

在创建线程时，系统会为每个线程创建一个唯一的线程描述符（Task Descriptor，TD），它相当于线程在实时操作系统中的"身份证"，实时操作系统就是通过线程描述符来管理线程和查询线程信息的。虽然在不同操作系统中，线程描述符的名称不同，但含义相同，例如在 Mbed OS 中被称为线程控制块（Thread Control Block，TCB），在 μC/OS 中被称任务控制块（Task Control Block，TCB），在 Linux 中被称为进程控制块（Process Control Block，PCB）。线程函数只有配备了线程描述符才能被实时操作系统内核调度，未配备线程描述符、驻留在 Flash 中的线程函数代码只是通常意义上的函数，不会被实时操作系统内核调度。

多个线程的线程描述符被组成链表，存储在 RAM 中。每个线程描述符中都包含指向前一个节点的指针、指向后一个节点的指针、线程状态、线程优先级、线程堆栈指针、线程函数指针（指向线程函数）等字段，实时操作系统内核通过线程描述符来执行线程。

在实时操作系统中，一般情况下使用列表来维护线程描述符，使用就绪列表管理就绪的线程，使用延时列表管理延时等待的线程，使用条件阻塞列表管理因等待事件、消息等而阻塞的线程。在 Mbed OS 中，还提供了一个等待列表来管理因等待事件、消息等而阻塞的线程。当实时操作系统内核调度线程时，可以通过就绪列表的头节点查找链表，获取就绪列表上所有线程描述符的信息。

1.3.2 线程的四种状态

实时操作系统中的线程一般有四种状态，分别为终止态、阻塞态、就绪态和激活态。在任一时刻，线程被创建后所处的状态一定是以上四种状态之一。

1. 线程状态的基本含义

（1）终止态（Terminated，Inactive）：线程执行已经完成或被删除，不再需要使用 CPU。

（2）阻塞态（Blocked）：又可称为挂起态。线程未准备好，不能被激活，因为该线程需要等待一段时间或某些情况发生；当等待时间到或等待的情况发生时，该线程才变为就绪态。处于阻塞态的线程描述符存放于阻塞列表或延时列表中。

（3）就绪态（Ready）：线程已经准备好可以被激活，但未进入激活态，因为其优先级等于或低于当前正在运行的线程，一旦获取 CPU 的使用权就可以进入激活态。处于就绪态的线程描述符存放于就绪列表中。

（4）激活态（Active，Running）：又称为运行态，该线程正在运行中，线程拥有 CPU 使用权。

如果一个激活态的线程变为阻塞态，那么实时操作系统将执行线程切换操作，从就绪列表中选择优先级最高的线程进入激活态，若有多个具有相同优先级的线程处于就绪态，则就绪列表中的首个线程先被激活。也就是说，每个就绪列表中相同优先级的线程是按先进先出

（First In First Out，FIFO）的策略进行调度的。

在一些操作系统中，还把线程分为中断态和休眠态。对于被中断的线程，实时操作系统把它归为中断态；休眠态是指该线程的相关资源虽然仍驻留在内存中，但不被实时操作系统内核调度的一种状态，其实它就是一种终止的状态。

2. 线程状态之间的转换

实时操作系统线程的四种状态是动态转换的，有的情况是由系统调度自动完成的，有的情况是由用户调用某个系统函数完成的，还有的情况是等待某个条件满足后完成的。线程的四种状态转换关系图如图1-1所示。

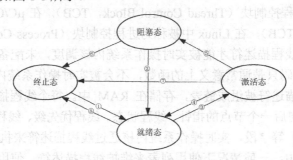

图1-1 线程的四种状态转换关系图

1）终止态转为就绪态

终止态转为就绪态（图1-1中的①线）：线程准备重新运行，根据线程优先级进入就绪态。例如，在Mbed OS中，调用svcRtxThreadNew()函数再次创建线程。

2）阻塞态转为就绪态、终止态

阻塞态转为就绪态（图1-1中的②线）：阻塞条件被解除，如中断服务程序或其他线程运行时释放了线程等待的信号量，从而使线程再次进入就绪态；延时列表中的线程延时到达唤醒的时刻。例如，在Mbed OS中，会自动调用svcRtxThreadResume()函数。

阻塞态转为终止态（图1-1中的⑥线）：如在Mbed OS中，调用svcRtxThreadTerminate()函数。

3）就绪态转为激活态、终止态

就绪态转为激活态（图1-1中的③线）：就绪线程被调度而获得了CPU资源进入运行；也可以直接调用函数进入激活态。例如，在Mbed OS中，调用svcRtxThreadYield()函数。

就绪态转为终止态（图1-1中的⑧线）：如在Mbed OS中，调用svcRtxThreadTerminate()函数。

4）激活态转为就绪态、阻塞态、终止态

激活态转为就绪态（图1-1中的④线）：正在执行的线程被高优先级线程抢占后进入就绪列表；或使用时间片轮询调度策略时，时间片耗尽，正在执行的线程让出CPU；或被外部事件中断。

激活态转为阻塞态（图1-1中的⑤线）：正在执行的线程等待信号量、等待事件或者等待I/O资源等，如在Mbed OS中，调用svcRtxThreadSuspend ()函数。

激活态转为终止态（图1-1中的⑦线）：如在Mbed OS中，调用svcRtxThreadExit ()函数。

1.3.3 线程的三种基本形式

线程函数一般分为两个部分：初始化部分和线程体部分。初始化部分实现对变量的定义、初始化及设备的打开等，线程体部分负责完成该线程的基本功能。线程的一般结构如下：

```
void  thread_a ( uint32_t  initial_data )
{
    //初始化部分
    //线程体部分
}
```

线程的基本形式主要有单次执行线程、周期执行线程和资源驱动线程三种，下面介绍这三种线程的结构特点。

1. 单次执行线程

单次执行线程是指线程在创建完之后只会被执行一次，执行完成后就会被销毁或阻塞的线程。其线程函数结构如下：

```
void  thread_a ( uint32_t initial_data )
{
    //初始化部分
    //线程体部分
    //线程函数销毁或阻塞
}
```

单次执行线程由三部分组成：线程函数初始化、线程函数执行和线程函数销毁或阻塞。线程函数初始化包括对变量的定义和赋值、打开需要使用的设备等；线程函数的执行是该线程的基本功能实现；线程函数的销毁或阻塞，即调用线程销毁或阻塞函数将自己从线程列表中删除。销毁与阻塞的区别在于销毁除了停止线程的运行，还将回收该线程所占用的所有资源，如堆栈空间等；而阻塞只是将线程描述符中的状态设置为阻塞态而已。举例来说，在水质监测系统中，主线程需要创建传感器采集数据线程和处理线程，需要对小灯、串口、传感器等外设进行初始化，当启动完传感器采集数据线程和处理线程后，就阻塞主线程，然后实时操作系统内核开始线程调度，此时的主线程就是单次执行线程。

2. 周期执行线程

周期执行线程是指需要按照一定周期执行的线程。其线程函数结构如下：

```
void  thread_a ( uint32_t initial_data )
{
    //初始化部分
    ……
    //线程体部分
    while(1)
    {
        //循环体部分
    }
}
```

初始化部分同单次执行线程一样，包括对变量的定义和赋值、打开需要使用的设备等。与单次执行线程不同的是，周期执行线程的函数体内存在永久循环部分，由于该线程需要按照一定周期执行，因此在该线程内一般会调用延时函数，使线程转入阻塞态，进入延时列表中。当延时时间到时，线程就会转入就绪态，进入就绪列表中。举例来说，在水质监测系统中，我们需要得到被监测水域的酸碱度和各种离子的浓度，但是不需要时时刻刻都在监测数据，因为这些物理量的变化比较缓慢，所以使用传感器采集数据时可以调用延时函数，每隔半个小时采集一次数据，此时的物理量采集线程就是典型的周期执行线程。

3. 资源驱动线程

除了上面介绍的两种线程类型，还有一种线程形式，那就是资源驱动线程。这里的资源主要指线程同步与通信中的事件、信号量、互斥量等。这种类型的线程比较特殊，它是操作系统特有的线程类型，因为只有在操作系统下才会出现资源共享使用的问题，同时引出操作系统中另一个主要问题，那就是线程同步与通信。该线程与周期执行线程的区别在于它的执行时间不是确定的，只有当它所要等待的资源可用时，它才会转入就绪态，否则被加入等待该资源的阻塞列表中。资源驱动线程的函数结构如下：

```
void    thread_a ( uint32_t initial_data )
{
    //初始化部分
    ……
    while(1)
    {
        //调用等待资源函数
        //线程体部分
    }
}
```

初始化部分和线程体部分与之前两种类型的线程类似，主要区别就是在线程体执行之前会调用等待资源函数，以等待资源实现线程体部分的功能。仍以水质监测系统为例，数据处理是在物理量采集完成后才能进行的操作，所以在系统中使用一个信号量用于两个线程之间的同步，当物理量采集线程完成时就会释放这个信号量，而数据处理线程一直在等待这个信号量，当等到这个信号量时，就可以进行下一步的操作。系统中的数据处理线程就是一个典型的资源驱动线程。

以上就是三种线程基本形式的介绍，其中周期执行线程和资源驱动线程从本质上来讲可以归结为一种，也就是资源驱动线程。因为时间也是操作系统的一种资源，只不过时间是一种特殊的资源，特殊在该资源是整个操作系统的实现基础，系统中大部分函数都是基于时间这一资源的，所以在分类中将周期执行线程单独作为一类。

1.4 本章小结

在实时操作系统下编程与无操作系统下编程相比有一个显著的优点，这个优点就是有个调度者，指挥、协调各个线程的运行，这样编程者可以把一个大工程分解成一个个小工程，交由实时操作系统管理，这符合软件工程的基本原理。

　　线程是实时操作系统中最重要的概念之一。在实时操作系统下，把一个复杂的嵌入式应用工程按一定规则分解成一个个功能清晰的小工程，然后设定各个小工程的运行规则，交给实时操作系统管理，这就是基于实时操作系统的基本编程思想。这一个个小工程被称为线程，实时操作系统管理这些线程，被称为调度。读者可以分别从线程调度、软件设计及 CPU 等不同视角来理解线程。从线程调度视角来看，实时操作系统中的线程是一个功能清晰的小程序，是实时操作系统调度的基本单元；从软件设计视角来看，线程是独立的、相互作用的程序集合；从 CPU 视角来看，任何时刻只有一个线程占用 CPU。调度就是以合理的方式为每个线程分配时间，使之运行。

　　一个函数只有在给出其线程描述符及线程堆栈的情况下，才可以被称为线程，才能够被调度运行。线程一般有四种状态：终止态、阻塞态、就绪态和激活态。在任一时刻，线程被创建后所处的状态一定是以上四种状态之一。线程有三种基本形式，分别是单次执行线程、周期执行线程及资源驱动线程。

第 2 章 相关基础知识

实时操作系统是直接与硬件打交道的系统软件,要深入理解实时操作系统必须掌握相关软件和硬件的基础知识。本章给出的硬件基础知识包括 ARM Cortex-M 处理器的主要寄存器及中断系统等内容。由于 Mbed OS 采用 C 和 C++语言编写,本章也简要介绍一些理解源代码所需的 C 语言和数据结构方面的基础知识,如 C 语言的构造类型、条件编译、栈和堆、队列及链表等内容。同时,由于 Mbed OS 中 SVC、PendSV、SysTick 等重要中断处理均采用汇编语言指令编写,因此本章介绍了汇编语言基本语法和常用伪指令的使用方法。了解这些内容,有助于读者学习和理解 Mbed OS 运行机制。若仅学习实时操作系统的使用,则本章可粗略了解;若要理解实时操作系统的运行机制,则本章可作为实时操作系统的基础,需要读者认真学习。

2.1 CPU 内部寄存器的分类及 ARM Cortex-M 处理器的主要寄存器

实时操作系统在运行过程中需要对 CPU 的寄存器进行频繁操作。本书采用的是基于 ARM Cortex-M 系列内核的 MCU。理解和掌握其 CPU 的主要寄存器,熟悉各个寄存器的含义和操作方式,是深入理解实时操作系统的必要前提条件。

2.1.1 CPU 内部寄存器的分类

以软件开发工程师视角来看,从底层学习一个 CPU,理解其内部寄存器用途是重要一环。计算机所有指令运行均由 CPU 完成,CPU 内部寄存器负责信息暂存,其数量与处理能力直接影响 CPU 的性能。本节先从一般意义上阐述寄存器基础知识及相关基本概念,第 2.1.2 节介绍 ARM Cortex-M 微处理器的内部寄存器。

从共性知识角度及功能来看,CPU 内至少应该有数据缓冲寄存器、堆栈指针寄存器、程序指针寄存器、程序状态寄存器及其他功能寄存器。

1. 数据缓冲寄存器

CPU 内数量最多的寄存器是数据缓冲寄存器,名字用寄存器的英文 "Register" 的首字母加数字组成,如 R0、R1、R2 等。不同的 CPU,数据缓冲寄存器的种类也不同,如 8086 中的通用寄存器有 8 个，分别是 AX、BX、CX、DX、SP、BP、SI、DI；Intel X86 系列的通用寄存器也有 8 个，分别是 EAX、EBX、ECX、EDX、ESP、EBP、ESI、EDI。

2．堆栈指针寄存器

在计算机编程中，有全局变量与局部变量的概念。从存储器角度来看，对一个具有独立功能的完整程序来说，全局变量具有固定的地址，每次读写都是那个地址。而在一个子程序中开辟的局部变量则不同，用 RAM 中的哪个地址是不固定的，采用后进先出（Last In First Out，LIFO）原则使用一段 RAM 区域，这段 RAM 区域被称为栈区①。它有个栈底的地址，是一开始就确定的，当有数据进栈或出栈时，地址会自动连续变动②，不然就放到同一个存储地址中。CPU 中需要有个地方保存这个不断变化的地址，这个地方就是堆栈指针寄存器（通常称为堆栈指针）。

3．程序指针寄存器

计算机的程序存储在存储器中，CPU 中有个寄存器指示将要执行的指令在存储器中的位置，这就是程序指针寄存器。在许多 CPU 中，它的名字叫作程序计数寄存器，它负责告诉 CPU 将要执行的指令在存储器的什么地方。

4．程序状态寄存器

CPU 在进行计算过程中，会出现诸如进位、借位、结果为 0、溢出等情况，CPU 内需要有个地方把它们保存下来，以便下一条指令结合这些情况进行处理，这类寄存器就是程序状态寄存器。不同的 CPU，其名称也不同，有的叫作标志寄存器，有的叫作程序状态寄存器等，大同小异。在这类寄存器中，常用单个英文字母表示其含义。例如，N 表示有符号运算中结果为负（Negative），Z 表示结果为零（Zero），C 表示有进位（Carry），V 表示溢出（Overflow）等。

5．其他功能寄存器

不同的 CPU，除了具有数据缓冲寄存器、堆栈指针、程序指针寄存器、程序状态寄存器（也称为程序状态字寄存器），还有表示浮点数运算、中断屏蔽③等寄存器。

2.1.2　ARM Cortex-M 处理器的主要寄存器

ARM Cortex-M 处理器的寄存器主要有 R0~R15 及三个特殊功能寄存器，如图 2-1 所示。其中 R0~R12 为通用寄存器，R13 为堆栈指针（Stack Pointer，SP），R14 是连接寄存器，R15 为程序计数（Program Counter，PC）寄存器（简称程序计算器）。特殊功能寄存器有预定

---

① 这里的栈，其英文单词为 Stack，在单片微型计算机中基本含义是 RAM 中存放临时变量的一段区域。在现实生活中，Stack 的原意是指临时叠放货物的地方，但是叠放的方法是一个一个码起来的，最后放好的货物，必须先取下来，先放的货物才能取，否则无法取出。在计算机科学的数据结构学科中，栈是允许在同一端进行插入和删除操作的特殊线性表，允许进行插入和删除操作的一端称为栈顶（Top），另一端为栈底（Bottom）。栈底固定，而栈顶浮动。栈中元素个数为零时称为空栈。插入一般称为进栈，删除则称为出栈。栈也称为后进先出表。
② 地址变动方向是增还是减，取决于具体的 CPU。
③ 中断是暂停当前正在执行的程序，转去执行一段更加紧急程序的一种技术，它是计算机的一个重要概念，将在第 8 章进行较为详细的阐述。中断屏蔽标志就是表示是否允许某种中断进来的标志。

义的功能，而且必须通过专用的指令来访问。

1. 通用寄存器 R0～R12

R0～R12 是最具"通用目的"的 32 位通用寄存器，用于数据操作，复位后初始值为随机值。32 位的 Thumb2[①] 指令可以访问所有通用寄存器，但绝大多数 16 位 Thumb 指令只能访问 R0～R7。因而 R0～R7 又被称为低位寄存器，所有指令都能访问它们。R8～R12 被称为高位寄存器，只有很少的 16 位 Thumb

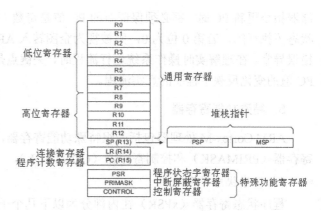

图 2-1　ARM Cortex-M 处理器的寄存器

指令能访问它们，32 位的指令则不受限制。在 Mbed OS 中，R12 常用来存放函数地址。

2. 堆栈指针 R13（SP）

R13 是堆栈指针 SP。在 ARM Cortex-M 处理器中共有两个堆栈指针：主堆栈指针 MSP 和进程堆栈指针 PSP。若用户用到其中一个，另一个必须用特殊指令（MRS、MSR 指令）来访问，因此任一时刻只能使用其中一个。MSP 是 CPU 复位后默认使用的堆栈指针，它可由操作系统内核、中断服务程序及所有需要特权访问的应用程序代码来使用。PSP 用于常规的应用程序代码（不处于中断服务程序中时），该堆栈一般供用户的应用程序代码使用。需要注意的是，并不是每个应用程序都要用到这两个堆栈指针，简单的应用程序只用 MSP 就够了，并且 PUSH 指令和 POP 指令默认使用 MSP（有时 MSP 直接记为 SP）。另外，堆栈指针的最低两位永远是 0，即堆栈总是 4 字节对齐的。

3. 连接寄存器 R14（LR）

当调用一个子程序时，由 R14 存储返回地址。与其他处理器不同，ARM 为了减少访问内存的次数[②]，把返回地址直接放入 CPU 内部寄存器中，这样足以使很多只有一级子程序调用[③] 的代码无须访问内存（堆栈空间），从而提高子程序调用的效率。如果多于一级，那么需要把前一级的 R14 值压到堆栈里；在其他情况下，可以将 R14 作为通用寄存器使用。

4. 程序计数寄存器 R15（PC）

R15 是程序计数寄存器，其内容为将要执行指令的地址。如果修改它的值，就能改变程序的执行流程（很多高级技巧隐藏其中）。在汇编代码中也可以使用 PC 来访问它，因为 ARM Cortex-M 处理器使用了指令流水线，读 PC 时返回的值是当前指令的地址+4。ARM Cortex-M 处理器中的指令至少是半字对齐的，所以 PC 的第 0 位总是 0。然而，在使用一些跳转或读存

---

① Thumb 是 ARM 架构的一种 16 位指令集，Thumb2 是 16/32 位混合指令集。
② 访问内存的操作往往要 3 个以上指令周期，带内存管理单元（Memory Management Unit，MMU）和 Cache 的就更加不确定了。
③ 一级子程序调用指的是被调用的子程序中不再调用其他子程序。实践表明，相当一部分子程序调用为一级子程序调用，这样做成效显著。

储器指令更新 PC 时，都必须保证新的 PC 值是奇数（即第 0 位为 1），用以表明这是在 Thumb 状态下执行的，若第 0 位为 0，则被视为企图转入 ARM 模式，ARM Cortex-M 处理器将触发错误异常。在理解实时操作系统运行流程时，关键点是要理解 PC 值是如何变化的，这是因为 PC 值的变化反映了程序的真实流程。

5. 特殊功能寄存器

ARM Cortex-M 处理器包括一组特殊功能寄存器，如程序状态寄存器（xPSR）、中断屏蔽寄存器（PRIMASK）和控制寄存器（CONTROL）。

1）程序状态寄存器

程序状态寄存器（xPSR）在内部分为以下几个子寄存器：APSR、IPSR、EPSR，用户可以使用 MRS 和 MSR 指令访问程序状态寄存器。三个子寄存器既可以单独访问，又可以两个或三个组合到一起访问。使用三合一方式访问时，把该寄存器称为 xPSR，如表 2-1 所示。

表 2-1 ARM Cortex-M 处理器的程序状态寄存器（xPSR）

数据位	31	30	29	28	27~25	24	23~10	9	8~6	5	4	3	2	1	0
APSR	N	Z	C	V											
IPSR										中断号					
EPSR						T									
xPSR	N	Z	C	V		T				中断号					

（1）应用程序状态寄存器（Application Program Status Register，APSR）：存放算术运算单元（ALU）状态位的一些信息。负标志 N：若结果最高位为 1，相当于有符号运算中结果为负，则置 1，否则清 0。零标志 Z：若结果为 0，则置 1，否则清 0。进位标志 C：若有向最高位进位（减法为借位），则置 1，否则清 0。溢出标志 V：若溢出，则置 1，否则清 0。在程序运行过程中，这些位会根据运算结果而改变，在条件转移指令中也可能被用到。复位之后，这些位是随机的。

（2）中断程序状态寄存器（Interrupt Program Status Register，IPSR）：该寄存器的 D31~D6 位为 0，D5~D0 位存放中断号（异常号）。每次中断完成之后，处理器会实时更新 IPSR 内的中断号字段，IPSR 只能被 MRS 指令读写。进程模式下，值为 0；Handler 模式[①]下，存放当前中断的中断号。复位之后，寄存器被自动清 0。复位中断号是一个暂时值，复位时是不可见的。

（3）执行程序状态寄存器（Execution Program Status Register，EPSR）：T 标志位指示当前运行的是否为 Thumb 指令，该位是不能被软件读取的，运行复位向量对应的代码时置 1。如果该位为 0，会发生硬件异常，进入硬件中断服务程序。

2）中断屏蔽寄存器

中断屏蔽寄存器（PRIMASK）的 D31~D1 位保留，只有 D0 位（记为 PM）有意义，当该位被置位时，除不可屏蔽中断和硬件错误之外的所有中断都被屏蔽。使用特殊指令（如 MSR、MRS）可以访问 PRIMASK。除此之外，还有一条称为改变处理器状态的特殊指令 CPS

---

① 这里的 Handler 模式是指中断（异常）模式。进程模式则指通常的程序执行过程，在一些操作系统下，也称线程模式。

也能访问 PRIMASK，只在实时线程中才会用到。对于可屏蔽中断，有开、关总中断的汇编指令："CPSIDi"，将 D0 位置 1（关总中断）；"CPSIEi"，将 D0 位清 0（开总中断），其中 i 代表 IRQ 中断，IRQ 是非内核中断请求（Interrupt Request）的缩写。由于没有高级语言相关语句对应这两条指令，因此在编程中一般采用宏定义的方式来使用。

3）控制寄存器

控制寄存器（CONTROL）的 D31~D2 位保留，D1、D0 位含义如下。

D1（SPSEL）——堆栈指针选择位。默认 SPSEL=0，使用 MSP 为当前堆栈指针（复位后默认值）；SPSEL=1，在进程模式下，使用 PSP 为当前堆栈指针。在特权、进程模式下，软件可以更新 SPSEL 位。在 Handler 模式下，写该位无效。复位后，控制寄存器清 0。可用 MRS 指令读该寄存器，MSR 指令写该寄存器。非特权访问无效。

D0（nPRIV）——如果权限扩展，在进程模式下定义执行特权。nPRIV=0，进程模式下可以特权访问；nPRIV=1，进程模式下无特权访问。在 Handler 模式下，总是特权访问。

2.2 C 语言中的构造类型及编译相关问题

在实时操作系统内核代码中，大量使用 C 语言中的构造类型、宏定义、条件编译等，简要概述这些知识，有助于内核代码分析。

2.2.1 C 语言中的构造类型

C 语言提供了许多种基本的数据类型（如 int、float、double、char 等）供用户使用，但是由于程序需要处理的问题往往比较复杂，而且多样化，已有的数据类型显然不能满足使用要求。因此，C 语言允许用户根据需要自己声明一些类型，用户声明的类型有结构体类型（Structure）、共用体类型（Union）、枚举类型（Enumeration）等，这些类型将不同类型的数据组成一个有机整体，这些数据之间是相互联系的。用户声明的类型也称为构造类型。本书涉及的构造类型主要为结构体类型和枚举类型两种，下面对这两种类型进行介绍。

1．结构体类型

1）结构体的基本概念

C 语言允许用户将一些不同类型（当然也可以是相同类型）的元素组合在一起定义成一个新的类型，这种新类型就是结构体。其中的元素称为结构体的成员或者域，且这些成员可以为不同的类型，成员一般用名字访问。结构体可以被声明为变量、指针或数组等，用以实现较复杂的数据结构。

声明一个结构体类型的一般形式如下：

struct 结构体类型名{成员表列};

例如，可以通过下面的声明来建立结构体类型：

```
//声明一个结构体类型 Date
struct Date
{
```

```
    int year ;                  //年
    int month ;                 //月
    int day ;                   //日
};
```

结构体类型名用作结构体类型的标志,上面声明中的 Date 就是结构体类型名,大括号内是该结构体中的全部成员,由它们组成一个特定的结构体。上例中的 year、month、day 等都是结构体中的成员,结构体类型的大小是其成员大小之和。在声明一个结构体类型时必须对各成员都进行类型声明,每一个成员也称为结构体中的一个域。结构体的成员类型可以是另一个结构体类型,也就是说结构体可以嵌套定义。例如:

```
//声明一个结构体类型 Student
struct Student
{
    int num;                    //包括一个整型变量 num
    char name[20];              //包括一个字符数组 name,可以保存 20 个字符
    char sex;                   //包括一个字符变量 sex
    int age;                    //包括一个整型变量 age
    float score;                //包括一个单精度型变量
    struct Date birthday;       //包括一个 Date 结构体类型变量 birthday
    char addr[30];              //包括一个字符数组 addr,可以保存 30 个字符
};
```

这样就声明了一个新的结构体类型 Student,它向编译系统声明:这是一种结构体类型,包括 num、name、sex、age、score、birthday 和 addr 等不同类型的数据项。应当说明,Student 是一个类型名,它和系统提供的标准类型(如 int、char、float、double)一样,都可以用来定义变量,只不过结构体类型需要事先由用户自己声明而已。实际使用中,根据需要还可以通过 typedef 关键字将已定义的结构体类型命名为其他各种别名。

2)结构体变量的引用

结构体变量成员引用格式为:

```
结构体变量名.成员名;
```

例如:

```
struct Student stu1;            //定义一个 Student 类型的结构体变量 stu1
stu1.num=10001;                 //给 stu1 的成员 num 赋值 10001
stu1.age=20;                    //给 stu1 的成员 age 赋值 20
```

"."是成员运算符,它在所有运算符中优先级最高,因此可以把 stu1.num 和 stu1.age 当作一个整体来看待,相当于一个变量。如果成员本身又属于一个结构体类型,那么要用若干个"."运算符,一级一级找到最低一级的成员,只能对最低级的成员进行赋值或存取及运算。例如:

```
struct Student    stu1;
stu1.birthday. year =2000;
stu1.birthday.month =12;
stu1.birthday.day =30;
```

结构体变量成员和结构体变量本身都具有地址,且都可以被引用。例如:

```
struct Student    stu1;            //定义一个 Student 类型的结构体变量 stu1
scanf("%d", &stu1.num);            //输入 stu1.num 的值
printf("%o",&stu1);                //输出结构体变量 stu1 的首地址
```

注意：结构体变量的地址主要用作函数参数，传递结构体变量的地址。

3）结构体指针

结构体指针是指存储一个结构体变量起始地址的指针变量。一旦一个结构体指针变量指向了某个结构体变量，就可以通过结构体指针对该结构体变量进行操作。例如，上例中结构体变量 stu1，也可以通过指针变量来进行操作：

```
struct Student    stu1;            //定义结构体变量 stu1
struct Student    *p;              //定义结构体指针变量 p
p=&stu1;                           //将 stu1 的起始地址赋给 p
p->num=10001;
(*p).age=20;
```

代码中定义了一个 struct Student 类型的指针变量 p，并将变量 stu1 的首地址赋值给指针变量 p，然后通过指针操作符 "->" 引用其成员进行赋值。(*p) 表示 p 指向的结构体变量，因此(*p).age 也就等价于 stu1.age。在本书中，可以看到结构体指针是构建链式存储结构的基础。

4）应用举例

在操作系统中，使用了大量的结构体来存储和描述相关信息。例如，线程控制块是描述线程的基本信息的数据结构，是 Mbed OS 进行线程调度的基础，其结构体类型声明如下：

```
//线程控制块结构体类型声明
typedef struct osRtxThread_s
{
    uint8_t                 id;                //对象标识符
    uint8_t                 state;             //对象状态
    uint8_t                 flags;             //对象标志
    uint8_t                 attr;              //对象属性
    const char              *name;             //对象名
    struct osRtxThread_s    *thread_next;      //对象列表中下一线程指针
    struct osRtxThread_s    *thread_prev;      //对象列表中前一线程指针
    struct osRtxThread_s    *delay_next;       //延时列表中下一线程指针
    struct osRtxThread_s    *delay_prev;       //延时列表中前一线程指针
    struct osRtxThread_s    *thread_join;      //等待连接线程指针
    uint32_t                delay;             //延时时间
    int8_t                  priority;          //线程优先级
    int8_t                  priority_base;     //基准优先级
    uint8_t                 stack_frame;       //堆栈帧
    uint8_t                 flags_options;     //线程/时间标志选项
    uint32_t                wait_flags;        //等待线程/事件标志
    uint32_t                thread_flags;      //线程标志
    struct osRtxMutex_s     *mutex_list;       //线程拥有的互斥量列表指针
    void                    *stack_mem;        //堆栈内存指针
    uint32_t                stack_size;        //线程堆栈大小
    uint32_t                sp;                //堆栈当前指针
```

```
    uint32_t            thread_addr;        //线程入口地址
    uint32_t            tz_memory;          //信任区内存标志
    void                *context;           //线程上下文
} osRtxThread_t;
```

可以看到，线程控制块结构体 osRtxThread_s 成员较多，包括整数类型成员、字符类型成员、osRtxThread_s 结构体指针类型成员、osRtxMutex_s 结构体指针类型成员、void 指针类型成员，并且通过 typedef 关键字定义了该类型的一个别名 osRtxThread_t。

2. 枚举类型

1）枚举类型基本概念

枚举类型是 C 语言另一种构造数据类型，它用于声明一组命名的常数，当一个变量有几种可能的取值时，可以将它定义为枚举类型。所谓"枚举"是指将变量的可能值一一列举出来，这些值也称为枚举元素或枚举常量。变量的值只限于列举出来的值的范围，有效地防止用户提供无效值，该变量可使代码更加清晰，因为它可以描述特定的值。

枚举的声明基本格式如下。

enum 枚举类型名 {枚举值表};

例如：

enum color{red,green,blue,yellow,white};   //定义枚举类型 color
enum color select;   //定义枚举类型变量 select

在 C 语言程序的编译过程中，枚举元素是作为常量来处理的，它们不是变量，因此不能对它们进行直接赋值，但可以通过强制类型转换来赋值。枚举元素的值按定义的顺序从 0 开始，如 red 为 0，green 为 1，blue 为 2，yellow 为 3，white 为 4。枚举元素可以用作判断比较，比较是按其在定义时的顺序号进行比较的。

2）应用举例

本书在描述操作系统内核状态时，将内核状态值定义为枚举类型。例如：

```
//定义系统内核状态枚举类型
typedef enum
{
    osKernelInactive    =0,             //非活动态
    osKernelReady       =1,             //就绪态
    osKernelRunning     =2,             //运行态
    osKernelLocked      =3,             //锁定
    osKernelSuspended   =4,             //挂起
    osKernelError       = -1,           //错误
    osKernelReserved    = 0x7FFFFFFFU   //防止编译器优化
} osKernelState_t;
```

不同的值表示不同状态，枚举类型的成员名清晰地描述了系统内核的当前状态。在后面的章节中，还可以看到其他操作系统一些常用的枚举类型，包括线程状态、线程优先级、系统状态等。

2.2.2 编译相关问题

C 语言提供编译预处理的功能，允许在程序中使用几种特殊的命令（它们不是一般的 C 语句），在 C 语言编译系统对程序进行常规编译（包括语法分析、代码生成、优化等）之前，先对程序中的这些特殊命令进行预处理，然后将预处理的结果和源程序一起进行常规的编译处理，以得到目标代码。C 语言提供的预处理功能主要有宏定义、条件编译和文件包含。

1. 宏定义

#define 宏名 表达式

表达式既可以是数字、字符，也可以是若干条语句。在编译时，所有引用该宏的地方，都将自动被替换成宏所代表的表达式。例如：

#define PI 3.1415926   //以后程序中用到的数字 3.1415926 就写成 PI
#define S(r) PI*r*r   //以后程序中用到 PI*r*r 就写成 S(r)

2. 撤销宏定义

#undef 宏名

3. 条件编译

#if 表达式
#else 表达式
#endif

若表达式成立，则编译#if 下的程序，否则编译#else 下的程序。#endif 为条件编译的结束标志。

#ifdef 宏名   //若宏名称被定义过，则编译以下程序
    程序段 1
#else
    程序段 2
#endif
或者
#ifndef 宏名   //若宏名称未被定义过，则编译以下程序
    程序段 1
#else
    程序段 2
#endif

条件编译通常用来调试、保留程序（但不编译），或者在需要对两种状况做不同处理时使用。

4. 文件包含处理

所谓文件包含是指一个源文件将另一个源文件的全部内容包含进来，其一般形式如下：

#include <文件名>   //到存放 C 库函数头文件目录中寻找要包含的文件，称为标准方式
#include "文件名"   //先在当前目录中寻找要包含的文件，若找不到，再按标准方式查找

2.3 实时操作系统内核使用的数据结构

实时操作系统内核代码中使用了栈、堆、队列、链表等数据结构，本节简要介绍这些基础知识。

2.3.1 栈与堆

1. 栈和堆的基本概念

在数据结构中，栈（Stack）是一种操作受限的线性表，只允许在表的一端进行插入和删除操作。允许插入和删除操作的一端被称为栈顶（Top），不允许插入和删除的另一端称为栈底（Bottom）。向一个栈插入新元素称为进栈、入栈或压栈，它是把新元素放到栈顶元素的上面，使之成为新的栈顶元素；从一个栈删除元素称为出栈或退栈，它是把栈顶元素删除，使其相邻的元素成为新的栈顶元素。栈的操作是按后进先出原则进行的。如图 2-2 所示，栈中先按 $a_1,a_2,\cdots,a_n$ 的顺序入栈，最后加入栈中的 a_n 元素为栈顶，而出栈的顺序反过来，先 a_n 出栈，然后 a_{n-1} 才能出栈，最后 a_1 出栈。

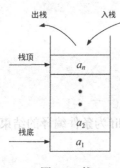

图 2-2 栈

在操作系统中，栈是 RAM 中的存储单元，常用于保存和恢复中断现场，也用于保存一个函数调用所需要的、被称为栈帧（Stack Frame）的维护信息，初始时栈底地址等于栈顶地址。栈帧一般包括函数的返回值和参数、临时变量（包括函数的非静态局部变量及编译器自动生成的其他临时变量）、保存的上下文（包括函数调用前后需要保持不变的寄存器）。在 ARM Cortex-M 处理器中，栈地址是向下（低地址）扩展的，是一块连续的内存区域。因此，栈指针初始值一般为 RAM 的最大地址，进栈地址减小，出栈地址增加，栈的操作按后进先出原则进行。栈空间资源由编译器自动分配和释放，存取速度比堆快，其操作方式类似于数据结构中的栈。

在数据结构中，堆（Heap）是一个特殊的完全二叉树，有最小堆和最大堆之分，常用来实现排序。在操作系统中，堆是内存中的存储单元，堆空间分配方式类似于链表，堆地址是向上（高地址）扩展的，是不连续的内存区域。在 C 语言中，堆存储空间是由 new 运算符或 malloc()函数动态分配的内存区域，一般速度比较慢，而且容易产生内存碎片，但是堆的空间较大，使用起来灵活、方便。堆一般由用户自行释放，若用户不释放，程序结束时可能由操作系统回收（操作系统内核需要有这种功能）。

由于在 RAM 中堆空间之后就是栈空间，它们是相连的，而且堆是由低地址向高地址方向使用，栈是由高地址向低地址方向使用，故通常在概念上将堆和栈合在一起称为堆栈，堆栈操作通常理解为栈操作。由于堆的操作比较复杂，本书只介绍栈的基本操作。

可以使用下列语句来定义一个顺序栈：

```
typedef int ElemType    //重新定义类型名 ElemType 来表示 int 类型
Typedef struct
{
```

```
    ElemType   *base;          //栈底指针
    ElemType   *top;           //栈顶指针
    int    stack_size;         //栈的容量
}SqStack;
```

其中，stack_size 表示栈的容量。顺序栈的初始化操作会给栈分配由 stack_size 指定空间大小的连续存储区域，并将该区域的地址赋给 base 和 top。base 为栈底指针，始终指向栈底位置。top 为栈顶指针，初值指向栈底，即 top=base（可作为栈空的标记）。

2．栈的基本操作

栈的基本操作包括栈的初始化、判空、入栈、出栈、清空栈等，本书中的栈主要指内存的一段连续的区域，即顺序栈，涉及栈的操作主要是入栈（Push）和出栈（Pop），下面介绍这两个操作。

1）入栈

入栈操作指的是向栈中插入一个元素。栈只允许在栈顶插入元素，每当插入新元素时，栈顶指针上移一个存储单元。入栈操作如图 2-3 所示。

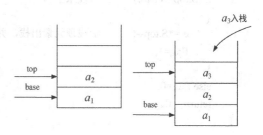

图 2-3　入栈操作

算法表述：

```
//================================
//函数名称：stack_push
//函数返回：入栈成功返回 1，否则返回 0
//参数说明：s 为顺序栈，e 为入栈的元素
//功能概要：将元素 e 插入栈顶，即入栈
//================================
int  stack_push(SqStack  &S, ElemType &e)
{
    int flag;                         //入栈是否成功标志
    if (S.top-S.base<S.stack_size)    //若栈未满
    {
        *++S.top=e;                   //元素 e 入栈，并修改栈顶指针
        flag=1;                       //入栈成功，标志置 1
    }
    else flag=0;                      //入栈失败，标志置 0
    return  flag;
}
```

2）出栈

出栈操作指的是从栈中删除一个元素。栈只允许在栈顶删除元素，每当出栈一个元素时，栈顶指针下移一个存储单元。出栈操作如图 2-4 所示。

算法表述：

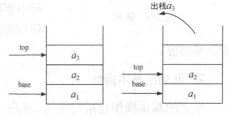

图 2-4　出栈操作

```
//==============================================================
//函数名称：stack_pop
//函数返回：出栈成功返回1，出栈元素为e；否则返回0
//参数说明：s 为顺序栈，e 为出栈的元素
//功能概要：将栈顶元素出栈
//==============================================================
int    stack_pop(SqStack    &S, ElemType &e)
{
    int flag;                 //出栈是否成功标志
    if (S.top>S.base)         //栈未空
    {
        e =*S.top--;          //栈顶元素出栈，并修改栈顶指针
        flag=1;
    }
    else flag=0;
    return    flag;
}
```

3．栈操作指令举例

ARM Cortex-M 处理器在物理上存在两个栈指针分别指向两个栈：①主堆栈指针（MSP），是系统复位后默认的栈指针，用于所有的异常处理；②进程堆栈指针（PSP），是进程模式的栈指针，用于常规的应用程序代码（不处于中断服务程序中时）。在汇编语言中，入栈和出栈操作都被封装到 PUSH 和 POP 指令中，可以直接使用以下指令：

```
PUSH       {R0,LR}       //将寄存器 R0 和 LR 中的内容入栈保存
POP        {R2,R3}       //将栈中上面两个元素出栈到寄存器 R2 和 R3 中
```

虽然指令能帮助完成入栈和出栈操作，但是只有明白了入栈和出栈过程中元素的操作顺序和栈顶指针的变化情况，才能真正理解程序的含义。

2.3.2 队列

1．队列的基本概念

和栈相反，队列（Queue）是一种先进先出的线性表，它只允许在表的一端插入，在另一端删除。允许插入的一端称为队尾（Rear），允许删除的一端称为队头（Front），如图 2-5 所示。队列中没有元素时，称为空队列。队列的数据元素又称为队列元素，在队列中插入一个元素称为入队，从队列中删除一个元素称为出队，只有最早进入队列的元素才能最先从队列中删除。按照存储空间的分配方式，队列可以分为顺序队列与链队列两种。在操作系统中经常使用队列来进行对象的管理和调度。

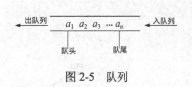

图 2-5 队列

2．队列的基本操作

队列的基本操作包括初始化、入队、出队、判空等。本书主要涉及链队列，下面将结合链表对队列的基本操作进行介绍。

2.3.3 链表

1. 链表的基本概念

链表是一种物理存储单元上非连续、非顺序的存储结构,数据元素的逻辑顺序是通过链表中的指针链接次序实现的。链表由一系列节点组成,节点可以在运行时动态生成。每个节点包括两个部分:一是存储数据元素的数据域;二是存储后继节点(也可以存储前驱节点)地址的指针域。在程序实现时,必须由包含指针的变量来存放相邻节点的地址信息,可以用结构体变量来定义节点,节点之间通过节点的指针域串联成一个链表。链表具有不必按顺序存储,可以动态生成节点分配存储单元,对节点进行插入和删除操作时不需移动节点,只需修改节点的指针域等优点。因此,在实时操作系统的很多场合都采用链表作为管理媒介。

按照节点是否包含前驱指针,链表可分为单链表(Singly Linked List)和双向链表(Doubly Linked List)两种,如图 2-6 所示。一个链表通常都有一个头指针,头指针指向链表的第一个节点,其他节点的地址则在前驱节点的指针域中,最后一个节点没有后继节点,该节点的指针域为 NULL(在图 2-6 中用符号"^"表示)。因此,对链表中任一节点的访问必须先根据头指针找到第一个节点,再按有关节点的指针域中存放的指针顺序往下找,直到找到所需节点。

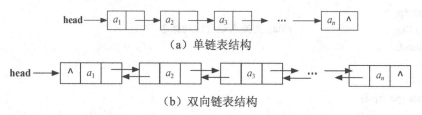

(a) 单链表结构

(b) 双向链表结构

图 2-6 单链表和双向链表

链表的操作包括链表的判空与遍历、节点的插入与删除及读取节点元素等。链表在初始化时,将第一个节点的地址赋给链表的头指针,头指针是操作链表的基础。下面给出部分操作的实现方法。

2. 链表节点的插入操作

链表的插入操作首先需要确定节点的插入位置,然后改变链表中相关节点的指针指向。改变指针指向的时候必须注意顺序,因为节点的指针域存有相邻节点的地址信息,如果指针操作顺序不当,丢失节点地址信息,就会导致插入失败。图 2-7 给出了在单链表的第 i 个节点之后插入节点时的指针变化情况。

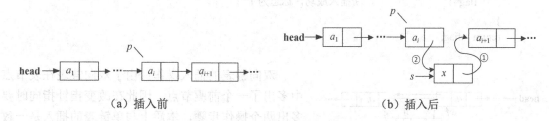

(a) 插入前   (b) 插入后

图 2-7 单链表插入节点时的指针变化

假设节点类型定义如下：

```
//声明一个结构体类型 Node
typedef struct Node
{
    int data ;                //数据域
    struct  Node  *prev;      //前驱指针
    struct  Node  *next ;     //后继指针
}Link ;
```

单链表插入算法：

```
//================================================
//函数名称：single_list_insert
//函数返回：插入成功返回 1，否则返回 0
//参数说明：head 为单链表头指针，s 为插入节点，i 为插入位置
//功能概要：在单链表中将 s 节点插入到第 i 个节点之后
//================================================
int   single_list_insert( Link *head, struct Node *s,int i)
{
    Link *p;
    int j,flag;               //flag 为插入是否成功标志
    p=head;
    j=0;
    // （1）
    while (p&&j<i)
    {
        p=p-> next ;          //定位第 i 个节点
        j++;
    }
    // （2）
    if(!p||j>i)
    {
        flag=0;               //插入失败，置标志为 0
    }
    else
    {
        s->next=p->next;      //将插入前 p 指向的后继节点作为 s 的后继节点（改变指针第一步）
        p-next=s;             //将 p 的后继节点变为插入节点 s（改变指针第二步）
        flag=1;               //插入成功，标志为 1
    }
    return   flag;
}
```

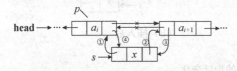

图 2-8 双向链表插入节点时的指针变化

双向链表的插入操作：由于双向链表在表节点中多出了一个前驱节点，因此在改变指针指向时要多出两个操作步骤，本质上与单链表的插入是一致的。图 2-8 给出了在双向链表的第 i 个节点之后插入节点时的指针变化情况。

双向链表插入节点算法：

```
//=========================================================
//函数名称：double_list_insert
//函数返回：插入成功返回1,否则返回0
//参数说明：head 为双向链表头指针，s 为插入节点，i 为插入位置
//功能概要：在双向链表中将 s 节点插入到第 i 节点之后
//=========================================================
int  double_list_insert(Link *head, struct Node *s,int i)
{
    Link *p;
    int j,flag;
    p=head;
    j=0;
    while (p&&j<i)
    {
        p=p->next ;           //定位第 i 个节点
        j++;
    }
    if(!p||j>i)
        flag=0;               //插入失败，置标志为 0
    else
    {
        s->prev=p;            //改变指针第一步
        s->next=p->next;      //改变指针第二步
        p->next->prev=s;      //改变指针第三步
        p->next=s;            //改变指针第四步
        flag=1;
    }
    return flag;
}
```

3．链表节点的删除

理解了链表的插入操作后，再理解链表的删除操作就相对容易一些了。删除表节点首先需要知道节点的位置，然后改变相邻节点的指针指向，就可从链表中删除表节点。同样，在删除节点时需要注意指针的操作顺序。图 2-9 给出了单链表中删除第 i 个节点的指针变化情况，图 2-10 给出了双向链表中删除第 i 个节点时的指针变化情况。

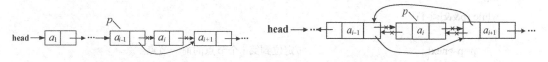

图 2-9　单链表删除节点时的指针变化情况　　图 2-10　双向链表删除节点时的指针变化情况

1）单链表删除算法

```
//=========================================================
//函数名称：single_list_delete
//函数返回：删除成功返回1,否则返回0
```

```c
//参数说明：head 为单链表头指针，i 表示第 i 个节点
//功能概要：在单链表中删除第 i 节点
//===============================================
int single_list_delete(Link *head, int i)
{
    Link *p;
    int j,flag;                      //flag 为删除是否成功标志
    p=head;
    j=0;
    while (p&&j<i-1)
    {
        p=p->next ;                  //定位到第 i 个节点的前一节点
        j++;
    }
    if(!p||j>i) flag=0;              //删除失败
    else
    {
        q= p-> tnext;                //记住第 i 个节点地址
        p->next=p->next-> next;      //将第 i-1 节点的后继指向第 i 节点后继
        free(q);                     //释放第 i 个节点空间
        flag=1;                      //删除成功
    }
    return   flag;
}
```

2）双向链表删除算法

```c
//===============================================
//函数名称：double_list_delete
//函数返回：删除成功返回 1，否则返回 0
//参数说明：head 为双向链表头指针，i 表示第 i 个节点
//功能概要：在双向链表中删除第 i 节点
//===============================================
int  double_list_delete(Link *head,   int i )
{
    Link *p;
    int j,flag;                      //flag 为删除是否成功标志
    p=head;
    j=0;
    while (p&&j<i-1)
    {
        p=p->next ;                  //定位到第 i 个节点的前一节点
        j++;
    }
    if(!p||j>i)   flag=0;            //删除失败
    else
    {
        p-> prev ->next = p->next;   //第 i 节点前驱的后继指向第 i 节点的后继
```

```
        p->next-> prev =p-> prev;        //第 i 节点的后继的前驱指向第 i 节点的前驱
        free(p);                          //释放第 i 个节点空间
        flag=1;                           //删除成功
    }
    return   flag;
}
```

4．链表的创建

链表的创建实际上是表节点不断插入的过程。从空链表开始（头指针为空），将第一个节点的地址赋给头指针，接着一个个插入后续表节点形成链表。链表的创建有两种方式，一种是头插法，一种是尾插法。

头插法创建单链表从空链表开始，每次申请一个新节点，将新节点插入当前链表的第一个节点之前，这样当所有节点插入完毕，链表的创建过程也就完成了。头插法创建的链表节点顺序刚好与节点的插入顺序相反，最后一个插入的节点在链表中是第一个节点，第一个插入的节点变成链表的最后一个节点，如图 2-11 所示。

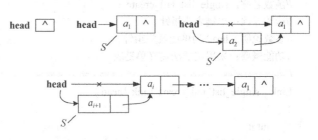

图 2-11 头插法创建单链表

1）头插法算法

```
//===================================================================
//函数名称：single_list_head_create
//函数返回：单链表头指针
//参数说明：head 为单链表头指针
//功能概要：采用头插法建立单链表
//===================================================================
Link   single_list_head_create(Link *head )
{
    int i;
    struct Node *s;                                  //初始 head 无后继节点，置空
    head->next = NULL;
    for (i = 0; i < 10; i++)
    {
        s = ( Link*) malloc(sizeof(struct Node));    //动态为 s 节点申请存储空间
        s->data = i;                                 //给新节点数据域赋值
        s->next =head->next;                         //s 指向 head 节点的后继
        head->next = s;                              //使 s 成为头节点
    }
    return head;
}
```

尾插法与头插法刚好相反，每次插入新节点的位置为当前链表的尾部，这样构建链表的好处是单链表节点的顺序与节点的插入顺序是一致的。尾插法创建单链表如图 2-12 所示。

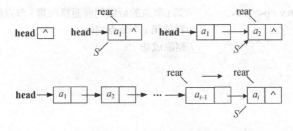

图 2-12 尾插法创建单链表

2）尾插法算法

```
//================================================================
//函数名称：single_list_tail_create
//函数返回：单链表头指针
//参数说明：head 为单链表头指针
//功能概要：采用尾插法建立单链表
//================================================================
Link    single_list_tail_create(Link *head )
{
        int i;
        struct Node *s,*r;
        r=head;                                         // r 为头节点，此时的头节点即尾节点
        for (i = 0; i < 10; i++)
        {
                s = ( Link*) malloc(sizeof(struct Node));   //动态为 s 节点申请存储空间
                s->data = i;                            //给新节点数据域赋值
                r->next = s;                            //在尾部插入新节点
                r = s;                                  //尾指针后移
        }
        r->next = NULL;                                 //全部元素已插完，尾节点后继域置空
        return head;
}
```

5. 链队列操作

队列的链表实现形式称为链队列。按照队列的操作原则，出队操作即删除队列元素要从队列的头部进行，入队操作即插入元素必须从队列尾部进行。理解了链表的插入和删除操作，链队列的入队和出队就比较容易理解了。图 2-13 所示为链队列的入队和出队操作示意图。

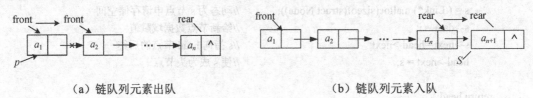

（a）链队列元素出队　　　　　　　　　　　（b）链队列元素入队

图 2-13　链队列的出队与入队操作示意图

假设链队列类型定义如下：

```
typedef  struct
```

```
{
    struct Node    *front;       //队列头指针
    struct Node    *rear;        //队列尾指针
}LinkQueue;
```

1) 链队列的出队算法

```
//===========================================================
//函数名称：queue_delete
//函数返回：出队成功返回1，否则返回0
//参数说明：q 为链队列的头指针
//功能概要：将链队列的队头出队，即删除
//===========================================================
int queue_delete(LinkQueue &q)
{
    LinkQueue    *p;
    int flag;
    if (q->front == q->rear)
        flag=0;                      //队列为空，出队失败
    else
    {
        p = q.front;                 //获取当前队头元素
        q.front = q.front->next;     //队头指针后移
        free(p);                     //释放节点
        flag=1;                      //出队成功
    }
    return flag;
}
```

2) 链队列的入队算法

```
//===========================================================
//函数名称：queue_insert
//函数返回：入队成功返回1，失败返回0
//参数说明：q 为链队列的头指针，e 为入队元素
//功能概要：将元素 e 插入链队列的队尾，即入队
//===========================================================
int queue_insert(LinkQueue &q, ElemType &e)
{
    struct Node *s;
    if((s=( Link*)malloc(sizeof(struct Node)))==NULL)
        flag=0;                              //申请新节点失败
    else
    {
        s->data = e;                         //赋值新节点数据
        q.rear-> next = s;                   //插入队列尾部
        q.rear =s;                           //尾指针后移
        flag=1;                              //入队成功
    }
    return flag;
```

}

3）获取链队列的队头元素

```
//================================================================
//函数名称：queue_get
//函数返回：获取队头元素成功返回 1，否则返回 0
//参数说明：q 为链队列的头指针，e 返回队头元素的值
//功能概要：获取链队列的队头元素
//================================================================
int *queue_get(LinkQueue  &q, ElemType &e)
{
    int flag;
    if (q.front==NULL)
        flag=0;                    //队列为空，获取队头元素失败
    else
    {
        e=q->data;                 //获取队头元素的值
        flag=1;                    //获取队头元素成功的标志
    }
    return flag;
}
```

2.4 汇编语言概述

能够在 MCU 内直接执行的指令序列是用机器语言编写的，采用助记符号来表示机器指令，便于记忆，这就形成了汇编语言。因此，用汇编语言写成的程序不能直接放入 MCU 的程序存储器中去执行，必须先转为机器指令。把用汇编语言写成的源程序"翻译"成机器语言的工具称为汇编程序或汇编器（Assembler），以下统一称为汇编器。

在汇编编程时推荐使用 GNU v4.9.3 汇编器，汇编语言格式满足 GNU 汇编语法，下面简称 ARM-GNU 汇编。为了有助于理解有关汇编指令，下面介绍一些汇编语法的基本信息[①]。

2.4.1 汇编语言格式

汇编语言源程序可以用通用的文本编辑软件编辑，以 ASCII 码形式保存。不同的汇编器对汇编语言源程序的格式有不同的要求。除了识别 MCU 的指令系统，为了能够正确地产生目标代码和方便汇编语言的编写，汇编器还提供了一些在汇编时使用的命令和操作符号，在编写汇编程序时，也必须正确使用它们。由于汇编器提供的指令仅是为了更好地做好"翻译"工作，并不产生具体的机器指令，因此这些指令被称为伪指令（Pseudo Instruction）。伪指令告诉汇编器：从哪里开始编译，到何处结束，汇编后的程序如何放置等相关信息。当然，这些相关信息必须包含在汇编源程序中，否则汇编器就难以编译源程序和生成正确的目标代码。

汇编源程序以行为单位进行设计，每一行最多可以包含以下四个部分：

---

① Free Software Foundation Inc.Using as The GNU Assembler [Z]. Version2.11.90.[S.1]: [s.n.]，2012.

标号: 操作码 操作数 注释

1. 标号

对于标号（Labels）有下列要求及说明。

（1）如果一个语句有标号，那么标号必须书写在汇编语句的开头部分。

（2）可以组成标号的字符有字母 A~Z、字母 a~z、数字 0~9、下划线"_"、美元符号"$"，但开头的第一个符号不能为数字和$。

（3）汇编器对标号中字母的大小写敏感，但指令不区分大小写。

（4）标号长度基本上不受限制，但实际使用时通常不要超过 20 个字符。若希望更多的汇编器能够识别，建议标号的长度小于 8 个字符。

（5）标号后必须带冒号":"。

（6）一个标号在一个文件（程序）中只能定义一次，否则重复定义，不能通过编译。

（7）一行语句只能有一个标号，汇编器将把当前 PC 值赋给该标号。

2. 操作码

操作码（Opcodes）包括指令码和伪指令，其中伪指令是指开发环境（ARM Cortex-M 的汇编器）可以识别的伪指令。对于有标号的行，必须用至少一个空格或制表符（TAB）将标号与操作码隔开。对于没有标号的行，不能从第一列开始写指令码，应以空格或制表符开头。汇编器不区分操作码中字母的大小写。

3. 操作数

操作数（Operands）可以是地址、标号或指令码定义的常数，也可以是由伪运算符构成的表达式。若一条指令或伪指令有操作数，则操作数与操作码之间必须用空格隔开书写。操作数多于一个时，操作数之间用逗号","分隔。操作数也可以来自 ARM Cortex-M 的内部寄存器或者另一条指令的特定参数。操作数中一般都有一个存放结果的寄存器，这个寄存器在操作数的最前面。

1）常数标识

汇编器识别的常数有十进制（默认不需要前缀标识）、十六进制（0x 前缀标识）、二进制（用 0b 前缀标识）。

2）"#"表示立即数

一个常数前添加"#"表示一个立即数，不加"#"时，表示一个地址。

特别说明：初学时常常会将立即数前的"#"遗漏，如果该操作数只能是立即数时，汇编器会提示错误，如：

mov   R3, 1   //给寄存器 R3 赋值为 1（这个语句不对）

编译时会提示"immediate expression requires a # prefix -- 'mov R3,1'"，应该改为：

mov   R3, #1   //给寄存器 R3 赋值为 1（这个语句对）

3）圆点"."

若圆点"."单独出现在语句的操作码之后的操作数位置上，则代表当前 PC 值被放置在圆点的位置。例如，"b."指令代表转向本身，相当于永久循环，在调试时希望程序停留在某个地方可以添加这种语句，调试之后应删除。

4）伪运算符

表2-2列出了一系列的GNU汇编器识别的伪运算符。

表2-2 GNU汇编器识别的伪运算符

运算符	功能	类型	实	例
+	加法	二元	mov R3,#30+40	等价于 mov R3,#70
-	减法	二元	mov R3,#40-30	等价于 mov R3,#10
*	乘法	二元	mov R3,#5*4	等价于 mov R3,#20
/	除法	二元	mov R3,#20/4	等价于 mov R3,#5
%	取模	二元	mov R3,#20%7	等价于 mov R3,#6
||	逻辑或	二元	mov R3,#1||0	等价于 mov R3,#1
&&	逻辑与	二元	mov R3,#1&&0	等价于 mov R3,#0
<<	左移	二元	mov R3,#4<<2	等价于 mov R3,#16
>>	右移	二元	mov R3,#4>>2	等价于 mov R3,#1
^	按位异或	二元	mov R3,#4^6	等价于 mov R3,#2
&	按位与	二元	mov R3,#4^2	等价于 mov R3,#0
|	按位或	二元	mov R3,#4|2	等价于 mov R3,#6
==	等于	二元	mov R3,#1==0	等价于 mov R3,#0
!=	不等于	二元	mov R3,#1!=0	等价于 mov R3,#1
<=	小于等于	二元	mov R3,#1<=0	等价于 mov R3,#0
>=	大于等于	二元	mov R3,#1>=0	等价于 mov R3,#1
+	正号	一元	mov R3,#+1	等价于 mov R3,#1
-	负号	一元	ldr R3,=-325	等价于 ldr R3,=0xfffffebb
~	取反运算	一元	ldr R3,=~325	等价于 ldr R3,= 0xfffffeba
>	大于	一元	mov R3,#1>0	
<	小于	一元	mov R3,#1<=0	

4．注释

注释（Comments）即说明文字，类似于C语言的注释，多行注释以"/*"开始，以"*/"结束。这种注释可以包含多行，也可以独占一行。在ARM Cortex-M处理器的汇编语言中，单行注释以"#"引导或者用"//"引导。用"#"引导时，"#"必须为单行的第一个字符。

2.4.2 常用伪指令简介

不同集成开发环境下的伪指令稍有不同，伪指令书写格式与所使用的开发环境有关，参照具体的工程样例，可以"照葫芦画瓢"。

伪指令主要有常量定义、宏定义、条件判断、文件包含等。在这里给出的GNU汇编器环境中的伪指令都是以"."开头。

1．系统预定义的段

C语言程序经过gcc汇编器最终生成.elf格式的可执行文件。.elf可执行程序是以段为单位来组织文件的，通常划分为以下几个段：.text、.data和.bss。其中，.text是只读的代码区，.data

是可读可写的数据区，而.bss 则是可读可写且没有初始化的数据区。.text 段开始地址为 0x0，接着分别是.data 段和.bss 段。

```
.text        //表明以下代码在.text 段
.data        //表明以下代码在.data 段
.bss         //表明以下代码在.bss 段
```

2．常量定义

汇编代码常用的功能之一为常量定义。使用常量定义，能够提高程序代码的可读性，并且使代码维护更加简单。常量定义可以使用.equ 汇编指令，下面是 GNU 汇编器的一个常量定义的例子：

```
.equ    _NVIC_ICER,  0xE000E180
……
LDR     R0,=_NVIC_ICER              //将 0xE000E180 放到 R0 中
```

常量定义还可以使用.set 汇编指令，其语法结构与.equ 相同。

```
.set    ROM_size, 128 * 1024              //ROM 的大小为 131072 字节 (128KB)
.set    start_ROM, 0xE0000000
.set    end_ROM, start_ROM + ROMsize      //ROM 的结束地址为 0xE0020000
```

3．程序中插入常量

对大多数汇编工具来说，一个典型特性为可以在程序中插入数据。GNU 汇编器的语法可以写作：

```
LDR R3,=NUMNER              //得到 NUMNER 的存储地址
LDR R4,[R3]                 //将 0x123456789 读到 R4
……
LDR R0,=HELLO_TEXT          //得到 HELLO_TEXT 的起始地址
BL   PrintText              //调用 PrintText 函数显示字符串
……
    ALIGN 4
NUMNER:
    .word   0x123456789
HELLO_TEXT:
    .asciz "hello\n"         //以 "\0" 结束的字符
```

为了在程序中插入不同类型的常量，GNU 汇编器中包含许多不同的伪指令。表 2-3 中列出了用于程序中插入不同类型常量的常用伪指令。

表 2-3　用于程序中插入不同类型常量的常用伪指令

插入数据的类型	GNU 汇编器
字	.word（如.word 0x12345678）
半字	.hword（如.word 0x1234）
字节	.byte（如.byte 0x12）
字符串	ascii/.asciz（如.ascii "hello\n"、.asciz 与 .ascii，只是生成的字符串以 "\0" 结尾）

4. 条件伪指令

.if 条件伪指令后面紧跟着一个恒定的表达式（即该表达式的值为真），并且要以.endif 结尾。中间如果有其他条件，可以用.else 填写汇编语句。

.ifdef 标号，表示如果标号被定义，执行下面的代码。

5. 文件包含伪指令

.include "filename"

.include 是一个附加文件的链接指示命令，利用它可以把另一个源文件插入当前的源文件中一起进行汇编，成为一个完整的源程序。filename 是一个文件名，可以包含文件的绝对路径或相对路径，但建议一个工程的相关文件放到同一个文件夹中，所以更多的时候使用相对路径。

6. 其他常用伪指令

除了上述伪指令，GNU 汇编器还有其他常用伪指令。

（1）.section 伪指令：用户可以通过.section 伪指令来自定义一个段。例如：

.section .isr_vector, "a"   //定义一个.isr_vector 段，"a" 表示允许段

（2）.global 伪指令：用来定义一个全局符号。例如：

.global symbol   //定义一个全局符号 symbol

（3）.extern 伪指令：用来定义一个外部符号，其语法格式为".extern_symbol"，声明 symbol 为外部函数，调用的时候可以遍历所有文件找到该函数并使用它。例如：

.extern main   //声明 main 为外部函数
BL main   // 进入 main 函数

（4）.align 伪指令：可以通过添加填充字节使当前位置满足一定的对齐方式，其语法格式为".align [exp[, fill]]"。其中，exp 为 0～16 之间的数字，表示下一条指令对齐至 2^{exp} 位置，若未指定，则将当前位置对齐到下一个字的位置；fill 给出为对齐而填充的字节值，可省略，默认为 0x00。例如：

.align 3   //把当前位置的 PC 值增加到 2^3 的倍数上，若已是 2^3 的倍数，不做改变

（5）.end 伪指令：声明汇编文件的结束。

此外，还包含有限循环、宏定义和宏调用等伪指令，具体可参考 GNU 汇编语法文档。

2.5 本章小结

若要理解实时操作系统的内部运行细节与机制，必须具备一些基础知识，本章主要介绍这些基础知识，包括 CPU 内部寄存器、C 语言中的构造类型、编译相关问题、栈与堆、队列、链表和汇编语言概述等。

第3章 Mbed OS 第一个样例工程

学习实时操作系统,首先要以一个芯片为基础,按照"分门别类,各有归处"的原则,从建立无操作系统框架开始,建立起实时操作系统的工程框架,让几个最简单的线程"跑"起来。以此简单理解线程被调度运行的基本过程,随后就可以在实时操作系统下设计程序了。本章给出了 Mbed OS 的工程框架及第一个样例工程。

3.1 Mbed OS 简介

Mbed OS 是 ARM 公司于 2014 年推出并逐步完善的一款免费的开源嵌入式操作系统,是专为基于 ARM Cortex-M 内核的 MCU 设计的,主要面向物联网终端,ARM 公司为此提供了一套强大的编译系统,支持本地编译和在线编译。本书以 Mbed OS 为蓝本,以通用嵌入式计算机(General Embedded Computer, GEC)为硬件载体,阐述实时操作系统的线程、调度、延时函数、事件、消息队列、线程信号、信号量、互斥量等基本知识,给出实时操作系统的程序设计方法。

1. 如何下载 Mbed OS 版本

在 ARM 公司于 2014 年推出 Mbed OS 的第一个版本 5.1.0 后,其版本不断进行升级和更新,功能不断加强。本书介绍的是 ARM 公司于 2020 年 3 月推出的版本号为 5.15.1 的 Mbed OS,截至 2021 年 7 月,Mbed OS 的最新版本号是 6.13.1,可到该公司官网下载。

2. Mbed OS 基本特点

Mbed OS 涵盖 ARM Cortex-M 系列微控制器产品开发所需的所有功能,包括安全性、连接性,非常适用于嵌入式人工智能与物联网领域的应用程序。Mbed OS 的主要特点及选择 Mbed OS 的主要理由可以归纳为以下几点。

(1) 开源免费且有技术支持。Apache 2.0 许可证发布,可以放心地在商业和个人项目中使用 Mbed OS,Mbed OS 可以在官网免费下载,由 ARM 及其合作伙伴提供技术支持。

(2) 实时性高。Mbed OS 基于广泛使用的开源 CMSIS-RTOS RTX 的实时操作系统内核,支持多线程实时执行,提供信号量和互斥锁等功能。

(3) 模块化。必要的库会自动包含在设备上,让开发者可以专注于编写应用程序代码。通过使用 Mbed OS API,应用程序代码可以变得简洁,同时保障应用程序的安全性和通信的稳定性。官方提供了大量代码示例，可以将它们导入自己的项目中，以便学习使用每个 API。

（4）安全性高。嵌入式设备工作过程中，安全性是一个关键因素，应着重考虑。ARM Mbed IoT 设备平台在多个层级解决了安全问题，包括设备本身，通信过程，设备从生产到部署、调试、服务再到停止使用的整个生命周期。

（5）支持多种通信方式。Mbed OS 提供了多种通信方式，包括蓝牙低功耗、线程、6LoWPAN、移动物联网（LPWA）、以太网和 Wi-Fi。

（6）丰富的驱动程序和链接库。Mbed OS 包含多种标准 MCU 外设的驱动程序，包括数字和模拟 I/O、总线 I/O、I2C、SPI、串行通信端口、中断、PWM 等。

3.2 软件和硬件开发平台

本书的硬件开发平台为苏州大学 EAI&IoT 实验室（简称 SD-EAI&IoT）研发的以意法半导体（ST）的 STM32L431 芯片为核心的通用嵌入式计算机，型号为 AHL-STM32L431。嵌入式软件开发平台为 SD-EAI&IoT 研制的适用于多种类型微控制器的金葫芦集成开发环境 AHL-GEC-IDE，对于本书的样例工程，兼容 ST 的集成开发环境 STM32CubeIDE。本节首先介绍 GEC 架构，接着介绍软硬件平台，然后介绍本书配套的电子资源。

3.2.1 GEC 架构简介

1. 提出 GEC 概念的时机

为了能够提高编程颗粒度和可移植性，可以借鉴通用计算机（General Computer）的概念与做法，在一定条件下，利用通用嵌入式计算机，把基本输入输出系统（Basic Input and Output System，BIOS）与用户程序分离开来，实现彻底的工作分工。GEC 虽然不能涵盖所有嵌入式开发，但可涵盖其中大部分。

GEC 概念的实质是把面向寄存器的编程提高到面向知识要素的编程，从而提高编程颗粒度。但是，这样做也会降低实时性。弥补实时性的方法是提高芯片的运行时钟频率。目前，MCU 的总线频率是早期 MCU 总线频率的几十倍，甚至几百倍，因此更高的总线频率给提高编程颗粒度提供了物理支撑。

另外，软件构件技术的发展与普及也为提出 GEC 概念提供了机遇。嵌入式软件开发工程师越来越认识到软件工程对嵌入式软件开发的重要支撑作用，意识到掌握和应用软件工程的基本原理对嵌入式软件的设计、升级、芯片迭代与维护等方面具有不可或缺的作用。因此，从"零"开始的编程，将逐步分化为构件制作与构件使用两个不同层次，这为嵌入式人工智能提供先导基础。

2. GEC 定义及基本特点

一个具有特定功能的 GEC，体现在硬件与软件两个方面。在硬件上，把 MCU 硬件最小系统及面向具体应用的共性电路封装成一个整体，为用户提供 SOC 级芯片的可重用的硬件实体，并按照硬件构件要求进行原理图绘制、文档撰写及硬件测试用例设计。在软件上，把嵌入式软件分为 BIOS 程序与 User 程序两部分。BIOS 程序先于 User 程序固化于 MCU 内的非易失存储器（如 Flash）中。启动时，BIOS 程序先运行，随后转向 User 程序。BIOS 提供工作时钟及面向知识要素的底层驱动构件，并为 User 程序提供函数原型级调用接口。

与 MCU 对比，GEC 具有硬件直接可测性、用户软件编程快捷性与可移植性三个基本特点。

1）GEC 硬件的直接可测性

与一般 MCU 不同，GEC 类似于个人计算机，通电后可以直接运行内部 BIOS 程序，BIOS 驱动保留使用的小灯引脚，高低电平切换（在 AHL-STM32L431 开发套件上，可直接观察到小灯闪烁）。可利用金葫芦 GEC 集成开发环境 AHL-GEC-IDE 使用串口连接 GEC，直接将用户程序 User 写入 GEC，User 程序中包含类似于个人计算机程序调试的 printf 语句，通过串口向个人计算机机输出信息，实现了 GEC 硬件的直接可测性。

2）GEC 用户软件的编程快捷性

与一般 MCU 不同，GEC 内部驻留的 BIOS 与个人计算机上电过程类似，完成系统总线时钟初始化；BIOS 包含一个系统定时器，提供时间设置与获取函数接口；BIOS 内驻留了实时操作系统内核程序和嵌入式常用驱动，如 GPIO（General Purpose Input/Output，通用输入输出）、UART、ADC、Flash、I2C、SPI、PWM 等，并提供了函数原型级调用接口。利用 User 程序不同框架，用户软件不需要从"零"编起，而是在相应框架基础上，充分应用 BIOS 资源，实现快捷编程。

3）GEC 用户软件的可移植性

与一般 MCU 软件不同，GEC 的 BIOS 软件由 GEC 提供者研发完成，随 GEC 芯片提供给用户，即软件被硬件化，具有通用性。BIOS 驻留了大部分面向知识要素的驱动，提供了函数原型级调用接口。在此基础上编程，只要遵循软件工程的基本原则，GEC 用户软件则具有较高的可移植性。

3.2.2 硬件平台

嵌入式软件开发区别于个人计算机软件开发的一个显著的特点在于，它需要一个交叉编译和调试环境，即工程的编辑和编译所使用的软件通常在个人计算机上运行，而编译生成的嵌入式软件的机器码文件则需要通过写入工具下载到目标机上执行。由于主机和目标机的体系结构存在差异，增加了嵌入式软件开发的难度，因此选择好的开发套件将有助于学习与开发。

学习实时操作系统应该在一个实际的硬件系统中进行，在具备基本硬件条件下，不建议读者使用仿真平台进行学习，所谓"仿真"不真，无法实现实际的学习目标。实际上，随着技术的不断发展和芯片制造成本的下降，可以买到价格十分低廉、功能却十分强大的实时操作系统硬件学习平台。

本书介绍的可用于实时操作系统学习的开发套件的型号为 AHL-STM32L431，其主要特点如下。

（1）核心芯片为 64 引脚 LQFP 封装的 STM32L431RC 芯片。内含 256KB 的 Flash（共有 128 个扇区）、64KB 的 RAM，包含 SysTick、GPIO、串口、A/D、D/A、I2C、SPI 等模块。

（2）开发套件由硬件最小系统、红绿蓝三色灯、触摸按键、温度传感器、两路 TTL-USB 等构成。引出所有 MCU 引脚。其中的三色灯部件，内含蓝、绿、红三个发光二极管，俗称小灯，这三个小灯的正极过 1kΩ 电阻接电源正极，三个小灯的负极分别接 MCU 的三个引脚，具体接在 MCU 的哪几个引脚，参见样例工程"...\CH3.3-Nos\05_UserBoard\User.h"文件，用户使用的所有硬件引脚应该在此进行宏定义，这样符合嵌入式软件设计规范。

（3）开发套件硬件的扩展底板上还有个 Type-C 接口。实际上，它是两路 TTL 串口，默认它与个人计算机进行串行通信，将 USB-Type-C 数据线的 USB 端口连接个人计算机机的 USB 口，数据线的 Type-C 端接硬件底板上的 Type-C 口，就可以使用 printf 输出进行跟踪调试，printf 输出的字符信息将送到个人计算机的串口工具显示栏，方便嵌入式程序的调试。

（4）可扩展应用。AHL-STM32L431 开发套件不仅可以用于 Mbed OS 实时操作系统的学习，还可以用于通过板上的开放式外围引脚，外接其他接口模块进行创新性实验。

当然，读者可以使用自己的硬件平台，参考本书的工程框架，完成自身硬件平台下的工程框架设计。

AHL- STM32L431 嵌入式开发套件分迷你型（见图 3-1）、扩展型两种型号，更详细的介绍见本书配套电子资源。迷你型可以完成本书第 1~12 章所有实验，扩展型可以完成本书所有实验，并用于实践创新。

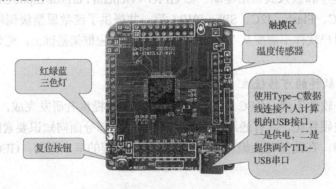

图 3-1　AHL-STM32L431 嵌入式开发套件（迷你型）

具体引出脚含义及相关内容参见本书配套的电子资源。

3.2.3　软件平台

目前，大多数嵌入式集成开发环境（Integrated Development Environment，IDE）基于 Eclipse 架构[①]开发。本书使用的 IDE 主要有两种：SD-EAI&IoT 推出的 AHL-GEC-IDE 与 ST 推出的 STM32CubeIDE。本书给出的基于 STM32L431 程序实例兼容 AHL-GEC-IDE 与 STM32CubeIDE。

建议使用 AHL-GEC-IDE，必要时，利用 AHL-GEC-IDE 的"外接软件"菜单，将 STM32CubeIDE 作为外接软件使用。

1. AHL-GEC-IDE

AHL-GEC-IDE 是 SD-EAI&IoT 于 2018 年推出的免费嵌入式集成开发环境，优点是操作简单、功能实用、兼容几个芯片公司的常用开发环境及厂家工程模板。其集成 GNU 编译器、汇编器等，面向 ARM Cortex-M 微处理器开发，具有编辑、编译、程序下载、printf 打桩调试

---

① Eclipse 架构最初由 IBM 提出，2001 年贡献给开源社区，是一种可扩展的开发平台框架。

等功能，为设计人员提供了一个简捷易用的嵌入式开发工具。

AHL-GEC-IDE 与其他常用开发环境相比，有以下特点。

（1）常用开发环境兼容性。对于 STM32 芯片，兼容 STM32CubeIDE 及 Keil 开发环境；对于 TI 芯片，兼容 CCS（Code Composer Studio）开发环境；对于 NXP 芯片，兼容 KDS（Kinetis Design Studio）开发环境。

（2）支持串口下载调试。基于 BIOS 与 User 框架，支持通过串口的下载调试，无须其他烧录工具，下载后 User 程序立即执行，可应用类似于个人计算机编程的 printf 输出调试语句，跟踪程序运行过程，提示信息立即显示在个人计算机显示屏的文本框中，使嵌入式编程与个人计算机编程过程几乎一致。

（3）外接软件功能。可自行外接其他软件，随后在菜单栏中打开用户需要的软件运行，方便功能集成与开发应用。

（4）丰富的常用工具。程序调试过程可以通过串口实现对存储器的某个区域进行读取和修改，支持对 Flash、RAM 区域读出；也可以直接通过软件中的串口工具，观察串口输出情况，不需要借助其他外部串口工具。

（5）简化工程配置。当工程文件中有新增的文件或文件夹时，其他的开发环境需要通过工程配置操作将该文件包含在工程中，而 AHL-GEC-IDE 默认工程下级文件夹为工程编译所需，不须在工程中设置，自动支持 C 语言、汇编语言等。在该 AHL-GEC-IDE 环境下，通过自行识别，可直接编译 C 语言或者汇编语言下的工程，不需要对编译器进行选择。

（6）可扩展功能。AHL-GEC-IDE 除了具备开发的基本功能（导入工程、编辑、查找和替换、程序编译和烧写等），还提供很多扩展功能。例如，支持远程更新，当目标芯片配置好相应的远程通信硬件后，在 AHL-GEC-IDE 开发环境中可以通过 NB-IoT、2G、4G 等无线方式实现远程的程序更新；支持动态命令，可将机器码下载到特定的 Flash 区域直接运行该机器码，实现命令的动态扩充。

2. STM32CubeIDE

STM32CubeIDE 是适用于 ST 公司的 MCU 的免费集成开发环境，集成 GNU 编译器集合（GCC）、GNU 调试器（GDB）等在内的免费开源软件，为设计人员提供一个简单易用的开发工具，具有编辑、编译和调试等功能。本书提供的样例工程兼容 AHL-GEC-IDE 与 STM32CubeIDE。

3.2.4 网上电子资源

Mbed OS 金葫芦电子资源[①]，内含所有源程序、文档资料及常用软件工具等，内含有六个子文件夹：01-Information、02-Document、03-Hardware、04-Softwareware、05-Tool、06-Other。如表 3-1 所示为电子资源中各子文件夹的内容索引表。其中，第 1～7 章的程序对 Mbed OS 内核程序的调用是通过对外接口函数的方式（BIOS 提供的 Mbed OS 对外接口函数可查看 04-Softwareware 内各工程文件夹下 05_UserBoard 文件夹中的 Os_Self_API.c、Os_Self_API.h 和 Os_United_API.h 文件），第 8～14 章程序中提供了 Mbed OS 内核源代码程序（在 04-

---

① Mbed OS 金葫芦电子资源下载途径：百度搜索"苏州大学嵌入式学习社区"官网，查找"著作"→"实时操作系统"→"mbedOS"。

Softwareware 内各工程文件夹下的 05_UserBoard\mebedOS_Src 文件中），是对源代码程序进行剖析和应用。

表 3-1 电子资源中各子文件夹的内容索引表

文件夹	主要内容
01-Information	资料文件夹（存放 Mbed OS 编程指南、芯片原始资料等）
02-Document	文档文件夹（存放实践平台快速指南、习题、辅助阅读材料等）
03-Hardware	硬件文件夹（存放硬件资源电子文档）
04-Softwareware	软件文件夹（存放各章样例源程序，按照章进行编号）
05-Tool	工具文件夹（存放实践程中可能使用的软件工具）
06-Other	其他（硬件测试程序等）

3.3 第一个样例工程

为了更好地理解实时操作系统下的编程，基于同样的程序功能，分别通过 NOS 工程和 Mbed OS 工程来进行编程实现。

3.3.1 样例程序功能

样例程序的硬件是红、绿、蓝三色一体的发光二极管（小灯），由三个 GPIO 引脚控制其亮暗。

软件控制红灯每 5s、绿灯每 10s、蓝灯每 20s 变化一次，对外表现为三色灯的合成色，经过分析，三色灯的实际效果如图 3-2 所示，即开始时为暗，依次变化为红、绿、黄（红+绿）、蓝、紫（红+蓝）、青（蓝+绿）、白（红+蓝+绿），周而复始。

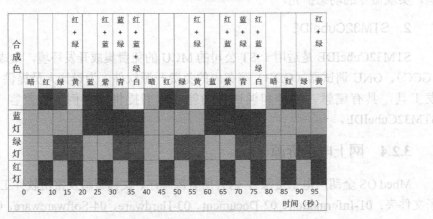

图 3-2 三色灯的实际效果

3.3.2 工程框架设计原则

良好的工程框架是编程工作的重要一环，建立一个组织合理、易于理解的嵌入式软件工程框架需要较深入的思考与斟酌。

所谓工程框架是指工程内文件夹的命名、文件的存放位置、文件内容的分置规则。软件工程与一件建筑作品、一幅画作等是一致的,软件工程框架是整个工程的脊梁,其主要线程不是完成一个单独的模块功能,而是指出工程应该包含哪些文件夹,这些文件夹里面应该放置什么文件,各个文件的内容又是如何定位等。

因此,工程框架设计的基本原则应该是分门别类,各有归处,建立工程文件夹,并考虑随后内容安排及内容定位,建立其子文件夹。

人们常常可以看到一些工程框架混乱、子文件夹命名不规范、文件内容定位不清晰、文件包含冗余的样例工程,把学习者与开发者弄得一头雾水,这样的工程框架是不符合软件工程要求的。甚至在一些机构给出的底层驱动中,包含不少操作系统的内容,违背了底层驱动设计独立于上层软件的基本要求,一旦更换操作系统,该驱动难以使用,给软件开发工程师带来烦恼。

3.3.3 无操作系统的工程框架

1. 无操作系统的工程框架的树形结构

表 3-2 给出了无操作系统的工程框架的树型结构,并对 MCU 文件夹、用户板文件夹、应用程序文件夹等进行了补充说明。

表 3-2 无操作系统的工程框架的树型结构及补充说明

文 件 夹	补 充 说 明
01_Doc	文档文件夹:文档作为工程密切相关部分,是软件工程的基本要求
02_CPU	CPU 文件夹:存放 CPU 相关文件,由 ARM 提供给 MCU 厂家
03_MCU	MCU 文件夹:含有 linker_file、startup、MCU_drivers 子文件夹
04_GEC	GEC 文件夹:引入通用嵌入式计算机(GEC)概念,预留该文件夹
05_UserBoard	用户板文件夹:含有硬件接线信息的 User.h 文件及应用驱动
06_SoftComponent	软件构件文件夹:含有与硬件无关的软件构件
07_AppPrg	应用程序文件夹:应用程序主要在此处编程

(1) MCU 文件夹。把链接文件、MCU 的启动文件、MCU 底层驱动(MCU 基础构件)放入这个文件夹中,分别建立 linker_file、startup、MCU_drivers 三个子文件夹。linker_file 文件夹内的链接文件,给出了芯片存储器的基本信息;startup 文件夹含有芯片的启动文件;MCU_drivers 存放与 MCU 硬件直接相关的基础构件。

(2) 用户板文件夹。开发者选好一款 MCU,要做成产品总要设计自己的硬件板,这就是用户板。这个板上可能有 LCD、传感器、开关等,这些硬件必须由软件干预才能工作,干预这些硬件的软件构件被称为应用构件。应用构件一般需要调用 MCU 基础构件,它被放置在该文件夹中。

(3) 应用程序文件夹。其包含总头文件(includes.h)、中断服务程序源程序文件(isr.c)、主程序文件(main.c)等,这些文件是软件开发工程师进行编程的主要对象。总头文件 includes.h 是 isr.c 及 main.c 使用的头文件,包含用到的构件、全局变量声明、常数宏定义等。中断服务程序文件 isr.c 是中断处理函数编程的地方。主程序文件 main.c 是应用程序启动后的总入口,main 函数即在该文件中实现。main 函数包含一个永久循环,对具体事务过程的操作几乎都是添加在该主循环中的。应用程序的执行有两条独立的线路,一条是主循环运行路线,在 main.c 文件中编程;另一条是中断线,在 isr.c 文件中编程。若有操作系统,则可在 main.c 中启动操作系统调度器。

（4）此外，编译输出还会产生 Debug 文件夹，含有编译链接生成的.elf、.hex、.list、.map 等文件。

.elf（Executable and Linking Format），即可执行链接格式，最初由 UNIX 系统实验室（UNIX System Laboratories，USL）作为应用程序二进制接口（Application Binary Interface，ABI）的一部分而制定和发布的，其最大的特点在于它有比较广泛的适用性，通用的二进制接口定义使之可以平滑地移植到多种不同的操作环境中。UltraEdit 软件工具可查看.elf 文件内容。

.hex（Intel HEX）文件是由一行行符合 Intel HEX 文件格式的文本所构成的 ASCII 文本文件。在 Intel HEX 文件中，每一行包含一个 HEX 记录，这些记录由对应机器语言码（含常量数据）的十六进制编码数字组成。

.list 文件提供了函数编译后机器码与源代码的对应关系，用于程序分析。

.map 文件提供了查看程序、堆栈设置、全局变量、常量等存放的地址信息。.map 文件中给出的地址在一定程度上是动态分配的（由编译器决定），工程有任何修改，这些地址都可能发生变动。

2. 无操作系统的样例工程的 main 函数及 isr 函数

基于无操作系统的样例工程（见"…\04-Software\CH3.3.3-NOS"文件夹）可用 AHL-GEC-IDE 打开。该程序有两条执行路线，一条是主循环线，为了衔接操作系统概念，可称为线程线；另一条为中断线，分别对应 main.c 中的 for 循环，以及 isr.c 中的中断处理程序。

线程线：程序通过判断全局变量 gSec（秒累加变量）来控制三色小灯的开关状态，实现红灯每 5s 闪烁一次、绿灯每 10s 闪烁一次、蓝灯每 20s 闪烁一次，同时通过串口输出开关信息。

中断线：定时器 TIM2 定时周期为 1s，时间每经过 1s，TIM2 会触发定时器的中断服务程序，在中断服务程序中对变量 gSec 进行累加。

程序运行时先执行线程线，在执行线程线的过程中若触发定时器中断（即计时时间达到 1s），程序便会从线程线跳转到中断线执行定时器中断服务程序（实现对 gSec 的累加）。当中断服务程序执行完成后，程序会回到线程线从刚才跳转的地方继续执行下去。

1）线程线：main 函数

可以从 main 函数起点开始理解执行过程[①]，在 for(;;)的永久循环体内，程序通过判断 gSec 来控制三色小灯的开关状态。

```
//=================================================
//文件名称：main.c（应用工程主函数）
//框架提供：SD-ARM（sumcu.suda.edu.cn）
//版本更新：2017.08, 2020.10
//功能描述：见本工程的<01_Doc>文件夹下 Readme.txt 文件
//=================================================
#define GLOBLE_VAR
#include "includes.h"       //包含总头文件
//-------------------------------------------------
```

---

① main 之前的过程比较复杂，将在第 8 章阐述。

```c
//声明使用到的内部函数
//main.c 使用的内部函数声明处
//-------------------------------------------------------------
//主函数，一般情况下可以认为程序从此开始运行
int main(void)
{
    // (1) ======启动部分（开头）==============================
    // (1.1) 声明 main 函数使用的局部变量
    // (1.2)【不变】关总中断
    DISABLE_INTERRUPTS;
    // (1.3)  main 函数局部变量赋初值
    // (1.4)  全局变量赋初值
    gSec = 0;
    gUpdateSec = 0;
    // (1.5) 用户外设模块初始化
    uart_init(UART_Debug, 115200);
    printf("\n 调用 gpio_init 函数，分别初始化红灯、蓝灯和绿灯。\n");
    gpio_init(LIGHT_BLUE, GPIO_OUTPUT, LIGHT_OFF);
    gpio_init(LIGHT_GREEN, GPIO_OUTPUT, LIGHT_OFF);
    gpio_init(LIGHT_RED, GPIO_OUTPUT, LIGHT_OFF);
    printf("调用 timer_init 函数，初始化定时器，定时周期为 1000ms。\n");
    timer_init(TIMER_USER, 1000);
    // (1.6) 使能模块中断
    timer_clear_int(TIMER_USER);    // 在打开中断前清除中断标志位，防止立即进入中断
    timer_enable_int(TIMER_USER);   //使能定时器中断模块
    // (1.7)【不变】开总中断
    ENABLE_INTERRUPTS;
    // (1) ======启动部分（结尾）==============================
    // (2) ======主循环部分（开头）============================
    printf("进入主循环部分：\n");
    printf("  红灯每隔 5s 闪烁一次，\n");
    printf("  绿灯每隔 10s 闪烁一次，\n");
    printf("  蓝灯每隔 20s 闪烁一次。\n");
    for(;;)
    {
        // (2.1)  判断上一次翻转 LED 的时间和当前时间是否相同
        //  相同则跳过下面程序的执行
        //  如果没有此处的判断，会不断翻转 LED
        if(gSec == gUpdateSec)    //相同表示 1s 未到
            continue;
        // (2.2) 判断是否需要翻转小灯
        uint8_t reverse_red = gSec % 5 == 0;
        uint8_t reverse_green = gSec % 10 == 0;
        uint8_t reverse_blue = gSec % 20 == 0;
        if(reverse_red)
        {
            // (2.3)翻转红灯引脚状态
```

```
                gpio_reverse(LIGHT_RED);
                // （2.4）通过串口输出红灯状态
                printf("红灯改变亮暗!\r\n");
                gUpdateSec = gSec;
            }
            if(reverse_green)
            {
                // （2.5）翻转绿灯引脚状态
                gpio_reverse(LIGHT_GREEN);
                // （2.6）通过串口输出绿灯状态
                printf("绿灯改变亮暗!\r\n");
                gUpdateSec = gSec;
            }
            if(reverse_blue)
            {
                // （2.7）翻转蓝灯引脚状态
                gpio_reverse(LIGHT_BLUE);
                // （2.8）通过串口输出蓝灯状态
                printf("蓝灯改变亮暗!\r\n");
                gUpdateSec = gSec;
            }
        }
        // （2）==========主循环部分（结尾）==========
    }
}
```

2）中断线：isr.c 中断处理程序

当定时器到达定时时间 1s 时，会执行定时器中断服务程序。在定时器中断服务程序中，先判断是否由 TIM2 触发的中断，若是，则对变量 gSec 累加（即秒加 1），清除中断标志位。

```
//======================================================
//文件名称：isr.c（中断处理程序源文件）
//框架提供：SD-ARM（sumcu.suda.edu.cn）
//版本更新：20170801-20201005
//功能描述：提供中断处理程序编程框架
//======================================================
#include "includes.h"

//======================================================
//函数名称：TIMER_USER_Handler（USER 定时器中断处理程序）
//参数说明：无
//函数返回：无
//功能概要：(1) 每 1000ms 中断触发本程序一次
//======================================================
void TIMER_USER_Handler(void)
{
    DISABLE_INTERRUPTS;                  // 关总中断
    if(timer_get_int(TIMER_USER))        // 判断 TIMER_USER 是否产生中断
    {
```

```
            gSec ++;
            timer_clear_int(TIMER_USER);          // 清除中断标志位
    }
    ENABLE_INTERRUPTS;                            // 开总中断
}
```

3. 无操作系统的样例工程运行测试

将样例工程编译，通过 Type-C 线将 AHL-STM32L431 与个人计算机的 USB 接口进行连接，进入 AHL-GEC-IDE 中的"下载"→"串口更新"，单击"连接 GEC"按钮，连接成功后，导入编译产生的机器码.hex 文件，单击"一键自动更新"按钮将程序下载到目标板上，程序将自动运行[①]。图 3-3 所示为无操作系统的样例工程下载后图示。随后，观察 AHL-STM32L431 开发板上的红灯、蓝灯和绿灯的闪烁情况，若与图 3-2 所示的情况一致，则正确。

图 3-3 NOS 样例工程下载后图示

3.3.4 Mbed OS 的工程框架

1. Mbed OS 的工程框架的树形结构

Mbed OS 的工程框架与无操作系统的工程框架完全一致，不同的地方如下。

（1）在工程的 05_UserBoard 文件夹中增加了 Os_Self_API.h 和 Os_United_API.h 两个头文件。其中，Os_Self_API.h 头文件给出了 Mbed OS 对外接口函数 API，如事件（mbed_event）、消息队列（mbed__messagequeue）、信号量（mbed__semaphore）、互斥量（mbed__mutex）等有关函数，实际函数代码驻留于 BIOS 中；Os_United_API.h 头文件给出了实时操作系统的统

---

① 此过程可能会遇到设备连接不上等问题，解决办法参见本书配套电子资源"…\02-Document"文件夹下的用户手册。

一对外接口 API，目的是实现不同实时操作系统的应用程序可移植，可以涵盖实时操作系统的基本要素函数。

（2）在工程的"...\07_AppPrg\includes.h"文件中，给出了线程函数声明。

```
//线程函数声明
void    app_init(void);
void    thread_redlight();
void    thread_greenlight();
void    thread_bluelight();
```

（3）工程的"...\07_AppPrg\main.c"文件中，给出了操作系统的启动。

```
#define GLOBLE_VAR
#include  "includes.h"
//-------------------------------------------------------------------------
//声明使用到的内部函数
//main.c 使用的内部函数声明处
//-------------------------------------------------------------------------
//主函数，一般情况下可以认为程序从此开始运行
int main(void)
{
    OS_start(app_init);   //启动实时操作系统并执行主线程函数
}
```

（4）工程的 07_AppPrg 文件夹中的 threadauto_appinit.c 文件是主线程文件，在该文件的 main 函数中调用 OS_start 函数启动操作系统。app_init 函数是 OS_start 函数的入口参数，在实时操作系统启动过程中作为主线程的执行函数。因此，main_thread 线程也被称为自启动线程，app_init 函数被称为自启动线程函数，它的作用是将该文件夹中的其他三个文件中的函数（即 thread_redlight、thread_greenlight 和 thread_bluelight）变成线程函数，被调度运行。

（5）工程的 07_AppPrg 文件夹中的三个功能性函数文件为 thread_bluelight.c、thread_greenlight.c 和 thread_redlight.c，它们内部的函数由于变成了线程函数，因此可分别称为蓝灯线程、绿灯线程和红灯线程，它们在内核调度下运行。至此，可以认为有三个独立的主函数在操作系统的调度下独立地运行，一个大工程变成了三个独立运行的小工程。

2．Mbed OS 的启动

基于 Mbed OS 的样例工程（见"...\ 04-Software\CH3.3.4-mbedOS"文件夹），可用 AHL-GEC-IDE 导入。在该样例工程中，共创建了六个线程。表 3-3 所示为样例工程线程一览表。

表 3-3　样例工程线程一览表

归属	线程名	执行函数	优先级	线程功能	中文含义
内核	osRtxInfo.timer.thread	osRtxTimerThread	40	初始化消息队列	定时器线程
	main_thread	app_init	24	创建其他线程	主线程
	osRtxInfo.thread.idle	osRtxIdleThread	1	不做任何事情的无限循环	空闲线程
用户	thd_redlight	thread_redlight	10	红灯以 5s 为周期闪烁	红灯线程
	thd_greenlight	thread_greenlight	10	绿灯以 10s 为周期闪烁	绿灯线程
	thd_bluelight	thread_bluelight	10	蓝灯以 20s 为周期闪烁	蓝灯线程

执行 OS_start(app_init)进行 Mbed OS 的启动，在启动过程中依次创建了主线程（main_thread）、空闲线程（osRtxInfo.thread.idle）和定时器线程（osRtxInfo.timer.thread）。主线程执行函数 app_init 源代码是在本工程中直接给出的，空闲线程执行函数 osRtxIdleThread 和定时器线程执行函数 osRtxTimerThread 被驻留在 BIOS 中（这一内容将在第 8 章中进行解释）。

3．主线程的执行过程

1）主线程功能概要

主线程被内核调度先运行，过程概要如下。

（1）在主线程中依次创建蓝灯线程、绿灯线程和红灯线程，红灯线程实现红灯每 5s 闪烁一次，绿灯线程实现绿灯每 10s 闪烁一次，蓝灯线程实现蓝灯每 20s 闪烁一次，创建完这些用户线程之后主线程被终止。

（2）此时，在就绪列表中剩下红灯线程、绿灯线程、蓝灯线程和空闲线程四个线程。

（3）由于就绪列表优先级最高的一个线程是 thd_redlight，它优先得到激活运行。thd_redlight 线程每隔 5000ms 控制一次红灯的亮暗状态，当 thd_redlight 线程调用系统服务 delay_ms 执行延时，调度系统暂时剥夺该线程对 CPU 的使用权，将该线程从就绪列表中移出，放入延时列表中。

（4）系统开始依次调度执行 thd_bluelight 线程和 thd_greenlight 线程，将线程从就绪列表中移出，根据延时时长将线程放入延时列表中。

（5）当这三个线程都被放入延时列表时，就绪列表中就只剩下空闲线程，此时空闲线程会得到运行。

基于每 1ms（时间嘀嗒）的 SysTick 中断，在 SysTick 中断处理程序中，查看延时列表中的线程是否到期，若有到期的线程，则将线程从延时列表中移出，并放入就绪列表中。同时，由于到期线程的优先级大于空闲线程的优先级，会抢占空闲线程，通过上下文切换激活，再次得到运行。

由于这蓝、绿、红三个小灯物理上对外表现是一盏灯，所以样例工程的对外表现应该达到图 3-2 的效果（与无操作系统的样例工程运行效果相同）。

2）主线程源代码剖析

主线程的运行函数 app_init 主要完成全局变量初始化、外设初始化、创建其他用户线程、启动用户线程等工作，它在 07_AppPrg\threadauto_appinit.c 文件中定义。

（1）创建用户线程。在 threadauto_appinit.c 文件中，首先创建三个用户线程，即红灯线程 thd_redlight、蓝灯线程 thd_bluelight 和绿灯线程 thd_greenlight，它们的优先级都设置为 10[①]，堆栈空间设置为 512 字节。

```
thread_t    thd_redlight;
thread_t    thd_greenlight;
thread_t    thd_bluelight;
thd_redlight=thread_create("redlight", (void *)thread_redlight, 512, 10, 10,THREAD_RED, thread_red_stack);
thd_greenlight=thread_create("greenlight", (void *)thread_greenlight, 512, 10, 10, THREAD_BLUE, thread_blue_stack);
```

---

① Mbed OS 中线程的优先级数越小，所表示的优先级越低。

thd_bluelight=thread_create("bluelight", (void *)thread_bluelight, 512, 10, 10, THREAD_GREEN, thread_green_stack);

（2）启动用户线程。在 07_AppPrg 文件夹下创建 thread_redlight.c、thread_bluelight.c 和 thread_greenlight.c 三个文件，在这三个文件中分别定义三个用户线程执行函数，即 thread_redlight、thread_bluelight 和 thread_greenlight。这三个用户线程执行函数在定义上与普通函数无差别，但是在使用上不是作为子函数进行调用的，而是由 Mbed OS 进行调度的。此外，这三个用户线程执行函数基本上是一个无限循环，在执行过程中由 Mbed OS 分配 CPU 使用权。

  thread_startup(thd_redlight, thread_redlight);   //启动红灯线程
  thread_startup(thd_greenlight,thread_greenlight);   //启动绿灯线程
  thread_startup(thd_bluelight,thread_bluelight);   //启动蓝灯线程

3）主函数 app_init 代码注释

```
void app_init(void)
{
    // (1) ═══════启动部分（开头）═══════
    // (1.1) 声明 main 函数使用的局部变量
    thread_t  thd_redlight;
    thread_t  thd_greenlight;
    thread_t  thd_bluelight;
    // (1.2)【不变】BIOS 中 API 接口表首地址、用户中断处理程序名初始化
    // (1.3)【不变】关总中断
    DISABLE_INTERRUPTS;
    // (1.4) 给主函数使用的局部变量赋初值
    // (1.5) 给全局变量赋初值
    // (1.6) 用户外设模块初始化
    printf("   调用 gpio_init 函数，分别初始化红灯、绿灯、蓝灯\r\n");
    gpio_init(LIGHT_RED,GPIO_OUTPUT,LIGHT_OFF);
    gpio_init(LIGHT_GREEN,GPIO_OUTPUT,LIGHT_OFF);
    gpio_init(LIGHT_BLUE,GPIO_OUTPUT,LIGHT_OFF);
    // (1.7) 使能模块中断
    // (1.8)【不变】开总中断
    ENABLE_INTERRUPTS;
    printf("【提示】本程序为带 Mbed OS 的 STM32 用户程序\r\n");
    printf("【基本功能】① 在 Mbed OS 启动后创建了红灯、绿灯和蓝灯三个用户线程\r\n");
    printf("            ② 实现红灯每 5s 闪烁一次，绿灯每 10s 闪烁一次，蓝灯每 20s
                          闪烁一次\r\n");
    printf("【操作方法】连接 Debug 串口，选择波特率为 115200，打开串口，
                        查看输出结果....\r\r\n\n");
    printf("0-1.MCU 启动\n");
    // (2)【根据实际需要增删】线程创建，不能放在步骤 1~6 之间
    thd_redlight= thread_create("redlight", (void *)thread_redlight,
                    512,10, 10,THREAD_RED, thread_red_stack,);
    thd_greenlight=thread_create("greenlight", (void *)thread_greenlight,
                    512, 10, 10,THREAD_BLUE, thread_blue_stack,);
    thd_bluelight=thread_create("bluelight", (void *)thread_bluelight,
                    512, 10, 10,THREAD_GREEN,  thread_green_stack,);
```

```
    //（3）【根据实际需要增删】线程启动
    thread_startup(thd_redlight);      //启动红灯线程
    thread_startup(thd_greenlight);    //启动绿灯线程
    thread_startup(thd_bluelight);     //启动蓝灯线程
    //(4)阻塞主线程
    block();
}
```

4．红灯、绿灯、蓝灯线程

根据 Mbed OS 样例程序的功能，设计了红灯 thd_redlight、蓝灯 thd_bluelight 和绿灯 thd_greenlight 三个小灯闪烁线程，对应工程 07_AppPrg 文件夹下的 thread_redlight.c、thread_bluelight.c 和 thread_greenlight.c 这三个文件。

小灯闪烁线程先将小灯初始设置为暗，然后在 while(1)的永久循环体内，通过 delay_ms 函数实现延时，每隔指定的时间间隔切换灯的亮暗一次。delay_ms 函数的延时操作并非停止其他操作的空跑等待，而是通过延时列表管理延时线程，从而实现对线程的延时，延时函数将在 4.2 节和 9.2 节中详细介绍。在延时期间，线程被放入延时列表中，实时操作系统可以调度执行其他的线程。下面给出红灯线程函数 thread_redlight 的具体实现代码，蓝灯线程函数 thread_bluelight 和绿灯线程函数 thread_greenlight 与红灯线程函数 thread_redlight 类似，读者可自行分析。

```
//=================================================================
//函数名称：thread_redlight
//函数返回：无
//参数说明：无
//功能概要：每 5s 红灯反转
//内部调用：无
//=================================================================
void thread_redlight()
{
    printf("---第一次进入运行红灯线程!\r\n");
    gpio_init(LIGHT_RED,GPIO_OUTPUT,LIGHT_OFF);
    while (1)
    {
        printf("---红灯线程进入延时等待状态（5s）\r\n");
        delay_ms(5000);          //延时 5s
        printf("---红灯线程延时等待结束：红灯改变亮暗!\r\n");
        gpio_reverse(LIGHT_RED);
    }
}
```

5．Mbed OS 样例工程运行测试

测试过程可参照无操作系统的样例工程，从中可以观察到三色灯随时间的变化与图 3-2 一致。Mbed OS 样例工程测试结果如图 3-4 所示。由此体会无操作系统下编程与实时操作系统下编程的异同点。至此，实时操作系统可以较好地服务于用户程序设计。

嵌入式实时操作系统——基于 ARM Mbed OS 的应用实践

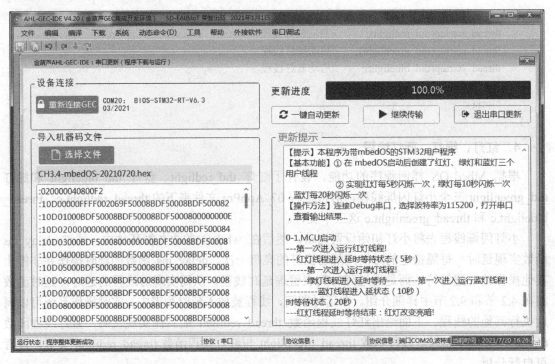

图 3-4 Mbed OS 样例工程测试结果

3.4 本章小结

  学习实时操作系统的第一要素就是实践，在实践中体会其基本机制。要进行实践，必须有软件和硬件基础平台。本章给出的硬件平台 AHL-STM32L431 及软件平台 AHL-GEC-IDE，可以满足实时操作系统学习与实践的基本要求，也可以方便地应用于实际产品开发。

  良好的工程组织是软件工程的基本要求，也是可移植、可复用、可维护的保证。要按照"分门别类，各有归处"的基本原则组织工程框架，且各个一级子文件夹不再变动，使得新增内容各有归处，同时保证无操作系统下与实时操作系统下工程中一级子文件夹名称相同，为实际应用开发提供规范的标准模板。

  本章给出的实例只用到实时操作系统下的延时函数，但有三个线程在运行，可以体会到这里的延时函数与运行机器码空延时不同，它让出了 CPU 使用权，在延时期间，CPU 可以执行其他线程。第 4 章将对这种延时方式做进一步分析。

第 4 章 实时操作系统下应用程序的基本要素

对应用程序设计来说,实时操作系统是一种工具,是为应用程序服务的,它不应该成为应用程序的负担。但是,要使它能更好地为应用程序服务,就必须掌握这个工具的使用方法,只有这样它才能为应用程序服务,否则就有可能成为负担。掌握实时操作系统的使用方法,首先必须理解中断系统、时间嘀嗒、延时函数、调度策略、线程优先级和常用列表等实时操作系统下应用程序的基本要素。

4.1 中断的基本概念及处理过程

前面多次提到过,实时操作系统中应用程序的运行有两条路线:一条是线程线,可能有许多个线程,由内核调度运行;另一条是中断线,线程被某种中断打断后,转去运行中断服务程序,随后返回原处继续运行。因此,梳理归纳中断的基本概念及处理过程,有助于对实时操作系统下程序运行过程的理解。

4.1.1 中断的基本概念

1. 中断与异常的基本含义

异常(Exception)是 CPU 强行从正在执行的程序切换到由某些内部或外部条件所要求的处理线程上,这些线程的紧急程度优先于 CPU 正在执行的线程。引起异常的外部条件通常来自外围设备、硬件断点请求、访问错误和复位等;引起异常的内部条件通常为指令、不对界错误、违反特权级和跟踪等。一些文献把硬件复位和硬件中断都归为异常,把硬件复位看作是一种具有最高优先级的异常,而把来自 CPU 外围设备的强行线程切换请求称为中断(Interrupt),软件上表现为将 PC 指针强行转到中断服务程序入口地址执行。CPU 对复位、中断、异常具有同样的处理过程,本书随后在谈及这个处理过程时统称为中断。

2. 中断源、中断服务程序、中断向量号与中断向量表

可以引起 CPU 产生中断的外部器件被称为中断源。中断产生并被响应后,CPU 暂停当前正在执行的程序,并保存当前 CPU 状态(即 CPU 内部寄存器)在栈中,随后转去执行另一个处理程序,执行结束后,恢复中断之前的状态,使得中断前的程序得以继续执行。CPU 被中断后转去执行的程序,称为中断服务程序。

一个 CPU 通常可以识别多个中断源。给 CPU 能够识别的每个中断源编号，这个号码就叫中断向量号，一般是连续编号，如 0,1,⋯,n。当第 i（$i=0,1,⋯,n$）个中断发生后，需要找到与之对应的中断服务程序，实际上只要找到对应中断服务程序的首地址即可。为了更好地找到中断服务程序的首地址，人们把各个中断服务程序的首地址放在一段连续的地址中[①]，并且按照中断向量号顺序存放，这个连续存储区称为中断向量表，这样一旦知道发生中断的中断向量号，就可以迅速地在中断向量表的对应位置取出相应的中断服务程序的首地址，把这个首地址赋给 PC，那么程序就会转去执行这个中断服务程序。中断服务程序的返回语句不同于一般子函数的返回语句，它是中断返回语句，遇到它，CPU 可从栈中恢复 CPU 中断前的状态，并返回原处继续运行。

从数据结构角度来看，中断向量表是一个指针数组，内容是中断服务程序的首地址。因为中断向量表是连续存储区，与连续的中断向量号相对应，故通常情况下，在程序书写时，中断向量表按中断向量号从小到大的顺序填写 ISR 的首地址，不能遗漏。即使某个中断不需要使用，也要在中断向量表对应的项中填入默认的 ISR 首地址（一般设置为 0），因为中断向量表是连续存储区，与连续的中断向量号相对应。默认中断服务程序的内容，一般为直接返回语句，即没有任何功能。默认中断服务程序的存在，不仅是给未用中断的中断向量表项"补白"，也可以使未用中断误发生后有个去处，就是直接返回原处。

在 ARM Cortex-M 微处理器中，还有一个非内核中断请求的编号，称为 IRQ 号。IRQ 号将内核中断与非内核中断稍加区分。对于非内核中断，IRQ 中断号从 0 开始递增，而对于内核中断，IRQ 中断号从-1 开始递减。

3．中断优先级、可屏蔽中断和不可屏蔽中断

在进行 CPU 设计时，一般定义了中断源的优先级。若 CPU 在程序执行过程中，有两个以上中断同时发生，则优先级最高的中断先得到响应。

根据中断是否可以通过程序设置的方式被屏蔽，可将中断划分为可屏蔽中断和不可屏蔽中断两种。可屏蔽中断是指可通过程序设置的方式决定不响应该中断，即该中断被屏蔽；不可屏蔽中断是指不能通过程序方式关闭的中断。

4.1.2 中断处理的基本过程

中断处理的基本过程分为中断请求、中断检测、中断响应等过程。

1．中断请求

当某一中断源需要 CPU 为其服务时，它将会向 CPU 发出中断请求信号（一种电信号）。中断控制器获取中断源硬件设备的中断向量号[②]，并通过识别中断向量号，将对应硬件模块的中断状态寄存器中的"中断请求位"置位，以便让 CPU 知道产生了何种中断请求。

2．中断检测（采样）

对于具有指令流水线的 CPU，它在指令流水线的译码或者执行阶段识别异常，若检测到

---

① 本书使用 32 位 ARM Cortex-M 系列微处理器的地址总线，即每个中断处理程序的首地址需要 4 个字节。
② 设备与中断向量号可以不是一一对应的。如果一个设备可以产生多种不同中断，允许有多个中断向量号。

一个异常，则强行中止后面尚未达到该阶段的指令。对在指令译码阶段检测到的异常和与执行阶段有关的指令异常来说，由于引起的异常与该指令本身无关，指令并没有得到正确执行，所以该类异常保存的 PC 值是指向引起该异常的指令，以便异常返回后重新执行。对于中断和跟踪异常（异常与指令本身有关），CPU 在执行完当前指令后才识别和检测这类异常，故该类异常保存的 PC 值是指向要执行的下一条指令。

可以这样理解，CPU 在每条指令结束的时候将会检查中断请求或者系统是否满足异常条件，为此，多数 CPU 专门在指令周期中使用了中断周期。在中断周期中，CPU 将会检测系统中是否有中断请求信号。若此时有中断请求信号，则 CPU 将会暂停当前执行的线程，转而去对中断请求进行响应；若系统中没有中断请求信号，则继续执行当前线程。

3. 中断响应

中断响应的过程是由系统自动完成的，对用户来说是透明的操作。在中断的响应过程中，CPU 会先查找中断源所对应的中断模式是否允许产生中断。若中断模块允许中断，则响应该中断请求。中断响应的过程要求 CPU 保存当前环境的上下文于栈中。通过中断向量号找到中断向量表中对应的中断服务程序的首地址，转而去执行中断服务程序。在中断处理术语中，"上下文"与简单地理解为 CPU 内部寄存器，其含义是在中断发生后，由于 CPU 在中断服务程序中也会使用 CPU 内部寄存器，所以需要在调用中断服务程序之前，将 CPU 内部寄存器保存至指定的 RAM 地址（栈）中，在中断结束后再将该 RAM 地址中的数据恢复到 CPU 内部寄存器中，从而使中断前后程序的"执行现场"没有任何变化。

4. ARM Cortex-M 微处理器中断编程要点

本节以 ARM Cortex-M 微处理器为例，从一般意义上给出中断编程的要点。

（1）理解初始中断向量表。在工程框架的"...\03_MCU\startup"文件夹下，存在由汇编语言编写的启动文件 startup_xxx.s，其内含中断向量表。一个 MCU 所能接纳的所有中断源的中断服务程序首地址（或名称）在此体现。

中断向量表一般位于工程的启动文件中。例如：

```
g_pfnVectors:
    .word        _estack
    .word        Reset_Handler
    ......
```

其中，除第一项外的每一项都代表着某个中断服务程序的首地址，第一项代表栈顶地址，一般是程序可用 RAM 空间的最大值+1。此外，对于未实例化的中断服务程序，由于在程序中不存在具体的函数实现，也就不存在相应的函数地址。因此，在启动文件中一般会采用弱定义的方式，将默认未实例化的中断服务程序的起始地址指向一个默认中断服务程序的首地址。例如：

```
    ......
    .weak      USART1_IRQHandler
    .thumb_set USART1_IRQHandler,Default_Handler
    .weak      USART2_IRQHandler
    .thumb_set USART2_IRQHandler,Default_Handler
```

其中，默认中断服务程序的内容一般为直接返回语句，即没有任何功能，也有的程序开发人员使用一个无限循环语句。前面提到过，默认中断服务程序的存在，不仅是给未用中断的中断向量表项"补白"，也可以使未用中断误发生后有个去处，最好为直接返回原处。

（2）确定对哪个中断源编程。在进行中断编程时，必须明确对哪个中断源进行编程。该中断源的中断向量号是多少，有时还需知道对应的 IRQ 号，以便设置。

（3）宏定义中断服务程序名。可以根据程序的可移植性，重新给默认的中断服务程序名起个别名，随后使用这个别名。

（4）编写中断服务程序。在 isr.c 文件中安排中断服务程序，使用已经命名好的别名。在中断服务程序中，一般先关闭总中断，退出前再开放总中断。

（5）在实时操作系统下中断初始化问题。在实时操作系统下，中断向量表被复制到 RAM 中。因此，中断服务程序名必须在初始化中重新加载，同时使对应中断源开放总中断。这样，当该中断产生时，就会执行对应的中断服务程序。

4.2 时间嘀嗒与延时函数

了解时间嘀嗒是理解调度的基础。实时操作系统延时函数暂停当前线程的执行，可执行其他线程，它不同于无操作系统下的机器周期空跑延时。

4.2.1 时间嘀嗒

时间嘀嗒是实时操作系统中时间的最小度量单位，是线程调度的基本时间单元。它主要用于系统计时、线程调度等。也就是说，要进行线程切换，至少需要等待一个时间嘀嗒。时间嘀嗒由硬件定时器产生，一般以毫秒（ms）为单位。在 Mbed OS 中，由于 ARM Cortex-M 内核中含有 SysTick 定时器，因此为了操作系统在芯片之间移植方便，时间嘀嗒由 SysTick 定时器产生。在本书中，SysTick 定时器驻留于 BIOS 的 Mbed OS 内核中，时间嘀嗒设置为 1ms。在第 8 章和第 9 章中，均有对此进行说明。

4.2.2 延时函数

1. 实时操作系统下延时函数的基本内涵

在有操作系统的情况下，线程一般不采用原地空跑（空循环）的方式进行延时（该方式下线程仍然占用 CPU 的使用权），而往往会使用到延时函数（该方式线程会让出 CPU 使用权），通过使用延时列表管理延时线程，从而实现对线程的延时。在实时操作系统下使用延时函数，内核把暂时不需执行的线程，放入延时列表中，让出 CPU 的使用权，并对线程进行调度。

在 Mbed OS 中，提供了一个延时函数 thread_delay。为了直观与通用，在 Os_United_API.h 头文件中将该函数宏定义为 delay_ms。应用程序编程时就使用 delay_ms，提高了应用程序的可移植性。delay_ms（30）代表延时 30 个时间嘀嗒。这个函数的基本原理是，执行该函数时，将当前线程按其延时参数指示的时间插入延时列表的相应位置，该列表中的线程按照延时时长从小到大排序，每一个线程控制块都记录了自身需要的等待唤醒时间（该时间=线程本身的延时时间-所有前驱节点的等待时间）。在延时期间，该线程已经放弃 CPU 的使用权，内核调度正常进行，可以执行其他就绪线程。当延时时间到达时，线程进入就绪列表，等待 Mbed OS 调度运行。

这里简要理解一下 delay_ms 函数的基本流程，第 9 章将对其进行详细剖析。进入 delay_ms 函数内部，其主要执行流程如下：①获取对内核数据区的访问；②获取当前线程描述符结构体指针；③根据延时的时间，将当前线程插入延时列表的相应位置；④放弃 CPU 使用权，由实时操作系统内核进行线程调度。

2. 使用实时操作系统下延时函数的注意要点

在实时操作系统下使用 delay_ms 函数时，需要注意以下两点。

第一，delay_ms 只能用在对时间精度要求不高或者时间间隔较长的场合。delay_ms 函数的延时时长参数 millisec 以时间嘀嗒为单位，在 Mbed OS 中 1 个时间嘀嗒等于 1ms，这样对延时时长参数就可以理解为是以 ms 为单位，此时实际延时时间与希望延时时间相等。但如果 1 个时间嘀嗒大于 1ms 时，而对希望延时的时间精度有较高要求时（如延时时间不是时间嘀嗒的整数倍），由于内核是在每个时间嘀嗒到来时（即产生 SysTick 中断）才会检查延时列表，因此此时的实际延时时间与希望延时时间可能会有误差，最坏的情况下的误差接近 1 个时间嘀嗒。所以，delay_ms 只能用在对时间精度要求不高的场合，或者时间间隔较长的场合。

第二，延时小于 1 个时间嘀嗒，不使用 delay_ms 函数。若延时的时间小于 1 个时间嘀嗒，则不建议使用 delay_ms 函数，而是根据具体的延时时间，采用变量循环空跑、插入汇编指令（NOP 指令）或探索其他更合理的方式来解决。

4.3 调度策略

调度是实时操作系统中十分重要的概念之一，正是因为实时操作系统中有个调度者，多线程才变得可能。线程调度策略直接影响到应用系统的实时性。

4.3.1 调度基础知识

调度是内核的主要职责之一，它决定将哪一个线程投入运行、何时投入运行及运行多久，协调线程对系统资源的合理使用。对系统资源非常匮乏的嵌入式系统来说，线程调度策略尤为重要，它直接影响到系统的实时性能。

调度是一种指挥方式，有多种调度策略。调度策略不同，线程被投入运行的时刻也不同。常用的调度策略主要有优先级抢占调度和时间片轮询（Round Robin，RR）调度。下面介绍这两种调度策略的基本含义。除以上两种调度策略之外，还有一种被称为显示调度的策略，就是用命令直接让其运行，在实时操作系统中很少用到。

1. 优先级抢占式调度

优先级抢占式调度总是让就绪列表中优先级最高的线程先运行，对于优先级相同的线程，则根据先进先出的原则。

所谓优先级是指计算机操作系统在处理多个线程（或中断）时，决定各个线程（或中断）接收系统资源的优先等级的参数。操作系统会根据各个线程（或中断）优先级的高低，决定处理各个线程（或中断）的先后次序。在 ARM Cortex-M 处理器中，中断（异常）的优先级一般在 MCU 设计阶段确定，优先级编号越小表示中断（异常）的优先级越高，而且高优先级可以抢占低优先级的中断（异常）。在 Mbed OS 中，线程共有 53 种优先级，数值分别为-1~1、8~56、0x7FFFFFFF，优先级数值越大表示线程的优先级越高。但线程的优先级数值不宜过大，否则将会影响线程管理列表所占的资源和管理的时效性。

基于优先级先进先出的调度策略在运行时可以分为以下三种情况。

第一种情况，设线程 B 的优先级高于线程 A，当线程 A 正在运行时，线程 B 准备就绪（发生的情景：一是线程 A 创建了线程 B；二是线程 B 的延时到期；三是用户显式地调度线程 B；四是线程 B 已获得等待的事件、信号量或互斥量等），而调度系统在下一个时间嘀嗒中断发生的时候，会抢夺线程 A 的 CPU 使用权，切换其状态为就绪态，并将线程 A 放入就绪列表中，同时分配 CPU 使用权给线程 B，线程 B 开始运行。

第二种情况，当线程 A 被阻塞后主动放弃 CPU 使用权，此时调度系统从就绪列表中寻找优先级最高的线程，将 CPU 的使用权分配给它。

第三种情况，当存在同一优先级的多个线程都处于就绪态时，较早进入就绪态的线程优先获得系统分配的一段固定时间片供其运行。

当发生以下任意一种情况时，当前线程会停止运行，并进入 CPU 调度。

第一种情况，由于调用了阻塞功能函数（如等待事件、信号量或互斥量等），激活态（运行态）线程主动放弃 CPU 使用权，同时被放到等待列表和阻塞列表中。

第二种情况，产生了一个比激活态（运行态）线程所能屏蔽的中断优先级更高的中断。

第三种情况，更高优先级的线程已经处于就绪态。

在协调同一优先级下的多个就绪线程时，一般实时操作系统可能会加入时间片轮询的调度机制，以此协调多个同优先级线程共享 CPU 的问题。

2. 时间片轮询调度

时间片轮询调度策略，就是对于优先级相同的线程使用时间片轮询方式，即给各个相同优先级的线程分配固定的时间片来分享 CPU 时间。实际上，当采用时间片轮询调度时，不同优先级的线程是按照先进先出策略进行调度的；相同优先级的线程才会采用时间片轮询的调度方式。

4.3.2 Mbed OS 中使用的调度策略

不同的操作系统采取的线程调度策略有所区别，如 μC/OS 总是运行处于就绪态且优先级最高的线程；FreeRTOS 支持三种调度方式，即优先级抢占式调度、时间片调度和合作式调度，实际应用主要是使用优先级抢占式调度和时间片调度，很少使用合作式调度；MQXLite 采用优先级抢占式调度、时间片轮询调度和显式调度。

在 Mbed OS 中，采用优先级抢占和时间片轮询的综合调度策略。该调度策略总是将 CPU 的使用权分配给当前就绪的、优先级最高的且较先进入就绪态的线程，同一优先级的线程可以采用时间片轮询调度策略（时间片轮询调度策略是可选的），它是作为优先级抢占式调度策略的补充，可以协调同一优先级的多个就绪线程共享 CPU 的问题，改善多个同优先级就绪线程的调度问题。

在 Mbed OS 中，每个轮询线程有最长时间限制（时间片）。在此时间片内，该线程可以被激活。在 Mbed OS 内核中定义默认的时间片 OS_ROBIN_TIMEOUT[①]为 5，也就意味着时间片轮询调度的时间间隔为 5 个时间嘀嗒，若每个时间嘀嗒为 1ms，那么时间间隔就是 5 ms。同时，在线程执行的时间片期间并不禁止抢占，这就意味着 CPU 使用权可能被其他优先级高的线程抢占。

在 Mbed OS 中，如果设置所有线程的时间片大小为 0，就不会进行时间片轮询调度。若未出现优先级抢占或者线程阻塞的情况，正在运行的线程则不会主动放弃对 CPU 的使用权。反之，当线程运行到规定时间间隔之后，会产生一次调度判断，若此时有同优先级的线程处于就绪态，则让出 CPU 使用权，否则继续运行。

在 Mbed OS 中，调度策略是通过系统服务调用 SVC（Supervisor Call）中断、可挂起系统调用 PendSV（Pendable Supervisor）中断和 SysTick 定时器中断来实现的。

4.3.3　Mbed OS 中的固有线程

Mbed OS 中的固有线程有自启动线程、空闲线程和定时器线程，其中定时器线程的优先级（40）最高，空闲线程的优先级（1）最低，自启动线程的优先级（24）介于它们之间。

1．自启动线程

在内核启动之前，需要创建一个自启动线程，以便内核启动后执行它，并由它来创建其他用户线程。当自启动线程被创建时，其状态为就绪态，会自动被放入就绪列表中。在 Mbed OS 中，自启动线程的优先级为 24，由于在启动过程中，最后是由自启动线程来创建其他用户线程的，因此它的优先级必须要高于或等于其他用户线程的优先级，这样才能保证其他用户线程被正常创建并运行。若自启动线程的优先级低于它所创建的用户线程的优先级，则一旦创建一个线程后，自启动线程会被抢占，无法继续创建其他线程。

2．空闲线程

为了确保在内核无用户线程可运行的时候，CPU 能继续保持运行状态，就必须安排一个空闲线程，该线程不完成任何实际工作，其状态为就绪态，始终在就绪列表中。在 Mbed OS 中，空闲线程是在内核启动的过程中被创建的，其优先级为 11，是所有线程中最低的。

3．定时器线程

在 Mbed OS 的内核启动过程中，不仅创建了自启动线程和空闲线程，还创建了定时器线程，其优先级较高，为 40。当定时器线程被创建后，其状态为就绪态，存放在就绪列表中。此时，就绪列表中有定时器线程（优先级 40）、自启动线程（优先级为 24）和空闲线程（优先级为 1），其中定时器线程优先级最高。因此，当内核启动从 SVC 中断返回时，就会转到定时器线程中执行，它是第一个获得运行的线程。当定时器线程运行后，先创建了一个消息队

---

① 当内核初始化时，osRtxInfo.thread.robin.timeout 属性的值为 OS_ROBIN_TIMEOUT，而 OS_ROBIN_TIMEOUT 在 RTX_config.h 中宏定义为 5。内核初始化分析详情见 8.3 节。

列，然后从消息队列中获取消息。由于此时消息队列刚创建，无消息可取，因此定时器线程就会进入阻塞态。之后，Mbed OS 内核会进行线程调度，从就绪列表中选择此时优先级最高的线程（此时为自启动线程），将其状态设置为激活态，准备运行。

4.4 实时操作系统中的功能列表

1.3 节已经介绍了线程有终止态、阻塞态、就绪态和激活态 4 种状态，实时操作系统会根据线程的不同状态使用不同的功能列表进行线程的管理与调度。

4.4.1 就绪列表

实时操作系统中要运行的线程大多先放入就绪列表中，即就绪列表中的线程是即将运行的线程，随时准备被调度运行，至于何时被允许运行，由内核调度策略决定。就绪列表中的线程，按照优先级的高低及先进先出原则进行排列。当内核调度器确认哪个线程运行时，将该线程的状态由就绪态改为激活态，线程就会从就绪列表中被取出执行。

4.4.2 延时列表

延时列表是按线程的延时时间长短的顺序排列，线程进入延时列表后，存储的延时时间与调用延时函数的实参不同，存储的延时时间=（延时函数的实参-所有前面线程存储时间之和）。若线程调用延时函数，则该线程就会被放入延时列表中，其状态由激活态变为阻塞态。当延时时间到时，该线程的状态由阻塞态变为就绪态，线程将从延时列表中移出，并放入就绪列表中，线程状态被设置为就绪态，等待调度执行。

4.4.3 等待列表

当线程进行永久等待状态或因等待事件位、消息、信号量、互斥量等，其状态由激活态变为阻塞态时，线程就会被放到等待列表和条件阻塞列表中。当等待的条件满足时，该线程的状态由阻塞态变为就绪态，线程会从等待列表和条件阻塞列表中移出，被放入就绪列表中，由 Mbed OS 进行调度执行。

4.4.4 条件阻塞列表

当线程进行永久等待状态或因等待事件、消息、信号量、互斥量等，其状态由激活态变为阻塞态时，线程就会被放到相应的条件阻塞列表中。此外，Mbed OS 还提供等待列表来管理这些线程。当等待的条件满足时，该线程状态由阻塞态变为就绪态，线程会从相应的条件阻塞列表中移出，放入就绪列表中，由实时操作系统进行调度执行。

为了方便对线程进行分类管理，在实时操作系统中会根据线程等待的事件、消息、信号量、互斥量等条件，将线程放入对应的条件阻塞列表中。根据线程等待的条件不同，这些阻塞列表在不同的实时操作系统中又可以分为事件阻塞列表、消息阻塞列表、信号量阻塞列表、互斥量阻塞列表。本节只给出这些列表的基本含义，其运行机理将在 10.1 节进行介绍。

4.5 本章小结

本章给出的实时操作系统下应用程序的基本要素主要是针对软件开发人员的。要理解实时操作系统下程序运行的基本流程，这些基本要素是必须掌握的。

异常与中断在程序设计中有着特殊地位。使用一个芯片编程，使用者必须知道这个芯片在硬件上支持哪些异常与中断，中断条件是什么，在何处进行中断服务程序的编写等。为了中断服务程序 isr.c 的可移植性，在 user.h 头文件中需要对中断服务程序的名字进行宏定义。

在实时操作系统中，时间嘀嗒是时间的最小度量单位，是线程调度的基本时间单元。它主要用于系统计时、线程调度等。要进行线程切换，至少需要等待 1 个时间嘀嗒。时钟嘀嗒由硬件定时器产生，一般以毫秒（ms）为单位，在 Mbed OS 中，时间嘀嗒设置为 1ms。

在实时操作系统中，延时函数具有让出 CPU 使用权的功能，调用延时函数的线程将进入延时列表，时间到后，内核将其从延时列表中移到就绪列表中，被调度运行。这种延时只适用于延时大于 1 个时间嘀嗒的情况，更短延时不能用这种方式。

在实时操作系统中，调度是内核的主要职责之一，它决定将哪一个线程投入运行、何时投入运行及运行多久。编程时，只要线程进入就绪列表中，何时运行就是调度者的事情，而编程者认为该线程已经运行。实时操作系统的基本调度策略有优先级抢占式调度和时间片轮询调度等。优先级抢占式调度就是让就绪列表中优先级最高的线程先运行，对于优先级相同的线程，则按照先进先出的原则。时间片轮询调度也是让就绪列表中优先级最高的线程先运行，而对于优先级相同的线程分配固定的时间片来分享 CPU 时间。

在实时操作系统中，使用就绪列表管理就绪的线程，使用延时列表管理延时等待的线程，使用条件阻塞列表管理因等待事件、消息等而阻塞的线程。

第 5 章 同步与通信的应用方法

在实时操作系统中,每个线程是独立的个体,接受调度器的调度运行。但是,线程之间不是完全不联系的,联系的方式就是同步与通信。只有掌握同步与通信的编程方法,才能编出较为完整的程序。实时操作系统中主要的同步与通信手段有事件、消息队列、信号量、互斥量等。本章给出它们的基本概念与应用方法,第 11、12 章将剖析其运行机制。

5.1 实时操作系统中同步与通信的基本概念

在百米比赛起点,运动员正在等待发令枪响。一旦发令枪响,运动员立即起跑,这就是一种同步。当一个人采摘苹果放入篮子中,另外一个人只要见到篮子中有苹果,就取出加工,这也是一种同步。实时操作系统中也有类似的机制应用于线程之间,或者中断服务程序与线程之间。

5.1.1 同步的含义与通信手段

为了实现各线程之间的合作和无冲突运行,一个线程的运行过程就需要和其他线程进行配合,线程之间的配合过程称为同步。由于线程间的同步过程通常是由某种条件来触发的,又称为条件同步。在每一次同步的过程中,其中一个线程(或中断)为"控制方",它使用实时操作系统提供的某种通信手段发出控制信息;另一个线程为"被控制方",通过通信手段得到控制信息后,进入就绪列表,被实时操作系统调度执行。被控制方的状态由控制方发出的信息的控制,即被控制方的状态由控制方发出的信息来同步。

为了实现线程之间的同步,实时操作系统提供了灵活多样的通信手段,如事件、消息队列、信号量、互斥量等,它们适合不同的场合。

1. 从是否需要通信数据的角度来看

(1)只发同步信号,不需要数据。除了使用事件、信号量、互斥量,在 Mbed OS 中还可以使用线程信号。同步信号为多个信号的逻辑运算结果时,一般使用事件作为同步手段。

(2)既有同步功能,又能传输数据。可使用消息队列。

2. 从产生与使用数据速度的角度来看

若产生数据的速度快于处理速度，就会有未处理的数据堆积，这种情况下只能使用有缓冲功能的通信手段，如消息队列。但是，产生数据的平均速度应该慢于处理速度，否则消息队列会溢出。

5.1.2 同步类型

在实时操作系统中，有中断与线程之间的同步、两个线程之间的同步、两个以上线程同步一个线程、多个线程相互同步等同步类型。

1. 中断和线程之间的同步

若一个线程与某一中断相关联，则在中断处理程序中产生同步信号，处于阻塞状态的线程等待这个信号。一旦这个信号发出，该线程就会从阻塞态变为就绪态，接受实时操作系统内核的调度。例如，一个小灯线程与一个串口接收中断相关联，小灯的亮暗切换由串口接收的数据控制，这种情况可用事件方式实现中断和线程之间的同步。在串口接收中断中，当中断处理程序收到一个完整的数据帧时，发出一个事件信号，而当处于阻塞态的小灯线程收到这个事件信号时，就可以进行小灯的亮暗切换。

2. 两个线程之间的同步

两个线程之间的同步分为单向同步和双向同步。

（1）单向同步。如果单向同步发生在两个线程之间，那么实际同步效果与两个线程的优先级有很大关系。当控制方线程的优先级低于被控制方线程的优先级时，控制方线程发出信息后使被控制方线程进入就绪态，并立即发生线程切换，然后被控制方线程直接进入激活态，瞬时同步效果较好。当控制方线程的优先级高于被控制方线程的优先级时，控制方线程发出信息后会进入就绪态，但并不发生线程切换，只有当控制方再次调用系统服务函数（如延时函数）使自己挂起时，被控制方线程才有机会运行，其瞬时同步效果较差。在单向同步过程中，必须保证消息的平均生产时间比消息的平均消费时间长，否则，再大的消息队列也会溢出。以采摘苹果与清洗苹果为例，有两个人（A、B），A拿着篮子采摘苹果，篮子最多可以放下20个苹果，B的眼睛盯着A手中的篮子，只要篮子中有苹果，他就"立即"取出清洗干净放在别处，如果A采摘苹果的速度快于B的清洗速度，篮子总有放不下的时候。

（2）双向同步。单向同步中，要求消息的平均生产时间比消息的平均消费时间长，那么如何实现产销平衡呢？可以通过协调生产者和消费者的关系来建立一个产销平衡的理想状态。通信的双方相互制约，生产者通过提供消息来同步消费者，消费者通过回复消息来同步生产者，即生产者必须得到消费者的回复后才能进行下一个消息的生产。这种运行方式称为双向同步，它使生产者的生产速度受到消费者的反向控制，达到产销平衡的理想状态。双向同步的主要功能为确认每次通信均成功，没有遗漏。

3. 两个以上线程同步一个线程

当需要由两个以上线程来同步一个线程时，简单的通信方式难以实现，可采用事件按逻辑与来实现，此时被同步线程的执行次数不超过各个同步线程中发出信号最少的线程的执行次数。只要被同步线程的执行速度足够快，被同步线程的执行次数就可以等于各个同步线程中发出信号最少的线程的执行次数。逻辑与的控制功能具有安全控制的特点，它可以用来保障一个重要线程必须在万事俱备的前提下执行。

4．多个线程相互同步

多个线程相互同步可以将若干相关线程的运行频度保持一致，每个相关线程在运行到同步点时都必须等待其他线程，只有全部相关线程都到达同步点，才可以按优先级的高低依次离开同步点，从而达到相关线程的运行频度保持一致的目的。多个线程相互同步保证在任何情况下各个线程的有效执行次数都相同，而且等于运行速度最低的线程的执行次数。这种同步方式具有团队作战的特点，它可用在一个需要多线程配合进行的循环作业中。

5.2 事件

在实时操作系统中，当为了协调中断与线程之间或线程与线程之间同步，但不需要传送数据时，常以事件为手段。本节主要介绍事件的含义及应用场合、事件常用函数及事件的编程举例。关于事件所涉及的结构体、事件等待函数和事件置位函数将在11.1节进行深入剖析。

5.2.1 事件的含义及应用场合

当某个线程需要等待另一线程（或中断）的信号才能继续工作，或需要将两个及以上的信号进行某种逻辑运算，并用逻辑运算的结果作为同步控制信号时，可采用事件字来实现，而这个信号或运算结果可以看作一个事件。例如，在串行中断服务程序中，将接收的数据放入接收缓冲区，当缓冲区数据是一个完整的数据帧时，可以把数据帧放入全局变量区，随后使用一个事件来通知其他线程及时对该数据帧进行剖析，这样就把两件事情交由不同主体完成：中断处理程序负责接收数据，并负责初步识别，而比较费时的数据处理交由线程函数完成。中断处理程序"短小精悍"是程序设计的基本要求。

一个事件用一位二进制数（0、1）表达，每一位称为一个事件位。在Mbed OS中，通常用一个字（如32位）来表达事件，这个字被称为事件字（用变量set表示）[1]。事件字的每一位可以记录一个事件，且事件之间相互独立，互不干扰。

事件字可以实现多个线程（或中断）协同控制一个线程。当各个相关线程（或中断）先后发出自己的信号后（使事件字的对应事件位有效），预定的逻辑运算结果有效，触发被控制的线程，使其脱离阻塞态，进入就绪态。

5.2.2 事件的常用函数

在Mbed OS中，事件的常用函数有事件等待函数（wait）、事件设置函数（set）、事件清除函数（clear）。

---

[1] 每个事件字可以表示32个单独事件，一般能满足一个中小型工程的需要。若所需事件多于32个，则可以根据需要创建多个事件字。

1. 事件等待函数

事件等待函数有两种形式,一种是 wait_any,另一种是 wait_all。当调用事件等待函数时,线程进入阻塞态。在 GEC 架构下,事件等待函数 wait_any 和 wait_all 被封装成 event_recv 函数。

(1) wait_any。等待 32 位事件字指定的一位或几位置位,就退出阻塞态。

```
//===============================================================================
//函数名称：wait_any
//功能概要：等待 32 位事件字指定的一位或几位置位
//参数说明：flags—指定要等待的事件位，32 位中的一位或几位
//         timeout—等待时间，默认为永久等待，单位为时间嘀嗒
//         clear—指定是否在等待后清除事件位（true—清除，默认值；false—不清除）
//函数返回：该返回值没有实际用途
//===============================================================================
uint32_t  wait_any (uint32_t  flags, uint32_t  timeout, bool  clear);
```

(2) wait_all。等待 32 位事件字指定的几位事件位全部置位,才退出阻塞态。

```
//===============================================================================
//函数名称：wait_all
//功能概要：等待 32 位事件字指定的几位事件位全部置位
//参数说明：flags—指定要等待的事件位，32 位中的一位或几位
//         timeout—等待时间，默认为永久等待，单位为时间嘀嗒
//         clear—指定是否在等待后清除事件位（true—清除，默认值；false—不清除）
//函数返回：该返回值没有实际用途
//===============================================================================
uint32_t  wait_all(uint32_t  flags, uint32_t  timeout, bool  clear);
```

2. 事件设置函数

事件设置函数用来设置事件字的指定事件位。该函数运行后(即事件位被置位后),因为执行事件等待函数而进入阻塞列表的线程,则会退出阻塞态,进入就绪列表,接受调度。一般编程过程,可以认为从事件等待函数之后的语句开始执行。在 GEC 架构下,事件设置函数 set 被封装成 event_send 函数。

```
//===============================================================================
//函数名称：set
//功能概要：设置指定的事件位
//参数说明：flags—置 32 位事件字中的事件位为"1"
//函数返回：返回事件位，或错误代码
//===============================================================================
uint32_t  set(uint32_t  flags);
```

3. 事件清除函数

事件清除函数用来清除指定的事件位。在 GEC 架构下,事件清除函数 clear 被封装成 event_clear 函数。

```
//===============================================================================
//函数名称：clear
```

```
//功能概要：清除指定的事件位
//参数说明：flags—指定要清除的 32 位事件字中的一位或几位事件位
//函数返回：该返回值没有实际用途
//=================================================================
uint32_t clear(uint32_t   flags );
```

5.2.3 事件的编程举例：通过事件实现中断与线程的通信

在"...\04-Softwareware\CH05\CH5.2.3-ISR_Event_mbedOS_STM32L431"文件夹下，可见具体通过事件实现中断与线程的通信实例，其功能为当串口接收到一帧数据（帧头 3A+四位数据+帧尾 0D 0A）时可控制红灯的亮暗。

在线程间使用事件进行同步时，一般编程步骤分为准备阶段与应用阶段。

1. 准备阶段

（1）声明事件字全局变量并创建事件字：在使用事件之前，需要先确定程序中需要使用哪些事件字，可以通过 event_create 函数创建事件字。例如，在本节样例程序中，先在 include.h 中声明事件字全局变量 EventWord（G_VAR_PREFIX 就是 extern），代码如下：

```
G_VAR_PREFIX   event_t   EventWord;                         //声明事件字 EventWord
```

然后，在 07_AppPrg\threadauto_appinit.c 文件中创建事件字实例，代码如下：

```
EventWord=event_create("EventWord",&EVENT_SP,RT_IPC_FLAG_PRIO);   //创建事件字
```

（2）给事件位取名：在线程所包含的预定义头文件中对相应事件的事件位屏蔽字进行宏定义，以方便之后的识别与使用，即给事件位"取名字"。例如，在本节样例程序中红灯线程等待 RED_LIGHT_EVENT 置 1，即事件字的第 3 位置 1；若中断对 RED_LIGHT_TASK 置 1，则红灯线程会收到这个信号，然后实现红灯反转操作。对应的宏定义在线程包含的预定义头文件 07_AppPrg\includes.h 中，代码如下：

```
#define RED_LIGHT_EVENT        (1<<3)                    //定义红灯事件位为事件字第 3 位
```

（3）模块初始化与中断使能：这样产生中断之后才能进入中断服务程序。在工程的 07_AppPrg\ threadauto_appinit.c 文件中添加以下代码：

```
uart_init(UART_User,115200);
uart_enable_re_int(UART_User);                            //使能模块中断
```

（4）中断服务程序重定向：为了确保串口接收中断服务程序的可移植性和可复用性，将不同 MCU 的串口名称进行重新定义，以保证串口接收中断服务程序的通用性。在工程的 05_UserBoard\user.h 文件中添加以下代码：

```
#define UART_User_Handler    USART2_IRQHandler           //重定向串口接收中断服务程序名称
```

2. 应用阶段

在初始化结束事件变量后，就可以使用结束事件了。

（1）等待事件位置位：这一步是在等待事件触发的线程中进行的，在等待事件的红灯线程中需要同步的代码前通过 event_recv 等待函数获取符合条件的事件位。

等待事件位置位有两种参数选项，一是等待指定事件位"逻辑与"选项，即等待屏蔽字中逻辑值为 1 的所有事件位都被置位，选项名为"EVENT_FLAG_AND"；二是等待事件位"逻

辑或"的选项,即等待屏蔽字中逻辑值为 1 的任意一个事件位被置位,选项名为"EVENT_FLAG_OR"。例如,在本节样例程序中,在线程 thread_redlight 里等待"红灯闪烁"事件位置位,代码如下:

```
event_recv(&EVENT_SP,EventWord,RED_LIGHT_EVENT,
          RT_EVENT_FLAG_OR|RT_EVENT_FLAG_CLEAR,
          RT_WAITING_FOREVER,&recvedstate,RED_LIGHT_EVENT);    //等待红灯事件位
event_clear(&EVENT_SP,EventWord,RED_LIGHT_EVENT);              //清除红灯事件位
uart_send_string(UART_User,(uint8_t *)"在红灯线程中,收到红灯事件,红灯反转\r\n");
gpio_reverse(LIGHT_RED);                                        //红灯反转
```

(2)设置事件位:这一步是在触发事件的中断或线程中进行的,在中断的相应位置使用 event_send 函数对事件位置位,用来表示某个特定事件发生。例如,在本节样例程序中,在中断处理程序 UART_User_Handler 中设置了"红灯闪烁事件"的事件位,代码如下:

```
event_send(&EVENT_SP,EventWord,RED_LIGHT_EVENT);              //设置红灯事件位
```

3. 程序代码

1)红灯线程

```
#include "includes.h"
//=====================================================================
//函数名称:thread_redlight
//功能概要:等待红灯事件,接收后反转红灯
//参数说明:无
//函数返回:无
//=====================================================================
void thread_redlight()
{
    //(1)==========声明局部变量==========
    uint32_t recvedstate;
    printf("第一次进入红灯线程!\r\n");
    gpio_init(LIGHT_RED,GPIO_OUTPUT,LIGHT_OFF);
    //(2)==========主循环(开始)==========
    while (1)
    {
        uart_send_string(UART_User,(uint8_t *)"在红灯线程中,等待红灯事件被触发\r\n");
        event_recv(&EVENT_SP,EventWord,RED_LIGHT_EVENT,
                  RT_EVENT_FLAG_OR|RT_EVENT_FLAG_CLEAR,
                  RT_WAITING_FOREVER,&recvedstate,RED_LIGHT_EVENT);//等待红灯事件
        event_clear(&EVENT_SP,EventWord,RED_LIGHT_EVENT);          //清除红灯事件
        uart_send_string(UART_User,(uint8_t *)"在红灯线程中,收到红灯事件,红灯反转\r\n");
        gpio_reverse(LIGHT_RED);                                    //切换红灯亮暗
    } //(2)==========主循环(结束)==========
}
```

2)串口接收中断服务程序

```
#include "includes.h"
//=====================================================================
```

```
//程序名称：UART_User_Handler 接收中断处理程序
//触发条件：UART_User_Handler 收到一个字节触发
//备注：进入本程序后，可使用 uart_get_re_int 函数进行中断标志判断
//              （1—有 UART 接收中断，0—没有 UART 接收中断）
//              硬件连接在目标板上的 UART0 位置
//==============================================================
void UART_User_Handler(void)
{
    uint8_t ch,flag;                              //变量声明
    DISABLE_INTERRUPTS;                           //关总中断
    //--------------------------------------------------------------
    //接收一个字节
    ch = uart_re1(UART_User, &flag);              //调用接收一个字节的函数，清除接收中断位
    if(flag)
    {
        //判断组帧是否成功
        if(CreateFrame(ch,g_recvDate))
        {
            //组帧成功，则设置红灯事件位
            uart_send_string(UART_User,(uint8_t *)"在中断中组帧成功，设置红灯事件位\r\n");
            event_send(&EVENT_SP,EventWord,RED_LIGHT_EVENT);  //设置红灯事件位
        }
    }
    //--------------------------------------------------------------
    ENABLE_INTERRUPTS;                            //开总中断
}
```

3）程序执行流程分析

红灯线程的执行流程需要等待串口接收一个完整的数据帧（帧头 3A+4 位数据+帧尾 0D 0A）之后，设置红灯事件位（事件字的第 3 位）。当红灯线程执行 event_recv()这个语句时，红灯线程会被放入事件阻塞列表和等待列表中，状态由激活态变为阻塞态。直到收到串口中断中设置红灯事件位信号后，红灯线程才会从事件阻塞列表和等待列表中移出，红灯线程状态由阻塞态变为就绪态，并放入就绪列表中，由实时操作系统内核进行调度，才会执行后续语句（切换红灯亮暗）。

4．运行结果

通过事件实现中断与线程间通信示例的运行结果如图 5-1 所示。通过串口输出的数据可以清晰地看出，在中断中设置红灯事件

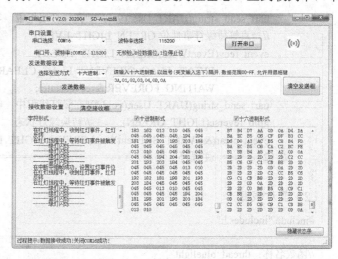

图 5-1 通过事件实现中断与线程间通信示例的运行结果

位,从而实现中断与线程之间的通信,实际效果是在发送完一帧数据后红灯的状态发生反转。

5.2.4 事件的编程举例:通过事件实现线程之间的通信

在"...\04-Softwareware\CH05\CH5.2.4-Event_mbedOS_STM32L431"文件夹下,有通过事件实现线程间的通信实例,其功能为蓝灯线程控制绿灯事件,从而实现线程之间的通信。

1. 准备阶段

前面已经详细阐述了使用事件之前所要做的准备工作,由于这里没有用到中断,所以就不需要对中断进行声明、使能和重定向了。

2. 程序代码

1)绿灯线程

```c
#include "includes.h"
//=================================================
//函数名称:thread_greenlight
//函数返回:无
//参数说明:无
//功能概要:等待绿灯事件位被触发,切换绿灯亮暗
//内部调用:无
//=================================================
void thread_greenlight()
{
    //(1)========声明局部变量========
    uint32_t recvedstate;
    printf("第一次进入绿灯线程!\r\n");
    gpio_init(LIGHT_GREEN,GPIO_OUTPUT,LIGHT_OFF);
    //(2)========主循环(开始)========
    while (1)
    {
        uart_send_string(UART_User,(void *)"在绿灯线程中,等待绿灯事件位被触发\r\n");
        //一直等待绿灯事件位 GREEN_LIGHT_EVENT
        event_recv(EventWord,GREEN_LIGHT_EVENT,
                   EVENT_FLAG_OR|EVENT_FLAG_CLEAR,
                   WAITING_FOREVER,&recvedstate);
        uart_send_string(UART_User,(void *)"在绿灯线程中,收到绿灯事件,绿灯反转\r\n");
        gpio_reverse(LIGHT_GREEN);      //转换绿灯状态
        event_clear(&EVENT_SP,EventWord,GREEN_LIGHT_EVENT);
    }//(2)========主循环(结束)========
}
```

2)蓝灯线程

```c
#include "includes.h"
//=================================================
//函数名称:thread_bluelight
//函数返回:无
```

```
//参数说明：无
//功能概要：每 10s 蓝灯反转，并置事件位 GREEN_LIGHT_EVENT
//内部调用：无
//=============================================================================
void thread_bluelight()
{
    //（1）==========声明局部变量==========
    printf("第一次进入蓝灯线程!\r\n");
    gpio_init(LIGHT_BLUE,GPIO_OUTPUT,LIGHT_OFF);
    //（2）==========主循环（开始）==========
    while (1)    //主循环
    {
        uart_send_string(UART_User,(void *)"----进入蓝灯线程-----\r\n");
        uart_send_string(UART_User,(void *)"在蓝灯线程中，设置绿灯事件\r\n");
        //设置 GREEN_LIGHT_EVENT 事件位
        event_send(&EVENT_SP,EventWord,GREEN_LIGHT_EVENT);
        uart_send_string(UART_User,(void *)"------蓝灯闪烁------\r\n");
        gpio_reverse(LIGHT_BLUE);
        delay_ms (10000);
    }//（2）==========主循环（结束）==========
}
```

3）程序执行流程分析

绿灯线程的执行流程需要等待蓝灯线程设置绿灯事件位（事件字的第 2 位）。当绿灯线程执行 event_recv()这个语句时，绿灯线程会被放入事件阻塞列表和等待列表中，状态由激活态变为阻塞态。直到收到蓝灯线程设置绿灯事件位信号后，绿灯线程才会从事件阻塞列表和等待列表中移出，状态由阻塞态变为就绪态，并放入就绪列表中，由实时操作系统内核进行调度，才会执行后续语句（切换绿灯亮暗）。

当蓝灯线程执行 event_send(EventWord,GREEN_LIGHT_EVENT)这个语句时，会向绿灯线程发送绿灯事件位已被设置信号，绿灯线程收到这个绿灯事件位信号后，才会执行后续语句（切换绿灯亮暗）。事件调度过程将在 11.1 节进行深入剖析。

3. 运行结果

通过事件实现线程间通信示例的运行结果如图 5-2 所示。通过串口输出可以看见在蓝灯线程中设置绿灯事件位，从而实现蓝灯线程与绿灯线程之间的通信，实际效果是绿灯亮暗交替。

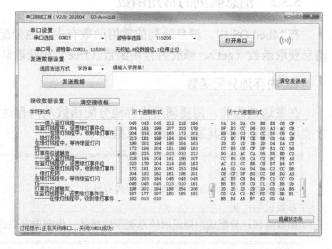

图 5-2　通过事件实现线程间通信示例的运行结果

5.3 消息队列

在实时操作系统中,如果需要在线程间或线程与中断间传送数据,就需要采用消息队列作为同步与通信手段。本节主要介绍消息队列的基本知识及应用场合、消息队列常用函数及消息队列的编程举例。对于消息队列所采用的结构体,以及存放消息函数、获取消息函数和内存池分配函数将在 11.2 节进行深入剖析。

5.3.1 消息队列的含义及应用场合

消息(Message)是一种线程间数据传送的单位,它可以是只包含文本的字符串或数字,也可以更复杂,如结构体类型等,所以相比使用事件时传递的少量数据(1 位或 1 个字),消息可以传递更多、更复杂的数据,这是通过消息队列来实现的。

消息队列(Message Queue)是在消息传输过程中保存消息的一种容器,是将消息从它的源头发送到目的地的中转站,它是能够实现线程之间同步和大量数据交换的一种队列机制。在该机制下,消息发送方在消息队列未满时将消息发往消息队列,接收方则在消息队列非空时将消息队列中的首个消息取出;而在消息队列满或者空时,消息发送方及接收方既可以等待消息队列满足条件,也可以不等待,直接进行后续操作。这样只要消息的平均发送速度小于消息的平均接收速度,就可以实现线程间的同步数据交换,即使偶尔产生消息堆积,也可以在消息队列中获得缓冲。

消息队列作为具有行为同步和缓冲功能的数据通信手段,主要适用于以下两个场合:第一,消息的产生周期较短,消息的处理周期较长;第二,消息的产生是随机的,消息的处理速度与消息内容有关,某些消息的处理时间有可能较长。这两种情况均可把产生与处理分在两个程序主体进行编程,它们之间通过消息队列通信。

5.3.2 消息队列的常用函数

在 Mbed OS 中,消息队列的常用函数有内存池分配函数(alloc)、消息存放函数(put)、消息获取函数(get)、释放内存块函数(free)和获取队列中消息数函数(count)。

1. 内存池分配函数

在发送消息前,需要调用内存池分配函数从内存池中得到一块分配好的内存空间,之后才能填写消息并将其发送。函数原型如下:

```
//========================================================================
//函数名称:alloc
//功能概要:从内存池中给消息分配内存块
//参数说明:无
//函数返回:分配成功则返回消息类型的指针,指向内存块的地址,否则返回 NULL
//========================================================================
Message_Type   *alloc(void);
```

2. 消息存放函数

此函数将消息放入消息队列中,若消息阻塞列表中有等待消息的线程,则将消息直接给线程,并不进入消息队列,否则给消息分配内存,并放入消息队列中。若无可分配内存,则返回等待超时或资源不可用。在 GEC 架构下,消息存放函数 put 被封装成 mq_send 函数。

```
//================================================================
//函数名称：put
//功能概要：存放消息,若队列为空则超时
//参数说明：data—消息类型的指针
//         millisec—超时时长,默认为 0,表示无延时
//         prio—消息优先级指针,默认优先级为 0
//函数返回：发送消息的结果
//         osOK—成功插入消息
//         osErrorTimeout—超时,在指定时间没有插入消息
//         osErrorResource—资源不可用
//         osErrorParameter—参数错误
//================================================================
osStatus put( Message_Type  *data, uint32_t  millisec, uint8_t  prio);
```

3. 消息获取函数

此函数从消息队列中获取消息,若消息队列非空,则将消息队列中首个消息出队,此消息变为该线程的资源;若消息队列为空,则线程阻塞,直到消息队列获取到消息。在 GEC 架构下,消息获取函数 get 被封装成 mq_recv 函数。

```
//================================================================
//函数名称：get
//功能概要：获取消息,若队列为空则超时
//参数说明：millisec—等待时间,默认为永久等待,单位为时间嘀嗒
//函数返回：发送消息的结果
//         osEventMessage—收到消息
//         osOK—队列中没有可用消息,也未指定超时
//         osEventTimeout —超时,在指定时间没有收到消息
//         osErrorParameter—参数错误
//================================================================
osEvent   get(uint32_t   millisec);
```

4. 释放内存块函数

当从消息队列中获取消息之后,需要调用释放内存块函数将消息所占用的内存块还给内存池,以便下次继续存放消息。函数原型如下:

```
//================================================================
//函数名称：free
//功能概要：将内存块回收到内存池中
//参数说明：block—需要释放的消息的内存块地址
//函数返回：该返回值没有实际用途
//================================================================
osStatus  free(Message_Type  *block);
```

5．获取队列中消息数函数

调用该函数可以获知某一消息队列中消息的数量。

```
//================================================================
//函数名称：count
//功能概要：获取目前消息队列中消息的数量
//参数说明：无
//函数返回：队列中消息的数量
//================================================================
uint32_t  count()
```

6．创建消息队列及内存池

利用消息队列进行编程时，除了调用以上常用的函数，还需要创建一个消息队列及消息池，其具体语句如下。

1）创建消息队列

Queue< Message_Type, Queue_sz> QueueName

其中，Message_Type 表示消息的类型；Queue_sz 表示队列中消息的数量；QueueName 表示队列的名称。

2）创建内存池

MemoryPool< Message_Type, Pool_sz> MemoryPoolName

其中，Message_Type 表示消息的类型；Pool_sz 表示内存块的数量，一般与消息的数量相同；MemoryPoolName 表示内存池的名称。

5.3.3 消息队列的编程举例

下面将举例说明如何通过消息队列实现线程间消息的传递。基于 3.4 节的样例工程，每当串口接收一个字节，就将一条完整的消息放入消息队列中，消息成功放入队列后，消息队列接收线程（run_messagerecv）会通过串口（波特率设置为 115200）打印消息，以及消息队列中消息的数量。具体代码可参见"...\04-Softwareware\CH05\CH5.3.3-MessageQueue_mbedOS_STM32L431"文件。

1．使用消息队列的编程步骤

使用消息队列的编程一般分为创建消息队列变量、发送消息和接收消息三个步骤，具体操作如下。

1）准备阶段

创建消息队列控制块，初始化消息队列，设置每个消息的最大值及消息队列最大可存放消息数：通过 mq_create 函数初始化消息队列结构体指针变量，设置每个消息的最大值及消息队列最大可存放消息数。例如，在本节样例程序中，在 threadauto_appinit.c 文件的 app_init 函数中初始化消息队列结构体指针变量，设置每个消息最大为 8×4 字节（rt_size_t 类型的大小为 4 字节），消息队列最大可存放消息数为 5，代码如下：

mq=mq_create("mq",message_size,message_nums,RT_IPC_FLAG_FIFO,(pointer)m_mq);

```
MemoryPool_id=MemoryPool_create(sizeof(mUartData_t),message_nums);
Queue_id=Queue_create(sizeof(mUartData_t),message_nums);
```

2）应用阶段

（1）将消息放入消息队列中：通过 mq_send 函数将消息放入消息队列中，若消息队列中存放的消息数已满，则会直接舍弃该条消息。例如，在本节样例程序中，串口接收中断处理程序将收到的消息放入消息队列中，代码如下：

```
mq_send(mq,mLS->data,sizeof(mLS->data), LWMSGQ_SEND_BLOCK_ON_FULL);
```

（2）获取消息队列中的消息：通过 mq_recv 函数获取消息队列中存放的消息。例如，在本节样例程序中，在 thread_messagerecv 线程中获取消息，代码如下：

```
qState = mq_recv(mq, temp, sizeof(temp), RT_WAITING_FOREVER,
                 LWMSGQ_RECEIVE_BLOCK_ON_EMPTY);
```

2．程序代码

1）串口接收中断服务程序

当串口中断成功接收到一个字节数据时，将数据组成一条完整的消息，并放入消息队列中。

```
//==============================================================
//文件名称：isr.c（中断处理程序源文件）
//框架提供：SD-EAI&IOT（sumcu.suda.edu.cn）
//版本更新：20170801-20191020
//功能描述：提供中断处理程序编程框架
//==============================================================
#include "includes.h"
//==============================================================
//程序名称：UART_User_Handler
//触发条件：UART_User 串口收到一个字节触发
//备注：进入本程序后，可使用 uart_get_re_int 函数可再进行中断标志判断
//       （1—有 UART 接收中断，0—没有 UART 接收中断）
//==============================================================
void UART_User_Handler(void)
{
    //局部变量
    uint8_t ch;
    uint8_t flag;

    DISABLE_INTERRUPTS;            //关总中断
    //-------------------------------
    //接收一个字节
    ch = uart_re1(UART_User,&flag);
    if(flag)
    {
        //若收到一帧数据
        if(CreateFrame(ch,g_recvDate))
        {
```

```c
        mLS = MemoryPool_alloc(MemoryPool_id);
        //取出收到的数据作为一个消息
        for(int i=0;i<message_size;i++)    mLS->data[i] = g_recvDate[1+i];
        //将该消息存放到消息队列
        mq_send(mq,mLS->data,sizeof(mLS->data),
                        LWMSGQ_SEND_BLOCK_ON_FULL);
    }
}
//------------------------------
    ENABLE_INTERRUPTS;                    //开总中断
}
```

2）消息接收线程

当消息队列中有消息时，可获取队列中消息的地址，并输出消息，其具体代码如下：

```c
#include "includes.h"
//=============================================================
//函数名称：thread_messagerecv
//函数返回：无
//参数说明：无
//功能概要：若队列中有消息，则打印出相应的消息，以及此时消息队列中消息的个数
//内部调用：无
//=============================================================
void thread_messagerecv()
{
    //（1）==========声明局部变量==========
    uint32_t temp[message_size];
    char* cnt;
    printf("消息队列线程启动\r\n");
    gpio_init(LIGHT_RED,GPIO_OUTPUT,LIGHT_OFF);
    //（2）==========主循环（开始）==========
    while (1)
    {
        //等待消息
        qState = mq_recv(mq, temp, sizeof(temp), RT_WAITING_FOREVER,
                        LWMSGQ_RECEIVE_BLOCK_ON_EMPTY);
        printf("qState.status = %d\r\n",qState.status);
        if(qState.status == OK)              //若获得消息
        {
            cnt = Os_sprintf(mq->entry);
            mUartData_t *mLS = (mUartData_t*)qState.value.p;
            uart_send_string(UART_User,(void *)"消息队列中消息数=");
            uart_send_string(UART_User,(void *)cnt);
            uart_send_string(UART_User,(void *) "\r\n");
            uart_send_string(UART_User,(void *) "当前取出的消息=");
            for(uint8_t i=0;i<message_size;i++)    uart_send1(UART_User,mLS->data[i]);
            uart_send_string(UART_User,(void *) "\r\n");
            MemoryPool_free(mLS,MemoryPool_id);
```

```
            }
            delay_ms(1000);//延迟是为了演示消息堆积的情况
        }//（2）======主循环（结束）=====================================
}
```

3）程序执行流程分析

消息队列的执行流程需要等待串口接收一个完整的数据帧（帧头 3A+8 位数据+帧尾 0D 0A）之后发送 8 位数据。每当串口接收一个完整的数据帧时，中断服务程序会将接收到的消息放入消息队列中。消息成功放入后，消息队列中的消息数量增 1。若消息数量不足 5 个，则消息可以继续放入消息队列中；若消息数量超过 5 个，则消息溢出，溢出的消息会被舍去；若消息发送的速度快于消息处理的速度且消息数量超过 5，则会产生消息堆积，而堆积的消息将被舍弃。

消息接收线程每隔 1s 从消息队列中获取消息，收到消息后输出消息内容，同时消息数量减 1。若无消息可获取，则消息接收线程会被放入消息阻塞列表和等待列表中，直到有新的消息到来，才会从消息阻塞列表和等待列表中移出，放入就绪列表中。

3. 运行结果

（1）发送 1 个消息的串口收发数据结果如图 5-3 所示。

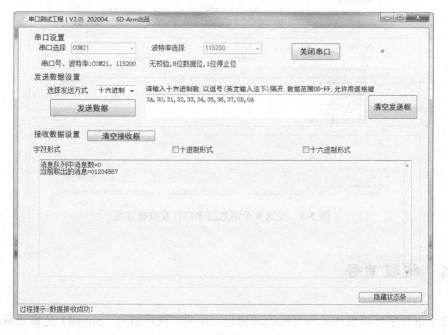

图 5-3　发送 1 个消息的串口收发数据结果

（2）当连续发送不超过 5 个消息时，串口每隔 1s 便输出一个消息的内容。图 5-4 所示为发送 3 个消息的串口收发数据结果。

（3）当发送多于 5 个消息时，溢出的部分会被舍弃。如图 5-5 所示，同时发送 6 个消息时，只会输出 5 个消息。

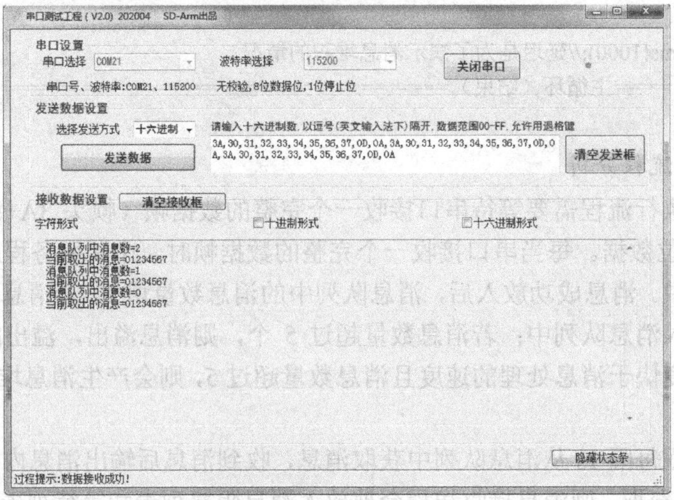

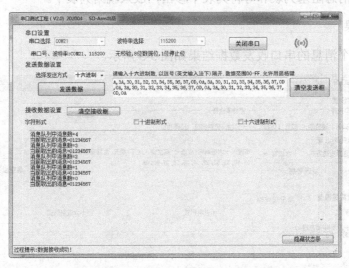

图 5-4 发送 3 个消息的串口收发数据结果

图 5-5 发送 6 个消息的串口收发数据结果

5.4 线程信号

相比于事件字可以表达多种可能的逻辑运算结果，线程信号（Signal）是最简单的同步手段，它只能表达某一具体的情况。本节主要介绍线程信号的含义及应用场合、线程常用函数和线程信号的编程举例。对于线程操作函数、线程信号等待函数和线程信号设置函数将在 12.1 节进行深入剖析。

5.4.1 线程信号的含义及应用场合

线程信号用来通知线程发生了异步事件，是线程之间相互传递消息的一种方法，内核也可以因为内部事情而给线程发送信号，通知线程发生了某件事情。

注意：信号只是用来通知某个线程发生了什么事情，并不给该线程传递任何数据。

线程信号的应用场合较多，如线程之间共同读写某一共享区域，线程 A 在写操作完成后可以发一个信号给线程 B，当线程 B 收到这个信号后就可以进行读操作；下游线程须等待上游线程完成；当线程越界，或者企图写一个只读的内存区域（如程序正文区），或者执行一个特权指令及其他各种硬件错误时；当执行一个并不存在的系统调用时；当线程退出，或者子线程终止等时。这些场合都可以通过信号来实现。

5.4.2 线程信号的常用函数

在 Mbed OS 中，线程信号的常用函数有线程信号等待函数（signal_wait）、线程信号设置函数（signal_set）、线程信号清除函数（signal_clr）。

1. 线程信号等待函数

当调用线程信号等待函数时，线程进入阻塞态，被放入等待列表中，等待指定的线程信号。在 GEC 架构下，线程信号等待函数 signal_wait 被封装成 thread_signal_wait 函数。

```
//================================================================
//函数名称：signal_wait
//功能概要：等待指定的线程信号
//参数说明：flags—指定要等待的线程信号
//         millisec—等待时间，默认为永久等待，单位为时间嘀嗒
//函数返回：该返回值没有实际用途
//================================================================
osEvent signal_wait(int32_t signals, uint32_t millisec);
```

2. 线程信号设置函数

线程信号设置函数用来设置指定的线程信号。在 GEC 架构下，线程信号设置函数 signal_set 被封装成 thread_signal_set 函数。

```
//================================================================
//函数名称：signal_set
//功能概要：设置指定的线程信号
//参数说明：flags—指定要设置的线程信号
//函数返回：该返回值没有实际用途
//================================================================
uint32_t  signal_set (uint32_t  flags);
```

3. 线程信号清除函数

线程信号清除函数用来清除指定的线程信号。在 GEC 架构下，线程信号清除函数 clear 被封装成 thread_signal_clr 函数。

```
//================================================================
//函数名称：clear
//功能概要：清除指定的事件位
//参数说明：flags—指定要清除的线程信号
//函数返回：该返回值没有实际用途
//================================================================
```

```
int32_t signal_clr(int32_t flags)
```

5.4.3 线程信号的编程举例

下面将举例说明如何通过线程信号实现中断与线程间的通信。基于 3.4 节的样例工程，蓝灯线程提示输入正确的红灯信号，红灯线程等待红灯信号，在串口接收中断中收到一个字节数据（R），就设置红灯信号，红灯线程收到这个信号后切换亮暗。具体代码可参见"...\04-Softwareware\CH05\CH5.4.3-ISR_ThreadSignal_mbedOS_STM32L431"文件。

1. 使用线程信号的编程步骤

1）准备阶段

在使用线程信号之前，需要先确定程序中需要使用哪些线程信号，这些线程信号的值必须是一个 32 位的整型数据。例如，在本节样例程序中，在 07_NosPrg\includes.h 文件中定义线程信号，代码如下：

```
#define RED_SIGNAL      0x52           //红灯等待的线程信号（R）
```

2）应用阶段

（1）等待线程信号。这一步是在等待线程信号的线程中进行的，通过调用 thread_signal_wait 函数来等待指定的线程信号。例如，在本节样例程序中，在 thread_redlight 线程函数中等待红灯线程信号，代码如下：

```
thread_signal_wait(RED_SIGNAL);            //等待红灯信号
```

（2）设置线程信号。这一步是在设置线程信号的中断或线程中进行的，哪个线程在等待这个线程信号，就必须在 thread_signal_set 函数中指定用该线程来设置这个线程信号。例如，在本节样例程序中，在串口接收中断服务程序 UART_User_Handler 中设置"红灯线程信号"，代码如下：

```
thread_signal_set(thd_redlight,RED_SIGNAL);        //设置红灯信号必须要红灯线程来设置
```

（3）清除线程信号。这一步也是在等待线程信号的线程中进行的，在等待线程信号被触发后，相应工作得到执行，此时需要通过 thread_signal_clr 函数清除对应的线程信号，以便线程响应下次线程信号的发生。例如，在本节样例程序中，在 thread_redlight 线程函数的等待线程信号之后的语句中加入清除该线程信号即可，代码如下：

```
thread_signal_clr(RED_SIGNAL);             //清除线程信号
```

2. 程序代码

1）红灯线程

```
//=============================================================
//函数名称：thread_redlight
//功能概要：等待红灯信号，接收后反转红灯，并清除红灯信号每 10s 红灯反转
//参数说明：无
//函数返回：无
//=============================================================
void thread_redlight(void)
{
```

```
    printf("---第一次运行红灯线程!\r\n");
    gpio_init(LIGHT_RED,GPIO_OUTPUT,LIGHT_OFF);
    while (1)
    {
        uart_send_string(UART_User,(uint8_t *)"在红灯线程中，等待红灯信号\r\n");
        thread_signal_wait(RED_SIGNAL);              //等待红灯信号
        uart_send_string(UART_User,(uint8_t *)"在红灯线程中，收到红灯信号，红灯反转\r\n");
        gpio_reverse(LIGHT_RED);                      //反转红灯
        thread_signal_clr(RED_SIGNAL);               //清除红灯信号
    }
}
```

2）蓝灯线程

```
//=============================================================
//函数名称：thread _bluelight
//功能概要：设置红灯信号和绿灯信号
//参数说明：无
//函数返回：无
//=============================================================
void thread _bluelight(void)
{
    printf("---------第一次运行蓝灯线程!\r\n");
    uint32_t mCount = 0;
    gpio_init(LIGHT_BLUE,GPIO_OUTPUT,LIGHT_OFF);
    while (1)
    {
        uart_send_string(UART_User,(uint8_t *)"------蓝灯闪烁------\r\n");
        gpio_reverse(LIGHT_BLUE);
        if(mCount%10==0)
        {
            uart_send_string(UART_User,(uint8_t *)"请输入正确的字符 R");
        }
        mCount++;
        delay_ms(5000);
    }
}
```

3）绿灯线程

```
//=============================================================
//函数名称：thread _greenlight
//功能概要：设置红灯信号和绿灯信号
//参数说明：无
//函数返回：无
//=============================================================
void thread _greenlight(void)
{
    printf("---------第一次运行绿灯线程!\r\n");
    gpio_init(LIGHT_GREEN,GPIO_OUTPUT,LIGHT_OFF);
```

```
    while (1)
    {
        gpio_reverse(LIGHT_GREEN);
        printf("【金葫芦提示】请连接另一个串口（User 串口）进行中断设置事件位的测试\r\n");
        printf("              程序功能与测试方法可查看 01_Doc 文件夹下的 readme.txt\r\n\n");
        uart_send_string(UART_User,(void *)"------绿灯闪烁------\r\n");
        delay_ms(2000);              //延时 2s
    }
}
```

4）串口接收中断服务程序

```
#include "includes.h"
extern thread_t thd_redlight;
//================================================================
//程序名称：UART_User_Handler
//触发条件：UART_User 串口收到一个字节触发
//备    注：进入本程序后，可使用 uart_get_re_int 函数再次进行中断标志判断
//              （1—有 UART 接收中断，0—没有 UART 接收中断）
//================================================================
void UART_User_Handler(void)
{
    //变量声明
    uint8_t flag,ch;
    DISABLE_INTERRUPTS;                  //关总中断
    //------------------------------------------------------------
    //收到一个字节，读出该字节数据
    ch = uart_re1(UART_User,&flag);      //调用接收一个字节的函数，清接收中断位
    if(flag)
    {
        //判断是否收到字符 R
        if(ch=='R')
        {
            uart_send_string(UART_User,(uint8_t *)"在中断中收到字符 R，设置红灯信号\r\n");
            thread_signal_set(thd_redlight,RED_SIGNAL);   //设置红灯信号
        }
    }
    //------------------------------------------------------------
    ENABLE_INTERRUPTS;                   //开总中断
}
```

5）程序执行流程分析

绿灯线程提示连接另一个串口来设置线程信号，蓝灯线程闪烁不断地提示输入正确的线程信号。

当红灯线程执行 thread_signal_wait(RED_SIGNAL)这个语句时，红灯线程会被放入等待列表中，其状态由激活态变为阻塞态，直到收到串口接收中断服务程序设置的红灯信号后，红灯线程才会从等待列表中移出，其状态由阻塞态变为就绪态，并被放入就绪列表中，由实时操作系统内核进行调度，才会执行后续语句（切换红灯亮暗）。

当串口接收中断服务程序收到一个字节数据（R）时，会执行 thread_signal_set(thd_redlight,RED_SIGNAL)这个语句，即向红灯线程发送红灯信号已被设置的信息，红灯线程收到这个信息后，才会执行后续语句（切换红灯的亮暗）。

线程信号调度过程将在 12.1.3 节进行深入剖析。

3．运行结果

通过线程信号实现中断与线程间通信示例的运行结果如图 5-6 所示，通过串口输出可以看到当发送"R"字符时，设置红灯信号，此时红灯亮起来，当再发送一次字符"R"时，又设置了红灯信号，红灯切换为暗。

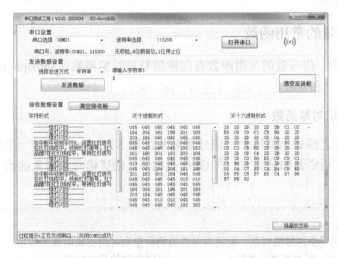

图 5-6　通过线程信号实现中断与线程间通信示例的运行结果

此外，在程序工程 CH5.4.3-ThreadSignal_mbedOS_STM32L431 文件夹中给出了采用线程信号实现线程与线程间的同步，读者可参考本例自行分析理解。

5.5　信号量

当共享资源有限时，可以采用信号量（Semaphore）来表达资源可使用的次数。当线程获得信号量时，就可以访问该共享资源了。本节主要介绍信号量的含义及应用场合、信号量操作函数及信号量的编程举例。对于信号量涉及的结构体、信号量等待函数和信号量释放函数将在 12.1 节进行深入剖析。

5.5.1　信号量的含义及应用场合

信号量的概念最初是由荷兰计算机科学家艾兹格·迪杰斯特拉（Edsger W Dijkstra）提出的，广泛应用于不同的操作系统中。维基百科对信号量的定义如下：信号量是一个提供信号的非负整型变量，以确保在并行计算环境中，不同线程在访问共享资源时，不会发生冲突。利用信号量机制访问一个共享资源时，线程必须获取对应的信号量，如果信号量不为 0，那么表示还有资源可以使用，此时线程可使用该资源，并将信号量减 1；如果信号量为 0，那么表示资源已被用完,该线程进入信号量阻塞列表和等待列表,排队等候其他线程使用完该资源后释放信号量(将信号量加1),才可以重新获取该信号量,访问该共享资源。此外,如果信号量的最大数量为1,信号量就变成了互斥量。

可以把信号量看作实际生活中的停车位,定义的信号量的个数就是停车位的个数,汽车(线程)想要进行停车操作必须要申请到可用的停车位,停车位满了就只能等待(对应线程阻塞),而一旦有车辆离开,停车位就会加1。正是信号量这种有序的特性,使信号量在计算机中有着较多的应用场合,如实现线程之间的有序操作;实现线程之间的互斥执行,使信号量个数为1,对临界区加锁,保证同一时刻只有一个线程在访问临界区;为了实现更好的性能而控制线程的并发数等。

5.5.2 信号量的常用函数

在 Mbed OS 中,信号量的常用函数有创建信号量对象函数(Semaphore)、等待获取信号量对象函数(wait)和释放信号量对象函数(release)。

1. 创建信号量对象函数

在使用信号量之前必须调用创建信号量对象函数 Semaphore 创建一个信号量对象,同时可以设置信号量可用资源的最大数。在 GEC 架构下,创建信号量对象函数 Semaphore 被封装成 sem_create 函数。

```
//================================================================
//函数名称:Semaphore
//功能概要:创建一个信号量对象,设置可用资源的数量和可用资源的最大数量
//参数说明:count—可用资源的数量,max_count:可用资源的最大数量
//函数返回:无
//================================================================
Semaphore(int32_t count);
```

2. 等待获取信号量对象函数

在获取共享资源之前,线程需要等待获取信号量。若可用信号量个数大于 0,则获取一个信号量,并将可用信号量个数减 1。若可用信号量个数为 0,则阻塞该线程,直到其他线程释放信号量之后,才能够获取共享资源的使用权。在 GEC 架构下,获取信号量函数 wait 被封装成 sem_take 函数。

```
//================================================================
//函数名称:wait
//功能概要:等待一个可用的信号量资源
//参数说明:millisec—等待时间,默认为永久等待,单位为时间嘀嗒
//函数返回:返回当前可用信号量的个数,如果参数错误返回-1
//================================================================
int32_t wait(uint32_t millisec);
```

3. 释放信号量对象函数

当线程使用完共享资源后,需要释放占用的共享资源,使可用信号量个数加 1。在 GEC

架构下,释放信号量函数 release 被封装成 sem_release 函数。

```
//=============================================================================
//函数名称:release
//功能概要:释放一个可用资源,信号量数量加1
//参数说明:无
//函数返回:该返回值没有实际用途
//=============================================================================
osStatus Semaphore::release(void);
```

5.5.3 信号量的编程举例

下面将举例说明如何通过信号量来实现线程对资源的访问。基于 3.4 节的样例工程,当线程申请、等待和释放信号量时,串口都会输出相应的提示,具体代码可参见"...\04-Softwareware\CH05\CH5.5.3-Semaphore_mbedOS_STM32L431"文件夹。

1. 使用信号量的编程步骤

信号量的获取和释放必须成对出现,即某个线程获取了信号量,那该信号量必须在该线程中进行释放。

1)准备阶段

初始化信号量,设置最大可用资源数:通过 sem_create 函数初始化信号量结构体指针变量,设置最大可用资源数。例如,在本节样例程序中,在 app_init 中初始化信号量结构体指针变量,设置最大可用资源数为 2,代码如下:

SP=sem_create("SP",2,IPC_FLAG_FIFO,&M_SP);

2)应用阶段

(1)等待信号量:在线程访问资源前,通过 sem_take 函数等待信号量;若无可用信号量时,则线程进入信号量阻塞列表和等待列表,等待可用信号量的到来。例如,在本节样例程序中,在对应线程中获取信号量,代码如下:

sem_take(SP,RT_WAITING_FOREVER);   //等待信号量

(2)释放信号量:在线程使用完资源后,通过 sem_release 函数释放信号量。例如,在本节样例程序中,在对应线程中释放信号量,代码如下:

sem_release(SP);   //释放信号量

2. 程序代码

1)信号量线程1

```
#include "includes.h"
//=============================================================================
//函数名称:thread_SPThread1
//函数返回:无
//参数说明:无
//功能概要:输出信号量变换情况,获得信号量后延时 5s
//内部调用:无
//=============================================================================
```

```c
void thread_SPThread1()
{
    //（1）======声明局部变量===========================================
    int SPcount;          //记录信号量的个数
    printf("第一次进入线程1！\n");
    //（2）======主循环（开始）=========================================
    while (1)
    {
        delay_ms(1000);                      //延时 1s
        SPcount=SP->value;                   //获取信号量的值
        printf("当前 SP 为%d\n",SPcount);
        printf("线程 1 请求 1 个 SP\n");
        if(SPcount==0)
        {
            printf("SP 为 0，线程 1 等待\n");
        }
        //获取一个信号量
        sem_take(SP,RT_WAITING_FOREVER);
        SPcount=SP->value;
        printf("线程 1 获取 1 个 SP，SP 还剩%d\n",SPcount);
        delay_ms(5000);
        //释放一个信号量
        sem_release(SP);
        printf("线程 1 成功释放 1 个 SP\n");
    }//（2）======主循环（结束）=========================================
}
```

2）信号量线程2

```c
#include "includes.h"
//==================================================================
//函数名称：thread_SPThread2
//函数返回：无
//参数说明：无
//功能概要：输出信号量变换情况，获得信号量后延时 2s
//内部调用：无
//==================================================================
void thread_SPThread2()
{
    //（1）======声明局部变量===========================================
    int SPcount;          //记录信号量的个数
    printf("第一次进入线程2！\n");
    //（2）======主循环（开始）=========================================
    while (1)
    {
        delay_ms(1000);
        SPcount=SP->value;                   //获取信号量的值
        printf("当前 SP 为%d\n",SPcount);
```

```c
        printf("线程 2 请求 1 个 SP\n");
        if(SPcount==0)
        {
            printf("SP 个数为 0,线程 2 等待\n");
        }
        sem_take(SP,RT_WAITING_FOREVER);      //获取一个信号量
        SPcount=SP->value;
        printf("线程 2 获取 1 个 SP, SP 还剩%d\n",SPcount);
        delay_ms(2000);
        sem_release(SP);                      //释放一个信号量
        printf("线程 2 成功释放 1 个 SP\n");
    }//(2)======主循环(结束)=================================
}
```

3）信号量线程 3

```c
#include "includes.h"
//==============================================================
//函数名称：thread_SPThread3
//函数返回：无
//参数说明：无
//功能概要：输出信号量变换情况,获得信号量后延时 3s 并切换小灯状态
//内部调用：无
//==============================================================
void thread_SPThread3()
{
    //(1)======声明局部变量=============================
    int SPcount;                              //记录信号量的个数
    gpio_init(LIGHT_GREEN,GPIO_OUTPUT,LIGHT_OFF);
    printf("第一次进入线程 3！\n");
    //(2)======主循环(开始)=============================
    while (1)
    {
        delay_ms(1000);                       //延时 1s
        SPcount=SP->value;                    //获取信号量的值
        printf("当前 SP 个数为%d\n",SPcount);
        printf("线程 3 请求 1 个 SP\n");
        if(SPcount==0)
        {
            printf("SP 个数为 0,线程 3 等待\n");
        }
        rt_sem_take(SP,RT_WAITING_FOREVER);   //获取一个信号量
        SPcount=SP->value;                    //获取信号量的值
        printf("线程 3 获取 1 个 SP, SP 还剩%d\n",SPcount);
        delay_ms(3000);
        printf("转换绿灯状态\n");
        gpio_reverse(LIGHT_GREEN);
        sem_release(SP);                      //释放一个信号量
```

```
        printf("线程 3 成功释放 1 个 SP\n");
    }// （2）======主循环（结束）===========================
}
```

4）程序执行流程分析

每当线程请求信号量时，都会先输出当前信号量个数，再输出当前线程请求信号量的提示。若当前信号量个数为 0，即无可用信号量，则会输出当前线程等待信号量的提示；若线程申请到信号量，则输出剩余信号量的个数，并在释放信号量后输出提示，释放信号量。

3．运行结果

程序开始运行后，我们能看到小灯按规律进行亮暗状态的转换。串口根据信号量的变化情况输出相应提示，信号量示例运行结果如图 5-7 所示。

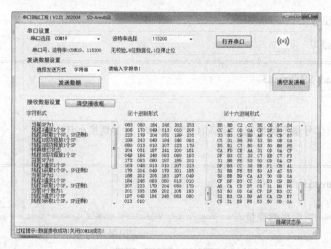

图 5-7　信号量示例运行结果

SP 为自定义的信号量名称。通过串口的提示，我们可以明显地看到信号量增减的变化，SP 申请和释放时会有相应的提示，而无可用 SP 时也会提示哪个线程正在等待。

5.6　互斥量

当共享资源只有一个时，为了确保在某个时刻只有一个线程能够访问该共享资源，可以考虑采用互斥量来实现。本节主要介绍互斥量的含义及应用场合、互斥量相关函数和互斥量的编程举例。对于互斥量涉及的结构体、互斥量锁定函数和互斥量解锁函数将在 12.2 节进行深入剖析。

5.6.1　互斥量的含义及应用场合

1．互斥量的概念

互斥量（Mutex）也称为互斥锁，是一种用于保护操作系统的临界区（或共享资源）的同步工具。它能够保证任何时刻只有一个线程能够操作临界区，从而实现线程间的同步。互斥量的操作只有加锁和解锁两种，每个线程都可以对一个互斥量进行加锁和解锁操作，必须按照先加锁再解锁的顺序进行操作。一旦某个线程对互斥量上锁，在它对互斥量进行解锁操作之前，任何线程都无法再对该互斥量进行上锁，

图 5-8 互斥型信号量的使用方法

是一个独占资源的行为，互斥型信号量的使用方法如图 5-8 所示。在无操作系统的情况下，一般通过声明独立的全局变量并在主循环中使用条件判断语句对全局变量的特定取值进行判断，实现对资源的独占。

在多数情况下，互斥型信号量和二值型信号量（布尔值、事件等用 0 和 1 表示状态的）非常相似，但是互斥量和二值型信号量有一个区别，互斥量可以通过优先级反转保证系统的实时性。例如，有三个线程，即线程 A、线程 B 和线程 C，优先级依次降低。线程 C 处于执行状态，线程 A 和线程 B 在等待某一事件的发生而处于阻塞态。同时，线程 A 与线程 C 需要资源 S1，线程 B 需要资源 S2。当线程 A 到来时，将抢占线程 C 的 CPU 使用权，但是资源 S1 被线程 C 占用，线程 A 只能继续处于阻塞态。当线程 B 来到后，抢占线程 C 的 CPU 使用权并获得资源 S2 开始执行，执行完毕释放 CPU 使用权，此时就发生了线程 A 与线程 B 的优先级反转现象，即低优先级的线程 B 先于高优先级的线程 A 运行。

在 Mbed OS 中也有优先级反转，使用内部优先级互斥量（osMutexPrioInherit），在互斥量属性结构体中使用 attr_bits 字段来标记某一互斥量是否具有内部优先级互斥量属性。当某一需求互斥量的高优先级线程到来时，已经获得互斥量的低优先级线程正在执行，通过调用 mutex_take 函数提高正在执行的低优先级线程的优先级，使低优先级线程继续执行下去，执行完后恢复到原来的优先级，从而保证系统的实时性。

2．互斥关系

互斥关系是指多个需求者为了争夺某个共用资源而产生的关系。在生活中就有很多互斥关系，如停车场内有两辆车争夺一个停车位、食堂里几个人排队打饭等。这些竞争者之间可能彼此并不认识，但是为了竞争共用资源，产生了互斥关系。就像食堂排队打饭一样，互斥关系中没有竞争到资源的需求者都需要排队等待第一个需求者使用完资源后，才能开始使用资源。

3．互斥应用场合

在一个计算机系统中，有很多受限的资源，如串行通信接口、读卡器和打印机等硬件资源及公用全局变量、队列和数据等软件资源。以使用串口通信为例，下面是两个线程间不使用互斥和使用互斥的情况。

假定有两个线程，线程 A 从串口输出"线程 A"，线程 B 从串口输出"线程 B"，执行从线程 A 开始，且线程 A 和线程 B 的优先级相同。

1）不使用互斥量

在不使用互斥量的情况下，由于操作系统时间片轮询机制，线程 A 和线程 B 交替执行。如果线程 A 向串口发送内容还没结束，线程 B 就向串口发送内容，会导致发送

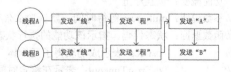

图 5-9 不使用互斥量情况下两个线程串口输出流程

的内容混乱，无法得到正确的结果。不使用互斥量情况下两个线程串口输出流程如图5-9所示。

经过上述流程，串口输出了"线线程程AB"，与期望输出"线程A"和"线程B"相去甚远。

2）使用互斥量

在使用互斥量的情况下，线程A在占用串口后，线程B必须等待线程A发送完成并解除占用才能占用串口发送数据。这样经过"排队"的过程，串口能够正常输出"线程A"和"线程B"，保证了程序的正确性。使用互斥量情况下两个线程串口输出流程如图5-10所示。

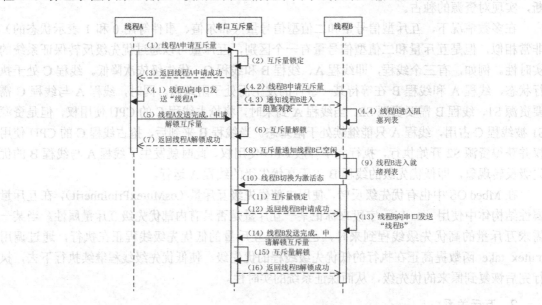

图5-10 使用互斥量情况下两个线程串口输出流程

5.6.2 互斥量的常用函数

在Mbed OS中，互斥量的常用函数有互斥量锁定函数（lock）和互斥量解锁函数（unlock）。

1．互斥量锁定函数

该函数的作用是给互斥量上锁。在线程获取独占资源前，须锁定互斥量。若互斥量未被锁定，则线程锁定互斥量，获得独占资源的使用权；若互斥量已被锁定，则该线程进入互斥量阻塞列表。若调用该函数时不传入任何参数，则默认传入的millisec参数值为osWaitForever。在GEC架构下，互斥量锁定函数lock被封装成mutex_take函数。

```
//========================================================================
//函数名称：lock
//功能概要：锁互斥量
//参数说明：millisec—等待时间，默认为永久等待，单位为时间嘀嗒
//函数返回：状态代码，指示该功能的执行状态
//         osOK：表示成功获得了互斥体
//         osErrorTimeout：表示在给定时间内互斥锁未被获取到
//         osErrorParameter：表示内部错误
//         osErrorResource：表示当没有指定超时时，无法获得互斥锁
```

```
//          osErrorISR：表示该功能不能从中断服务程序调用
//=============================================================================
osStatus lock(uint32_t millisec=osWaitForever);
```

2. 互斥量解锁函数

该函数的作用是给互斥量解锁。在线程使用完独占资源后，通过此函数解锁互斥量，释放对独占资源的使用权，以便其他线程能够使用独占资源。在 GEC 架构下，互斥量解锁函数 unlock 被封装成 mutex_release 函数。

```
//=============================================================================
//函数名称：unlock
//功能概要：解锁先前被同一个线程锁定的互斥锁
//参数说明：无
//函数返回：该返回值没有实际用途
//=============================================================================
osStatus unlock();
```

5.6.3 互斥量的编程举例

下面将举例说明如何通过互斥量来实现线程对资源的独占访问。基于 3.3.4 节的样例工程，仍然实现红灯线程每 5s 闪烁一次、绿灯线程每 10s 闪烁一次和蓝灯线程每 20s 闪烁一次。在 3.3.4 节的样例工程中，红灯线程、蓝灯线程和绿灯线程有时出现同时亮的情况（出现混合颜色），而本工程通过单色灯互斥量使每一时刻只有一个灯亮，不出现混合颜色情况。互斥量样例程序功能示意图如图 5-11 所示。为了方便读者理解，此处的样例只介绍使用互斥量类方法的实现过程，样例工程参见"…\04-Softwareware\CH05\CH5.6.3-Mutex_mbedOS_STM32L431"文件。

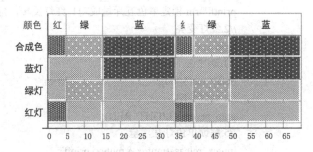

图 5-11 互斥量样例程序功能示意图

1. 使用互斥量的编程步骤

互斥量的使用方法有两种，一种是使用封装互斥量结构体的互斥量类，另一种是使用系统的互斥量结构体。需要注意的是，互斥量的锁定和解锁必须成对出现，即某个线程锁定了某个互斥量，该互斥量必须在该线程中进行解锁。

1）准备阶段

声明互斥量结构体指针变量，在 app_init 中对互斥量结构体指针变量进行初始化。

```
mutex=mutex_create("mutex",RT_IPC_FLAG_PRIO,&mutex_printf, &mutexattr);
```

2）应用阶段

（1）锁定互斥量。在线程访问独占资源前，通过 mutex_take 函数锁定互斥量，以获取共享资源使用权；若此时独占资源已被其他线程锁定，则线程进入该互斥量阻塞列表和等待列表，等待锁定此独占资源的线程解锁该互斥量。

```
mutex_take(mutex,RT_RT_WAITING_FOREVER);
```

（2）解锁互斥量。在线程使用完独占资源后，通过 mutex_release()函数解锁互斥量，释放对独占资源的使用权，以便其他线程能够使用独占资源。

mutex_release(mutex,&mutex_printf);

2. 程序代码

1）红灯线程

```
#include "includes.h"
//===================================================================
//函数名称：thread_redlight
//函数返回：无
//参数说明：无
//功能概要：每 5s 红灯反转一次
//内部调用：无
//===================================================================
void thread_redlight()
{
    gpio_init(LIGHT_RED,GPIO_OUTPUT,LIGHT_OFF);
    while (1)
    {
        //1.锁住单色灯互斥量
        mutex_take(mutex,&mutex_printf,RT_WAITING_FOREVER);
        printf("\r\n 锁定单色互斥量成功！红灯反转，延时 5s\r\n");
        //2.红灯变亮
        gpio_reverse(LIGHT_RED);
        //3.延时 5s
        delay_ms(5000);
        //4.红灯变暗
        gpio_reverse(LIGHT_RED);
        //5.解锁单色灯互斥量
        mutex_release(mutex,&mutex_printf);
    }
}
```

2）蓝灯线程

```
#include "includes.h"
//===================================================================
//函数名称：thread_bluelight
//函数返回：无
//参数说明：无
//功能概要：每 20s 蓝灯反转一次
//内部调用：无
//===================================================================
void thread_bluelight()
{
    gpio_init(LIGHT_BLUE,GPIO_OUTPUT,LIGHT_OFF);
    while (1)
```

```
    {
        //1.锁住单色灯互斥量
        mutex_take(mutex,&mutex_printf,RT_WAITING_FOREVER);
        printf("\r\n 锁定单色互斥量成功！蓝灯反转，延时 20s\r\n");
        //2.蓝灯变亮
        gpio_reverse(LIGHT_BLUE);
        //3.延时 20s
        delay_ms(20000);
        //4.蓝灯变暗
        gpio_reverse(LIGHT_BLUE);
        //5.解锁单色灯互斥量
        mutex_release(mutex,&mutex_printf);
    }
}
```

3）绿灯线程

```
#include "includes.h"
//==============================================================
//函数名称：thread_greenlight
//函数返回：无
//参数说明：无
//功能概要：每 10s 绿灯反转一次
//内部调用：无
//==============================================================
void thread_greenlight()
{
    gpio_init(LIGHT_GREEN,GPIO_OUTPUT,LIGHT_OFF);
    while (1)
    {
        //1.锁住单色灯互斥量
        mutex_take(mutex,&mutex_printf,RT_WAITING_FOREVER);
        printf("\r\n 锁定单色互斥量成功！绿灯反转，延时 10s\r\n");
        //2.绿灯变亮
        gpio_reverse(LIGHT_GREEN);
        //3.延时 10s
        delay_ms(10000);
        //4.绿灯变暗
        gpio_reverse(LIGHT_GREEN);
        //5.解锁单色灯互斥量
        mutex_release(mutex,&mutex_printf);
    }
}
```

4）程序执行流程分析

本样例工程与 3.3.4 节的样例工程的区别在于使用了互斥量机制。添加了互斥量机制后，红、绿、蓝三种颜色的小灯会按照红灯 5s、绿灯 10s、蓝灯 20s 的顺序单独实现亮暗，每种颜色的小灯线程之间通过锁定单色灯互斥量独立占有资源，不会产生黄、青、紫、白这四种混合颜色。若不添加互斥量机制，则现象与 3.3.4 节无区别。具体流程如下。

红灯线程调用 mutex_take 函数申请锁定单色灯互斥量成功，互斥锁为 1，红灯线程切换亮暗。此时任何访问红灯线程的请求都将被拒绝。当红灯线程锁定单色灯互斥量时，蓝灯线程和绿灯线程申请锁定单色灯互斥量均失败，会被放到互斥量阻塞列表和等待列表中，直到红灯线程解锁单色灯互斥量之后，才会从互斥量阻塞列表和等待列表中移出，获得单色灯互斥量，然后进行灯的亮暗切换。由于单色灯互斥量是由红灯线程锁定的，因此红灯线程能成功解锁它。5s 后，红灯线程解锁单色灯互斥量，解锁后互斥锁为 0，并进入等待状态。此时单色灯互斥量会从互斥量列表中移出，并转移给正在等待单色灯互斥量的绿灯线程。绿灯线程变为单色灯互斥量所有者，就表示绿灯线程成功锁定单色灯互斥量，互斥锁变为 1，同时切换绿灯的亮暗。10s 后，绿灯线程解锁单色灯互斥量，互斥锁再次变为 0，此时仍处于等待状态的蓝灯线程成为单色灯互斥量所有者。20s 后，蓝灯线程解锁单色灯互斥量，红灯线程又会重新锁定单色灯互斥量，进而实现一个周期循环的过程。

互斥量调度过程将在 12.3 节进行深入剖析。

3. 运行结果

互斥量示例运行结果如图 5-12 所示。

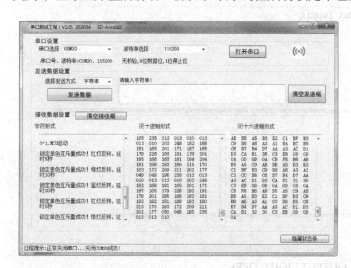

图 5-12 互斥量示例运行结果

5.7 本章小结

事件、消息队列、线程信号、信号量、互斥量等可作为线程之间、线程与中断服务程序之间的同步与通信的手段。

当某个线程需要等待中断处理程序或另一线程发出的信号才能继续工作时，可以使用事件或线程信号。但是，事件或线程信号只提供同步手段，不提供数据。

若既要同步，又要提供数据，可以使用消息队列。但使用消息队列时需要注意，产生消息的平均速度要小于使用消息的平均速度。少量的消息堆积决定了消息队列设定的大小，不能产生消息溢出而丢失的情况。

信号量与互斥量可用于访问共享资源，避免共享资源的使用冲突。若信号量的最大数量为 1，信号量就变成互斥量，可以互斥地访问一个共享资源。

第6章 底层硬件驱动构件

在嵌入式领域，无论是基于无操作系统的编程，还是基于实时操作系统的编程，都要与硬件打交道。软件干预硬件的方法是通过底层硬件驱动构件完成的。在应用层面，只要使用底层硬件驱动构件的对外应用程序接口 API 就可以干预硬件。因此，规范的构件封装及体现知识要素的 API 十分重要。本章先给出嵌入式构件概述及底层硬件驱动构件的设计要点，并在此基础上，给出基础构件、应用构件及软件构件的设计举例，由此理解构件的重用与移植方法。

6.1 嵌入式构件概述

6.1.1 制作构件的必要性

机械、建筑等传统产业的运作模式是先生产符合标准的构件（零部件），然后将标准构件按照规则组装成实际产品。其中，构件（Component）是核心和基础，复用是必需的手段。传统产业的成功充分证明了这种模式的可行性和正确性。软件产业的发展借鉴了这种模式，为标准软件构件的生产和复用确立了举足轻重的地位。

随着微控制器及应用处理器内部 Flash 存储器可靠性的提高和擦写方式的变化、内部 RAM 和 Flash 存储器容量的增大，以及外部模块内置化程度的提高，嵌入式系统的设计复杂性、设计规模及开发手段已经发生了根本变化。在嵌入式系统发展的初级阶段，嵌入式系统的硬件和软件设计通常是由一个工程师来承担的，软件在整个工作中的比例很小。随着时间的推移，硬件设计变得越来越复杂，软件的分量也急剧增大，软件开发工程师也由一人发展为由若干人组成的开发团队。为此，希望提高软件和硬件设计的可重用性与可移植性，构件的设计与应用是重用与移植的基础与保障。

6.1.2 构件的基本概念

国内外曾对软件构件的定义进行激烈讨论，有许多不同的说法。

构件广义上的理解是可复用的软件组成成分，这里的构件主要是指软件构件。截至目前有多种关于构件的定义，但本质是相同的。这里给出 1996 年在 ECOOP[①] 上提出的构件定义：

---

① 欧洲面向对象程序设计会议（European Conference On Object-Oriented Programming）。

软件构件是一个具有规范接口和确定的上下文依赖的组装单元,它可以被独立部署或被第三方组装。它既包括技术因素,如独立性、合约接口、组装,又包括市场因素,如第三方组装和独立部署。结合技术因素和市场因素来看,即使超出软件范围来评价,构件也是独一无二的。而从当前的角度来看,上述定义仍然需要进一步完善。这是因为一个可部署构件的合约内容远远不只是接口和语境依赖,它还要规定构件应该如何部署,一旦部署应该如何被实例化,如何通过规定的接口工作等。

再列举其他文献给出的定义,以便了解对软件构件定义的不同表达方式,也可以看作从不同角度了解软件构件。

美国卡内基梅隆大学软件工程研究所(Carnegie-Mellon University Software Engineering Institute)给出的软件构件的定义:构件是一个不透明的功能实体,能够被第三方组织,且符合一个构件模型。

国际上第一部软件构件专著的作者 Szyperski 给出的软件构件的定义:可以单独生产、获取、部署的二进制单元,它们之间可以相互作用构成一个功能系统。

到目前为止,对于软件构件依然没有形成一个能够被广泛接受的定义,不同的研究人员对构件有着不同的理解。一般来说,可以将软件构件理解为,在语义完整、语法正确的情况下,具有可复用价值的单位软件,是软件复用过程中可以明确辨别的成分;从程序角度上可以将构件看作有一定功能、能够独立工作或协同其他构件工作的程序体。

6.1.3 嵌入式开发中构件的分类

为了便于理解与应用,可以把嵌入式构件分为基础构件、应用构件与软件构件三种类型。

1. 基础构件

基础构件是根据 MCU 内部功能模块的基本知识要素,针对 MCU 引脚功能或 MCU 内部功能,利用 MCU 内部寄存器而制作的可直接干预硬件的构件。基础构件是面向芯片级的硬件驱动构件,也称为底层硬件驱动构件,又常简称为底层构件、驱动构件,是符合软件工程封装规范的芯片硬件驱动程序。其特点是面向芯片,以知识要素为核心,以模块独立性为准则进行封装。常用的基础构件主要有 GPIO 构件、UART 构件、Flash 构件、ADC 构件、PWM 构件、SPI 构件、I2C 构件等。

面向芯片,表明在设计基础构件时,不应该考虑具体应用项目;以知识要素为核心,尽可能把基础构件的接口函数和参数设计成与芯片无关,便于理解与移植,也便于保证调用基础构件的上层软件的可复用性;模块独立性是指在设计芯片的某一模块底层驱动构件时,不要涉及其他平行模块。

2. 应用构件

应用构件是通过调用芯片基础构件而制作完成的,是符合软件工程封装规范的,面向实际应用硬件模块的驱动构件。其特点是面向实际应用硬件模块,以知识要素为核心,以模块独立性为准则进行封装。例如,LCD 构件调用基础构件 SPI,完成对 LCD 显示屏控制的封装。也可以把 printf 函数纳入应用构件,因为它调用串口构件。printf 函数调用的一般形式为 printf("格式控制字符串",输出表列)。本书使用的 printf 函数可以通过 uart 串口向外传输数据。

3. 软件构件

软件构件是一个面向对象的、具有规范接口和确定的上下文依赖的组装单元，它能够被独立使用或被其他构件调用。它是不直接与硬件相关的、符合软件工程封装规范的，实现一组完整功能的函数。其特点是面向实际算法，以知识要素为核心，以功能独立性为准则进行封装，具有底层硬件无关性。常用软件构件有排序算法、队列操作、链表操作及人工智能的一些算法等。

6.1.4 构件的基本特征与表达形式

构件技术的出现，为实现构件的工业化生产提供了理论与技术基石。将构件技术应用到嵌入式软件开发中，可以大大提高嵌入式系统的开发效率与稳定性。封装性、可移植性与可复用性是构件的基本特性。采用构件技术设计软件，可以使软件具有更好的开放性、通用性和适应性。

底层硬件驱动构件是嵌入式软件与硬件打交道的必然通路。开发应用软件时，需要通过底层硬件驱动构件提供的应用程序接口与硬件打交道。封装好的底层硬件驱动构件，能减少重复劳动，使广大 MCU 应用开发者专注于应用软件的稳定性与功能设计，提高开发的效率和稳定性。

为了把底层硬件驱动构件设计好、封装好，先要了解构件的基本特征与形式。

1. 构件的基本特征

在嵌入式软件领域中，由于软件与硬件紧密联系的特性，使与硬件紧密相连的底层硬件驱动构件的生产成为嵌入式软件开发的重要内容之一。良好的底层硬件驱动构件具备以下特性。

（1）封装性。在内部封装实现细节，采用独立的内部结构以减少对外部环境的依赖。调用者只需要通过构件接口就能获得相应功能，内部实现的调整将不会影响构件调用者的使用。

（2）描述性。构件必须提供规范的函数名称、清晰的接口信息、参数含义与范围、必要的注意事项等描述，为调用者提供统一、规范的使用信息。

（3）可移植性。构件的可移植性是指同样功能的构件，如何做到不改动或少改动，而方便地移植到同系列及不同系列芯片内，减少重复劳动。

（4）可复用性。在满足一定使用要求时，构件不经过任何修改就可以直接使用。特别是使用同一芯片开发不同项目时，底层硬件驱动构件应该做到复用。可复用性使高层调用者对构件的使用不因底层实现的变化而改变，可复用性提高了嵌入式软件的开发效率、可靠性与可维护性。不同芯片的底层硬件驱动构件复用须在可移植性基础上进行。

2. 构件的表达形式

构件由头文件和源程序文件两部分组成。构件的头文件名和源程序文件名一致，且均为构件名。

构件的头文件中，主要包含必要的引用文件、描述构件功能特性的宏定义语句及声明对外接口函数。良好的构件头文件应该成为构件使用说明，不需要调用者查看源程序。

构件的源程序文件中包含构件的头文件、内部函数的声明、对外接口函数的实现。

将构件分为头文件与源程序文件两个独立的部分，意义在于头文件中包含对构件的使用信息的完整描述，为调用者提供充分的说明，构件提供服务的实现细节被封装在源程序文件中。调用者通过构件对外接口获取服务，而不必关心服务函数的具体实现细节，这就是构件设计的基本内容。

构件中的函数名以"构件名_函数功能名"的形式命名，以便明确标识该函数属于哪个构件。

构件中的内部调用函数不在头文件中声明，其声明直接放在源程序头部，不做注释，只做声明，函数头注释及函数实体在对外接口函数后部给出。

6.2 底层硬件驱动构件设计原则与方法

6.2.1 底层硬件驱动构件设计的基本原则

为了能够做到把底层硬件驱动构件设计好、封装好，还要了解构件设计的基本原则。

在设计底层硬件驱动构件时，最关键的工作是要对构件的共性和个性进行分析，设计出合理的、必要的对外接口函数及其形参。尽量做到：当一个底层硬件驱动构件应用到不同系统中时，仅需修改构件的头文件，对于构件的源程序文件则不必修改或改动很小。

根据构件的封装性、描述性、可移植性、可复用性的基本特征，底层硬件驱动构件的设计应遵循层次化、易用性、健壮性及对内存的可靠使用原则。

1. 层次化原则

层次化设计要求清晰地组织构件之间的关系。底层硬件驱动构件与底层硬件打交道，在应用系统中位于底层。遵循层次化原则设计底层硬件驱动构件需要做到以下几点。

针对应用场景和服务对象，分层组织构件。设计底层硬件驱动构件的过程中，有一些与处理器相关的、描述芯片寄存器映射的内容，这些是所有底层硬件驱动构件都需要使用的，将这些内容组织成底层硬件驱动构件的公共内容，作为底层硬件驱动构件的基础。在底层硬件驱动构件的基础上，还可以使用高级的扩展构件调用底层硬件驱动构件的功能，从而实现更加复杂的服务。

在构件的层次模型中，上层构件可以调用下层构件提供的服务，同一层次的构件不存在相互依赖关系，不能相互调用。例如，Flash 模块与 UART 模块是平级模块，不能在编写 Flash 构件时，调用 UART 驱动构件。即使要通过 UART 驱动构件函数的调用在个人计算机显示屏上显示 Flash 构件测试信息，也不能在 Flash 构件内含有调用 UART 驱动构件函数的语句，应该编写上一层次的程序调用。平级构件是相互不可见的，只有深入理解并遵守这一点，才能更好地设计出规范的底层硬件驱动构件。在操作系统中，平级构件不可见尤为重要。

2. 易用性原则

易用性在于让调用者能够快速理解构件提供的功能，并能正确使用。遵循易用性原则设计底层硬件驱动构件需要做到以下几点：函数名简洁且达意；接口参数清晰，范围明确；使用说明语言精练规范，避免二义性。此外，在函数的实现方面，要避免编写代码量过大。函数的代码量过大会难以理解与维护，并且容易出错。若一个函数的功能比较复杂，可将其"化整为零"，通过编写多个规模较小、功能单一的子函数，再进行组合，实现最终的功能。

3．健壮性原则

健壮性在于为调用者提供安全的服务，避免在程序运行过程中出现异常状况。遵循健壮性原则设计底层硬件驱动构件需要做到以下几点：在明确函数输入与输出的取值范围、提供清晰接口描述的同时，在函数实现的内部要有对输入参数的检测，对超出合法范围的输入参数进行必要的处理；使用分支判断时，确保对分支条件判断的完整性，对默认分支进行处理。例如，对 if 结构中的 "else" 分支和 switch 结构中的 "default" 安排合理的处理程序。同时，不能忽视编译警告错误。

4．内存可靠使用原则

对内存的可靠使用是保证系统安全、稳定运行的一个重要因素。遵循内存可靠使用原则设计底层硬件驱动构件需要做到以下几点。

（1）优先使用静态分配内存。相比于人工参与的动态分配内存，静态分配内存由编译器维护，更为可靠。

（2）谨慎地使用变量。在涉及某些硬件寄存器运算时，应直接使用硬件寄存器参与运算，以免硬件寄存器中的数据发生实时变化，影响运算结果的时效性。

（3）检测空指针。定义指针变量时必须初始化，防止产生"野指针"。

（4）检测缓冲区溢出，并为内存中的缓冲区预留不小于 20% 的冗余。使用缓冲区时，对填充数据长度进行检测，不允许向缓冲区中填充超出容量的数据。

（5）对内存的使用情况进行评估。

6.2.2 底层硬件驱动构件设计要点分析

本节以一个基础构件为例，简要阐述底层硬件驱动构件的设计方法。

以通用输入、输出 GPIO 驱动构件为例，进行封装要点分析，即分析应该设计哪几个函数及入口参数。前提条件是，必须理解什么是 GPIO（6.3.1 节将给出说明）。在此前提之下，可以进行封装要点分析。GPIO 引脚可以被定义成输入、输出两种情况：若是输入，则程序需要获得引脚的状态（逻辑 1 或 0）；若是输出，则程序可以设置引脚状态（逻辑 1 或 0）。MCU 的 PORT 模块分为许多端口，每个端口有若干引脚。GPIO 驱动构件可以实现对所有 GPIO 引脚统一编程。GPIO 驱动构件由 gpio.h 和 gpio.c 两个文件组成。若使用 GPIO 驱动构件，则需要将这两个文件加入所建工程中，以便对 GPIO 进行编程操作。

1．模块初始化 gpio_init()

由于芯片引脚具有复用特性，应把引脚设置成 GPIO 功能；同时设置引脚是输入还是输出，若是输出，则要给出初始状态。所以，GPIO 模块初始化函数 gpio_init 的参数为哪个引脚、是输入还是输出、若是输出其状态是什么，函数不必有返回值。其中，引脚可用一个 16 位数据描述，高 8 位表示端口号，低 8 位表示端口内的引脚号。这样 GPIO 模块初始化函数原型可以设计如下：

void   gpio_init(uint16_t port_pin, uint8_t dir, uint8_t state)

2. 设置引脚状态 gpio_set()

对于输出，希望通过函数设置引脚是高电平（逻辑 1）还是低电平（逻辑 0），入口参数应该是哪个引脚，其输出状态是什么，函数不必有返回值。这样设置引脚状态的函数原型可以设计如下：

void gpio_set(uint16_t   port_pin, uint8_t   state)

3. 获得引脚状态 gpio_get()

对于输入，希望通过函数获得引脚的状态是高电平（逻辑 1）还是低电平（逻辑 0），入口参数应该是哪个引脚，函数返回值为引脚状态。这样设置引脚状态的函数原型可以设计如下：

uint8_t gpio_get(uint16_t   port_pin)

4. 引脚状态反转 void gpio_reverse()

类似的分析，可以设计引脚状态反转函数的原型如下：

void gpio_reverse(uint16_t   port_pin)

5. 引脚上下拉使能函数 void gpio_pull()

如果引脚被设置成输入，那么可以设定内部上下拉电阻，通常其值为 20～50kΩ。引脚上下拉使能函数的原型可以设计如下：

void gpio_pull(uint16_t   port_pin, uint8_t   pullselect)

这些函数满足了对 GPIO 操作的基本需求。此外，还有中断使能与禁止[①]、引脚驱动能力等函数。比较深的内容，可暂时略过，使用或深入学习时参考 GPIO 构件即可。要实现 GPIO 驱动构件的这几个函数，除了要给出清晰的接口、良好的封装、简洁的说明与注释、规范的编程风格等，还需要一些基本规范与准备工作，下面给出构件的封装规范与前期准备。

6.2.3 底层硬件驱动构件封装规范概要

本节给出底层硬件驱动构件封装规范概要，以便在认识第一个构件前和在开始设计构件时，少走弯路，使做出的构件符合基本规范，便于移植、复用、交流。

1. 底层硬件驱动构件的组成、存放位置与内容

每个构件由头文件（.h）与源文件（.c）两个独立文件组成，放在以构件名命名的文件夹中。底层构件头文件（.h）中仅包含对外接口函数的声明，是构件的使用指南，以构件名命名，如 GIPO 构件命名为 gpio（使用小写，目的是与内部函数名前缀统一）。设计好的 GPIO 构件存放于 03_MCU\MCU_drivers 文件夹中，供拷贝使用，基本要求是调用者只看头文件即可使用构件，对外接口函数及内部函数的实现在构件源程序文件（.c）中。同时应注意，头文件声明对外接口函数的顺序与源程序文件实现对外接口函数的顺序应保持一致。源程序文件中内部函数的声明，放在对外接口函数代码的前面，内部函数的实现放在全部对外接口函数代码的后面，以便提高可阅读性与可维护性。

---

① 关于使能与禁止中断，文献中有多种中文翻译，如使能、开启、除能、关闭等，本书统一使用使能中断与禁止中断术语。

在本书给出的标准框架下，所有与芯片直接相关的底层驱动构件均放在工程的 03_MCU\MCU_drivers 文件夹中。

2．设计构件的基本要求

这里给出设计构件的基本要求。

（1）方便使用与移植。要对构件的共性与个性进行分析，抽取出构件的属性和对外接口函数。希望做到以下几点：使用同一芯片的应用系统，构件不更改，直接使用；同系列芯片的同功能底层驱动移植时，仅改动头文件；不同系列芯片的同功能底层驱动移植时，头文件与源程序文件的改动尽可能少。

（2）要有统一、规范的编码风格与注释。主要涉及文件、函数、变量、宏及结构体类型的命名规范；涉及空格与空行、缩进、断行等的排版规范；涉及文件头、函数头、行及边等的注释规范。

（3）宏的使用限制。宏的使用具有两面性，有提高可维护性的一面，也有降低阅读性的一面，不要随意使用宏。

（4）不使用全局变量。构件封装时，禁止使用全局变量。

6.2.4 封装的前期准备

一些公用的宏定义几乎被所有文件包含使用，如位操作宏函数、不优化类型的简短别名宏定义等，统一放在 cpu.h 文件中，方便公用。

1．位操作宏函数

在编程时经常需要对寄存器的某一位进行操作，即对寄存器的置位、清位（复位）及获得寄存器某一位状态的操作，可以将这些操作定义成宏函数。设置寄存器某一位为 1，称为置位；设置寄存器某一位为 0，称为清位，这在底层驱动编程时经常用到。置位与清位的基本原则是，当对寄存器的某一位进行置位或清位操作时，不能干扰该寄存器的其他位，否则，可能会出现意想不到的错误。

综合利用<<、>>、|、&、~等位运算符，可以实现置位与清位，且不影响其他位的功能。下面以 8 位寄存器为例进行说明，其方法适用于各种位数的寄存器。设 R 为 8 位寄存器，下面说明将 R 的某一位置位与清位，而不干预其他位的编程方法。

（1）置位。要将 R 的第 3 位置 1，其他位不变，可以这样做：R |= (1<<3)，其中"1<<3"的结果是 0b00001000，因此 R |= (1<<3) 也就是 R=R|0b00001000，任何数和 0 相或不变，任何数和 1 相或为 1，这样达到对 R 的第 3 位置 1，但不影响其他位的目的。

（2）清位。要将 R 的第 2 位清 0，其他位不变，可以这样做：R &= ~(1<<2)，其中"~(1<<2)"的结果是 0b11111011，因此 R&=~(1<<2) 也就是 R=R&0b11111011，任何数和 1 相与不变，任何数和 0 相与为 0，这样达到对 R 的第 2 位清 0，但不影响其他位的目的。

（3）获得某一位的状态。(R>>4) & 1 是获得 R 第 4 位的状态，"R>>4"是将 R 右移 4 位，将 R 的第 4 位移至第 0 位，即最后 1 位，再和 1 相与，也就是和 0b00000001 相与，保留 R 最后 1 位的值，以此得到 R 第 4 位的状态值。

为了方便使用，把这种方法改为带参数的宏函数，并且简明定义。

```
#define    BSET(bit,Register)    ((Register) |= (1<<(bit)))      //置 Register 的第 bit 位为 1
#define    BCLR(bit,Register)    ((Register) &= ~(1<<(bit)))     //清 Register 的第 bit 位为 0
#define    BGET(bit,Register)    (((Register) >> (bit)) & 1)     //取 Register 的第 bit 位状态
```

这样就可以通过使用 BSET、BCLR、BGET 这些容易理解与记忆的标识，进行寄存器的置位、清位及获得寄存器某一位状态的操作。

2．不优化类型的简短别名

嵌入式程序设计与一般的程序设计有所不同，在嵌入式程序中通常打交道的都是底层硬件的存储单元或是寄存器，所以在编写程序代码时，使用的基本数据类型多以 8 位、16 位、32 位、64 位数据长度为单位。不同的编译器为基本整型数据类型分配的位数存在不同，但在编写嵌入式程序时要明确使用变量的字长，特别是不优化类型，为方便书写，给出简短别名。

```
//不优化类型
typedef    volatile uint8_t     vuint8_t;      //不优化无符号 8 位数
typedef    volatile uint16_t    vuint16_t;     //不优化无符号 16 位数
typedef    volatile uint32_t    vuint32_t;     //不优化无符号 32 位数
typedef    volatile uint64_t    vuint32_t;     //不优化无符号 64 位数
```

前提条件是系统已经宏定义过 uint8_t、uint16_t、uint32_t、uint64_t 这些类型。在这个前提条件下，给加 volatile 的类型重新宏定义成短名。

所谓 volatile，这里翻译为不优化的，是告诉编译器，在编译过程中，不要对其后紧跟着的变量进行优化。例如，对应 I/O 地址类变量，对那个地址的访问具有特定功能，若不加 volatile，有可能被编译器优化成对 CPU 内部寄存器的访问，而不是对 I/O 地址的访问。

6.3 底层硬件驱动构件设计举例

6.3.1 GPIO 构件

本节给出 GPIO 的知识要素、应用程序接口及测试方法。

1．GPIO 知识要素

GPIO 是 I/O 的基本形式，是几乎所有计算机会使用到的部件。通俗地说，GPIO 是开关量输入、输出的简称。而开关量是指逻辑上具有 1 和 0 两种状态的物理量。开关量输出可以指在电路中控制电器的开和关，也可以指控制灯的亮和暗，还可以指闸门的开和闭等。开关量输入可以指获取电路中电器的开关状态，也可以指获取灯的亮暗状态，还可以指获取闸门的开关状态等。

GPIO 硬件部分的主要知识要素有 GPIO 的含义与作用、输出引脚外部电路的基本接法及输入引脚外部电路的基本接法等。

1）GPIO 的含义与作用

从物理角度来看，GPIO 只有高电平与低电平两种状态。从逻辑角度来看，GPIO 只有"1"和"0"两种取值。在使用正逻辑情况下，电源（Vcc）代表高电平，对应数字信号"1"；地

(GND)代表低电平，对应数字信号"0"。作为通用输入引脚，计算机内部程序可以获取该引脚状态，以确定该引脚是"1"（高电平）还是"0"（低电平），即开关量输入。作为通用输出引脚，计算机内部程序可以控制该引脚状态，使引脚输出"1"（高电平）或"0"（低电平），即开关量输出。

GPIO 的输出是以计算机内部程序通过单个引脚来控制开关量设备，达到自动控制开关状态的目的的。GPIO 的输入是以计算机内部程序获取单个引脚状态，达到获得外界开关状态的目的的。

特别说明：在不同电路中，逻辑"1"对应的物理电平不同。在 5V 的供电系统中，逻辑"1"的特征物理电平为 5V；在 3.3V 的供电系统中，逻辑"1"的特征物理电平为 3.3V。因此，高电平的实际大小取决于具体电路。

2）输出引脚外部电路的基本接法

作为通用输出引脚，计算机内部程序向该引脚输出高电平或低电平来驱动器件工作，即开关量输出。通用 I/O 引脚输出电路如图 6-1 所示，输出引脚 O1 和 O2 采用了不同的方式驱动外部器件。一种接法是 O1 直接驱动发光二极管 LED，当 O1 引脚输出高电平时，LED 不亮；当 O1 引脚输出低电平时，LED 点亮。这种接法的驱动电流一般为 2~10mA。另一种接法是 O2 通过一个 NPN 晶体管驱动蜂鸣器，当 O2 引脚输出高电平时，晶体管导通，蜂鸣器响；当 O2 引脚输出低电平时，晶体管截止，蜂鸣器不响。这种接法可以用 O2 引脚上的几个毫安的控制电流驱动高达 100mA 的驱动电流。若负载需要更大的驱动电流，就必须采用光电隔离加其他驱动的电路，但对计算机编程来说，没有任何影响。

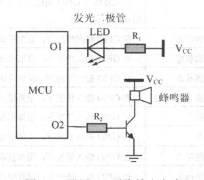

图 6-1 通用 I/O 引脚输出电路

3）输入引脚外部电路的基本接法

为了正确采样，输入引脚外部电路必须采用合适的接法。图 6-2 给出了通用 I/O 引脚输入电路的连接方式。假设计算机内部没有上拉（Pull Up）或下拉（Pull Down）电阻，图 6-2 中引脚 I3 上的开关 K3 采用悬空方式连接就不合适，因为 K3 断开时，引脚 I3 的电平不确定。在该图中，$R_1 \gg R_2$，$R_3 \ll R_4$，各电阻的典型取值为 $R_1=20\text{k}\Omega$，$R_2=1\text{k}\Omega$，$R_3=10\text{k}\Omega$，$R_4=200\text{k}\Omega$。

上拉或下拉电阻（统称为"拉电阻"）的基本作用是将状态不确定的信号线通过一个电阻将其钳位至高电平（上拉）或低电平（下拉），其阻值选取可参考图 6-2 中的说明。

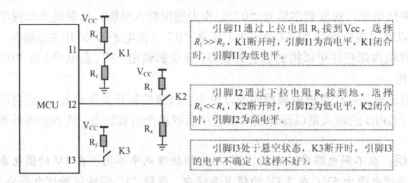

图 6-2 通用 I/O 引脚输入电路的连接方式

2. GPIO 构件 API

GPIO 软件部分的主要知识要素有 GPIO 的初始化、控制引脚状态、获取引脚状态、设置引脚中断、编制引脚中断处理程序等。本节给出 GPIO 构件 API，下一节给出用法实例。

1）GPIO 接口函数简明列表

在 GPIO 构件的头文件 gpio.h 中给出了 API 接口函数的宏定义。表 6-1 所示为 GPIO 常用接口函数简明列表。

表 6-1 GPIO 常用接口函数简明列表

序 号	函 数 名	简明功能	描 述
1	gpio_init	初始化	引脚复用为 GPIO 功能；定义其为输入或输出。若为输出，则给出其初始状态
2	gpio_set	设定引脚状态	在 GPIO 输出情况下，设定引脚状态（高/低电平）
3	gpio_get	获取引脚状态	在 GPIO 输入情况下，获取引脚状态（1/0）
4	gpio_reverse	反转引脚状态	在 GPIO 输出情况下，反转引脚状态
5	gpio_pull	设置引脚上拉/下拉	在 GPIO 输入情况下，设置引脚上/下拉
6	gpio_enable_int	使能中断	在 GPIO 输入情况下，使能引脚中断
7	gpio_disable_int	关闭中断	在 GPIO 输入情况下，关闭引脚中断
8	gpio_get_int	获取中断标志	在 GPIO 输入情况下，用来获取引脚中断状况
9	gpio_clear_int	清除中断标志	在 GPIO 输入情况下，清除中断标志
10	gpio_clear_allint	清除所有引脚中断	在 GPIO 输入情况下，清除所有端口的 GPIO 中断

2）GPIO 常用接口函数 API

```
//=============================================================
//函数名称：gpio_init
//函数返回：无
//参数说明：port_pin—(端口号)|(引脚号)（如(PTB_NUM)|(9) 表示为 B 口 9 号脚）
//         dir—引脚方向（0 表示输入，1 表示输出，可用引脚方向宏定义）
//         state—端口引脚初始状态（0 表示低电平，1 表示高电平）
//功能概要：初始化指定端口引脚作为 GPIO 引脚功能，并定义为输入或输出。若是输出，
//         则要指定初始状态是低电平或高电平
//=============================================================
void gpio_init(uint16_t port_pin, uint8_t dir, uint8_t state);
```

```
//============================================================
//函数名称：gpio_set
//函数返回：无
//参数说明：port_pin—(端口号)|(引脚号)（如(PTB_NUM)|(9) 表示为 B 口 9 号脚）
//         state—希望设置的端口引脚状态（0 表示低电平，1 表示高电平）
//功能概要：当指定端口引脚被定义为 GPIO 功能且为输出时，本函数设定引脚状态
//============================================================
void gpio_set(uint16_t port_pin, uint8_t state);


//============================================================
//函数名称：gpio_get
//函数返回：指定端口引脚的状态（1 或 0）
//参数说明：port_pin—(端口号)|(引脚号)（如(PTB_NUM)|(9) 表示为 B 口 9 号脚）
//功能概要：当指定端口引脚被定义为 GPIO 功能且为输入时，本函数获取指定引脚状态
//============================================================
uint8_t gpio_get(uint16_t port_pin);


//============================================================
//函数名称：gpio_reverse
//函数返回：无
//参数说明：port_pin—(端口号)|(引脚号)（如(PTB_NUM)|(9) 表示为 B 口 9 号脚）
//功能概要：当指定端口引脚被定义为 GPIO 功能且为输出时，本函数反转引脚状态
//============================================================
void gpio_reverse(uint16_t port_pin);


//============================================================
//函数名称：gpio_pull
//函数返回：无
//参数说明：port_pin—(端口号)|(引脚号)（如(PTB_NUM)|(9) 表示为 B 口 9 号脚）
//         pullselect—下拉/上拉（PULL_DOWN 表示下拉，PULL_UP 表示上拉）
//功能概要：当指定端口引脚被定义为 GPIO 功能且为输入时，本函数设置引脚下拉/上拉
//============================================================
void gpio_pull(uint16_t port_pin, uint8_t pullselect);


//============================================================
//函数名称：gpio_enable_int
//函数返回：无
//参数说明：port_pin—(端口号)|(引脚号)（如(PTB_NUM)|(9) 表示为 B 口 9 号脚）
//         irqtype—引脚中断类型，由宏定义给出，再次列举如下：
//                 RISING_EDGE    9       //上升沿触发
//                 FALLING_EDGE  10       //下降沿触发
//                 DOUBLE_EDGE   11       //双边沿触发
//功能概要：当指定端口引脚被定义为 GPIO 功能且为输入时，本函数开启引脚中断，并
//         设置中断触发条件
//============================================================
void gpio_enable_int(uint16_t port_pin, uint8_t irqtype);
```

```
//================================================================
//函数名称：gpio_disable_int
//函数返回：无
//参数说明：port_pin—(端口号)|(引脚号)（如(PTB_NUM)|(9) 表示为 B 口 9 号脚）
//功能概要：当指定端口引脚被定义为 GPIO 功能且为输入时，本函数关闭引脚中断
//================================================================
void gpio_disable_int(uint16_t port_pin);


//================================================================
//函数名称：gpio_drive_strength
//函数返回：无
//参数说明：port_pin—(端口号)|(引脚号)（如(PTB_NUM)|(9) 表示为 B 口 9 号脚）
//         control—控制引脚的驱动能力，取值如下：
//                 LOW_SPEED 表示低速
//                 MSDIUM_SPEED 表示中速
//                 HIGH_SPEED=高速
//                 VERY_HIGH_SPEED=超高速
//功能概要：（引脚驱动能力：指引脚输入或输出电流的承受力，一般用 mA 单位度量，
//         正常驱动能力为 5mA，高驱动能力为 18mA。）当引脚被配置为数字输出时，
//         对引脚的驱动能力进行设置
//================================================================
void gpio_drive_strength(uint16_t port_pin, uint8_t control);


//================================================================
//函数名称：gpio_get_int
//函数返回：引脚 GPIO 中断标志（1 或 0），1 表示引脚有 GPIO 中断，0 表示没有
//参数说明：port_pin—(端口号)|(引脚号)（如(PTB_NUM)|(9) 表示为 B 口 9 号脚）
//功能概要：当指定端口引脚被定义为 GPIO 功能且为输入时，获取中断标志
//================================================================
uint8_t gpio_get_int(uint16_t port_pin);


//================================================================
//函数名称：gpio_clear_int
//函数返回：无
//参数说明：port_pin—(端口号)|(引脚号)（如(PTB_NUM)|(9) 表示为 B 口 9 号脚）
//功能概要：当指定端口引脚被定义为 GPIO 功能且为输入时，清除中断标志
//================================================================
void gpio_clear_int(uint16_t port_pin);


//================================================================
//函数名称：gpio_clear_allint
//函数返回：无
//参数说明：无
//功能概要：清除所有端口的 GPIO 中断
//================================================================
void gpio_clear_allint(void);
```

GPIO 构件可实现开关量输出与输入编程。若是输入,还可实现沿跳变中断编程。下面给出测试方法。

3. GPIO 构件的输出测试方法

在 AHL-STM32L431 开发套件的底板上,有红绿蓝三色灯(合为一体的),若使用 GPIO 构件实现红灯闪烁,具体实例可参考"...\04-Softwareware\CH06\CH6.3.1-1-GPIO_ Output(Light)"文件夹,步骤如下。

1)给灯命名

要用宏定义方式给红灯起个英文名(如 LIGHT_RED),明确红灯接在芯片的哪个 GPIO 引脚。由于这个工作属于用户程序,按照"分门别类,各有归处"的原则,把宏定义写在工程的 05_UserBoard\user.h 文件中。

```
//指示灯端口及引脚定义
#define  LIGHT_RED  (PTB_NUM|7)       //红灯所在引脚,实际应用要根据具体引脚修改
```

2)对灯的状态进行宏定义

灯的亮暗状态所对应的逻辑电平是由物理硬件接法决定的,为了应用程序的可移植性,需要在 user.h 文件中对红灯的亮暗状态进行宏定义。

```
//灯状态宏定义(灯的亮暗对应的逻辑电平,由物理硬件接法决定)
#define  LIGHT_ON    0                 //灯亮
#define  LIGHT_OFF   1                 //灯暗
```

特别说明:对灯的亮、暗状态使用宏定义,不仅是为了编程更加直观,也是为了使软件能够更好地适应硬件。若硬件电路变动了,则采用灯的暗状态对应低电平,只需要改变本头文件中的宏定义,不需要更改程序源代码。

3)初始化红灯

在 07-AppPrg\main.c 文件中,对红灯进行编程控制。先将红灯初始化为暗,在"用户外设模块初始化"处增加下列语句:

```
gpio_init(LIGHT_RED,GPIO_OUTPUT,LIGHT_OFF);    //初始化红灯,输出,暗
```

其中,GPIO_OUTPUT 是在 GPIO 构件中对 GPIO 输出的宏定义,是为了编程更加直观、方便。不然,我们很难区分"1"是输出,还是输入。

特别说明:在嵌入式软件设计中,输入还是输出,是站在 MCU 角度,也就是站在 GEC 角度。要控制红灯的亮暗,对 GEC 引脚来说,就是输出。若要获取外部状态到 GEC 中,对 GEC 来说,就是输入。

4)改变红灯亮暗状态

在 main 函数的主循环中,利用 GPIO 构件中的 gpio_reverse 函数,可实现红灯状态的切换。工程编译生成可执行文件后,写入目标板,可观察实际的红灯闪烁情况。

```
gpio_reverse(LIGHT_RED);                       //红灯状态切换
```

5)红灯运行情况

经过编译生成机器码,通过 AHL-GEC-IDE 软件将.hex 文件下载到目标板中,可观察板

载红灯大约每 1s 闪烁一次，也可以在 AHL-GEC-IDE 界面看到红灯状态改变的信息。GPIO 引脚控制红灯的亮暗状态变化情况如图 6-3 所示。由此可体会，使用 printf 语句进行调试的好处。

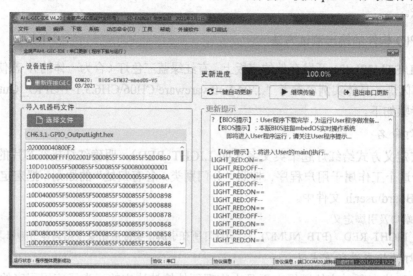

图 6-3　GPIO 引脚控制红灯的亮暗状态变化情况

4. GPIO 构件的输入测试方法

在 AHL-STM32L431 开发套件 MCU 的 GPIO 引脚中，先初始化具有中断功能的引脚方向为输入，然后打开其中断并设置其触发中断的电平变化方式，随后每当输入引脚的电平变化为预设的电平变化时，将触发 GPIO 中断。可以将相应的 GPIO 引脚接地，便可触发一次中断。若在相应的 GPIO 中断服务程序中加入去除抖动并统计 GPIO 中断次数的功能，则触发中断时可累计 GPIO 中断次数。

下面给出中断获取开关状态的编程步骤，具体实例可参考"...\04-Softwareware\CH06\CH6.3.1-2-GPIO_Input(Interrupt)"文件。

1）定义全局变量

在 07_NoPrg\includes.h 文件中的"//（在此增加全局变量）"下面，定义一个统计 GPIO 中断次数的全局变量：

| G_VAR_PREFIX　uint32_t　　gGPIO_IntCnt; | //GPIO 中断次数 |

2）给中断引脚取名

在 05_UserBoard\user.h 文件中，给中断引脚取个英文名（如 GPIO_INT），使用宏定义给出其接入哪个具有中断功能的 GPIO 引脚。

| #define　GPIO_INT　　　GPIOC_15 | //PTC_NUM|3 GEC_49，设置 PTC 口 15 号脚 |

3）main 函数的线程

第一步，在 07_NoPrg\main.c 文件中的"//（1.5）用户外设模块初始化"处增加对选定具有中断功能的 GPIO 引脚初始化语句：

gpio_init(LIGHT_RED,GPIO_OUTPUT,LIGHT_OFF);	//初始化红灯
gpio_init(GPIO_INT,GPIO_INPUT,0);	//初始化为输入
gpio_pull(GPIO_INT,1);	//初始化为上拉

注意：初始化为 GPIO 输入，gpio_init 函数的第 3 个参数不起作用，写为 0 即可。初始化红灯是为了通过控制红灯的闪烁，表明程序处于运行状态。

第二步，在"//（1.6）使能模块中断"处增加对选定具有中断功能的 GPIO 引脚进行使能中断，并设置其触发中断的电平变化方式：

```
gpio_enable_int(GPIO_INT, FALLING_EDGE);                //下降沿触发
```

第三步，在主循环部分，进行 GPIO 中断次数获取：

```
//输出 GPIO 中断次数
printf("  gGPIO_IntCnt:%d\n",gGPIO_IntCnt);
```

4）GPIO 中断处理程序

在 07_NoPrg\isr.c 文件的中断处理程序 EXTI3_IRQHandler 的"//（在此处增加功能）"后面，添加去除抖动并统计 GPIO 中断次数的功能：

```
void EXTI3_IRQHandler(void)
{
    #define CNT 60000                                   //延时变量
    uint16_t n;
    uint8_t i,j,k,l,m;
    DISABLE_INTERRUPTS;                                 //关总中断
    //---------------------------------------------------------------
    //（在此处增加功能）
    gpio_clear_int(GPIO_INT);                           //清 GPIO 中断标志
    //GPIO 构件输入测试方法：中断获取开关状态
    //去抖动，多次延时获取 GPIO 电平状态。若每次皆为低电平状态，则 GPIO 中断次数+1
    for (n=0;n<=CNT;n++);
    i=gpio_get(GPIO_INT);
    for (n=0;n<=CNT;n++);
    j=gpio_get(GPIO_INT);
    for (n=0;n<=CNT;n++);
    k=gpio_get(GPIO_INT);
    for (n=0;n<=CNT;n++);
    l=gpio_get(GPIO_INT);
    for (n=0;n<=CNT;n++);
    m=gpio_get(GPIO_INT);
    if (i==0 &&j==0 && k==0 && l==0 && m==0 )
    {
        gGPIO_IntCnt++;
    }
    //打开下面四行注释可以测试 gpio_get_int 函数的功能
    //进入 GPIO_INT 引脚的中断时会输出中断打开提示语句
    if(gpio_get_int(GPIO_INT)==0)
        printf("GPIO_INT 中断关闭！\n");
    else
        printf("GPIO_INT 中断打开！\n");
    //---------------------------------------------------------------
    ENABLE_INTERRUPTS;                                  //关总中断
```

5）中断获取开关状态的测试

经过编译生成机器码，通过 AHL-GEC-IDE 软件下载到目标中，串口输出信息与图 6-3 相同。按前文定义，将中断引脚 GPIO 的 C 口 15 号引脚（即目标板上的 49 号脚）接地，引起下降沿触发，串口会显示出中断打开的提示语句，并显示中断计数值。下降沿触发 GPIO 中断状态及次数情况如图 6-4 所示。

图 6-4　下降沿触发 GPIO 中断状态及次数情况

6.3.2　UART 构件

本节给出通用异步收发器（Universal Asynchronous Receiver-Transmitters，UART）的知识要素、应用程序接口（API）及测试方法。

1. UART 知识要素

UART 是异步串行通信接口的总称。MCU 中的 UART 在硬件上一般只需要三根线，分别称为发送线（TxD）、接收线（RxD）和地线（GND）。在通信方式上，属于单字节通信，是嵌入式开发中重要的打桩调试手段。

UART 的主要知识要素有通信格式、波特率、硬件电平信号。

1）通信格式

图 6-5 给出了 8 位数据、无校验情况的串行通信数据格式。这种格式的空闲状态为 "1"，发送器通过发送一个 "0"，表示一个字节传输的开始，随后是数据位（在 MCU 中一般是 8 位）。最后，发送器发送 1 至 2 位的停止位，表示一个字节传送结束。若继续发送下一字节，则重新发送开始位，开始一个新的字节传送。若不发送新的字节，则维持 "1" 的状态，使发送数据线处于空闲状态。

图 6-5　串行通信数据格式

2）串行通信的波特率

每秒传输的位数叫作波特率（Baud Rate），单位是 bit/s，记为 bps。bps 是英文 bit per second 的缩写，习惯上这个缩写不用大写，而用小写。通常情况下，波特率的单位可以省略。波特率的倒数就是位的持续时间（Bit Duration），单位为 s。

3）硬件电平信号

UART 通信在硬件上有 TTL、RS232、RS485 三种方式。这三种通信方式本质上是电平逻辑的区别。其中，TTL 电平是最基本的，可以使用专门芯片将 TTL 电平转为 RS232 电平或 RS485 差分信号，RS232 电平与 RS485 差分信号也可以相互转换。采用 RS232 与 RS485 的硬件电路，只是电平信号之间的转换，与 MCU 编程无关。

（1）UART 的 TTL 电平。通常 MCU 串口引出脚的发送线（TxD）、接收线（RxD）为 TTL 电平，即晶体管-晶体管逻辑电平。TTL 电平的"1"和"0"的特征电压分别为 2.4V 和 0.4V（根据 MCU 使用的供电电压变动），即大于 2.4V 则识别为"1"，小于 0.4V 则识别为"0"，适用于板内数据传输。一般情况下，MCU 的异步串行通信接口全双工（Full-duplex）通信，即数据传送是双向的，并且可以同时接收与发送数据。

（2）UART 的 RS232 电平。为使信号传输得更远，可使用转换芯片把 TTL 电平转换为 RS232 电平。RS232 采用负逻辑，-15～-3V 为逻辑"1"，+3～+15V 为逻辑"0"。RS232 最大的传输距离是 30m，通信速率一般低于 20kbit/s。

（3）UART 的 RS485 差分信号。若要传输超过 30m，增强抗干扰性，可以使用芯片将 TTL 电平转换为 RS485 差分信号进行传输。RS485 采用差分信号负逻辑，两线压差为-6～-2V 表示"1"，两线压差为+2～+6V 表示"0"。在硬件连接上，采用两线制接线方式，工业应用较多。两线制的 RS485 通信属于半双工（Half-duplex）通信，即数据传送是双向的，但不能同时收发。

2．UART 构件 API

1）UART 常用接口函数简明列表

在 UART 构件的头文件 uart.h 中给出了 API 接口函数声明。表 6-2 所示为 UART 常用接口函数。

表 6-2　UART 常用接口函数

序号	函数名	简明功能	描述
1	uart_init	初始化	初始化 UART 模块，设定使用的串口号和波特率
2	uart_send1	发送 1 个字节数据	向指定串口发送 1 个字节数据，若发送成功，返回 1；反之，返回 0
3	uart_sendN	发送 N 个字节数据	向指定串口发送 N 个字节数据，若发送成功，返回 1；反之，返回 0
4	uart_send_string	发送字符串	向指定串口发送字符串，若发送成功，返回 1；发送失败，返回 0
5	uart_re1	接收 1 个字节数据	从指定串口接收 1 个字节数据，若接收成功，通过传参返回 1；反之，通过传参返回 0
6	uart_reN	接收 N 个字节数据	从指定串口接收 N 个字节数据，若接收成功，返回 1；反之，返回 0

续表

序　号	函　数　名	简明功能	描　　述
7	uart_enable_re_int	使能接收中断	使能指定串口的接收中断
8	uart_disable_re_int	关闭接收中断	关闭指定串口的接收中断
9	uart_get_re_int	获取接收中断标志	获取指定串口的接收中断标志，若有接收中断，返回 1；反之，返回 0
10	uart_deinit	UART 反初始化	指定的 UART 模块反向初始化，关闭串口时钟

2）UART 常用接口函数 API

```
//==========================================================
//函数名称：uart_init
//功能概要：初始化 UART 模块
//参数说明：uartNo—串口号（可取 UART_1、UART_2、UART_3）
//         baud—波特率（可取 300、600、1200、2400、4800、9600、19200、115200…）
//函数返回：无
//==========================================================
void uart_init(uint8_t uartNo, uint32_t baud_rate);


//==========================================================
//函数名称：uart_send1
//参数说明：uartNo—串口号（可取 UART_1、UART_2、UART_3）
//         ch—要发送的字节
//函数返回：函数执行状态（1 表示发送成功，0 表示发送失败）
//功能概要：串行发送 1 个字节
//==========================================================
uint8_t uart_send1(uint8_t uartNo, uint8_t ch);


//==========================================================
//函数名称：uart_sendN
//参数说明：uartNo—串口号（可取 UART_1、UART_2、UART_3）
//         buff—发送缓冲区
//         len—发送长度
//函数返回：函数执行状态（1 表示发送成功，0 表示发送失败）
//功能概要：串行接收 N 个字节
//==========================================================
uint8_t uart_sendN(uint8_t uartNo ,uint16_t len ,uint8_t* buff);


//==========================================================
//函数名称：uart_send_string
//参数说明：uartNo—串口号（可取 UART_1、UART_2、UART_3）
//         buff—要发送的字符串的首地址
//函数返回：函数执行状态（1 表示发送成功，0 表示发送失败）
//功能概要：从指定 UART 端口发送一个以'\0'结束的字符串
//==========================================================
uint8_t uart_send_string(uint8_t uartNo, uint8_t *buff);
```

//===
//函数名称：uart_re1
//参数说明：uartNo—串口号（可取 UART_1、UART_2、UART_3）
//   *fp—接收成功标志的指针（*fp=1 表示接收成功，*fp=0 表示接收失败）
//函数返回：接收返回字节
//功能概要：串行接收 1 个字节
//===
uint8_t uart_re1(uint8_t uartNo,uint8_t *fp);

//===
//函数名称：uart_reN
//参数说明：uartNo—串口号（可取 UART_1、UART_2、UART_3）
//   buff—接收缓冲区
//   len—接收长度
//函数返回：函数执行状态（1 表示接收成功，0 表示接收失败）
//功能概要：串行接收 N 个字节，放入 buff 中
//===
uint8_t uart_reN(uint8_t uartNo ,uint16_t len ,uint8_t *buff);

//===
//函数名称：uart_enable_re_int
//参数说明：uartNo—串口号（可取 UART_1、UART_2、UART_3）
//函数返回：无
//功能概要：开串口接收中断
//===
void uart_enable_re_int(uint8_t uartNo);

//===
//函数名称：uart_disable_re_int
//参数说明：uartNo—串口号（可取 UART_1、UART_2、UART_3）
//函数返回：无
//功能概要：关串口接收中断
//===
void uart_disable_re_int(uint8_t uartNo);

//===
//函数名称：uart_get_re_int
//参数说明：uartNo—串口号（可取 UART_1、UART_2、UART_3）
//函数返回：接收中断标志（1 表示有接收中断，0 表示无接收中断）
//功能概要：获取串口接收中断标志，同时禁用发送中断
//===
uint8_t uart_get_re_int(uint8_t uartNo);

//===
//函数名称：uart_deinit
//参数说明：uartNo—串口号（可取 UART_1、UART_2、UART_3）
//函数返回：无

```
//功能概要：UART 反初始化
//=============================================================================
void uart_deinit(uint8_t uartNo);
```

3. UART 构件 API 的测试方法

AHL-STM32L431 开发套件有三个 UART 模块，分别定义为 UART_3、UART_2 和 UART_1。配合上位机串口调试工具测试串口构件，用户在上位机使用串口调试工具，通过串口线向开发套件的串口模块发送一个字符串"Sumcu Uart Component Test Case."，开发套件收到后通过该串口回发这个字符串。

在 AHL-STM32L431 开发套件中，串口测试使用 UART_2 模块，在开发套件通电的情况下，通过 Type-C 线将串口与个人计算机进行连接。下面给出串口模块测试的基本步骤，具体样例工程可参考"...\04-Softwareware\CH06\CH6.3.2-UART"文件夹。

1）重命名串口

将串口模块用宏定义方式，起个标识名供用户使用（如 UART_User），以辨别该串口模块的用途，同时将串口中断服务程序通过宏定义进行重命名，这些宏定义应该写在工程的 05_UserBoard\user.h 文件中。

```
//UART 模块定义
#define UART_User      UART_2                          //实际应用要根据具体芯片所接引脚修改
//重命名串口中断服务程序
#define  UART_User_Handler    USART2_IRQHandler        //用户串口中断函数
```

2）UART 模块接收中断处理程序

在工程 07_AppPrg\isr.c 文件中，中断处理程序 UART_User_Handler 实现接收 1 字节数据并回发的功能。

```
void UART_User_Handler(void)
{
    uint8_t ch;
    uint8_t flag;

    DISABLE_INTERRUPTS;                                //关总中断
    //接收一个字节的数据
    ch=uart_re1(UART_User,&flag);                      //调用接收 1 字节的函数，清接收中断位
    if(flag)                                           //有数据
    {
        uart_send1(UART_User,ch);                      //回发接收到的字节
    }
    ENABLE_INTERRUPTS;                                 //开总中断
}
```

3）main 函数的线程

第一步，初始化 UART_User 串口模块。

在 07_AppPrg\main.c 文件中，初始化 UART_User 串口模块，其中波特率设置为 115200，在"用户外设模块初始化"处增加下列语句：

```
uart_init(UART_User, 115200);                          //初始化串口模块
```

第二步,使能串口模块中断。

在"使能模块中断"处增加下列语句:

uart_enable_re_int(UART_User);   //使能 UART_User 模块接收中断功能

4)下载机器码并观察运行情况

经过编译生成机器码(.hex 文件),通过 AHL-GEC-IDE 软件下载到目标开发套件中。在 AHL-GEC-IDE 的串口调试工具("工具"→"串口工具")中选择好串口,设置波特率为 115200,单击"打开串口"按钮,选择发送方式为"字符串",在文本框内输入字符串内容"Sumcu Uart Component Test Case.",单击"发送数据"按钮,实现从上位机将该字符串发送给开发套件的目的。同时,在接收数据窗口中会显示该字符串,这是由于开发套件的串口模块接收到字符串的同时,会回发给上位机该字符串,如图 6-6 所示。

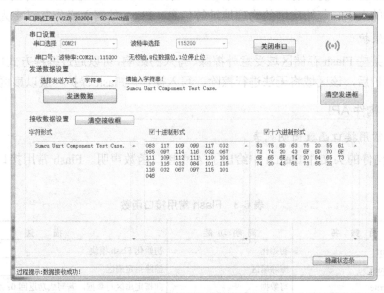

图 6-6 串口回发上位机发送的字符串

6.3.3 Flash 构件

本节给出内部 Flash 在线编程的知识要素、API 及测试方法。

1. Flash 知识要素

Flash 存储器(Flash Memory),中文简称"闪存",英文简称"Flash",是一种非易失性(Non-Volatile)内存。与 RAM 掉电无法保存数据相比,Flash 具有掉电数据不丢失的优点。它因其具有非易失性、成本低、可靠性等特点,应用极为广泛,已经成为嵌入式计算机的主流内存储器。

Flash 的主要知识要素有 Flash 的编程模式、Flash 擦除(Erase)与写入(Writing)的含义、Flash 擦除与写入的基本单位、Flash 保护。

1)Flash 的编程模式

Flash 的编程模式有两种:一种是通过编程器将程序写入 Flash 中,称为写入器编程模式。另一种是通过运行 Flash 内部程序对 Flash 其他区域进行擦除与写入,称为 Flash 在线编程模式。

2）Flash 擦除与写入的含义

对 Flash 存储器的读写不同于对一般 RAM 的读写，需要专门的编程过程。Flash 编程的基本操作有两种：擦除和写入。擦除操作的含义是将存储单元的内容由二进制数 0 变成 1，而写入操作的含义是将存储单元的某些位由二进制数 1 变成 0。

3）Flash 擦除与写入的基本单位

在执行写入操作之前，要确保写入区在上一次擦除之后没有被写入过，即写入区是空白的（各存储单元的内容均为 0xFF）。所以，在写入之前一般都要先执行擦除操作。Flash 的擦除操作包括整体擦除和以 m 个字为单位的擦除，这 m 个字在不同厂商或不同系列的 MCU 中有不同的称呼，有的称为"块"，有的称为"页"，有的称为"扇区"等，它表示在线擦除的最小度量单位。假设统一使用扇区术语，对应一个具体芯片，需要确认该芯片的 Flash 的扇区总数、每个扇区的大小、起始扇区的物理地址等信息。Flash 的写入操作是以字为单位进行的。

4）Flash 保护

为了防止某些 Flash 存储区域受意外擦除、写入的影响，可以通过编程方式保护这些 Flash 存储区域。保护后，该区域将无法进行擦除、写入操作。Flash 保护一般以扇区为单位。

2. Flash 构件 API

1）Flash 常用接口函数简明列表

在 Flash 构件的头文件 flash.h 中给出了 API 接口函数声明。Flash 常用接口函数如表 6-3 所示。

表6-3 Flash 常用接口函数

序 号	函 数 名	简明功能	描 述
1	flash_init	初始化	初始化 Flash 模块
2	flash_erase	擦除扇区	擦除指定扇区
3	flash_write	写数据	向指定扇区写数据，若写成功返回 0；反之，返回 1
4	flash_read_logic	读数据	从指定扇区读数据
5	flash_read_physical	读数据	从指定地址读数据
6	flash_protect	保护扇区	保护指定扇区
7	flash_isempty	判断扇区是否为空	判断指定扇区是否为空

2）Flash 常用接口函数 API

```
//===============================================
//函数名称：flash_init
//函数返回：无
//参数说明：无
//功能概要：初始化 Flash 模块
//===============================================
void flash_init();

//===============================================
//函数名称：flash_erase
//函数返回：函数执行执行状态，0 表示正常；1 表示异常
//参数说明：sect—目标扇区号（范围取决于实际芯片，如 STM32L433：0~127，每扇区为2KB）
```

```
//功能概要：擦除 Flash 存储器的 sect 扇区
//==============================================================================
uint8_t flash_erase(uint16_t sect);


//==============================================================================
//函数名称：  flash_write
//函数返回：  函数执行状态，0 表示正常，1 表示异常
//参数说明：  sect—扇区号（范围取决于实际芯片，例如 STM32L433：0～127，每扇区为 2KB）
//          offset—写入扇区内部偏移地址（0～2044，要求为 0,4,8,12…）
//          N—写入字节数目（4～2048，要求为 4,8,12…）
//          buf—源数据缓冲区首地址
//功能概要：  将 buf 开始的 N 字节写入到 Flash 存储器的 sect 扇区的 offset 处
//==============================================================================
uint8_t flash_write(uint16_t sect,uint16_t offset,uint16_t N,uint8_t *buf);


//==============================================================================
//函数名称：  flash_write_physical
//函数返回：  函数执行状态，0 表示正常，非 0 表示异常
//参数说明：   addr—目标地址，要求为 4 的倍数且大于 Flash 首地址
//            （如 0x08000004，Flash 首地址为 0x08000000）
//          cnt—写入字节数目（8～512）
//          buf—源数据缓冲区首地址
//功能概要：Flash 写入操作
//==============================================================================
uint8_t flash_write_physical(uint32_t addr,uint16_t N,uint8_t buf[]);


//==============================================================================
//函数名称：  flash_read_logic
//函数返回：  无
//参数说明：  dest—读出数据存放处（传地址，目的是带出所读数据，RAM 区）
//          sect—扇区号（范围取决于实际芯片，例如 STM32L433：0～127，每扇区为 2KB）
//          offset—扇区内部偏移地址（0～2024，要求为 0,4,8,12,…）
//          N：读字节数目（4～2048，要求为 4,8,12,…）
//功能概要：  读取 Flash 存储器的 sect 扇区的 offset 处开始的 N 字节，写到 RAM 区 dest 处
//==============================================================================
void flash_read_logic(uint8_t *dest,uint16_t sect,uint16_t offset,uint16_t N);


//==============================================================================
//函数名称：  flash_read_physical
//函数返回：  无
//参数说明：  dest—读出数据存放处（传地址，目的是带出所读数据，RAM 区）
//          addr—目标地址，要求为 4 的倍数（如 0x00000004）
//          N—读字节数目（0～1020，要求为 4,8,12…）
//功能概要：  读取 Flash 指定地址的内容
//==============================================================================
void flash_read_physical(uint8_t *dest,uint32_t addr,uint16_t N);
```

```
//===========================================================================
//函数名称：flash_protect
//函数返回：无
//参数说明：M—待保护区域的扇区号入口值，实际保护所有扇区
//功能概要：Flash 保护操作
//===========================================================================
void flash_protect(uint8_t M);


//===========================================================================
//函数名称：flash_isempty
//函数返回：1 表示目标区域为空，0 表示目标区域非空
//参数说明：所要探测的 flash 区域扇区号及字节数
//功能概要：Flash 判空操作
//===========================================================================
uint8_t flash_isempty(uint16_t sect,uint16_t N);


//===========================================================================
//函数名称：flashCtl_isSectorProtected
//函数返回：1 表示扇区被保护，0 表示扇区未被保护
//参数说明：所要检测的扇区
//功能概要：判断 Flash 扇区是否被保护
//===========================================================================
uint8_t flash_isSectorProtected(uint16_t sect);
```

3. Flash 构件 API 的测试方法

先配合 AHL-STM32L431 开发套件使用 Flash 模块，实现向 Flash 的 50 扇区 0 字节开始地址写入 30 字节数据，数据内容为 "Welcome to Soochow University!"，然后通过两种读取 Flash 的方式将写入的数据读出，最后通过 AHL-GEC-IDE 软件界面直接观察结果。下面给出实现的基本步骤，具体实例可参考 "…\04-Softwareware\CH06\CH6.3.3-FLASH" 文件夹。

1）main 函数的线程

第一步，在 07_Appprg\main.c 文件的"声明 main 函数使用的局部变量"处添加保存从 Flash 中读取数据的变量：

```
uint8_t params[30];         //按照逻辑读方式从指定 flash 区域中读取的数据
uint8_t paramsVar[30];      //按照物理读方式从指定 flash 区域中读取的数据
```

第二步，在"初始化外设模块"处增加初始化 GPIO、Flash 模块的语句：

```
gpio_init(LIGHT_RED,GPIO_OUTPUT,LIGHT_OFF);   //初始化红灯
flash_init();                                  // flash 初始化
```

第三步，Flash 的读写操作。通过调用 flash_erase 函数，实现对 Flash 的擦除操作；通过调用 flash_read_logic 函数实现对 Flash 指定的扇区进行逻辑读数据；调用 flash_read_physical 函数实现对 Flash 指定的物理地址进行读取数据。其中，第 50 扇区的物理开始地址为 50×1KB，即 0x0000C800，具体的语句如下：

```
flash_erase(50);            //擦除第 50 扇区
Delay_ms(100);              //延时 1s，便于用户接通串口调试工具
```

flash_write(50,0,30,"Welcome to Soochow University!");   //向 50 扇区写 30 字节数据
flash_read_logic(params,50,0,30);   //从 50 扇区读取 30 字节到 params 中
flash_read_physical(paramsVar,(uint32_t)(0x00019000),30);   //读数据

2）下载机器码并观察运行情况

将程序编译生成机器码，利用 AHL-GEC-IDE 软件将编译得到的.hex 文件下载到目标板中，就可以在 AHL-GEC-IDE 界面观察情况，同时可以观察到板载红色灯大约每 1s 闪烁一次。图 6-7 所示为读取 Flash 第 50 扇区的 30 字节内容的显示结果。

图 6-7　读取 Flash 第 50 扇区的 30 字节内容的显示结果

6.3.4　ADC 构件

本节给出模数转换（Analog-to-Digital Convert，ADC）的知识要素、API 及测试方法。

1. ADC 知识要素

模拟量是时间连续、数值也连续的物理量，即可以在一定范围内取任意值，如温度、压力、流量、速度、声音等物理量。

数字量是分立量，只能取分立值。例如，一个 8 位二进制数，只能取 0,1,2,…,255 这些离散值。

A/D 转换，即模/数转换，就是把模拟量转换为对应的数字量。实际应用中，不同的传感器能将温度、湿度、压力等实际的物理量转换为 MCU 可以处理的电压信号。ADC 的主要知识要素有转换精度、转换速度、单端输入与差分输入、A/D 参考电压、滤波问题及物理量回归等。

1）转换精度

转换精度就是指数字量变化一个最小量时模拟信号的变化量，也称为分辨率（Resolution），通常用 A/D 转换器的位数来表征。A/D 转换模块的位数通常有 8 位、10 位、12 位、14 位、16 位等。设采样位数为 N，则最小的能检测到的模拟量变化值为 $1/2^N$。例如，某 A/D 转换模块是 12 位的，若参考电压为 5V（即满量程电压），则可以检测到的模拟量变化最

小值为 $5/2^{12}=1.22$（mV），1.22 就是这个 A/D 转换器的实际精度（分辨率）。

2）转换速率

转换速率通常用完成一次 A/D 转换所要花费的时间来表征，转换速率与 A/D 转换器的硬件类型及制造工艺等因素密切相关，其特征值为纳秒级。A/D 转换器的硬件类型主要有积分型、逐次逼近型、串并行型等，它们的转换速率分别为毫秒级、微秒级、纳秒级。

3）单端输入与差分输入

单端输入只有一个输入引脚，使用公共地 GND 作为参考电平。这种输入方式的优点是简单，缺点是容易受干扰。由于 GND 电位始终是 0V，因此 A/D 值会随着干扰而变化。

差分输入比单端输入多了一个引脚，A/D 采样值是用两个引脚的电平差值（VIN+、VIN-两个引脚电平相减）来表示，优点是降低了干扰，缺点是多用了一个引脚。

4）A/D 参考电压

A/D 转换需要一个参考电平，如要把一个电压分成 1024 份，每一份的基准必须是稳定的，这个电平来自基准电压，就是 A/D 参考电压。一般情况下，A/D 参考电压使用给芯片功能供电的电源电压。有更为精确的要求时，A/D 参考电压使用单独电源，要求功率小（在 mW 级即可）、波动小（如 0.1%），一般电源电压达不到这个精度，否则成本太高。

5）滤波问题

为了使采样的数据更准确，必须对采样的数据进行筛选去掉误差较大的毛刺，通常采用中值滤波和均值滤波来提高采样精度。所谓中值滤波就是将 M 次连续采样值按照从大到小的顺序进行排序，取中间值作为滤波输出。而均值滤波是先把 N 次采样结果值相加，再除以采样次数 N，得到的平均值就是滤波结果。若要得到更高的精度，可以通过建立其他误差模型的方式来实现。

6）物理量回归

在实际应用中，得到稳定的 A/D 采样值以后，还需要把 A/D 采样值与实际物理量对应起来，这一步称为物理量回归。例如，利用 MCU 采集室内温度，A/D 转换后的数值是 126，那么实际上它代表的温度是多少呢？若当前室内温度是 25.1℃，则 A/D 值 126 就代表实际温度 25.1℃。

2. ADC 构件 API

1）ADC 常用接口函数简明列表

在 ADC 构件的头文件 adc.h 中给出了 API 接口函数声明。表 6-4 所示为 ADC 常用接口函数。

表 6-4 ADC 常用接口函数

序 号	函 数 名	简明功能	描 述
1	adc_init	初始化	初始化 ADC 模块，设定使用的通道组、差分选择、采样精度及硬件滤波次数
2	adc_read	读取 ADC 值	读取指定通道的 A/D 转换后的结果

2）ADC 常用接口函数 API

//==
//函数名称：adc_init

//功能概要：初始化一个 A/D 通道号与采集模式
//参数说明：Channel—通道号，可选范围有 ADC_CHANNEL_VREFINT、
//   ADC_CHANNEL_TEMPSENSOR、ADC_CHANNEL_x(1=<x<=16)、ADC_CHANNEL_VBAT
//   diff—差分选择。1(AD_DIFF 1)表示差分，0(AD_SINGLE)表示单端
// 备   注：当通道号选择 ADC_CHANNEL_VREFINT、ADC_CHANNEL_TEMPSENSOR 或
//   ADC_CHANNEL_VBAT 时，则强制选择单端；当通道号选择 ADC_CHANNEL_x(1=<x<=16)
//   时，可选单端或者差分模式
//==
void adc_init(uint16_t Channel,uint8_t Diff);

//==
//函数名称：adc_read
//功能概要：进行一个通道的一次 A/D 转换
//参数说明：Channel—可用模拟量传感器通道
//==
uint16_t adc_read(uint8_t Channel);

//==
//函数名称：TempRegression
//功能概要：将读到的环境温度 A/D 值转换为实际温度
//参数说明：tmpAD—通过 adc_read 函数得到的 A/D 值
//函数返回：实际温度值
//==
float TempRegression(uint16_t tmpAD);

//==
//函数名称：TempTrans
//功能概要：将读到的 mcu 温度 A/D 值转换为实际温度
//参数说明：mcu_temp_AD—通过 adc_read 函数得到的 A/D 值
//函数返回：实际温度值
//==
float TempTrans(uint16_t mcu_temp_AD);

3．ADC 构件 API 的测试方法

使用 AHL-STM32L431 开发套件的 ADC 模块采集底板上的热敏电阻，它会随温度的变化而变化，可以通过它将采集到的值使用 UART_Debug 串口模块发送到个人计算机的串口调试助手上，其中热敏电阻引脚接法可查看样例工程中的 05_UserBoard\user.h 文件。下面介绍实现采集环境温度和 MCU 温度 A/D 值的基本步骤，具体可参考"...\04-Softwareware\CH06\CH6.3.4-ADC"文件夹。

1）重命名 ADC 模块通道

在样例工程的 05_UserBoard\user.h 文件中，宏定义板上温度传感器 ADC 模块所对应的引脚（如宏名为 AD_BOARD_TEMP）和 MCU 内部温度采集使用通道。

```
#define AD_MCU_TEMP     ADC_CHANNEL_TEMPSENSOR   //MCU 内部温度采集使用通道
#define AD_BOARD_TEMP   ADC_CHANNEL_15           //板上温度采集使用通道
```

2) main 函数的线程

第一步,温度 A/D 值变量定义。在工程的 07_AppPrg\main.c 文件中的"声明 main 函数使用的局部变量"处添加温度 A/D 值变量的定义:

```
uint16_t mcu_temp_AD;                //MCU 温度 A/D 值
float mcu_temp;                       //MCU 实际温度
float temperature;                    //环境温度
```

第二步,ADC 模块及其他模块初始化。初始化 UART_Debug 串口模块、GPIO 模块和 ADC 模块,其中 UART_Debug 串口模块的波特率设置为 115200,在"用户外设模块初始化"处增加下列语句:

```
gpio_init(LIGHT_RED,GPIO_OUTPUT,LIGHT_OFF);    //初始化红灯
uart_init(UART_Debug,115200);                   //初始化 UART_Debug 串口
adc_init(AD_BOARD_TEMP,0);                      //初始化 ADC
adc_init(AD_MCU_TEMP,0);                        //初始化 ADC
```

其中,初始化红灯的目的是观察 AHL-STM32L431 开发套件串口模块发送数据过程的情况,实际中若无需要可去除。

第三步,使能串口模块中断。在"使能模块中断"处增加下列语句:

```
uart_enable_re_int(UART_Debug);
```

另外,可在 07_AppPrg\isr.c 文件的 UART_USER_Handler 函数内查看、修改或添加串口接收处理程序的相关代码。

第四步,小灯闪烁、ADC 模块数据获取并通过串口发送温度 A/D 值到个人计算机。在主循环中,利用 GPIO 构件中的 gpio_reverse 函数,可实现红灯状态切换,以便观察串口发送数据时的板载红灯闪烁现象;利用 adc_read 函数,实现 ADC 模块获得温度 A/D 值;利用 printf 函数通过 UARTC 串口模块向上位机发送所采集的温度 A/D 值。具体添加代码如下:

```
//红灯状态每秒切换一次,记录红灯状态
Delay_ms(100);
gpio_reverse(LIGHT_RED);                        //红灯状态切换,记录红灯状态
mFlag=(mFlag=='A'?'L':'A');
printf((mFlag=='A')?" LIGHT_RED:OFF--\n":" LIGHT_RED:ON==\n");

//获取并输出当前环境温度
temperature = TempRegression(adc_read(AD_BOARD_TEMP));
printf(" 环境温度:%d--\n",(int)temperature);

//获取并输出当前 MCU 温度
mcu_temp_AD = adc_read(AD_MCU_TEMP);
mcu_temp=TempTrans(mcu_temp_AD);
printf(" MCU 温度:%d--\n",(int)mcu_temp);
```

3)下载机器码并观察运行情况

经过编译生成机器码(.hex 文件),通过 AHL-GEC-IDE 软件下载到目标板中,可观察到板载红灯每秒闪烁一次,以及在窗口中看到采集的芯片温度值情况,同时可以通过反复用手指触碰主板上热敏电阻来观察收到的数据变化情况。通过 ADC 模块采集环境温度和 MCU 温

度的结果如图 6-8 所示。

图 6-8　通过 ADC 模块采集环境温度和 MCU 温度的结果

6.3.5　PWM 构件

本节给出脉宽调制（Pulse Width Modulator，PWM）的知识要素、API 及测试方法。

1. PWM 知识要素

PWM 是电机控制的重要方式之一。PWM 信号是一个高/低电平重复交替的输出信号，通常也叫脉宽调制波或 PWM 波。PWM 最常见的应用是电机控制。此外，还有一些其他用途。例如，可以利用 PWM 为其他设备产生类似于时钟的信号，利用 PWM 控制灯以一定频率闪烁，也可以利用 PWM 控制输入到某个设备的平均电流或电压等。

PWM 信号的主要技术指标有 PWM 时钟源频率、PWM 周期、占空比、脉冲宽度与分辨率、极性与对齐方式等。

1）时钟源频率、PWM 周期与占空比

通过 MCU 输出 PWM 信号的方法与使用纯电力电子实现的方法相比，有实现方便的优点，所以目前经常使用的 PWM 信号主要是通过 MCU 编程实现的。图 6-9 给出了一个利用 MCU 编程产生不同占空比的 PWM 波的实例，这个例子需要有一个产生 PWM 波的时钟源，其频率记为 F_{CLK}，单位 kHz，相应时钟周期为 $T_{CLK}=1/F_{CLK}$，单位为毫秒（ms）。

PWM 周期用其有效电平持续的时钟周期个数来度量，记为 N_{PWM}。例如，图 6-9 中的 PWM 信号的周期是 $N_{PWM}=8$（无量纲），实际 PWM 周期 $T_{PWM}=8 \times T_{CLK}$。

PWM 占空比被定义为 PWM 信号处于有效电平的时钟周期数与整个 PWM 周期内的时钟周期数之比，用百分比表征。图 6-9（a）中，PWM 的高电平（高电平为有效电平）为 $2T_{CLK}$，所以占空比=2/8=25%。类似计算，图 6-9（b）占空比为 50%（方波），图 6-9（c）占空比为 75%。

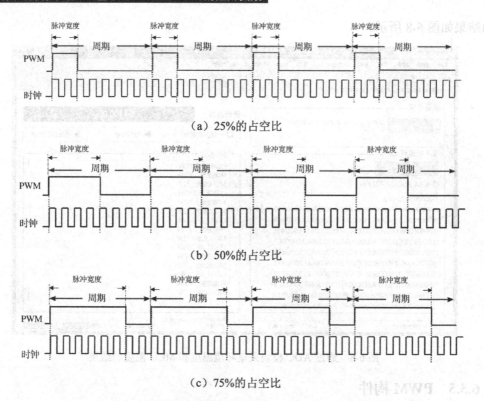

图 6-9 利用 MCU 编程产生不同占空比的 PWM 波的实例

2）脉冲宽度与分辨率

脉冲宽度是指一个 PWM 周期内，PWM 波处于有效电平的时间（用持续的时钟周期数表征）。PWM 脉冲宽度可以用占空比与周期计算出来，故可不作为一个独立的技术指标。

PWM 分辨率（ΔT）是指脉冲宽度的最小时间增量，等于时钟源周期，$\Delta T = T_{CLK}$，也可以不作为一个独立的技术指标。例如，如果 PWM 是利用频率 F_{CLK}=48MHz 的时钟源产生的，即时钟源周期 T_{CLK}=(1/48)μs=0.208μs=20.8ns，那么脉冲宽度的每一增量为 ΔT=20.8ns，就是 PWM 的分辨率。它就是脉冲宽度的最小时间增量，脉冲宽度的增加与减少只能是 ΔT 的整数倍，实际上脉冲宽度正是用高电平持续的时钟周期数（整数）来表征的。

3）极性

PWM 极性决定了 PWM 波的有效电平。正极性表示 PWM 有效电平为高电平，那么在边沿对齐的情况下，PWM 引脚的平时电平（也称空闲电平）就应该为低电平，开始产生 PWM 的信号为高电平，到达比较值时，跳变为低电平，到达 PWM 周期时又变为高电平，周而复始。负极性则相反，PWM 引脚平时电平为高电平，有效电平为低电平。

注意：占空比通常定义为高电平时间与 PWM 周期的比。

4）对齐方式

可以用 PWM 引脚输出发生跳变的时刻来区分 PWM 的两种对齐方式，即边沿对齐（Edge-Aligned）与中心对齐（Center-Aligned），可以从 MCU 编程产生 PWM 的方式的角度来理解。设产生 PWM 波的时钟源周期为 T_{CLK}，PWM 的周期 $T_{PWM}=M \times T_{CLK}$，脉宽 $W=N \times T_{CLK}$，同时假设 $N>0$ 且 $N<M$，计数器记为 TAR，通道（n）值寄存器记为 CCRn=N，用于比较。设 PWM

引脚输出的平时电平为低电平,开始时,TAR 从 0 开始计数,在 TAR=0 的时钟信号上升沿,PWM 输出引脚由低电平变为高电平,随着时钟信号增 1,TAR 增 1,当 TAR=N 时(即 TAR=CCRn),在此刻的时钟信号上升沿,PWM 输出引脚由高电平变为低电平,持续 M-N 个时钟周期,TAR=0,PWM 输出引脚由低电平变为高电平,周而复始。这就是边沿对齐的 PWM 波,缩写为 EPWM,是一种常用 PWM 波。图 6-10 给出了周期为 8、占空比为 25%的 EPWM 波示意图。可以概括地说,在平时电平为低电平的 PWM 情况下,开始计数时,PWM 引脚同步变为高电平,这就是边沿对齐。

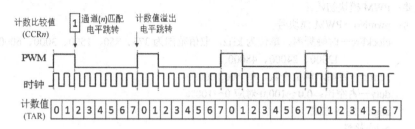

图 6-10　周期为 8、占空比为 25%的 EPWM 波示意图

中心对齐的 PWM 波,缩写为 CPWM,是一种比较特殊的产生 PWM 脉宽调制波的方法,常用在逆变器、电机控制等场合。图 6-11 给出了占空比为 25%的 CPWM 波示意图。在计数器向上计数的情况下,当计数值(TAR)小于计数比较值(CCRn)的时候,PWM 通道输出低电平;当计数值大于计数比较值的时候,PWM 通道发生电平跳转输出高电平。在计数器向下计数的情况下,当计数值(TAR)大于计数比较值(CCRn)的时候,PWM 通道输出高电平;当计数值小于计数比较值的时候,PWM 通道发生电平跳转输出低电平。按此运行机理周而复始,就可以实现 CPWM 波的正常输出。可以概括地说,设 PWM 波的低电平时间 $t_L=K×T_{CLK}$,在平时电平为低电平的情况下,中心对齐的 PWM 波,比边沿对齐的 PWM 波形向右平移了 $K/2$ 个时钟周期。

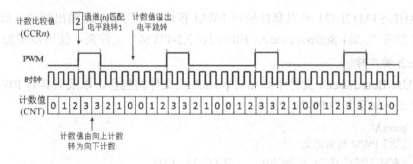

图 6-11　占空比为 25%的 CPWM 波示意图

2. PWM 构件 API

1) PWM 常用接口函数简明列表

在 PWM 构件的头文件 pwm.h 中给出了 API 接口函数声明。表 6-5 所示为 PWM 常用接口函数给出其函数名、简明功能及描述。

表 6-5 PWM 常用接口函数

序号	函数名	简明功能	描述
1	pwm_init	初始化	初始化,指定时钟频率、周期、占空比、对齐方式、极性
2	pwm_update	更新占空比	改变占空比,指定更新后的占空比,无返回

2) PWM 常用接口函数 API

```
//============================================================
//函数名称:pwm_init
//功能概要:PWM 模块初始化
//参数说明:pwmNo—PWM 模块号
//         clockFre—时钟频率,单位为 kHz,取值范围为 375、750、1500、3000、6000、
//                   12000、24000、48000
//         period—周期,单位个数,如 100,1000…
//         duty—占空比:0.0~100.0 对应 0~100%
//         align—对齐方式
//         pol—极性
//函数返回:无
//============================================================
void pwm_init(uint16_t pwmNo,uint32_t clockFre,uint16_t period,float duty,uint8_t align,uint8_t pol);
//============================================================
//函数名称:pwm_update
//功能概要:PWM 模块更新,改变占空比
//参数说明:pwmNo—PWM 模块号
//         duty—占空比:0.0~100.0 对应 0~100%
//函数返回:无
//============================================================
void pwm_update(uint16_t pwmNo,float duty);
```

3. PWM 构件 API 的测试方法

配合 AHL-STM32L431 开发套件使用 PWM 模块,利用 PWM 输出驱动二极管的亮度变化,具体可参考"...\04-Softwareware\CH06\CH6.3.5-PWM"文件夹,使用步骤如下。

1) user.h 的工作

在 05_UserBoard\user.h 文件中添加对 pwm.h 头文件的包含,以及对具有 PWM 功能的引脚进行宏定义(如宏名为 PWM_PIN0)。

```
#include "pwm.h"
//(5)【改动】PWM 引脚定义
#define  PWM_PIN0  (PTB_NUM|10)        //GEC_39   CH3
```

2) main 函数的工作

第一步,变量定义。

在 07_AppPrg\main.c 中 main 函数的"声明 main 函数使用的局部变量"部分,定义变量 mDuty 和 mMytime。

```
uint8_t  mDuty;                    //主循环使用的占空比临时变量
uint8_t  mMytime;                  //时间次数控制变量
```

第二步,给变量赋初值。

```
mDuty=0;                                //初始占空比为 0
mMytime=0;                              //初始时间次数控制变量为 0
```

第三步，初始化 PWM_PIN0 模块。

在 main 函数的"初始化外设模块"处，初始化 PWM_PIN0 模块，设置时钟频率为 24000kHz，周期为 10，占空比设为 90.0%，对齐方式为边沿对齐，极性选择为正极性。

```
pwm_init(PWM_PIN0,24000,10,90.0,PWM_EDGE,PWM_PLUS);    //初始化 PWM_PIN0 模块
```

第四步，改变占空比的变化。

在 main 函数的"主循环"处，改变占空比的变化。

```
mMytime++;
if(mMytime%2==0)                        //每 2s 改变一次占空比
{
    mDuty+=10;
    pwm_update(PWM_PIN0,mDuty);
}
if(mDuty>=100)
{
    mDuty=0;
    mMytime=0;
}
```

3）下载机器码并观察运行情况

经过编译生成机器码，通过 AHL-GEC-IDE 软件下载到目标中，若 PWM_PIN0 为引脚 39，则可将引脚外接发光二极管，另一端接地，可以观察到发光二极管由亮逐渐变暗再逐渐变亮，如此循环。

6.4 应用构件及软件构件设计实例

应用构件是调用芯片基础构件而制作的面向实际应用的构件。软件构件面向实际算法而封装，具有底层硬件无关性，本节给出这两类构件的实例。

6.4.1 应用构件设计实例

在计算机的 C 语言中，printf 是一个标准库函数，主要用于过程输出显示，方便程序调试。嵌入式开发中，可以借助计算机显示屏，利用串口实现同样功能，方便嵌入式程序的调试。

1．printf 构件使用格式

printf 函数调用的一般形式如下：

```
printf("格式控制字符串",输出表列);
```

其中，格式控制字符串用于指定输出格式，由格式字符串和非格式字符串组成。格式字符串是以%开头的字符串，在%后面有各种格式的字符，以说明输出数据的类型、形式、长度、小数位数等。格式字符及其含义如表 6-6 所示。

表 6-6 格式字符及其含义

序号	格式字符	含义
1	d	表示按十进制整型输出
2	ld	表示按十进制长整型输出
3	f	表示浮点型输出
4	lf	表示双精度型输出
5	c	表示按字符型输出
6	\n	表示换行符等

非格式字符串原样输出,在显示中起提示作用。输出表列中给出了各个输出项,要求格式字符串和各输出项在数量和类型上一一对应。

2. 嵌入式 printf 构件说明

在 printf 构件头文件 printf.h 中,给出了对外接口函数 API 的使用声明。需要特别注意的是,要根据实际使用的串口修改其中的宏定义(见下述代码中的黑体字),仅更改该构件头文件这一处,其他不必更改。

```
#include "uart.h"
#include "string.h"

#define UART_printf    UART_3      //printf 函数使用的串口号

#define printf    myprintf
…
```

printf 构件的实现是一个比较复杂的过程,在 "…\04-Softwareware\CH06\CH6.5.1-printf" 文件夹中含有其源代码,想要深入了解的读者,可以阅读分析,一般情况下,直接使用即可。

3. printf 构件编程实例

下面将举例说明 printf 构件的具体用法。其实现的功能为使用 printf 函数,在串口工具中打印出测试函数所打印的字符串。实例见 "…\04-Softwareware\CH06\CH6.5.1-printf" 文件夹,具体实现过程如下。

1)包含文件

在 05_UserBoard\user.h 文件中添加对 printf.h 的包含。

```
#include "printf.h"
```

2)在 main.c 文件中添加 printf 输出

```
char c,s[20];
int a;
float f;
double x;
a=1234;
f=3.14159322;
x=0.123456789123456789;
c='A';
strcpy(s,"Hello,World");
```

```
printf("苏州大学嵌入式实验室 printf 构件测试用例!\n");
//整型数据类型的输出测试
printf("整型数据输出测试:\n");
printf("整数 a=%d\n", a);              //按照十进制整数格式输出，显示 a=1234
printf("整数 a=%d%%\n", a);            //输出%号结果 a=1234%
printf("整数 a=%6d\n", a);             //输出 6 位十进制整数左边补空格，显示 a= 1234
printf("整数 a=%06d\n", a);            //输出 6 位十进制整数左边补 0，显示 a=001234
printf("整数 a=%2d\n", a);             //a 超过 2 位，按实际输出 a=1234
printf("整数 a=%-6d\n", a);            //输出 6 位十进制整数右边补空格，显示 a=1234
printf("\n");
//浮点数类型数据输出测试
printf("浮点型数据输出测试:\n");
printf("浮点数 f=%f\n", f);            //浮点数有效数字是 6 位，结果 f=3.140001
printf("浮点数 fhavassda  =  %6.4f\n", f);  //输出 6 列，小数点后 4 位，结果 f=3.1400
printf("double 型数 x=%lf\n", x);      //输出长浮点数 x=0.123456
printf("double 型数 x=%18.15lf\n", x); //输出 18 列，小数点后 15 位 x=0.123456789123456
printf("\n");
//字符类型数据输出测试
printf("字符类型数据输出测试:\n");
printf("字符型 c=%c\n", c);            //输出字符 c=A
printf("ASCII 码 c=%x\n", c);          //以十六进制输出字符的 ASCII 码 c=41
printf("字符串 s[]=%s\n", s);          //输出数组字符串 s[]=Hello,World
printf("字符串 s[]=%6.9s\n", s);       //输出最多 9 个字符的字符串 s[]=Hello,Word
```

3）运行结果

程序编译通过后，整数、浮点数和字符的不同格式的输出情况如图 6-12 所示。

图 6-12　整数、浮点数和字符的不同格式的输出情况

6.4.2　软件构件设计实例

冒泡排序算法及队列操作算法具有硬件无关性，这里以它们为例阐述软件构件设计的基

本流程，为理解软件构件提供模板。

1. 冒泡排序算法构件

1）冒泡排序算法描述

冒泡排序（Bubble Sort）是一种典型的交换排序算法。其基本思想是，从无序序列头开始，依次比较相邻两数据元素大小，并根据大小进行位置交换，直到将最大（小）的数据元素交换到无序队列的队尾，从而成为有序序列的一部分；在下一趟排序中继续这个过程，直到所有数据元素都排好序。简而言之，每次通过比较相邻两元素大小进行交换位置，选出剩余无序序列里最大（小）的数据元素放到队尾。

2）冒泡排序算法构件头文件

在冒泡排序算法构件头文件 bubbleSort.h 中，给出了对外接口函数（API）的使用声明。

```
//=================================================================
//文件名称：bubbleSort.h
//功能概要：冒泡排序算法构件头文件
//版权所有：SD-EAI&IoT(sumcu.suda.edu.cn)
//更新记录：2020-04-17
//=================================================================


//=================================================================
//函数名称：bubbleSort_up
//功能概要：将一数组采用冒泡升序方式进行排列，并返回排序后的数组
//参数说明：array—数组名
//         n—数组中元素的个数
//函数返回：无
//=================================================================
void bubbleSort_up(int array[],int n);


//=================================================================
//函数名称：bubbleSort_down
//功能概要：将一数组采用冒泡降序方式进行排列，并返回排序后的数组
//参数说明：array—数组名
//         n—数组中元素的个数
//函数返回：无
//=================================================================
void bubbleSort_down(int array[],int n);
```

3）冒泡排序算法构件源程序文件

在冒泡排序算法构件源程序文件 bubbleSort.c 中，给出了各个对外接口函数（API）的具体实现代码。

```
//=================================================================
//文件名称：bubbleSort.c
//功能概要：冒泡排序算法构件源文件
//版权所有：SD-EAI&IoT(sumcu.suda.edu.cn)
//更新记录：2020-04-17
```

```
//=====================================================
#include "bubbleSort.h"
//内部函数声明
void swap(int* p, int* q);
//=====================================================
//函数名称：bubbleSort_up
//功能概要：将一数组采用冒泡升序方式进行排列，并返回排序后的数组
//参数说明：array—数组名
//          n—数组中元素的个数
//函数返回：无
//=====================================================
void bubbleSort_up(int array[],int n)
{
    int i,j;
    for (i = 0; i < n; i++)
    {
        for (j = 0; j < n - 1 - i; j++)
        {
            if (array[j] > array[j + 1])
                swap(&array[j], &array[j + 1]);
        }
    }
}


//=====================================================
//函数名称：bubbleSort_down
//功能概要：将一数组采用冒泡降序方式进行排列，并返回排序后的数组
//参数说明：array—数组名
//          n—数组中元素的个数
//函数返回：无
//=====================================================
void bubbleSort_down(int array[],int n)
{
    int i,j;
    for (i = 0; i<n - 1; i++)
    {
        for (j = 0; j<n - 1 - i; j++)
        {
            if (array[j]<array[j + 1])
                swap(&array[j], &array[j + 1]);
        }
    }
}

//内部函数
//=====================================================
//函数名称：swap
```

```
//功能概要：对排序中的数组元素进行交换
//参数说明：p—指向要交换的第一个数的地址
//         q—指向要交换的第二个数的地址
//函数返回：无
//============================================================
void swap(int* p, int* q)
{
    int temp;
    temp = *p;
    *p = *q;
    *q = temp;
}
```

4）测试程序设计

下面将举例说明 bubbleSort 构件的具体用法。其实现的功能为传入一组数据，通过冒泡升序、降序的方式实现对数组元素的全排列。实例工程见"...\04-Softwareware\CH06\CH6.4.2-1-bubbleSort"文件夹，具体实现过程如下。

（1）包含文件。在 07_AppPrg 文件夹下的 includes.h 中添加对 bubbleSort 构件头文件的包含：

```
#include " bubbleSort.h"
```

（2）定义需要排序的数组。直接在 main.c 文件中定义待排序的数组名，这里通过升序的方式对数组进行排列：

```
int mX[]={23,12,32,232,-88,12,13,3232,565,-121};     //待排序的数组(自定义)
```

（3）获取数组长度及调用冒泡排序函数。在 main.c 文件获取数组长度的方式如下：

```
int length= sizeof(mX) / sizeof(mX[0]);     //获取数组长度
```

调用冒泡升序函数：

```
bubbleSort_up(mX,length);                   //调用冒泡升序函数
```

之后调用"printf"函数，通过串口输出排序后的数组元素即可看到排序后的结果。调用冒泡降序函数的方式与调用冒泡升序函数的方式一样，这里不再赘述。

5）运行结果

程序编译通过后，通过串口更新将机器码（.hex 文件）烧录芯片中，若冒泡排序结果如图 6-13 所示，说明测试成功。

2. 队列构件

1）队列算法描述

队列，简称队，是一种操作受限的线性表，限制在表的一端进行插入，另一端进行删除。可进行插入的一端称为队尾，可进行删除的一端称为队头。向队列中插入元素叫入队，新元素进入之后就称为新的队尾元素。从队列中删除元素叫出队，元素出队后，其后继节点元素就称为新的队头元素。队列的特点就是先进先出（栈为先进后出）。队列按存储结构可分为链队列和顺序队列两种。

图 6-13 冒泡排序结果

在设计队列算法的过程中，首先要考虑的是队列的构成，其应当包括队首指针、队尾指针、队列中元素的个数、队列中最大元素个数及队列中每个元素的数据内容的大小等。其次，作为队列，应当具有最基本的出队、入队等功能。再次，应当考虑在各种不同环境下队列算法的可移植性和用户透明度。本节设计的队列构件使用的是单向链表队列，队列中的元素类型可以为任意类型，为了方便读者理解，此处使用的类型为用户可自定义的结构体类型。队列构件中主要包含队列初始化、入队、出队及获取队列中元素个数等功能，涵盖了队列使用时需要用到的基本函数方法。

2）队列算法构件头文件

队列算法的对外接口函数如下：

```
//================================================
//文件名称：queue.h
//功能概要：Queue 底层驱动构件头文件
//版权所有：SD-EAI&IoT(sumcu.suda.edu.cn)
//版本更新：2020-04-17
//================================================
#include<stdlib.h>
#include<string.h>
typedef struct queue_node_t
{
    void* m_data; // 抽象的数据域，void*的类型使得链表可以存储任何类型的数据
    struct queue_node_t* m_next;
} Queue_node_t;
// 链表结构，存储整个链表
typedef struct queue_t
{
    size_t m_data_size;      // 队列的节点中数据域的大小
    size_t m_queue_size;     // 队列中的节点个数
```

```
    size_t m_maxsize;              // 队列最大节点个数
    Queue_node_t *m_front;         // 队首指针
    Queue_node_t *m_rear;          // 队尾指针
} Queue_t;
```

```
//============================================================
//函数名称：queue_init
//函数返回：初始化的队列
//参数说明：data_size—节点中数据域的大小
//功能概要：初始化一个队列
//============================================================
Queue_t *queue_init(size_t data_size,size_t maxsize);
```

```
//============================================================
//函数名称：queue_in
//函数返回：无
//参数说明：queue—要操作的队列
//        data—节点元素值
//        maxsize—队列最大节点个数
//功能概要：在队尾插入一个元素
//============================================================
void queue_in(Queue_t *queue,void *data,size_t maxsize);
```

```
//============================================================
//函数名称：queue_out
//函数返回：无
//参数说明：queue—要操作的队列
//功能概要：删除队首元素
//============================================================
void queue_out(Queue_t *queue);
```

```
//============================================================
//函数名称：queue_count
//函数返回：队列中的元素个数
//参数说明：queue—要操作的队列
//功能概要：获取队列中的元素个数
//============================================================
int queue_count(Queue_t *queue);
```

3）队列算法构件源程序文件

队列函数的内部操作保存在 queue.c 文件中，具体内容如下：

```
//============================================================
//文件名称：queue.c
//功能概要：Queue 底层驱动构件源文件
//版权所有：SD-EAI&IoT
//版本更新：2020-04-17
//============================================================
```

```c
#include "queue.h"                              //包含本构件头文件


//================================================================
//函数名称：init_queue
//函数返回：初始化的队列
//参数说明：data_size—节点中数据域的大小
//         maxsize—队列最大节点个数
//功能概要：初始化一个队列
//================================================================
Queue_t *queue_init(size_t data_size,size_t maxsize)
{
    Queue_t* new_queue =(Queue_t*)malloc(sizeof(Queue_t));

    // 建立一个空的链表
    new_queue->m_queue_size = 0;                //队列元素个数为0
    new_queue->m_data_size = data_size;         //队列中每个元素的数据域大小为 item_size
    new_queue->m_maxsize = maxsize;             //队列最大节点个数为 maxsize
    new_queue->m_front = NULL;                  //队首指针为空
    new_queue->m_rear = NULL;                   //队尾指针为空
    return new_queue;
}


//================================================================
//函数名称：queue_in
//函数返回：无
//参数说明：queue—要操作的队列
//         data—节点元素值
//         maxsize—队列最大节点个数
//功能概要：在队尾插入一个元素
//================================================================
void queue_in(Queue_t *queue,void *data,size_t maxsize)
{
    if(queue->m_queue_size==maxsize)            //判断队列是否已满
        return;
    Queue_node_t* new_node = (Queue_node_t*)malloc(sizeof(Queue_node_t));
    new_node->m_data = malloc(queue->m_data_size);
    memcpy(new_node->m_data, data, queue->m_data_size);   //给 data 赋值给新节点
    new_node->m_next = NULL;                    //尾插法，插入节点指向空
    if(queue->m_rear == NULL)
    {
        queue->m_front = new_node;
        queue->m_rear = new_node;
    }
    else{
        queue->m_rear->m_next = new_node;       //让 new_node 成为当前的尾部节点下一节点
        queue->m_rear= new_node;                //尾部指针指向 new_node
    }
```

```
        queue->m_queue_size += 1;                    //队列中的节点个数加1
}

//===============================================================
//函数名称：queue_out
//函数返回：无
//参数说明：queue—要操作的队列
//功能概要：删除队首元素
//===============================================================
void queue_out(Queue_t *queue)
{
    Queue_node_t* temp_node=queue->m_front;
    if(queue->m_front==NULL)                         //判断队列是否为空
        return;
    if(queue->m_front==queue->m_rear)                //判断队列是否只有一个元素
    {
        queue->m_front=NULL;
        queue->m_rear=NULL;
    }else{
        queue->m_front=queue->m_front->m_next;       //队首指针后移一位
        free(temp_node);
    }
    queue->m_queue_size -= 1;                        //队列中的节点个数减1
}
//===============================================================
//函数名称：queue_count
//函数返回：队列中的元素个数
//参数说明：queue—要操作的队列
//功能概要：获取队列中的元素个数
//===============================================================
int queue_count(Queue_t *queue)
{
    return queue->m_queue_size;
}
```

4）测试程序设计

下面将举例说明 queue 构件的具体用法。其实现的功能为，先对队列进行 4 次入队，遍历输出队列中的节点，然后进行一次出队操作，最后遍历输出队列中的节点。在每次操作完成之后获取一次队列中的元素个数。具体例程可参考"...\04-Softwareware\CH06\CH6.4.2-2-queue"文件夹。具体的实现过程如下。

（1）包含文件。在 07_AppPrg 文件夹下的 includes.h 中添加对 queue 构件头文件的包含。

```
#include "queue.h"
```

（2）定义元素结构体类型及队列。在总头文件 includes.h 中定义用户自己想要的队列元素结构体类型，此处以学生结构体为例，结构体内部包含学号和姓名两个变量。特别需要注意的是，结构体类型大小为 4 字节对齐，故建议在使用时尽量将结构体大小声明为 4 字节的倍数。

```
typedef struct student
{
    int         no;                         //学号
    char        name;                       //姓名
}g_Student;//声明学生结构体
```

（3）声明和初始化相关变量。在 main.c 文件的"（1.1）声明 main 函数使用的局部变量"注释下方对需要声明的变量进行声明，在"（1.3）给全局变量及主函数使用的局部变量赋初值"注释下方对这些变量进行初始化。

声明语句如下：

```
Queue_t *q;                                 //声明队列
Queue_node_t *indexnode;                    //声明队列索引节点
g_Student stu1,stu2,stu3,stu4;              //声明4个学生结构体变量
g_Student out_data;                         //声明读取队列节点的内容结构体变量
```

初始化语句如下：

```
q=queue_init(sizeof(g_Student),MAXSIZE);//初始化队列
stu1.no=1001;strcpy(stu1.name,"张三");      //初始化变量 stu1
stu2.no=1002;strcpy(stu2.name,"李四");      //初始化变量 stu2
stu3.no=1003;strcpy(stu3.name,"王五");      //初始化变量 stu3
stu4.no=1004;strcpy(stu4.name,"刘六");      //初始化变量 stu4
```

（4）入队操作。先对初始化后的 4 个学生结构体变量执行入队操作，然后获取当前队列中元素个数并遍历输出当前队列中的元素。

```
queue_in(q,&stu1,MAXSIZE);                  //stu1 入队
queue_in(q,&stu2,MAXSIZE);                  //stu2 入队
queue_in(q,&stu3,MAXSIZE);                  //stu3 入队
queue_in(q,&stu4,MAXSIZE);                  //stu4 入队
indexnode=q->m_front;                       //初始化索引节点为队首节点
printf("入队完成！当前队列中有%d 个元素:\n",queue_count(q));
//遍历输出队列中的元素
while(indexnode!=NULL)
{
    out_data=*(g_Student*)indexnode->m_data;
    printf("学生学号为:%d,姓名为:%s\n",out_data.no,out_data.name);
    indexnode=indexnode->m_next;
}
```

（5）出队操作。延时 1s 后，先执行一次出队操作，然后获取当前队列中元素个数并遍历输出当前队列中的元素。

```
for(int i=0;i<3000000;i++);
queue_out(q);//出队一个节点
indexnode=q->m_front;                       //重新初始化索引节点为队首节点
printf("出队完成！当前队列中有%d 个元素:\n",queue_count(q));
while(indexnode!=NULL)
{
```

```
        out_data=*(g_Student*)indexnode->m_data;
        printf("学生学号为:%d,姓名为:%s\n",out_data.no,out_data.name);
        indexnode=indexnode->m_next;
}
```

5）运行结果

程序编译通过后，通过串口更新功能将机器码（.hex 文件）烧录至芯片电路板中，若元素进出队列情况如图 6-14 所示，则说明测试成功。

图 6-14　元素进出队列情况

6.5　本章小结

软件工程的基本要求是程序具有可维护性，而可复用与可移植是可维护的基础，良好的构件设计是可复用与可移植的根本保证。一般把嵌入式构件分为基础构件、应用构件与软件构件三类。

基础构件是根据 MCU 内部功能模块的基本知识要素，针对 MCU 引脚功能或 MCU 内部功能，利用 MCU 内部寄存器所制作的面向芯片级的硬件驱动构件，也称为底层硬件驱动构件，其特点是面向芯片，以知识要素为核心，以模块独立性为准则进行封装。常用的基础构件主要有 GPIO 构件、UART 构件、Flash 构件、ADC 构件、PWM 构件、SPI 构件、I2C 构件等。

应用构件是调用芯片基础构件而制作完成的，符合软件工程封装规范的，面向实际应用硬件模块的驱动构件。其特点是面向实际应用硬件模块，以知识要素为核心，以模块独立性为准则进行封装。例如，LCD 构件调用基础构件 SPI，完成对 LCD 显示屏控制的封装。

软件构件是一个面向对象的、具有规范接口和确定的上下文依赖的组装单元，它能够被独立使用或被其他构件调用。它是不直接与硬件相关的、符合软件工程封装规范的，实现一组完整功能的函数。其特点是面向实际算法（如排序算法、队列操作、链表操作及人工智能的一些算法等），以知识要素为核心，以功能独立性为准则进行封装的，具有底层硬件无关性。

第7章 实时操作系统下的程序设计方法

本章讨论实时操作系统下程序设计的稳定性问题、对中断处理程序的基本要求、线程划分及优先级安排问题、利用信号量解决并发与资源共享的问题、如何避免优先级反转问题等。

7.1 程序稳定性问题

程序稳定性问题是程序设计的核心问题,十分复杂。本节给出关于程序稳定性问题最基础性的讨论。这个讨论不局限于实时操作系统下程序设计,同时适用于无操作系统下程序设计。

稳定性是嵌入式系统的生命线,而实验室中的嵌入式产品在调试、测试、安装之后,投放到实际应用中往往还会出现很多故障和不稳定的现象。由于嵌入式系统是一个综合了软件和硬件的复杂系统,因此单单依靠哪个方面都不能完全地解决其抗干扰问题,只有从嵌入式系统硬件、软件及结构设计等方面进行考虑,综合应用各种抗干扰技术来应对系统内外的各种干扰,才能有效提高其抗干扰性。在这里对实际项目中较常出现的稳定性问题做简要阐述。

嵌入式系统的抗干扰设计主要包括硬件和软件两个方面。在硬件方面,通过提高硬件的性能和功能,能有效地抑制干扰源,阻断干扰的传输信道,这种方法具有稳定、快捷等优点,但会使成本增加。而软件抗干扰设计采用各种软件方法,通过技术手段来增强系统的输入/输出、数据采集、程序运行、数据安全等抗干扰能力,具有设计灵活、节省硬件资源、低成本、高系统效能等优点,而且能够处理某些用硬件无法解决的干扰问题。

7.1.1 稳定性的基本要求

稳定性的基本要求有保证 CPU 运行的稳定、保证通信的稳定、保证物理信号输入的稳定、保证物理信号输出的稳定等。

1. 保证 CPU 运行的稳定

CPU 指令由操作码和操作数两部分组成。取指令时,先取操作码后取操作数。当 PC 因干扰出错时,程序便会跑飞,引起程序混乱失控,严重时会导致程序陷入死循环或者误操作。为了避免这样的错误发生或者从错误中恢复,通常使用指令冗余、软件拦截技术、数据保护和定期自动复位系统等。

2. 保证通信的稳定

在嵌入式系统中，会使用各种各样的通信接口，以便与外界进行交互。因此，必须要保证通信稳定。在设计通信接口的时候，通常从通信数据传输速度、通信距离等方面进行考虑，一般情况下，通信距离越短越稳定，通信速率越低越稳定。例如，对于串行接口，通常我们只选用 9600、38400、115200 等低速波特率来保证通信的稳定性。另外，对于板内通信，使用 TTL 电平即可，而板间通信通常采用 RS 232 电平，有时为了传输更远距离，可以采用差分信号 RS 485 电平进行传输，但程序是一致的。

另外，为数据增加校验也是增强通信稳定性的常用方法，甚至有些校验方法不仅具有检错功能，还具有纠错功能。常用的校验方法有奇偶校验、循环冗余校验法、海明码、求和校验以及异或校验等。

3. 保证物理信号输入的稳定

模拟量和开关量都属于物理信号，它们在传输过程中很容易受到外界的干扰，。雷电、可控硅、电机和高频时钟等都有可能成为其干扰源。在硬件上选用高抗干扰性能的元器件可有效地克服干扰，但这种方法通常会面临着硬件开销和开发条件的限制。相比之下，在软件上可使用的方法比较多，且开销低，容易实现较高的系统性能。

通常的做法是进行软件滤波。对于模拟量滤波，主要的滤波方法有限幅滤波法、中位值滤波法、算术平均值法、滑动平均值法、防脉冲干扰平均值法、一阶滞后滤波法及加权递推平均滤波法等；对于开关量滤波，主要的方法有同态滤波和基于统计计数的判定方法等。

4. 保证物理信号输出的稳定

系统的物理信号输出，通常是通过对相应寄存器的设置来实现的。由于寄存器数据会因干扰而出错，所以使用合适的办法来保证输出的准确性和合理性很有必要，主要方法有输出重置、滤波、柔和控制等。

在嵌入式系统中，输出类型的内存数据或输出 I/O 口的寄存器会因为电磁干扰而出错，而输出重置是解决这个问题非常有效的办法。定期向输出系统重置参数，这样，即使输出状态被非法更改，也会在很短的时间内得到纠正。但是，使用输出重置需要注意的是，对于某些输出量，如 PWM，短时间内多次的设置会干扰其正常输出。通常采用的办法是，在重置前先判断目标值是否与现实值相同，只有在不相同的情况下才启动重置。有些嵌入式应用的输出，需要某种程度的柔和控制，可使用前面所介绍的滤波方法来实现。

总之，系统的稳定性关系到整个系统的成败，所以在实际产品的整个开发过程中都必须予以重视，并通过科学的方法进行解决，这样才能有效地避免不必要的错误发生，提高产品的可靠性。

7.1.2 看门狗复位与定期复位的应用

主动复位是解决计算机长期稳定运行的重要方法，常用看门狗复位和定期复位两种方法来实现。

1. 看门狗复位的应用

看门狗定时器是一个自动计数器，目的是为了解决计算机运行可能会"跑飞"的问题。一般情况下，给看门狗定时器设定一个初值，启动后，看门狗定时器开始自动加 1 计数，编程时软件开发工程师在一些适当的地方加入看门狗定时器清 0 指令，看门狗定时器会重新从 0 开始计数。这样，在程序运行正常的情况下，看门狗定时器永远达不到设定值。若程序"跑飞"，则没有给看门狗定时器清 0，其会自动增加到设定值，强制整个系统复位。

为什么称为"看门狗"？因为正常运行过程中加入了看门狗定时器清 0 指令，相当于给狗喂食，狗不饿就不"叫"，一旦程序"跑飞"，看门狗定时器就会自动达到设定值，也就是没有人给狗喂食，狗就发出"叫声"。软件开发工程师设置了强制复位指令，以便系统回到正常状态运行。对看门狗复位过程的处理，类似于其他热复位的处理方法。

看门狗复位的应用是为了保证系统稳定运行，但要注意的是对于程序开发阶段，最好关闭看门狗定时器。看门狗定时器一旦开启，就必须在相应的复位时间之内进行喂狗操作，给测试增加不必要的代码。同时，开启的看门狗定时器会在遇到可能存在的问题时复位系统，严重干扰程序调试时对错误的定位，看门狗定时器功能的加入与检验是在软件开发的功能测试阶段后与交付阶段前这段时间内完成的。

"...\04-Softwareware\CH07\CH7.1-Wdog_mbedOS_STM32L431"文件给出了看门狗定时器的测试方法。该方法使用 wdog_start、wdog_feed 两个函数对看门狗定时器进行开启和喂狗操作。当开启看门狗定时器时，如果将 for 循环中 wdog_feed 这个喂狗操作注释，可以从图 7-1 中看到在不喂狗的情况下，串口输出的结果表示出程序不断复位，复位时间也跟设定的基本一致；如果不注释（即在规定时间内喂狗）则程序正常运行，可以从图 7-2 中看到在喂狗的情况下，程序一直输出小灯状态切换和主程序循环提示信息。

图 7-1　看门狗定时器测试（不喂狗输出结果）

图 7-2 看门狗定时器测试（喂狗输出结果）

下面给出主函数文件 main.c 中的内容。

```
#define GLOBLE_VAR
#include "includes.h"                                //包含总头文件
int main(void)
{
// (1) ========启动部分（开头）==========================
// (1.1) 声明 main 函数使用的局部变量
    uint32_t mMainLoopCount;                         //主循环次数变量
// (1.2)【不变】关总中断
    DISABLE_INTERRUPTS;
// (1.3) 给主函数使用的局部变量赋初值
    mMainLoopCount=0;                                //主循环次数变量
// (1.4) 给全局变量赋初值
// (1.5) 用户外设模块初始化
gpio_init(LIGHT_BLUE,GPIO_OUTPUT,LIGHT_ON);          //初始化蓝灯
uart_init(UART_User,115200);
// (1.6) 使能模块中断
    uart_enable_re_int(UART_User);
// (1.7)【不变】开总中断
ENABLE_INTERRUPTS;
    printf("启动\n");
printf("设置看门狗复位时间\n");
wdog_start(2000);                                    //启动看门狗定时器，复位定时为 2s
// (1) ========启动部分（结尾）==========================
// (2) ========主循环部分（开头）========================
    for(;;)     //for(;;)（开头）
    {
// (2.1) 主循环次数变量+1
```

146

```
mMainLoopCount++;
//（2.2）未达到主循环次数设定值，继续循环
if (mMainLoopCount<=2000000)    continue;
//（2.3）达到主循环次数设定值，执行下列语句，进行灯的亮暗处理
//（2.3.1）清除循环次数变量
mMainLoopCount=0;
//（2.3.2）喂狗,灯切换状态
//wdog_feed();          //该语句注释即不喂狗出现图 7-1 效果，不注释即喂狗出现图 7-2 效果
gpio_reverse(LIGHT_BLUE);   //灯状态切换
printf("主程序循环中\n");
    }  //for(;;)结尾
//（2）======主循环部分（结尾）======
}  //main 函数（结尾）
```

2. 定期复位的应用

在终端芯片中，有时会出现主程序正常执行只有一个或少许功能运行异常的情况，这时由于喂狗操作仍然定期进行，程序并不会为排除异常主动实现复位重启。定期复位方法就是每隔指定时间主动进行一次终端程序复位重启操作。对实时性要求不那么高的系统来说，主动重启不会对整个系统的功能造成破坏，而且可以避免出现"看门狗"无法监控的程序异常，保证系统功能正常运行。

在使用 ARM Cortex-M 内核的芯片中，可以使用 NVIC_SystemReset()系统复位函数进行软件强制复位操作，这样更便于同类型内核芯片间的复用和移植。STM32L431 芯片的 NVIC_SystemReset()系统复位函数的实现方法如下：

```
void __NVIC_SystemReset(void)
{
    __DSB();       //重置之前，确保所有未完成的内存访问（包括缓冲写入）均已完成
    SCB->AIRCR = (uint32_t)((0x5FAUL << SCB_AIRCR_VECTKEY_Pos)|
    (SCB->AIRCR & SCB_AIRCR_PRIGROUP_Msk)|
    SCB_AIRCR_SYSRESETREQ_Msk);     //保持优先级组不变
    __DSB();       //确保完成内存访问
    for(;;)        //等待直到重启
    {
        __NOP();
    }
}
```

其中，__DSB()为 ARM 内核中自带的数据同步隔离汇编指令。在实际应用中，设定定时重启时间为 n 小时，即每过 n 个小时完成一次终端重启。需要注意的是，只有在没有重要线程运行的情况下，重启才是合适的。

7.1.3 临界区的处理

一般来说，临界资源主要分硬件和软件两种：硬件临界资源如串行通信接口等，软件临界资源如消息缓冲队列、变量、数组、缓冲区等。访问临界资源的那段代码称为临界区（Critical Section）。临界区也称为代码临界段，指处理时不可分割的一段代码，一旦这部分代码开始执

行，就不允许被任何情况打扰。

在无操作系统下，为确保临界段代码的执行，在进入临界段之前要关闭中断，且临界段代码执行完后应立即打开中断。在串口中断组帧函数内，用到了临界区的概念。设串口中用于接收数据的数组 gcRecvBuf []为全局变量，为了防止在中断过程中串口接收中断被更高级别的中断所抢占，改变全局变量 gcRecvBuf[]的数据，影响程序的正确性，因此在串口接收中断中引入临界区的概念，将组帧函数放置于临界区内以确保程序的正确执行。

在实时操作系统下，为确保临界段代码的执行，可以利用信号量或互斥量来保证线程对临界资源的互斥访问。线程在进入临界区之前，应先对欲访问的临界资源进行检查，看它是否正被访问。如果此刻该临界资源未被访问，线程便可进入临界区对该资源进行访问，并设置它正被访问的标志；如果此刻该临界资源正被某线程访问，那么本线程不能进入临界区。在 Mbed OS 等的操作系统中，对系统临界区的保护采用关闭中断的方式进行。

7.2 中断服务程序设计、线程划分及优先级安排问题

中断服务程序与线程是实时操作系统不可缺少的部分，本节对这两方面的相关问题做简要介绍。

7.2.1 中断服务程序设计的基本问题

中断服务程序是实时操作系统的重要组成部分，很多时候都会遇到中断服务程序与线程之间的优先关系问题。不同操作系统对中断服务程序与线程优先级的处理不同。例如，在 MQX 中对线程优先级和中断优先级的关系进行了处理，线程能屏蔽优先级比它低两级的硬件中断；而在 Mbed OS 中，则是默认线程优先级与中断优先级不做关联，无论线程优先级设置为多少，对中断不造成影响，无法屏蔽任何中断。

线程对中断的屏蔽是依靠相应的寄存器来实现的，在 ARM Cortex-M 微处理器中，提供了用于中断屏蔽的 PRIMASK、FAULTMASK 和 BASEPRI 三个特殊功能寄存器。当 PRIMASK 寄存器为 1 时，将屏蔽所有可编程优先级的中断；当 FAULTMASK 为 1 时，屏蔽优先级低于 -1 级的所有中断；BASEPRI 寄存器用于屏蔽低于某一阈值优先级的中断，该寄存器可以灵活用于屏蔽低于线程优先级的一些中断，从而为线程的运行提供相对安静的空间，减少对实时线程和紧急线程的干扰，当该寄存器的值设置为 0 时，不屏蔽任何中断。因此，用户可以合理使用相应的寄存器来进行中断屏蔽，满足自身的功能需要。

实时操作系统使用中断服务程序来处理硬件中断和异常。用户中断服务程序并不是一个线程，而是一个能快速响应硬件中断和异常的高速短例程，通常是用 C 语言编写的，功能主要包括服务设备、清除错误状况、给线程发信号等。通常情况下，用户中断服务程序用于告知线程已经就绪，其有多种方法使线程处于就绪态，如设置一个事件位或向消息队列发送一个消息等。而线程的优先级决定了对来自中断源信息的处理速度，故一般与中断关联的线程优先级尽可能高，这样能保证及时处理中断送来的信息。中断服务程序设计的基本要求是"短小精悍"。

7.2.2 线程划分的简明方法

普通线程的概念是相对中断服务程序而言的，其中硬件驱动线程直接干预硬件，硬件驱动是不可重入的，只能由一个线程控制，如串口实际发送数据的线程在工作时，其他线程不能进行直接干预，否则会出现二义性。若需调用串口实际发送数据的线程时必须通过同步手段，互斥调用，这些线程优先级不必设置过高。还有部分紧急线程必须在指定时间内得到执行，否则会出现重大影响，这类线程需要设置高优先级，甚至可以放到中断服务程序中。对于线程的划分标准有多种，没有哪一种标准是最好的，只能选取最适合操作系统的一种。下面给出线程划分的几个简明原则。

第一，功能集中原则。对于功能联系较紧密的工作可以作为一个线程来实现，但如果都以一个线程来进行相互间的数据通信，就会影响系统效率。所以，可以在线程中安排多个独立的模块来完成。

第二，时间紧迫原则。对于实时性要求较高的线程，应分配较高的优先级，这样可以确保线程的实时响应。例如，在具有帧通信的系统中，接收数据在中断服务程序中，解帧在线程中，此时解帧线程最好将优先级设定高于其他线程，使接收到的数据得到及时解帧。不同线程的优先级可根据线程的紧迫性，在线程模板列表中予以修改。

第三，周期执行原则。对于一个需周期性执行的线程，可以将其等待的信号量置于线程函数循环体之前。

7.2.3 线程优先级安排问题

大多数实时操作系统均支持优先级的抢占。当某个高优先级的线程处于就绪态时，就可以马上获得 CPU 资源得以运行。合理设置线程的优先级可以减少内存的损耗，有利于提高线程的调度速度和系统的实时性，所以线程优先级的安排非常重要。

线程的调度主要是基于优先级的，合理安排线程优先级可以大大地提高操作系统的执行效率。在优先级的安排上，线程越紧急，安排的优先级越高；一些要在指定时间内被执行的线程，所指定的时间越短，线程的优先级被安排得越高；线程的执行频率越低，耗时越短，其优先级越高，这样会使系统中线程的平均响应时间最短。具体来说，线程优先级的安排应遵循以下几点。

第一，自启动线程优先级最高。初始自启动线程是实时操作系统启动时运行的第一个线程，一般用于创建其他的线程。当其他线程创建好后，自启动线程直接进入阻塞态不再执行。该线程优先级应该设置为最高，否则一旦有更高优先级的线程创建后，自启动线程会被抢占，导致一些线程无法被创建。在 Mbed OS 中，线程共有 53 种优先级，数值分别为-1~1、8~56、0x7FFFFFFF，优先级数值越大表示线程的优先级越高，而且定时器线程的优先级比自启动线程的优先级高。

第二，紧迫性线程优先级的安排。对于紧迫性、关键性线程，一般与中断服务程序关联，优先级要尽可能高，有利于系统的实时性和数据信息处理的完整性。对于有时间要求的周期性或者无周期性线程，按照执行时间的紧迫程度排序，越紧迫安排的优先级越高。

第三，同优先级线程的安排。对于没有特殊优先执行的几个线程，可以将优先级设置成同一等级，采用时间片轮询调度策略，使这些线程按时间片占用 CPU 控制权，这样可以提高线程调度的速度，降低内存的开销。

第四，有执行顺序要求线程的安排。有执行顺序的线程，根据信息传递的顺序，上游线程安排高的优先级，下游线程安排低的优先级。

第五，低优先级线程的安排。运行时间较长的线程往往是用于数据处理，需要花费很长的时间，所以此类线程应该分配较低的优先级，一直处于就绪态的线程优先级应设为最低，以免其长期占用 CPU 资源。

总之，合理设置线程的优先级可以减少内存的损耗，有利于提高线程的调度速度，提高系统可靠性和信息处理的完整性。但需要注意的是，在安排优先级时应考虑到消息、信号量等线程间通信方式的使用，避免造成死锁。在软件设计时应尽量使互斥资源在相同优先级的线程中使用，若必须在不同优先级的线程中使用，则要注意对死锁的解锁处理。

7.3 利用信号量解决并发与资源共享的问题

7.3.1 并发与资源共享的问题

1．银行取钱问题

银行取钱可以分为以下 4 个步骤：

第一，用户输入账户密码，系统判断账户密码是否匹配。

第二，用户输入取款金额。

第三，系统判断账户余额是否大于取款金额。

第四，如果账户余额大于取款金额，那么取钱成功；如果余额小于取款金额，那么取款失败。

对于上述的过程进行编程，首先定义一个账户类，该账户类封装了账户编号和余额两个变量。其次，进行取钱操作，判断账户余额是否符合取款金额，若余额足够则进行取钱操作且余额减少；若余额不足则不能取出现金。

现有一账户余额 1000 元，有两个取钱线程（线程 A 和线程 B）要对账户同时取 800 元，有可能会导致取出 1600 元，余额为-600 元的结果。

在并发线程中，线程 A 在何时转去执行线程 B 是不可预知的，那么就有可能出现下述情况：当线程 A 判断完余额后就转去执行线程 B，由于此时的余额仍然是 1000 元，满足取钱的条件，线程 B 取走 800 元，余额为 200 元，接着运行线程 A，由于之前已经对余额做出判断，满足条件，线程 A 也取出 800 元，余额为-600 元。

出现上述问题的主要是由多线程并发及对同一资源进行操作而引起的。

2．并发的问题

现代操作系统是一个并发的系统，并发性是它的重要特征。操作系统的并发性指它具有处理和调度多个程序同时执行的能力。例如，多个 I/O 设备同时在输入、输出；内存中同时有多个系统和用户程序被启动交替、穿插地执行等。

并发性虽然能有效改善系统资源的利用率，但也会引发一系列的问题。例如，上述银行取钱的问题，由于线程 A 和线程 B 并发的执行，如果不加"约束"，就会对结果造成很大的影响。

3. 共享缓冲区的问题

缓冲区（Buffer Zone）是内存空间的一部分。也就是说，在内存空间中预留一定的存储空间来缓冲输入或输出的数据，这部分预留的空间就称为缓冲区。缓冲区的引入是为了解决高速设备与低速设备之间处理速度不匹配的问题。例如，操作系统 I/O 中的缓冲池，CPU 的处理速度是很快的，每秒百万条指令，而磁盘的输入、输出处理相对就慢得多，所以要有一个缓冲区来缓和它们之间速度上的差异。

共享缓冲区有效解决了高速与低速设备之间速度不匹配的问题，同时带来了数据安全性等问题。例如，在读写文件时，由于文件是多个线程所共享的，如果同时对文件进行读写，就会出现数据读写不全或数据缺失等问题。

对于上述问题，利用信号量中的生产者-消费者模型，就可以很好地得到解决。

7.3.2 应用实例

生产者-消费者模型是信号量的经典用法之一，该模型能很好地解决多线程并发和共享缓冲区引发的一系列问题。

1. 模型的描述

（1）建立一个生产者线程，N 个消费者线程（$N>1$）。

（2）生产者和消费者共用一个缓冲区，只能互斥访问缓冲区，并且缓冲区最多只能存放 Max 个资源。

（3）生产者线程向缓冲区中写入 1 个资源，当缓冲区满时，生产者线程不能向缓冲区写入资源，生产者线程被阻塞。

（4）消费者线程从缓冲区获取 1 个资源，当缓冲区空时，消费者线程不能从缓冲中获取资源，消费者线程被阻塞。

2. 编程过程

这里将举例说明如何实现生产者-消费者模型，样例工程参见"...\04-Softwareware\CH07\CH7.3.2-Semaphore_mbedOS_STM32L431"文件，通过串口输出生产者-消费者模型在某一阶段相应的提示信息，其基本过程如下。

1）定义相关信号量并赋初值

第一步，定义信号量及全局变量。在 includes.h 文件中定义一个记录缓冲区中资源数的信号量（g_SPSource）、一个记录缓冲区中空闲内存数的信号量（g_SPFree）、一个记录缓冲区互斥量（g_Mutex），以及一个队列（g_Queue），代码如下：

```
G_VAR_PREFIX   rt_mutex_t   g_Mutex;        //定义进入缓冲区的互斥信号量
G_VAR_PREFIX   rt_sem_t     g_SPSource;     //定义缓冲区中资源数的信号量
G_VAR_PREFIX   rt_sem_t     g_SPFree;       //定义缓冲区中空闲空间的信号量
G_VAR_PREFIX   Queue_t      *g_Queue;       //声明队列
G_VAR_PREFIX   uint32_t     g_Thread_count; //记录缓冲区中线程的数量
```

```
G_VAR_PREFIX uint32_t g_Free_count;        //记录缓冲区中的空闲数
G_VAR_PREFIX uint32_t g_Source_count;      //记录缓冲区中的资源数
```

第二步，定义结构体变量。定义一个结构体类型数据，用于存放数据，并将此结构体类型放入队列中。其具体声明如下：

```
typedef struct BufferDate
{
    uint32_t  data;                        //数据
}BufferDate_t;                             //声明缓冲区结构体
```

第三步，给信号量赋初值。在本节样例程序中，在 07_AppPrg\threadauto_appinit.c 文件中给信号量及队列赋初值，代码如下：

```
g_Mutex = sem_create("g_Mutex",1,RT_IPC_FLAG_FIFO,&M_Mutex);    //创建互斥量
g_SPFree = sem_create("g_SPFree",10,10,&M_SPFree);              //创建空闲空间的信号量
g_SPSource = sem_create("g_SPSource",0,10,&M_SPSource);         //创建资源数的信号量
g_Queue = queue_init(sizeof(BufferDate_t),QUE_MAXSIZE);         //初始化队列
```

其中，sem_create(const char *name, uint32_t value, uint8_t flag, uint8_t sem_ptr)表示申请 value 个信号量，初始时系统拥有 value 个信号量。

2）生产者线程

生产者线程在进入缓冲区之前，先等待空闲空间的信号量 g_SPFree，保证缓冲区中有空闲空间存放资源。若获得该信号量，则等待缓冲区互斥量 g_Mutex，以保证某一时刻最多只能有一个线程进入缓冲区。当上述的条件都满足时，生产者线程进入缓冲区，将一个自定义的结构体数据放入队列中。生产者线程完成数据存放之后，先释放缓冲区资源数的信号量 g_SPSource，"告知"消费者线程此时缓冲区有可供使用的资源，然后释放缓冲区互斥量，以便别的线程可以进入缓冲区，其具体代码如下：

```
#include "includes.h"
//=============================================================
//函数名称：thread_producer
//函数返回：无
//参数说明：无
//功能概要：生产者线程，向共享缓冲区中放入一个资源
//内部调用：无
//=============================================================
void thread_producer(void)
{
    //（1）============声明局部变量============
    uint32_t thread_count = 0;              //记录缓冲区中线程的数量
    uint32_t node_number;                   //记录队列中元素编号
    uint32_t data;
    BufferDate_t buffer_data;               //缓冲区数据结构体
    Queue_node_t *indexnode;                //声明队列索引节点
    BufferDate_t out_data;                  //声明读取队列节点的内容结构体变量
    data=1;                                 //资源数据初始化
    printf("  第一次执行生产者线程\r\n");
    //（2）============主循环（开始）============
```

```
while (1)
{
    // (2.1) 等待缓冲区中空闲空间
    printf("生产者等待空闲空间\n");
    sem_take(g_SPFree,RT_WAITING_FOREVER);       //等待空闲空间信号量
    // (2.2) 获得缓冲区中的空闲空间，等待进入缓冲区
    printf("生产者等待缓冲区\n");
    sem_take(g_Mutex,RT_WAITING_FOREVER);        //等待缓冲区互斥量
    g_Thread_count++;
    // (2.3) 进入缓冲区，存放一个资源
    printf("生产者进入缓冲区\n");
    printf("生产者生产一个资源\n");
    printf("队列中放入一个数据\n");
    buffer_data.data=data;                        //资源放入缓冲区中
    data++;                                       //资源内容更新
    queue_in(g_Queue,&buffer_data,QUE_MAXSIZE);   //结构体进队列
    printf("入队完成！当前队列中有%d 个元素:\n",queue_count(g_Queue));
    indexnode=g_Queue->m_front;                   //初始化索引节点为队首节点
    node_number=1;                                //初始化索引节点的标号
    while(indexnode!=NULL)                        //打印出队列中的数据
    {
        out_data=*(BufferDate_t*)indexnode->m_data;
        printf("第%d 个数据为:%d\n",node_number,out_data.data);
        indexnode=indexnode->m_next;
        node_number++;
    }
    sem_release(g_SPSource);                      //释放一个缓冲区中资源的信号量
    g_Free_count--;                               //缓冲区中空闲数减 1
    g_Source_count++;                             //缓冲区中资源数加 1
    printf("生产者 g_Source_count = %d\r\n", g_Source_count);
    printf("空闲数=%d\n",g_Free_count);
    // (2.4) 离开缓冲区
    sem_release(g_Mutex);
    // (2.5) 延迟 2s
    delay_ms(2000);                               //延时 2s
}// (2) ======主循环（结束）================================
}}
```

3）消费者线程

消费者线程在进入缓冲区之前，首先等待缓冲区资源数的信号量 g_SPSource，保证缓冲区中有可供使用的资源。若获得该信号量，则等待缓冲区互斥量 g_Mutex，保证某一时刻最多只能有一个线程使用缓冲区。当上述的条件都满足时，消费者线程进入缓冲区，从队列中获取一个数据。消费者线程完成取数之后，先释放空闲空间的信号量 g_SPFree，"告知"生产者线程此时缓冲区中有空闲空间可以存放资源，然后释放缓冲区的信号量，以便别的线程可以进入缓冲区。以消费者 1 线程为例，其他消费者线程类似，其具体代码如下：

```
#include "includes.h"
```

```c
//==============================================================
//函数名称：thread_consumer1
//函数返回：无
//参数说明：无
//功能概要：消费者线程，从共享缓冲区中取出一个资源
//内部调用：无
//==============================================================
void thread_consumer1(void)
{
    //（1）========声明局部变量========
    int    node_number;                                //记录队列中元素编号
    Queue_node_t *indexnode;                           //声明队列索引节点
    BufferDate_t out_data;                             //声明读取队列节点的内容结构体变量
    printf(" 第一次执行消费者 1 线程\r\n");
    delay_ms(1500);
    //（2）========主循环（开始）========
    while (1)
    {
        //（2.1）等待缓冲区中资源
        printf("消费者 1 等待资源\n");
        sem_take(g_SPSource,RT_WAITING_FOREVER);       //等待缓冲区中的资源
        //（2.2）获得缓冲区中的资源，等待进入缓冲区
        printf("消费者 1 等待缓冲区\n");
        sem_take(g_Mutex,RT_WAITING_FOREVER);          //等待缓冲区互斥量
        //（2.3）进入缓冲区
        printf("消费者 1 进入缓冲区\n");
        printf("消费者 1 消耗一个资源\n");
        printf("队列中取出一个数据\n");
        queue_out(g_Queue);                            //出队一个节点
        indexnode=g_Queue->m_front;                    //初始化索引节点为队首节点
        node_number=1;                                 //初始化索引节点的标号
        printf("出队完成！当前队列中有%d 个元素:\n",queue_count(g_Queue));
        while(indexnode!=NULL)                         //打印出队列中的数据
        {
            out_data=*(BufferDate_t*)indexnode->m_data;
            printf("第%d 个数据为:%d\n",node_number,out_data.data);
            indexnode=indexnode->m_next;
            node_number++;
        }
        sem_release(g_SPFree);                         //释放一个缓冲区中空闲的信号量
        g_Free_count++;                                //缓冲区中的空闲数加 1
        g_Source_count--;
        printf("资源数=%d\n",g_Source_count);
        //（2.4）释放缓冲区互斥量
        sem_release(g_Mutex);                          //释放缓冲区
        //（2.5）延迟 2s
        delay_ms(3000);                                //延时 3s
```

}// （2）======主循环（结束）======================================
}

3. 程序执行流程分析与运行结果

每当生产者线程想要生产一个资源时，会经过以下流程：申请一个空闲空间信号量→申请进入缓冲区→进入缓冲区→生产一个资源（数据进队）→释放一个缓冲区资源的信号量→离开缓冲区（释放缓冲区资源）。

每当消费者线程想要消费一个资源时，会经过以下流程：申请一个缓冲区资源的信号量→申请进入缓冲区→进入缓冲区→消耗一个资源（数据出队）→释放一个空闲空间信号量→离开缓冲区（释放缓冲区资源）。

程序开始运行后，通过串口输出某一个线程（可能是消费者线程或者生产者线程）在某一时刻的运行情况，结果如图 7-3 所示。

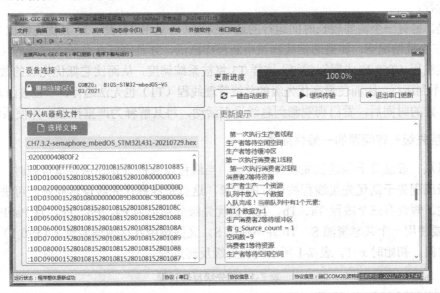

图 7-3 "生产者-消费者"模型的运行结果

7.4 优先级反转问题

优先级反转问题是一个在操作系统下编程可能出现的错误，若运用不当可能引起严重问题，本节首先给出优先级反转问题的实例，然后给出优先级反转问题的一般描述，并利用程序进行演示，以直观地描述出现优先级反转的场景，再给出使用 Mbed OS 互斥量避免优先级反转问题的编程方法。第 12 章将对其原理进行剖析。

7.4.1 优先级反转问题的出现

1. 优先级反转问题实例——火星探路者问题

"火星探路者"于 1997 年 07 月 04 日在火星表面着陆，在开始的几天内工作稳定，并传回大量数据,但是几天后,"探路者"开始出现系统复位、数据丢失的现象。经过研究,发现是出现了优先级反转问题。

其有以下两个线程需要互斥访问共享资源"信息总线"。

T1:总线管理线程,高优先级,负责在总线上放入或者取出各种数据,频繁进行总线数据 I/O 操作,它被设计为最重要的线程,并且要保证能够每隔一定时间就可以操作总线。对总线的异步访问是通过互斥信号量来保证的。

T6:数据收集线程,优先级低,它运行频度不高,只向总线写数据,并通过互斥信号量将数据发布到"信息总线"。

如果"数据收集线程 T6"持有信号量期间,"总线管理线程 T1"就绪,并且申请获取信号量,则总线管理线程阻塞,直到数据收集线程释放信号量。

这样看起来会工作得很好,当数据收集线程很快完成后,高优先级的总线管理线程会很快得到运行。

但是,另有一个需要较长时间运行的通信线程(这里用 T3 表示),其优先级比 T6 高,比 T1 低。在少数情况下,如果通信线程被中断程序激活,并且刚好在总线管理线程(T1)等待数据收集线程(T6)完成期间就绪,这样 T3 将被系统调度,从而比它低优先级的数据收集线程 T6 得不到运行,因而使最高优先级的总线管理线程(T1)也无法运行,一直被阻塞在那里。在经历一定的时间后,看门狗观测到总线没有活动,将其解释为严重错误,并使系统复位。

2. 优先级反转问题的一般性描述

可以从一般意义上描述优先级反转问题。当线程以独占方式使用共享资源时,可能出现低优先级线程先于高优先级线程被运行的现象,这就是线程优先级反转问题,可进行以下一般性描述。假设有三个线程 Ta、Tb、Tc,其优先级分别记为 Pa、Pb、Pc,且 Pa>Pb>Pc,Ta 和 Tc 需要使用一个共享资源 S,Tb 并不使用 S。又假设用互斥型信号量 x(x=0,1)标识对 S 的独占访问,初始时 x=1。表 7-1 所示为优先级反转过程。

表 7-1 优先级反转过程

时刻	线程 Ta(高优先级 Pa)	线程 Tb(中优先级 Pb)	线程 Tc(低优先级 Pc)
t_0	阻塞	阻塞	运行并获取信号量
t_1	抢占 Tc 并运行	阻塞	阻塞
t_2	试图获取线程 Tc 的信号量,未获得,阻塞,等待信号量释放	阻塞	重新获得 CPU 使用权,继续运行
t_3	阻塞	抢占线程 Tc 并运行	阻塞

设 t_0 时刻,Tc 开始运行并获取信号量(即将 x 由 1 变为 0),使用 S。t_1 时刻,Ta 被调度运行(因为 Pa>Pc,可以抢占 Tc),运行到 t_2 时刻,需要访问 S,但 Tc 并没有释放 S(也就是 x 还是处于 0 状态,只有 Tc 把 x 返回为 1,Ta 才能使用 S),所以 Ta 只好进入阻塞列表,直到 x=1,才能从阻塞列表中移出,进入就绪列表,被重新调度运行。若 t_3 时刻,Tb 抢占 Tc 获得运行,这样就出现了虽然 Tb 优先级比 Ta 低,但比 Ta 先运行,不合理,这就是优先级反转问题。

在"...\04-Softwareware\CH07\CH7.4.1-PrioReverseProblem_mbedOS_STM32L431"文件中可查看样例工程,给出了其模拟演示过程。图 7-4 所示为优先级反转问题的运行结果,从中可以直观地了解优先级反转问题。但是这个问题必须得到解决,接下来将阐述其解决方法。

第 7 章 实时操作系统下的程序设计方法

图 7-4 优先级反转问题的运行结果

7.4.2 Mbed OS 中避免优先级反转问题的方法

上述分析可以看出,要解决优先级反转问题,可以在 Tc 获取共享资源 S 期间,将其优先级临时提高到 Pa,就不会出现 Tb 抢占,这就是所谓的优先级继承。一般表述如下。

设有两个线程 Ta、Tc,其优先级分别记为 Pa、Pc,且有 Pa>Pc,Ta 和 Tc 需要使用一个共享资源 S。优先级继承是指当 Tc 锁定一个同步量使用 S 期间,若 Ta 申请访问 S,则将 Pc 临时提高到 Pa,直到其释放同步量后,再恢复到原有的优先级 Pc,这样优先级介于 Pa 与 Pc 之间的线程就不会在 Tc 锁定 S 时抢占 Tc,避免了优先级反转问题。

Mbed OS 中的互斥量就具有此功能,因此可以使用互斥量作为同步量,以解决上述例子中的优先级反转问题。

此处给出使用互斥量的优先级继承方法解决优先级反转问题的样例工程,具体程序可参见"...\04-Softwareware\CH07\CH7.4.2-PrioReverseSolve_mbedOS_STM32L431"文件。设置了三个线程,即 Ta、Tb、Tc,优先级分别为 Pa、Pb、Pc,且 Pa>Pb>Pc。互斥量解决优先级反转问题的运行过程如表 7-2 所示。

表 7-2 互斥量解决优先级反转问题的运行过程

时刻	线程 Ta(高优先级 Pa)	线程 Tb(中优先级 Pb)	线程 Tc(低优先级 Pc)
0s	处于延时列表	处于延时列表	获得 CPU 使用权,运行并获取互斥量
5s	抢占 Tc 并运行,试图获取线程 Tc 的互斥量,未获得,临时提升线程 Tc 的优先级至 Pa,阻塞等待互斥量释放	试图获得 CPU 使用权,但优先级低于线程 Ta 和 Tc,阻塞	运行
15s	获取互斥量和 CPU 使用权并运行	阻塞	释放互斥量,一次流程执行完毕,进入就绪列表,等待下一次执行
20s	一次流程执行完毕,进入延时列表,等待下一次执行	获得 CPU 使用权并运行	就绪

解决优先级反转问题的运行结果如图 7-5 所示。

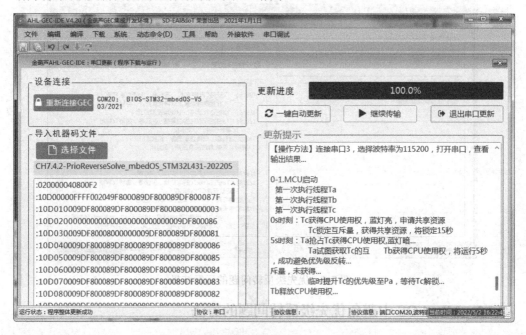

图 7-5　解决优先级反转问题的运行结果

具体操作步骤如下。

1．声明和初始化互斥量

在 threadauto_appinit.c 文件中创建互斥量，并进行初始化。

mutex=mutex_create("mutex",RT_IPC_FLAG_PRIO,&mutex_printf, &mutexattr);//初始化互斥量

2．声明和运行线程

在 includes.h 文件中声明 3 个线程函数。

void thread_Ta(void);	//Ta 线程函数声明
void thread_Tb(void);	//Tb 线程函数声明
void thread_Tc(void);	//Tc 线程函数声明

在 threadauto_appinit.c 文件中创建 3 个线程并启动它们开始运行。

```
thread_t  thd_Ta;
thread_t  thd_Tb;
thread_t  thd_Tc;
//创建三个线程
thd_Ta= thread_create("thd_Ta", (void *)thread_Ta, 512, 10, 10, SPThread1,SPThread1_stack);
thd_Tb= thread_create("thd_Tb", (void *)thread_Tb, 512, 10, 10, SPThread2, SPThread2_stack);
thd_Tc= thread_create("thd_Tc", (void *)thread_Tc, 512, 10, 10, SPThread3,SPThread3_stack);
thread_startup(thd_Ta,thread_Ta);      //启动线程 Ta
thread_startup(thd_Tb,thread_Tb);      //启动线程 Tb
thread_startup(thd_Tc,thread_Tc);      //启动线程 Tc
```

3. 编写线程代码

1) 线程 Tc

```
#include "includes.h"
//================================================================
//函数名称：thread_Tc
//函数返回：无
//参数说明：无
//功能概要：最低优先级线程
//内部调用：无
//================================================================
void thread_taskC(void)
{
    //（1）=======申明局部变量=======
    int i,j,t,t0;
    gpio_init(LIGHT_BLUE,GPIO_OUTPUT,LIGHT_OFF);
    printf("  第一次执行线程 Tc\r\n");
    //（2）=======主循环（开始）=======
    while(1)
    {
        printf("0s 时刻：Tc 获得 CPU 使用权，蓝灯亮，申请共享资源\r\n");
        gpio_set(LIGHT_BLUE,LIGHT_ON);
        mutex_take(mutex,&mutex_printf,RT_WAITING_FOREVER);
        printf(" Tc 锁定互斥量，获得共享资源，将锁定 15s\r\n");
        //模拟 Tc 处于运行状态
        t0=tick_get();                    //获取时间嘀嗒（毫秒）
        i=0;
        while(i<15)
        {
            for (j=0;j<100;j++) __asm("nop");    //空循环防止读取时间嘀嗒过快
            t=tick_get();
            if (t-t0>=1000)                //到达 1s
            {
                t0=t;                      //更新 t0
                i++;                       //秒数加 1
            }
        }
        //到此 Tc 结束运行状态
        printf("15s 时刻：Tc 解锁互斥量，优先级降为 Pc，释放共享资源，蓝灯亮...\r\n");
        gpio_set(LIGHT_BLUE,LIGHT_ON);
        mutex_release(mutex,&mutex_printf);    //Ta 释放互斥量
    }//（2）=======主循环（结束）=======
}
```

2) 线程 Tb

```
#include "includes.h"
//=
```

```
//函数名称：thread_taskB
//函数返回：无
//参数说明：无
//功能概要：中等优先级线程
//内部调用：无
//=============================================================
void thread_taskB(void)
{
    //（1）===========申明局部变量=========================
    int i,j,t,t0;
    printf("   第一次执行线程 taskB\r\n");
    //（2）===========主循环（开始）=========================
    while(1)
    {
        //模拟 Tb 比 Tc 晚 5s 到达
        delay_ms(5000);
        //实际上 Tb 会先执行完上行语句进入延时列表，再将 CPU 使用权让给 Tc
        printf(" Tb 获得 CPU 使用权，将运行 5s，成功避免优先级反转...\r\n");
        //模拟 Tb 处于运行状态
        t0=tick_get();              //获取时间嘀嗒（毫秒）
        i=0;
        while(i<5)
        {
            for (j=0;j<100;j++) __asm("nop"); //空循环防止读取时间嘀嗒过快
            t=tick_get();
            if (t-t0>=1000)          //到达 1s
            {
                t0=t;                //更新 t0
                i++;                 //秒数加 1
            }
        }
        //到此 Tb 结束运行状态
        printf("Tb 释放 CPU 使用权...\r\n\n\n");
        //为了便于无限循环，重复上述过程，将 Tb 放入延时列表 15s
        delay_ms(4000);
    }//（2）===========主循环（开始）=========================
}
```

3）线程 Ta

```
#include "includes.h"
//=============================================================
//函数名称：thread_Ta
//函数返回：无
//参数说明：无
//功能概要：最高优先级线程
//内部调用：无
//=============================================================
```

```c
void thread_Ta(void)
{
//（1）=======申明局部变量===============================================
    int i,j,t,t0;
    gpio_init(LIGHT_BLUE,GPIO_OUTPUT,LIGHT_OFF);
    printf("   第一次执行线程 taskA\r\n");
//（2）=======主循环（开始）=============================================
    while(1)
    {
        //模拟 Ta 比 Tc 晚 5s 到达
        delay_ms(5000);
        //实际上 Ta 会先执行完上行语句进入延时列表后，再将 CPU 使用权让给 Tc
        printf("5s 时刻：Ta 抢占 Tc 获得 CPU 使用权，蓝灯暗...\r\n");
        gpio_set(LIGHT_BLUE,LIGHT_OFF);
        printf(" Ta 试图获取 Tc 的互斥量，未获取...\r\n");
        printf(" 临时提升 Tc 的优先级至 Pa，等待 Tc 解锁...\r\n");
        mutex_take(mutex,&mutex_printf,RT_WAITING_FOREVER);
        printf(" Ta 锁定互斥量，获得共享资源，将锁定 5s...\r\n");
        //模拟 Ta 处于运行状态
        t0=tick_get();                          //获取时间嘀嗒（毫秒）
        i=0;
        while(i<5)
        {
            for (j=0;j<100;j++) __asm("nop");   //空循环防止读取时间嘀嗒过快
            t=tick_get();
            if (t-t0>=1000)                     //到达 1s
            {
                t0=t;                           //更新 t0
                i++;                            //秒数加 1
            }
        }
        //到此 Ta 结束运行状态
        printf("20s 时刻：Ta 解锁互斥量，释放共享资源，蓝灯暗...\r\n");
        gpio_set(LIGHT_BLUE,LIGHT_OFF);
        mutex_release(mutex,&mutex_printf);     //Ta 释放互斥量
        //为了便于无限循环重复上述过程，将 taskA 放入延时列表 5s
        delay_ms(5000);
    }//（2）=======主循环（结束）=========================================
}
```

4．运行流程分析

Tc 先到来，获得 CPU 使用权开始运行，点亮小灯并锁定互斥量。5s 后，Ta 到来，由于 Pa>Pc，所以抢占 Tc 获得 CPU 使用权并熄灭小灯，但是当 Ta 运行至请求锁定互斥量时，发现 Tc 此时已锁定互斥量，因此 Mbed OS 会临时提升 Tc 的优先级至与 Ta 相同（即 Pa），使 Tc 重新获得 CPU 使用权，此时 Ta 等待 Tc 解锁互斥量。而紧随 Ta 到来的 Tb，由于 Tc 优先级的提升，Tb 也进入等待状态。Tc 执行完毕后解锁互斥量并点亮小灯，Ta 获得 CPU 使用权继

续运行，锁定互斥量。Ta 运行完毕后释放 CPU 使用权并熄灭小灯，Tb 获得 CPU 使用权后开始运行。在 Ta 等待 Tc 释放互斥量期间，由于临时提升了 Tc 的优先级，因此当 Tb 到来时不会抢占 Tc 的 CPU 使用权而导致 taskA 的等待时间更长。这成功地解决了优先级比 Ta 低的 Tb 先于 Ta 运行的优先级反转现象。

7.5 本章小结

本章讨论实时操作系统下程序设计的若干问题，包括稳定性问题，中断服务程序设计、线程划分及优先级安排问题，利用信号量解决并发与资源共享的问题，优先级反转问题等。

稳定性是软件的基石，嵌入式软件设计要努力保证 CPU 运行的稳定性、通信的稳定性、物理信号输入的稳定性、物理信号输出的稳定性等，可以使用看门狗技术、定时复位技术、处理好临界区等增强软件运行的稳定性。

对于中断服务程序，其基本要求是"短小精悍"。对线程划分，可以按照功能集中原则、时间紧迫原则、周期执行原则等进行编程。关于线程优先级安排问题，可做以下考虑：自启动线程优先级最高；紧迫性线程优先级安排；没有特殊优先执行的几个线程，可设置为同一优先级；有执行顺序的线程，根据信息传递的顺序，上游线程安排高的优先级，下游线程安排低的优先级；给进行数据处理运行时间较长的线程安排低优先级。

关于利用信号量解决并发与资源共享的问题属于应该掌握的编程技巧，而优先级反转问题是一个在操作系统下编程可能出现的错误，可以使用互斥量来避免这种错误。

原理剖析篇

第2篇

原理的水論

第2篇

第 8 章
理解 Mbed OS 的启动过程

本章是全书的重点和难点,详细地剖析了 Mbed OS 的整个启动过程,采用分段剖析、流程图、代码注释等形式对启动过程涉及的 C 语言程序代码和汇编程序代码进行了细致的分析,以期帮助读者深入理解。由于本章内容涉及面广、知识点多、且触及硬件底层编程,因此在学习过程中必须有足够的耐心,才能更好地理解复杂的启动过程。本章学习好了,后续章节就会更容易理解与学习,从第 8 章至第 12 章都是针对 Mbed OS 的源代码进行分析,这些源代码放在样例工程的"...\05_UserBoard\mebedOS_Src"文件夹下。本章分析的"...\04-Softwareware\CH08\CH8.1-mbedOS_StartAnalysis_STM32L431"文件中的部分程序已经添加二次注释,可利用该样例程序充分理解 Mbed OS 的启动过程。

8.1 芯片启动到 main 函数之前的运行过程

无论是否有实时操作系统,芯片的启动过程都是一致的,均从复位向量处取得上电复位后要执行的第一个语句,接下来进行系统时钟初始化等工作,随后跳转到 main 处。

8.1.1 寻找第一条被执行指令的存放处

寻找第一条被执行指令的存放处,是理解芯片启动的重要一环。要能在源程序中找到第一条被执行指令的存放处,需要了解源程序生成机器码的基本过程及链接文件的作用,并在此基础上可以定位到第一条指令。

1. 源程序生成机器码的基本过程

要将 C 语言源程序变成可以下载到 MCU 中运行的机器码,需要经过预编译、编译、汇编、链接等基本过程,这一切都是通过开发环境自动完成的。源程序生成机器码的过程如图 8-1 所示。

预编译是将源文件和头文件进行预处理,主要处理那些源代码文件中以"#"开始的预编译指令,如将所有的宏定义(#define)展开,处理所有条件预编译指令(#if、#ifdef、#elif、#else 等),处理所有包含指令(即#include 指令,将被包含的文件插入该语句,该过程是递归执行的,因为一个文件可能又包含其他文件)等,预编译生成.i 文件。

编译是将高级语言(此处为 C 语言)翻译成汇编语言的过程,编译生成汇编语言文件(.s

为后缀）。

汇编是将汇编代码转为机器可以直接执行的机器码。每条汇编指令基本都对应一条或多条机器指令，根据汇编指令和机器指令的对照表翻译完成，汇编生成目标代码文件（.o 为后缀）。但它们中有关存储器的地址是相对的，绝对地址没有确定，需要参考链接文件（.ld）才能将各个.o 文件链接在一起。

链接是将生成的目标文件（.o）和静态链接库（.a）等，在链接文件（.ld）的指引下，生成机器码文件（.hex 及.elf 等）。

2. 链接文件的作用

脚本（Script）是指表演戏剧、拍摄电影等所依据的底本或者书稿的底本，也可以说是故事的发展大纲，用来确定故事到底发生在什么地点、什么时间，有哪些角色，角色的对白、动作、情绪的变化等。而在计算机中，脚本是一种批处理文件的延伸，是一种纯文本保存的程序，用于确定的一系列控制计算机进

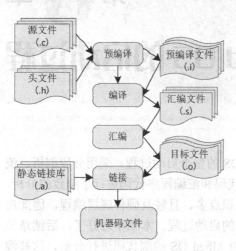

图 8-1 源程序生成机器码的过程

行运算操作的动作组合，在其中可以实现一定的逻辑分支等。链接脚本文件，简称链接文件，用于控制链接的过程，规定如何把输入文件中的 section 映射到最终目标文件内，并控制目标文件各部分的地址分配。链接脚本文件是以.ld 或.lds 为扩展名的文件。实际上，集成开发环境均使用一个名为 makefile 的文本文件进行自动编译，其中会使用到链接脚本文件，通过它完成整个编译链接过程，但在集成开发环境中一般只以编译菜单指示。

3. 链接文件中中断向量表的起始地址

中断向量表是一个连续的存储区域，它按照中断向量号从小到大的顺序填写中断服务程序的首地址。中断向量表一般存放在 Flash 中，需要在链接文件中定义一块区域用来存放中断向量表。例如，在样例工程"...\03_MCU\Linker_file"文件夹下的 STM32L431RCTX_FLASH.ld 文件，就是一个链接文件，该文件中的 MEMORY 命令段有"INTVEC(rx)：……"语句，确定了一个名为 INTVEC 的存储区域，该区域用来存放中断向量表。(rx)表示该区域存放可读取的代码，其中 r 代表 readable，x 代表 executable。例如，确定起始地址为 0x0800D000，此地址即中断向量表的起始地址，长度为 2048 字节。

接下来的 SECTIONS 命令分出一个区域给标号".isr_vector"使用，且 8 字节对齐。

```
.isr_vector :
  {
    . = ALIGN(8);
    KEEP(*(.isr_vector))      /* Startup code */
    . = ALIGN(8);
  } >INTVEC
```

4. 芯片启动文件中中断向量表的起始地址

在芯片启动文件"...\startup\startup_stm32l431rctx.s"中，找到标号".isr_vector"，由此地

址放入中断向量表。编译后,可在"...\Debug"文件夹下的.map 文件中找到.isr_vector,就是 0x0800D000,这就是中断向量表的起始地址。下面通过启动文件 startup_stm32l431rctx.s 理解芯片的启动过程。

8.1.2 通过启动文件理解芯片启动过程

启动文件"...\startup\ startup_stm32l431rctx.s"中包含了中断向量表及启动代码。中断向量表按照中断向量号的顺序存放中断服务程序的入口地址,每个中断服务程序的入口地址占用 4 字节地址单元,本书所采用的 MCU 在存储区 0x0800_d000~0x0800_d800 地址范围存放中断向量表,每 4 字节存放一个中断服务程序的入口地址。中断服务程序的入口地址又称为中断向量或中断向量指针,它指向中断服务程序在存储器中的位置。例如,中断向量表中第 1 个表项标识"_estack",硬件上确定其为初始 SP 值。第 2 个表项,硬件上确定其功能为存放复位后执行代码的地址,所以俗称"复位向量"。这里为"Reset_Handler:"。复位后,程序就开始执行,可以看到第 1 个可执行指令就是一个汇编语句,把链接文件中给出的栈初值_estack 又给 SP 寄存器赋值一次。

```
Reset_Handler:
   ldr    sp, =_estack      /* 设置堆栈指针 */
   movs   R1, #0
```

下面对 startup_stm32l431rctx.s 文件部分内容进行剖析,如表 8-1 所示。

表 8-1 启动文件 startup_stm32l431rctx.s 剖析

内 容	剖 析

/* Reset_Handler 入口 */
.section   .text.Reset_Handler
.weak   Reset_Handler
.type   Reset_Handler, %function
Reset_Handler:
   ldr   sp, =_estack
   ……
   /*把数据从 ROM 复制到 RAM 中*/
   /*给未初始化的变量赋初值"0"*/
   ……
   bl   SystemInit
   bl   Vectors_Init
   bl   __libc_init_array
	(1)复位处理程序 Reset_Handler 的实现。内容包括把数据从 Flash 复制到 RAM 中(因为 RAM 的数据段中所定义变量的初值在芯片上电时是存在 Flash 中的,故需要将它复制到 RAM 中)、给未初始化的 bss 段变量赋初值 0、调用 SystemInit 函数初始化系统时钟、调用 Vectors_Init 继承 BIOS 中断向量表、调用静态构造函数__libc_init_array 初始化标准库函数

bl main	(2)调用 main 函数(即转到"...\main.c"函数运行,由它完成操作系统的启动)

.section   .text.Default_Handler,"ax",%progbits
Default_Handler:
   push   {lr}
   nop
   pop   {pc}
   .size Default_Handler, .-Default_Handler
	(3)实现一个默认处理函数 DefaultISR。一些芯片厂商给出的样例为一个永久循环。实际应用程序可以修改这个内容,以便进行特殊处理(如改为直接返回更为合适,因为误中断直接返回原处更好)

续表

内 容	剖 析
.section .isr_vector,"a",%progbits .type g_pfnVectors, %object .size g_pfnVectors, .-g_pfnVectors	(4) 定义中断向量表全局数组名.isr_vector，与链接文件 STM32L431RCTX_FLASH.ld 中指定区域.isr_vector 关联。这里标号".isr_vector:"就是 STM32L431RCTX_FLASH.ld 文件中的".isr_vector"[①]，即地址 0x0800_d000
.word _estack .word **Reset_Handler** .word NMI_Handler …… …… .word USART2_IRQHandlerr …… …… .word CRS_IRQHandler .size isr_vector, . - isr_vector	(5) 为中断向量表的所有表项填入默认值，即以中断向量所对应外设的英文名作为中断服务程序的函数名。0x0800_d000～0x0800_d003 地址填写的__StackTop（栈顶）[②]，0x0800_d004～0x0800_d007 地址填写 Reset_Handler（复位处理程序函数名），这两个区域属于特殊用途。随后各区域填写对应的默认中断处理函数的函数名。例如，在串口 2 模块的中断向量表项里填入 USART2_IRQHandler[③]
.weak NMI_Handler .thumb_set NMI_Handler,Default_Handler .weak HardFault_Handler .thumb_set HardFault_Handler,Default_Handler …… .weak USART2_IRQHandler .thumb_set USART2_IRQHandler,Default_Handler ……	(6) 以弱符号[④]的方式，将默认中断处理函数的函数名指向默认处理函数 DefaultISR。实际使用时，只需在中断服务程序文件 isr.c 中再定义一个与所需中断处理函数同名的函数即可。例如，USART2_IRQHandler{}；其函数名 USART2_IRQHandler 与此处相同，此时编译器默认将其识别为强符号，在编译时会覆盖掉这里的以弱符号定义的默认值。到此，中断向量表得以实现

这里对弱符号进行一些说明，如下列语句：

.weak   USART2_IRQHandler

使用弱定义".weak"来定义"handler_name"，当用户重写了"handler_name"对应的中断服务程序，将会覆盖这里给出的对应默认中断服务程序，若不使用弱定义".weak"重写对应中断服务程序，编译器会认为是重复定义，将会报错。灵活使用弱定义".weak"，能减轻不少繁琐。

接下来是一系列宏定义，如下列语句：

.thumb_set   USART2_IRQHandler,Default_Handler
……

这一系列中断处理被宏定义为 Default_Handler，大大缩减了代码量。当用户在 isr.c 文件中重新实现后，会覆盖相应的中断服务程序，提高程序的健壮性和可复用性。

---

① 可以在 map 文件中找到.isr_vector，它指向 0x0800_d000 地址；在 lst 文件中找到.isr_vector，它也指向 0x0800_d000 地址。
② 其是堆栈栈顶，是芯片内 RAM 最大地址（0x2000FFFF）。该芯片栈是从大地址向小地址方向使用的，进栈时 SP 先减 1。堆空间是临时变量的空间，从小地址向大地址方向使用，这样两头向中间使用，符合使用规则。
③ 这里把 Handler 翻译成"处理程序"，有的文献翻译成"句柄"，就是中断服务程序的入口地址，也就是中断服务程序的函数名。
④ 弱符号可被同名强符号覆盖，C 语言中编译器默认函数和初始化了的全局变量为强符号。

经过初始化工作跳到 main 函数后，若不需要启动操作系统，就在 main 中编程，若启动操作系统就调用 mbedOS_start(th_main,*app_init)，启动实时操作系统并执行主线程，由主线程 app_init 初始化外设模块、初始化全局变量、使能中断模块、创建并启动其他用户线程等。

8.2 Mbed OS 启动流程概要

本节首先给出 Mbed OS 启动过程中用到的结构体，随后给出启动过程的大致流程：设置堆栈区→重定向中断向量表→内核初始化→建立互斥信号→创建主线程及启动内核，详细分析分别在 8.3～8.5 节阐述。

8.2.1 相关宏定义及结构体

程序进入 main 后，开始进行 Mbed OS 的启动。在 Mbed OS 中存在许多宏定义、枚举值和结构体，为了便于读者更好地理解与使用，这里给出常用的宏定义、枚举值和结构体的简要介绍。

1. OS 运行时的信息结构体

OS 运行时的信息结构体 osRtxInfo 记录了 Mbed OS 内核运行的实时状态信息，主要包括当前运行的线程和下一个运行的线程，线程就绪列表、等待列表、延时列表和终止列表，线程处理函数、事件字处理函数、信号量处理函数、内在池处理函数和消息处理函数，线程堆栈、线程控制块、定时器控制块、事件字控制块、互斥量控制块、信号量控制块、内存池控制块和消息队列控制块等信息，具体内容见"...\TARGET_CORTEX\rtx5\RTX\Include\rtx_os.h"文件。

```
typedef struct
{
  const char              *os_id;        //操作系统 ID
  uint32_t                version;       //操作系统版本
  struct                                 //内核信息
  {
    uint8_t               state;         //状态
    volatile uint8_t      blocked;       //阻塞的
    uint8_t               pendSV;        //PendSV
    uint8_t               reserved;      //保留
    uint32_t              tick;          //嘀嗒计数器
  } kernel;
  int32_t                 tick_irqn;     //时间嘀嗒 IRQ 号
  struct                                 //线程信息
  {
    struct                               //线程运行信息
    {
      osRtxThread_t       *curr;         //当前运行线程信息
      osRtxThread_t       *next;         //下一个运行线程信息
    } run;
    osRtxObject_t         ready;         //就绪列表
```

```c
    osRtxThread_t              *idle;                          //空闲线程
    osRtxThread_t              *delay_list;                    //延时列表
    osRtxThread_t              *wait_list;                     //等待列表
    osRtxThread_t              *terminate_list;                //终止线程队列
    struct
    {                                                          //线程轮询信息
      osRtxThread_t            *thread;                        //轮询线程
      uint32_t                 tick;                           //轮询时间嘀嗒
      uint32_t                 timeout;                        //轮询时间片
    } robin;
  } thread;
  struct
  {                                                            //定时器信息
    osRtxTimer_t               *list;                          //激活定时器链表
    osRtxThread_t              *thread;                        //定时器线程
    osRtxMessageQueue_t        *mq;                            //定时器消息队列
    void                       (*tick)(void);                  //定时器嘀嗒函数
  } timer;
  struct
  {                                                            //中断服务程序处理队列
    uint16_t                   max;                            //队列最大元素数量
    uint16_t                   cnt;                            //目前队列元素个数
    uint16_t                   in;                             //入队元素索引
    uint16_t                   out;                            //出队元素索引
    void                       **data;                         //队列数据
  } isr_queue;
  struct
  {                                                            //中断服务程序处理函数
    void    (*thread)(osRtxThread_t*);                         //线程处理函数
    void (*event_flags)(osRtxEventFlags_t*);                   //事件字处理函数
    void    (*semaphore)(osRtxSemaphore_t*);                   //信号量处理函数
    void (*memory_pool)(osRtxMemoryPool_t*);                   //内存池处理函数
    void    (*message)(osRtxMessage_t*);                       //消息处理函数
  } post_process;
  struct
  {                                                            //可变的内存池
    void                       *stack;                         //栈内存
    void                       *mp_data;                       //内存池数据
    void                       *mq_data;                       //消息队列数据
    void                       *common;                        //公用内存
  } mem;
  struct
  {                                                            //不变内存池
    osRtxMpInfo_t              *stack;                         //线程堆栈
    osRtxMpInfo_t              *thread;                        //线程控制块
    osRtxMpInfo_t              *timer;                         //定时器控制块
    osRtxMpInfo_t              *event_flags;                   //事件字控制块
```

```
        osRtxMpInfo_t              *mutex;              //互斥量控制块
        osRtxMpInfo_t              *semaphore;          //信号量控制块
        osRtxMpInfo_t              *memory_pool;        //内存池控制块
        osRtxMpInfo_t              *message_queue;      //消息队列控制块
    } mpi;
} osRtxInfo_t;
```

2. 线程属性结构体

第 1 章中谈到线程具有线程函数、线程堆栈、线程描述符三个要素。要把一个函数变成一个线程,必须指出该函数存放在何处,堆栈在哪里,大小是多少,等等。为便于管理,收拢有关信息,声明了一个名为 osThreadAttr_t 的线程属性结构体类型,含有线程名称、栈的大小、线程优先级等成员变量,具体内容见"...\TARGET_CORTEX\rtx5\Include\cmsis_os2.h"文件。

```
typedef struct
{
    const char              *name;          //线程名称
    uint32_t                attr_bits;      //属性位
    void                    *cb_mem;        //线程控制块内存空间指针
    uint32_t                cb_size;        //提供给线程控制块内存的大小
    void                    *stack_mem;     //栈内存空间指针
    uint32_t                stack_size;     //栈内存大小
    osPriority_t            priority;       //初始线程优先级(默认值为 24)
    TZ_ModuleId_t           tz_module;      //信任模块标识
    uint32_t                reserved;       //保留(必须为 0)
} osThreadAttr_t;
```

主线程的创建就是通过设置一个线程属性结构体来传递相关参数。若线程属性结构体为空,则试图创建一个默认的线程,从系统内存池中为其分配空间。

3. 线程控制块结构体

第 1 章中谈到,线程被创建时,系统会为每个线程创建一个唯一的线程描述符,它相当于线程在实时操作系统中的一个"身份证",实时操作系统就是通过这些"身份证"来管理线程和查询线程信息的。这个概念在 Mbed OS 中被称为线程控制块。因此,需要定义线程控制块结构体类型 mbed_rtos_storage_thread_t。该结构体类型还有 os_thread_t、osRtxThread_t 等别名。具体内容见"...\TARGET_CORTEX\rtx5\RTX\Include\rtx_os.h"文件,主要成员变量有线程入口地址、线程运行时所需栈空间信息、线程优先级、线程状态等。

```
typedef struct osRtxThread_s
{
    uint8_t                 id;             //标识符 ID
    uint8_t                 state;          //状态
    uint8_t                 flags;          //标识(内存使用标志)
    uint8_t                 attr;           //属性
    const char              *name;          //名称
    struct osRtxThread_s    *thread_next;   //线程列表中下一线程指针
    struct osRtxThread_s    *thread_prev;   //线程列表中上一线程指针
    struct osRtxThread_s    *delay_next;    //延时等待列表中下一线程指针
```

```
    struct osRtxThread_s     *delay_prev;        //延时等待列表中上一线程指针
    struct osRtxThread_s     *thread_join;       //线程等待连接指针
    uint32_t                 delay;              //延时时间
    int8_t                   priority;           //线程优先级
    int8_t                   priority_base;      //初始优先级
    uint8_t                  stack_frame;        //栈帧（决定使用 MSP 还是 PSP）
    uint8_t                  flags_options;      //线程/事件标志选项
    uint32_t                 wait_flags;         //等待线程/事件标志
    uint32_t                 thread_flags;       //线程标志
    struct osRtxMutex_s      *mutex_list;        //私有互斥量列表连接指针
    void                     *stack_mem;         //栈内存首地址
    uint32_t                 stack_size;         //栈大小
    uint32_t                 sp;                 //当前栈指针
    uint32_t                 thread_addr;        //线程入口地址
    uint32_t                 tz_memory;          //信任内存标识
} osRtxThread_t;
```

线程控制块成员列表如表 8-2 所示。

表 8-2 线程控制块成员列表

成员名称	含义	一般取值
id	对象标识符	0x00U~0x08U
state	线程状态	线程状态：-1 表示错误；0 表示非活跃态；1 表示就绪态；2 表示激活态；3 表示阻塞态；4 表示终止态
flags	线程内存分配标志	0
attr	线程属性	(uint8_t)attr_bits;
name	线程名	创建时赋予的线程名
thread_next	线程列表下一线程指针	线程列表下一线程控制块地址（由一般对象、事件、消息队列、内存池、信号量、互斥量等控制块的 thread_list 成员使用）
thread_prev	线程列表前一线程指针	线程列表前一线程控制块地址（由一般对象、事件、消息队列、内存池、信号量、互斥量等控制块的 thread_list 成员使用）
delay_next	延时等待列表下一线程指针	延时等待列表下一线程控制块地址（由 osRtxInfo 的 delay_list 和 wait_list 两个成员使用）
delay_prev	延时等待列表前一线程指针	延时等待列表前一线程控制块地址（由 osRtxInfo 的 delay_list 和 wait_list 两个成员使用）
thread_join	连接线程指针	连接线程控制块地址
delay	线程延时	线程延时时间
priority	线程优先级	线程优先级：1，8~56，标号越高，优先级越高
priority_base	线程基准优先级	线程优先级：1，8~56，标号越高，优先级越高
stack_frame	栈帧	0xFFFFFFF1，返回 handler 模式；0xFFFFFFF9，返回线程模式，并使用 MSP；0xFFFFFFFD，返回线程模式，并使用 PSP
flags_options	线程/事件标志选项	0 表示任意一位（默认）；1 表示所有位；2 表示不清 0
wait_flags	线程/事件等待标志	0
thread_flags	线程标志	0
mutex_list	线程互斥量列表指针	互斥量地址
stack_mem	线程堆栈空间指针	堆栈空间基地址

续表

成员名称	含义	一般取值
stack_size	线程堆栈大小	指定堆栈大小
sp	线程堆栈当前指针	堆栈空间基地址+堆栈大小-64
thread_addr	线程执行入口地址	线程函数的入口地址
tz_memory	信任内存标识	0

4. 线程状态枚举值

线程的状态用来标识线程当前所处的状态,在"...\TARGET_CORTEX\rtx5\Include\cmsis_os2.h"文件中可查看线程状态的枚举值。

```
typedef enum {
    osThreadInactive    = 0,            //不活跃态
    osThreadReady       = 1,            //就绪态
    osThreadRunning     = 2,            //激活态
    osThreadBlocked     = 3,            //阻塞态
    osThreadTerminated  = 4,            //终止态
    osThreadError       = -1,           //运行出错
    osThreadReserved    = 0x7FFFFFFF    //保留,防止枚举缩小编译器优化
} osThreadState_t;
```

5. 线程状态宏定义

线程状态宏定义中标识了线程所处状态和因等待某个信号而被阻塞的状态,在"...\TARGET_CORTEX\rtx5\RTX\Include\rtx_os.h"文件中可以查看线程状态宏定义。

```
#define osRtxThreadStateMask        0x0FU                                           //线程状态掩码
#define osRtxThreadInactive         ((uint8_t)osThreadInactive)                     //不活跃态
#define osRtxThreadReady            ((uint8_t)osThreadReady)                        //就绪态
#define osRtxThreadRunning          ((uint8_t)osThreadRunning)                      //激活态
#define osRtxThreadBlocked          ((uint8_t)osThreadBlocked)                      //阻塞态
#define osRtxThreadTerminated       ((uint8_t)osThreadTerminated)                   //终止态
#define osRtxThreadWaitingDelay     ((uint8_t)(osRtxThreadBlocked | 0x10U))         //等待延时
#define osRtxThreadWaitingJoin      ((uint8_t)(osRtxThreadBlocked | 0x20U))         //等待连接
#define osRtxThreadWaitingThreadFlags ((uint8_t)(osRtxThreadBlocked | 0x30U))       //等待线程信号
#define osRtxThreadWaitingEventFlags ((uint8_t)(osRtxThreadBlocked | 0x40U))        //等待事件位
#define osRtxThreadWaitingMutex     ((uint8_t)(osRtxThreadBlocked | 0x50U))         //等待互斥量
#define osRtxThreadWaitingSemaphore ((uint8_t)(osRtxThreadBlocked | 0x60U))         //等待信号量
#define osRtxThreadWaitingMemoryPool ((uint8_t)(osRtxThreadBlocked | 0x70U))        //等待内存池
#define osRtxThreadWaitingMessageGet ((uint8_t)(osRtxThreadBlocked | 0x80U))        //等待接收消息
#define osRtxThreadWaitingMessagePut ((uint8_t)(osRtxThreadBlocked | 0x90U))        //等待发送消息
```

6. 线程优先级

在 Mbed OS 中线程的调度是根据优先级的高低进行的,优先级值越大表示优先级越高,越早被调度执行。中断优先级与线程优先级是不一样的,其是优先级值越大表示优先级越低。优先级的定义可在"...\TARGET_CORTEX\rtx5\Include\cmsis_os2.h"文件中查看。

```
typedef enum {
    osPriorityNone      = 0,            //没有优先级
```

```
  osPriorityIdle        = 1,              //保留，给空闲线程使用
  osPriorityLow         = 8,              //低优先级
  ……
  osPriorityNormal      = 24,             //正常优先级（线程一般定义为该优先级）
  ……
  osPriorityHigh        = 40,             //高优先级（定时器线程采用该优先级）
  ……
  osPriorityRealtime    = 48,             //实时优先级
  ……
  osPriorityISR         = 56,             //保留，给中断服务程序延迟线程使用
  osPriorityError       = -1,             //非法优先级
  osPriorityReserved    = 0x7FFFFFFF      //保留，防止枚举缩小编译器优化
} osPriority_t;
```

7. 内核状态枚举值

内核状态用来标识内核当前所处的状态，在"…\TARGET_CORTEX\rtx5\Include\cmsis_os2.h"文件中可以查看内核状态的枚举值。

```
typedef enum {
  osKernelInactive   = 0,              //不活跃态
  osKernelReady      = 1,              //就绪态
  osKernelRunning    = 2,              //运行态
  osKernelLocked     = 3,              //锁定
  osKernelSuspended  = 4,              //挂起
  osKernelError      = -1,             //运行出错
  osKernelReserved   = 0x7FFFFFFFU     //保留，防止枚举缩小编译器优化
} osKernelState_t;
```

8. 内核状态枚举值

内核状态用来标识内核当前所处的状态，在"…\TARGET_CORTEX\rtx5\Include\cmsis_os2.h"文件中可查看内核状态的枚举值。

```
typedef enum {
  osKernelInactive   = 0,              //不活跃态
  osKernelReady      = 1,              //就绪态
  osKernelRunning    = 2,              //运行态
  osKernelLocked     = 3,              //锁定
  osKernelSuspended  = 4,              //挂起
  osKernelError      = -1,             //运行出错
  osKernelReserved   = 0x7FFFFFFFU     //保留，防止枚举缩小编译器优化
} osKernelState_t;
```

9. 内存池结构体

内存池 osRtxConfig.mem 是定义在 osRtxConfig 中的一个结构体，包括堆栈内存地址、堆栈内存大小、内存池内存地址、内存池内存大小、消息队列数据存储器地址、消息队列数据存储器大小、公用内存地址和公用内存大小等成员。

```
struct
{
    void        *stack_addr;        //堆栈内存地址
    uint32_t    stack_size;         //堆栈内存大小
    void        *mp_data_addr;      //内存池内存地址
    uint32_t    mp_data_size;       //内存池内存大小
    void        *mq_data_addr;      //消息队列数据存储器地址
    uint32_t    mq_data_size;       //消息队列数据存储器大小
    void        *common_addr;       //公用内存地址
    uint32_t    common_size;        //公用内存大小
} mem;
```

10. 内存控制块结构体

内存控制块结构体用于记录多个内存控制块，包括线程堆栈、线程控制块、定时器控制块、事件标志控制块、互斥量控制块、信号量控制块、内存池控制块、消息队列控制块。每个内存控制块的大小是固定的，不需要外部指定。

```
struct
{
    osRtxMpInfo_t   *stack;             //线程堆栈
    osRtxMpInfo_t   *thread;            //线程控制块
    osRtxMpInfo_t   *timer;             //定时器控制块
    osRtxMpInfo_t   *event_flags;       //事件标志控制块
    osRtxMpInfo_t   *mutex;             //互斥量控制块
    osRtxMpInfo_t   *semaphore;         //信号量控制块
    osRtxMpInfo_t   *memory_pool;       //内存池控制块
    osRtxMpInfo_t   *message_queue;     //消息队列控制块
} mpi;
```

12. 函数返回的状态代码值

根据函数的执行情况，返回相应的状态代码值。函数返回的状态代码值的定义可以在"...\TARGET_CORTEX\rtx5\Include\cmsis_os2.h"文件中查看。

```
typedef enum {
    osOK                =  0,           //成功完成操作
    osError             = -1,           //未指定的实时操作系统错误：运行时错误
    osErrorTimeout      = -2,           //超时错误
    osErrorResource     = -3,           //资源分配错误
    osErrorParameter    = -4,           //参数错误
    osErrorNoMemory     = -5,           //内存分配错误
    osErrorISR          = -6,           //ISR 调用错误
    osStatusReserved    = 0x7FFFFFFF    //保留，防止枚举缩小编译器优化
} osStatus_t;
```

13. 对象标识符

对象标识符主要用于区别不同的对象。当创建某一类对象时，会将该类的标识符赋给对象，以表示对象是属于这一类的。对象标识符的定义可以查看文件"...\TARGET_CORTEX\rtx5\

RTX\Include\rtx_os.h"。

#define osRtxIdInvalid	0x00U	//无效标识符
#define osRtxIdThread	0xF1U	//线程标识符
#define osRtxIdTimer	0xF2U	//定时器标识符
#define osRtxIdEventFlags	0xF3U	//事件标识符
#define osRtxIdMutex	0xF5U	//互斥量标识符
#define osRtxIdSemaphore	0xF6U	//信号量标识符
#define osRtxIdMemoryPool	0xF7U	//内存池标识符
#define osRtxIdMessage	0xF9U	//消息标识符
#define osRtxIdMessageQueue	0xFAU	//消息队列标识符

14. 对象限制定义

在对象限制定义中限制了线程信号数、事件数、互斥量的最大数目及信号量的最大数。在"...\TARGET_CORTEX\rtx5\RTX\Include\rtx_os.h"文件中可以查看对象限制定义。

#define osRtxThreadFlagsLimit	31U	//每个线程可用的线程信号数：0～31
#define osRtxEventFlagsLimit	31U	//每个事件字的最大事件数：0～31
#define osRtxMutexLockLimit	255U	//互斥量的最大数目：255
#define osRtxSemaphoreTokenLimit	65535U	//每个信号量的最大数：65535

15. 通用对象控制块

在 Mbed OS 中定义各种对象控制块，是为了在编程时，能使不同的控制块调用同一程序来实现相同操作。因此，在调用时就必须将这些对象控制块的地址类型强制转换成通用对象控制块类型 os_object_t（即 osRtxObject_t），形成统一的函数调用参数类型，在这个过程中通用对象控制块起到类型转换过渡的作用。通用对象控制块的定义可以查看文件"...\TARGET_CORTEX\rtx5\RTX\Include\rtx_os.h"，各成员含义如下：

```
typedef struct
{
    uint8_t        id;              //对象标识符
    uint8_t        state;           //对象状态
    uint8_t        flags;           //对象标志
    uint8_t        reserved;        //保留
    const char     *name;           //对象名称
    osRtxThread_t  *thread_list;    //通用对象线程列表
} osRtxObject_t;
```

8.2.2 栈和堆的配置

1. 栈与堆的使用问题

2.3.1 节给出了栈与堆的一般基本知识，这里在回顾栈与堆的基本概念的基础上，分析栈与堆的使用问题。

1）栈的使用问题

初始设置栈时，栈顶与栈底是重合的，随后只能从一端进行存取，当将数据进栈时，栈顶开始变动。在 ARM Cortex-M 处理器中，栈是从 RAM 的高端（大地址）向低端（小地址）

生长，由一个专门的寄存器 SP 来指示栈顶，栈通常按字进行操作。当进栈操作时，SP 的值减小，出栈时 SP 的值增大，SP 的增大与减小由硬件完成。

就 Mbed OS 而言，内核代码和中断服务程序需要使用主栈（使用 MSP 指针）才能正常运行，而线程则使用自己的线程堆栈（使用 PSP 指针）。栈的作用通常是用来存放局部变量、参数、函数调用时的返回地址、发生中断（异常）时需要保存的寄存器内容。在设置栈时需要充分考虑栈空间的使用情况，防止使用的栈空间超出了分配给栈的空间大小，这种情况称为栈溢出。如果栈溢出会覆盖栈外的空间内容，产生不可预测的结果。

从软件开发工程师角度来看，一旦程序框架确定，栈的地址空间是确定的，编程阶段不再涉及申请与释放空间问题。运行时，栈操作对内存的使用是自动获取与释放的。栈一般对基本类型数据进行操作。

2）堆的使用问题

在 C 语言中，堆存储空间是由 new 运算符或 malloc 函数动态分配的内存区域，使用时灵活方便。但需要用户进行分配和释放，一旦分配了区域，且用户在使用结束后不释放，其他人或者程序就无法使用该区域，直至程序结束（有些操作系统可以回收程序结束后未释放的堆空间）。在实际使用中，堆是 RAM 中的存储单元，堆空间分配方式类似于链表，堆是从 RAM 的低端（小地址）向高端（大地址）生长的，它需要自己去申请。

编译链接时，需要判断用户申请使用的堆区是否大于堆的大小。若超过堆大小，则为堆溢出，会出现编译错误；若不大于，则申请成功。

编程时要严格规定栈和堆的大小，并且在每次申请使用时判断是否发生溢出，这样才能避免交叉使用，否则会导致程序出错。

2. 线程堆栈空间的分配原则

每个线程都需要有一段独立的 RAM 空间，用来存放线程上下文，在 ARM Cortex-M 处理器中，具体是指 R0～R12、R14（LR）、R15（PC）、xPSR 这 16 个寄存器，以及线程内部局部变量、调用函数时的上下文等。一般采用栈这种数据结构进行保存，此栈也称作线程堆栈。创建一个线程时，必须要分配线程堆栈空间，它是线程三要素（即线程函数、线程堆栈和线程描述符）之一。

在基于实时操作系统的嵌入式程序设计中，必须考虑 MCU 资源的有限性。如果给线程堆栈分配空间太大，就会造成空间浪费；如果给线程堆栈分配空间太小，就有可能造成栈溢出，产生不可预测的结果。不提倡使用函数递归调用方法，因为递归调用很容易产生栈溢出。

分配线程堆栈空间时，一般要遵循最小分配原则、对齐和倍数原则。

（1）最小分配原则。最小分配原则就是必须知道给一个线程分配的最小栈空间是多少。MCU 的 RAM 大小有限，在线程较多的情况下，一般给一个线程分配的最小栈空间为 CPU 基本寄存器数×寄存器字长×2。例如，STM32 中基本寄存器共 19 个，寄存器字长为 4 字节，则 19×4×2=152 字节，故给线程分配的最小栈空间为 152 字节，但这样只能满足最基本的运行，不能含有内部调用子程序（函数），因此通常要大于这个值。

（2）对齐和倍数原则。对齐和倍数原则就是线程堆栈的栈起始设置应该按照 8 字节对齐，大小应该为 8 的倍数。基于 ARM 架构处理器的 C 语言程序设计遵循 ARM-THUMB 过程调用标准（ARM-THUMB Procedure Call Standard，ATPCS）和 ARM 架构过程调用标准（ARM

Archtecture Procedure Call Standard,AAPCS)。ATPCS 规定数据栈为满递减(Full Decrease, FD)类型[①],浮点双精度数是 8 字节的。在进行浮点数运算时,非 8 字节对齐的栈可能会导致运算出错,故要求栈空间必须对齐到双字地址。

3. Mbed OS 中栈和堆的配置代码解析

在 mbed_boot.c 文件中定义了 Mbed OS 堆栈设置函数 mbed_set_stack_heap,其主要线程是进行 Mbed OS 堆和栈的起始位置和大小的配置,为 Mbed OS 内核的初始化提供基础。

```
//================================================================
//函数名称:mbed_set_stack_heap
//函数返回:无
//参数说明:无
//功能概要:初始化全局变量:堆起始地址、堆大小、栈起始地址、栈大小
//mbed_heap_start(mbed 堆起始地址,外部全局变量)
//mbed_heap_size(mbed 堆大小,外部全局变量)
//mbed_stack_isr_start(mbed 栈起始地址,本文件全局变量)
//mbed_stack_isr_size(mbed 栈大小,本文件全局变量)
//================================================================
void mbed_set_stack_heap(void)
{
    //(1)取得空闲 RAM 起始地址与大小
    unsigned char *free_start = HEAP_START;     //①取得空闲 RAM 起始地址
    uint32_t free_size = HEAP_SIZE;             //②取得空闲 RAM 大小
    #ifdef   ISR_STACK_START
        /*指明中断堆栈 */
        mbed_stack_isr_size = ISR_STACK_SIZE;
        mbed_stack_isr_start = ISR_STACK_START;
    #else
        //(2)初始化栈大小与起始地址
        //③设置栈空间为1024 字节,若剩余 RAM 不足 1024 则设置为实际剩余值
        mbed_stack_isr_size = ISR_STACK_SIZE < free_size ? ISR_STACK_SIZE : free_size;
        //设置栈空间起始地址=最高空闲 RAM 地址-栈大小(mbed_stack_isr_size)
        mbed_stack_isr_start = free_start + free_size - mbed_stack_isr_size;
        //从空闲 RAM 中减去栈大小(mbed_stack_isr_size)
        free_size -= mbed_stack_isr_size;      //将栈空间大小从空闲 RAM 中扣除
    #endif
    //(3)初始化堆大小与起始地址
    mbed_heap_size = free_size;                 //设置堆大小(mbed_heap_size)为剩余的空闲 RAM
    mbed_heap_start = free_start;               //设置堆起始地址(mbed_heap_start)等于 free_start;
}
/*
*①从 HEAP_START 得到空闲 RAM(内存)的最低地址(起始地址)
*   HEAP_START 的定义如下:
*   #define HEAP_START        ((unsigned char*)__end__)
```

---

① 满递减堆栈:堆栈指针指向栈顶元素,且堆栈由高地址向低地址方向增长

```
*   __end__ 在 STM32L431RCTX_FLASH.ld 文件中定义，为链接后最高空闲 RAM 起始地址
*   0x20004fa0（可从.map 文件找到）
*②从 HEAP_SIZE 取得空闲 RAM 大小，其定义如下：
*   #define HEAP_SIZE      ((uint32_t)((uint32_t)INITIAL_SP- (uint32_t)HEAP_START))
*   #define INITIAL_SP     (0x20010000UL)   //该宏定义在 mbed_rtx.h 文件中
*   0x20010000 为（STM32L431）的最高 RAM 地址+1
*③#define ISR_STACK_SIZE   ((uint32_t)1024)
*/
```

（1）栈空间。MSP=0x20010000，大小为 1024 字节。宏定义在 mbed_rtx.h 文件中，名为 INITIAL_SP 。

（2）堆空间。堆的首地址就是在 STM32L431RCTX_FLASH.ld 文件中定义的 "_end_"，编译链接后在.map 文件中可以找到其地址，即 0x20004FA0，这就是堆的起始地址。

0x20004FA0～0x20010000 这一块 RAM 区域就是空闲 RAM 区，就是通常的堆栈区。若规定栈大小为 1024 字节，栈是从大地址向小地址方向使用，则从高地址到低地址描述方式，0x20010000～0x2000FC01 为栈区。

（3）由以上信息可以计算出 mbed_stack_isr_start、mbed_stack_isr_size、mbed_heap_start、mbed_heap_size 这些变量的值。栈和堆空间起始地址和大小如表 8-3 所示。

表 8-3 栈和堆空间起始地址和大小

变量名	含义	值
mbed_stack_isr_start	栈的起始地址	0x20010000
mbed_stack_isr_size	栈的大小	0x400
mbed_heap_start	堆的起始地址	0x20004FA0
mbed_heap_size	堆的大小	0xAC60(0x20010000-0x20004FA0-0x400)

8.2.3 启动过程概述

芯片上电后开始启动，执行到 main 函数后，从 main 函数调用 mbedOS_start 函数开始 Mbed OS 的启动，并无休止地运行，进行线程调度。mbedOS_start 函数位于 mbedOS_start.cpp 文件中，mbedOS_start.cpp 是为了收拢启动相关函数而自定义的一个文件，方便用户自主决定主线程函数的名称。

mbedOS_start 函数是 Mbed OS 启动过程函数，其原型为 mbedOS_start(osThreadId_t &thd, void (*func)(void))，有两个参数，thd 为将要运行的主线程控制块的引用[1]，*func 为主线程执行的实际函数，实际调用时为 mbedOS_start(thd_main,*app_init)。mbedOS_start 函数执行流程如图 8-2 所示，其主要任务是设置 Mbed OS 堆栈区、内核初始化、建立互斥信号、创建主线程和启动内核等。

---

[1] 引用是 C++的一种新的变量类型，是对 C 的重要补充，它的作用是为变量起一个别名。

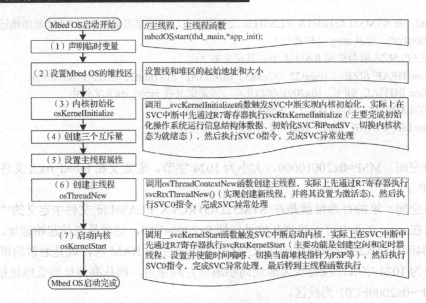

图 8-2 MbedOS_start 函数的执行流程

当内核启动成功后，会返回到定时器线程中执行。定时器线程运行后会进入阻塞态，此时 Mbed OS 会选择就绪列表中优先级最高的线程，即主线程，使其进入激活态。当主线程被调度运行时，即运行用户自定义的主线程函数 app_init（见 app_init.cpp 文件）。该函数主要负责完成初始化外设模块、初始化全局变量、使能中断模块、创建并启动其他用户线程、阻塞主线程的功能，之后的线程运行和切换都由 Mbed OS 调度完成。

1. 设置堆栈区

在 STM32 上运行 Mbed OS 时，主栈的初始栈顶为 0x2000FFFF，主栈的大小为 1024 字节。主栈的大小与系统编译后剩余的内存有关，如果可用内存空间多于 1024 字节就设置为 1024 字节，否则设置为实际剩余的值。编译后剩余内存空间可用于堆和栈的存储，堆空间为剩余内存空间减去栈空间，堆起始地址为剩余内存空间的起始地址，这个起始地址从 HEAP_START 中得到，在本章的样例程序中该地址为 0x20004FA0。

2. 内核初始化

内核初始化是由 osKernelInitialize 函数来完成的，其主要工作是对操作系统运行信息结构体 osRtxInfo 初始化，初始化内容包括内核信息、中断队列信息、内存信息等。在本样例程序中，先将除 os_id（值为 RTX V5.2.2）、version 以外的所有字段清 0，然后用操作系统配置信息结构体 osRtxConfig 中的初值对其初始化。由于在 osRtxConfig 中只有少数几个成员（isr_queue.data、isr_queue.max、robin_timeout、thread_stack_size）有初值，其他各个成员的值都为 NULL 或 0，所以在本样例程序中仅上面举出的几个成员有初值，其他皆为空，特别是系统内存，均未分配。最后将内核状态设置为就绪态（osRtxKernelReady）。至此，内核初始化工作完成。

3. 建立三个互斥信号

建立三个互斥信号（singleton_mutex、malloc_mutex、env_mutex），定义互斥量名称、属

性位数、内存位置与大小，用于互斥资源的访问。

4．创建主线程

首先进行主线程属性设置，包括主线程名、堆栈大小、优先级等，然后开始创建主线程。主线程的创建是通过设置一个线程属性结构体（main_attr），调用函数 osThreadNew 来创建一个名为 main_thread 的主线程，它的优先级设置为 24，运行主线程的函数是 app_init。其主要工作是检测通过 main_attr 传递的线程控制块内存、栈内存及优先级的合法性。若线程属性结构体为 NULL，则试图创建一个默认的线程，从系统内存池中为其分配空间，在本样例程序中所有的系统内存空间皆为空，所以一定要分配好内存空间，并通过线程属性控制结构体传递给函数 osThreadNew。

检测通过后会先给线程控制块赋初值，然后初始化线程的栈空间，为线程上下文切换做准备，最后进行一次线程调度。

5．启动内核

主线程创建完后，调用函数 osKernelStart 启动 Mbed OS 内核。函数 osKernelStart 通过触发 SVC 异常，在 SVC 中断（SVC_Handler）中调用函数 svcRtxKernelStart 来启动内核。启动内核的主要工作内容如下：①创建空闲线程，优先级设置为 1；②创建定时器线程，优先级设置为 40；③调用函数 SVC_Setup 将 SVC 优先级设为 2，PendSV 优先级为 3；④设置时间嘀嗒为 1ms，并启用时间嘀嗒中断（每 1ms 执行一次时间嘀嗒中断）。

此时，就绪列表中有定时器线程（优先级为 40[①]）、主线程（优先级为 24）和空闲线程（优先级为 1），先从就绪列表中选择优先级最高的就绪态线程，将其状态设置为激活态（此时为定时器线程），然后切换当前堆栈指针为 PSP，最后修改操作系统内核状态为运行态（即 osRtxInfo.kernel.state 被设置成 osRtxKernelRunning），至此就可以认为内核启动成功。

8.2.4 如何运行到主线程

1．创建系统线程

Mbed OS 通过调用 svcRtxKernelStart 函数来启动内核，当内核启动成功后，系统先后建立了主线程 main_thread（优先级为 24）、空闲线程 osRtxInfo.thread.idle（优先级为 1）和定时器线程 osRtxInfo.timer.thread（优先级为 40），这三个线程的状态都为就绪态，都被放到就绪列表中，并按优先级高低排列就绪，即定时器线程、主线程和空闲线程。

2．切换定时器线程

当 svcRtxKernelStart 函数执行完成返回 SVC 中断时，会在 SVC 中断中进行上下文切换。由于原来没有线程处于激活态（osRtxThreadRunning），也就是 osRtxInfo.thread.run.curr=0，

---

① Mbed OS 为线程提供了 53 种优先级，优先级数分别为-1~1、8~56、0x7FFFFFFF，优先级数越大表示线程的优先级越高。定时器线程在内核启动后是最先被启动的线程，它的优先级要比主线程高，故设置为较高级数 40；主线程主要是用来创建用户线程的，一般将其优先级设置在中等级数 24；空闲线程不完成任何实际工作，只是为了确保在内核无用户线程可执行的时候，CPU 执行空闲线程来保持运行状态，故其优先级一般定义为较低级数 1。

osRtxInfo.thread.run.next=0，而此时定时器线程处于激活态，它的线程控制块指针被放在 osRtxInfo.thread.run.next 中，当前线程与下一线程是不同的（即 osRtxInfo.thread.run.curr≠osRtxInfo.thread.run.next），这时就会进行上下文切换，将定时器线程作为当前线程（即将 osRtxInfo.thread.run.next 赋值给 osRtxInfo.thread.run.curr），当从 SVC 中断返回时就会转到定时器线程中执行。

3．由定时器线程转到主线程

当定时器线程 osRtxInfo.timer.thread 运行后，先创建了一个消息队列；再从消息队列中获取消息，由于消息队列刚创建且为空，无消息可取，定时器线程被阻塞；之后 Mbed OS 会进行线程调度，从就绪列表中选择优先级最高的线程（此时为主线程 main_thread），将其状态设置为激活态，准备运行。至此，CPU 的控制权转交给主线程，将由主线程执行函数 app_init 负责创建用户线程。

8.2.5 启动过程总流程源代码

进入 main 后即可运行 mbedOS_start(thd_main,*app_init)，函数 mbedOS_start 源代码可在 mbedOS_start.cpp 文件中查看。

```
//========================================================
//函数名称：mbedOS_start
//函数返回：无
//参数说明：thd 表示主线程首址(传址,作为输出参数)；func 表示主线程函数指针(作为输入参数)
//功能概要：设置 mbedOS 的堆栈区、内核初始化、建立互斥信号、创建主线程、启动内核
//========================================================
void mbedOS_start(osThreadId_t &thd,void (*func)(void))
{
    //（1）声明临时变量
    osThreadAttr_t   main_attr;
    __attribute__((aligned(16))) char   main_stack[512];
    mbed_rtos_storage_thread_t   main_obj;
    //（2）设置 Mbed OS 的堆栈区
    mbed_set_stack_heap();     //设置 Mbed OS 的堆栈区
    //（3）内核初始化
    osKernelInitialize();
    //（4）建立三个互斥信号
    singleton_mutex_attr.name = "singleton_mutex";
    singleton_mutex_attr.attr_bits = osMutexRecursive | osMutexPrioInherit | osMutexRobust;
    singleton_mutex_attr.cb_size = sizeof(singleton_mutex_obj);
    singleton_mutex_attr.cb_mem = &singleton_mutex_obj;
    singleton_mutex_id = osMutexNew(&singleton_mutex_attr);

    malloc_mutex_attr.name = "malloc_mutex";
    malloc_mutex_attr.attr_bits = osMutexRecursive | osMutexPrioInherit | osMutexRobust;
    malloc_mutex_attr.cb_size = sizeof(malloc_mutex_obj);
    malloc_mutex_attr.cb_mem = &malloc_mutex_obj;
    malloc_mutex_id = osMutexNew(&malloc_mutex_attr);
```

```
env_mutex_attr.name = "env_mutex";
env_mutex_attr.attr_bits = osMutexRecursive | osMutexPrioInherit | osMutexRobust;
env_mutex_attr.cb_size = sizeof(env_mutex_obj);
env_mutex_attr.cb_mem = &env_mutex_obj;
env_mutex_id = osMutexNew(&env_mutex_attr);
//（5）创建主线程
//（5.1）设置主线程属性设置
main_attr.stack_mem = main_stack;
main_attr.stack_size = sizeof(main_stack);
main_attr.cb_size = sizeof(main_obj);
main_attr.cb_mem = &main_obj;
main_attr.priority = osPriorityNormal;
main_attr.name = "main_thread";
//（5.2）创建主线程
thd = osThreadNew((osThreadFunc_t)func, NULL, &main_attr);
//（6）内核启动
osKernelStart();
}
```

8.3 深入理解启动过程（一）：内核初始化解析

内核初始化过程主要由三个函数与一个中断服务程序构成，这三个函数分别是内核初始化函数 osKernelInitialize、SVC 触发封装函数 __svcKernelInitialize、实际初始化函数 svcRtxKernelInitialize，中断服务程序 SVC_Handler 是由 SVC 指令触发运行的。

调用顺序为 osKernelInitialize→__svcKernelInitialize→触发 SVC 中断 SVC_Handler→svcRtxKernelInitialize。

下面按照程序执行的顺序进行分析。

8.3.1 内核初始化准备工作

1. 内核初始化函数

内核初始化函数 osKernelInitialize 功能是判断当前是否处于中断服务程序中或已经屏蔽了中断，若处于中断服务程序中或已经屏蔽了中断，则返回出错代码。实际上，操作系统启动到此处，系统并不处于中断服务程序中，且没有屏蔽中断，程序调用 SVC 触发封装函数 __svcKernelInitialize 继续内核初始化。osKernelInitialize 函数源代码可查看"…\TARGET_CORTEX\rtx5\RTX\Source\rtx_kernel.c"文件。

```
//================================================================
//函数名称：osKernelInitialize
//函数返回：无
//参数说明：无
//功能概要：Mbed OS 通过调用 SVC 系统服务调用，实现操作系统内核初始化
//================================================================
```

```c
osStatus_t osKernelInitialize (void)
{
    osStatus_t status;
    osRtxKernelPreInit();                    //本工程该函数内容为空
    EvrRtxKernelInitialize();                //本工程该函数内容为空
    // (1) 当前为发生中断或中断屏蔽状态就记录错误事件并返回错误代码
    //EvrRtxKernelError 事件记录器，该函数实际为空，不记录事件
    if (IsIrqMode() || IsIrqMasked())        //内核初始化不能在中断函数中启动
    {
        EvrRtxKernelError((int32_t)osErrorISR);
        status = osErrorISR;                 //中断环境错误，本函数不允许在中断例程中调用
    }
    else
    {
        status = __svcKernelInitialize();    //SVC 系统服务调用实现内核初始化
    }
    return status;
}
```

实际上，系统会执行"status=__svcKernelInitialize();"这一语句，即调用__svcKernelInitialize 函数，它封装了触发 SVC 中断的准备工作，我们将这个函数称为 SVC 触发封装函数。

2. SVC 触发封装函数__svcKernelInitialize

__svcKernelInitialize 函数是一个宏定义函数，其宏定义如下：

```
SVC0_0 (KernelInitialize, osStatus_t)
```

展开后是 C 语言与汇编语言混合编程代码，其功能是为触发 SVC 中断服务程序做前期准备工作，主要工作内容如下。

（1）将要执行的实际初始化函数指针放入 R12 寄存器中，即 svcRtxKernelInitialize 函数地址给 R12。

（2）使 MSP 中的值为触发 SVC 中断后的栈顶。

（3）触发 SVC 中断。

（4）将调用 R12 中函数得到的返回值存放在 MSP 栈中。

下面对__svcKernelInitialize 函数进行详细分析。

1）SVC0_0 宏展开

SVC0_0 在"...\TARGET_CORTEX\rtx5\RTX\Source\rtx_core_cm.h"文件中定义。

```c
#define SVC0_0(f,t)                                         \
__attribute__((always_inline))                              \
__STATIC_INLINE t __svc##f (void)                           \
{                                                           \
    SVC_ArgN(0);                                            \
    SVC_ArgF(svcRtx##f);                                    \
    SVC_Call0(SVC_In0, SVC_Out1, SVC_CL1);                  \
    return (t) __R0;                                        \
}
```

其中，SVC_ArgN、SVC_ArgF、SVC_Call0 等也是一段宏定义。

（1）SVC_ArgN(0)定义了 R0 作为通用寄存器。

（2）SVC_ArgF(svcRtx##f)函数中申明了 R12 寄存器，并保存 svcRtxKernelInitialize 函数地址到 R12 中。

（3）SVC_Call0()是一段内联宏函数，代码中进行了堆栈指针的判断与调整，确保 MSP 中的值与当前堆栈一致，以供 SVC 中断服务程序使用。通过 SVC 0 指令来触发 SVC 中断服务程序 SVC_Handler（即调用 0 号系统服务）。

SVC0_0(KernelInitialize, osStatus_t)展开最终可以得到以下代码：

```
//================================================
//函数名称：SVC0_0
//功能概要：查看 control[1]上的值判断当前堆栈指针指向 psp 还是 msp
//          MSP—执行为堆栈指针 PSP 赋初值调用 SVC0 返回 R0 寄存器值
//          PSP—调用 SVC0 返回寄存器值
//版权所有：苏州大学 ARM 嵌入式中心(sumcu.suda.edu.cn)
//版本更新：2018-04-11
//================================================
__attribute__((always_inline))                   //强制内联
static inline  osStatus_t  __svcKernelInitialize (void)
{
    //（1）寄存器变量的声明
    register uint32_t __R0 __ASM ("r""0");       //声明 32 位通用寄存器
    //把 svcRtxKernelInitialize 函数地址放入 R12 寄存器，
    register uint32_t __rf  __ASM("R12") = (uint32_t)svcRtxKernelInitialize;
    //（2）执行 svc 0 系统调用
    __asm volatile ("svc 0" : "=r"(__R0) : "r"(__rf) : "R1");
    //（3）返回寄存器值
    return (osStatus_t) __R0;
}
```

SVC0_0(KernelInitialize, osStatus_t)宏展开的是 C 语言与汇编的混合编程代码，格式符较多且不容易看懂，相比之下，编译后的汇编代码更加简洁。下面从编译后生成的列表文件（.lst 文件）中截取__svcKernelInitialize 函数的汇编代码进行分段解析。

2）__svcKernelInitialize 函数汇编代码分段解析

下面按功能进行分段解析。

（1）先将 R12 的值设置为 svcRtxKernelInitialize 函数的地址，然后把 svcRtxKernelInitialize 函数的地址保存在存储单元中，再用 ldr 指令从内存单元中读取。

```
SVC0_0 (KernelInitialize, osStatus_t)
800f084: f8df   c014   ldr.w  ip, [pc, #20]  //在 0800F09C 地址中保存着 svcRtxKernelInitialize 函数地址
```

svcRtxKernelInitialize 函数的地址保存在 0x0800f09c 地址中，即它的地址为 0x0800edd5，但实际地址为 0x0800edd4[①]。

---

① 在 ARM 的 M 系列处理器中加载到 PC 中的地址的第 0 位必须为 1，表示执行的是 thumb 指令，否则会发生异常。因此，在这里虽然 svcRtxKernelInitialize 函数地址是 0x0800edd5，但由于 PC 的第 0 位不可写且固定为 0，所以得到的 svcRtxKernelInitialize 函数的实际地址为 0x0800edd4。

| 800f09c: 0800edd5 | .word 0x0800edd5 | //svcRtxKernelInitialize 函数地址, 实际为 0x0800edd4 |

（2）触发 SVC 0 异常。

| 800f088: df00 | svc 0 | //触发 SVC 异常服务, 即调用 SVC_Handler |

（3）保存调用 svcRtxKernelInitialize 函数的返回值。

| 800f08a: bd08 | pop {R3, pc} | //保存返回值 |

以上是对 __svcKernelInitialize 函数的分段解析，为方便阅读下面给出完整的代码。

3）__svcKernelInitialize 函数完整汇编代码

```
SVC0_0 (KernelInitialize, osStatus_t)
//（1）使用 R12 保存 osKernelInitialize 函数指针
800f084: f8df c014    ldr.w ip, [pc, #20]    //在 0800F09C 地址中保存着 svcRtxKernelInitialize 函数地址
//（2）触发 SVC 0 异常服务
800f088:df00           svc 0                  //触发 SVC 异常服务, 即调用 SVC_Handler
//（3）完成调用 SVC 0 服务后带回返回值
800f08a:bd08           pop {R3, pc}           //保存返回值
800f08c:f06f 0005      mvn.w R0, #5
800f090:f000 ff48      bl 800ff24
800f094:f06f 0005      mvn.w R0, #5
800f098:e7f7           b.n 800f08a
800f09a:bf00           nop                    //空操作
800f09c:0800edd5       .word 0x0800edd5       //svcRtxKernelInitialize 函数地址, 实际为 0x0800edd4
```

8.3.2 进入 SVC 中断服务程序 SVC_Handler

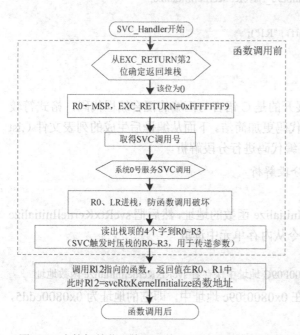

图 8-3　内核初始化函数调用前 SVC 中断服务程序的执行流程

SVC 提供了访问系统服务的入口，SVC 中断服务程序是本样例程序的重要程序（可在 02_CPU\chip\irq_cm4f.s 文件中查看源代码），在多数系统函数的调用过程中均有使用，不同的函数调用中执行的流程不同。本节仅从内核初始化的角度分析，给出与内核初始化有关的 SVC 中断服务程序流程图与代码分段解析。其只占整个 SVC 中断服务程序的一部分，完整的 SVC 中断服务程序分析将在 8.5 节介绍。

1. 内核初始化函数调用前 SVC 中断处理程序的执行流程

内核初始化函数调用前 SVC 中断服务程序主要完成对 SVC 调用号的判断、读出准备调用函数的入口地址等工作。内核初始化函数调用前 SVC 中断服务程序的执行流程如图 8-3 所示。

2. 内核初始化 SVC 中断服务程序代码分段解析

对于内核初始化 SVC 中断服务程序可分两部分进行解析，前一部分为调用内核初始化实际函数 svcRtxKernelInitialize 之前的流程，后一部分为调用内核初始化实际函数 svcRtxKernelInitialize 函数后的流程，R12 寄存器存放的就是 svcRtxKernelInitialize 函数的地址。本节将解析调用该函数前的流程（即 SVC_Handler 程序流程），该函数调用后的流程将在返回流程中解析。

1）取 SVC 调用号

取出 SVC 触发封装函数 __svcKernelInitialize 中预先设置的 MSP 值到 R0，取[R0+24]处的值到 R1 中，[R0+24]处的内容是栈中的 PC 值，将[R1-2]取出 SVC 指令中的立即数（调用号），判断是否是 0，本次立即数为 0，转向 2）运行。

TST	LR,#0x04	// 从 EXC_RETURN 第 2 位确定返回堆栈
ITE	EQ	//判断 EQ 符合条件则执行 T（Then，下一条）语句，否则执行 E（Else）语句
MRSEQ	R0,MSP	// bit_2=0，CPSR 标志位 Zero=1，R0←MSP(如果返回的是 MSP)
MRSNE	R0,PSP	// bit_2=1，CPSR 标志位 Zero=0，R0←PSP(如果返回的是 PSP)
LDR	R1,[R0,#24]	//R1←取执行 SVC 指令前压入堆栈中的 PC 值
LDRB	R1,[R1,#-2]	//该 PC 值-2 为 SVC 指令的调用号存放的地址，R1←SVC 指令的调用号
CBNZ	R1,SVC_User	//若 SVC 指令调用号≠0，跳转至 SVC_User

2）调用 R12 中函数的准备工作

调用 R12 中的函数前的准备工作如下。

（1）压栈 R0、LR，防止调用 R12 时函数被破坏，即保存 MSP，EXCRETURN。

（2）取出栈顶的 4 个字存入 R0~R3，栈顶的 4 个字为触发 SVC 前 R0~R3 的值，用于传递参数。

PUSH	{R0,LR}	//MSP、LR（EXC_RETURN）入栈
LDM	R0,{R0-R3,R12}	//从堆栈中读出进入本程序之前入栈的 R0~R3

3）调用 R12 寄存器指向的函数 svcRtxKernelInitialize

BLX	R12	//跳转到 R12 指向的函数

下面介绍实际初始化函数 svcRtxKernelInitialize 的功能及执行流程。

8.3.3 实际内核初始化函数

1. 实际内核初始化函数 svcRtxKernelInitialize 功能概要

最终用于实现内核初始化的函数是 svcRtxKernelInitialize，在它之前所做的所有工作都是为最终调用该函数而做准备的，该函数的源代码可查看文件 "...\TARGET_CORTEX\rtx5\RTX\Source\rtx_kernel.c"，其主要工作内容如下。

（1）判断当前的内核状态。

（2）对结构体 osRtxInfo（操作系统运行时信息，OS Runtime Information）初始化，其初始值基本来自 osRtxConfig（操作系统配置信息，通过赋初值初始化）结构体。

（3）更新内核状态。

2. svcRtxKernelInitialize 函数的执行流程

下面介绍内核初始化函数 svcRtxKernelInitialize 的执行流程,如图 8-4 所示。

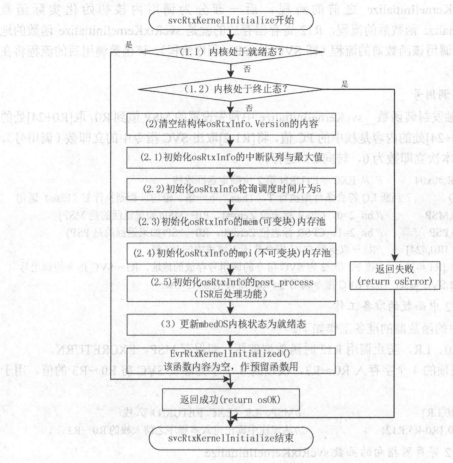

图 8-4 内核初始化函数 svcRtxKernelInitialize 的执行流程

3. svcRtxKernelInitialize 功能分段解析

1)内核的状态判断

判断内核的状态,若为就绪态则表明已经初始化完成,直接返回 osOK,表示内核初始化成功;若为终止态,直接返回 osError,表示内核初始化失败,否则进入(2)继续内核初始化流程。

Mbed OS 启动流程进入 svcRtxKernelInitialize 函数时,内核状态为 osRtxKernelInactive(即不活跃态),所以执行(2)继续进行操作系统内核初始化。

```
//(1)判断当前内核状态,内核就绪态或终止态直接返回
//(1.1)若内核处于就绪态,返回成功(防错用)
if (osRtxInfo.kernel.state == osRtxKernelReady)
{
    EvrRtxKernelInitialized();          //本工程该函数内容为空
    return osOK;
}
```

```
// (1.2) 若内核处于终止态，返回失败（防错用）
if (osRtxInfo.kernel.state != osRtxKernelInactive )
{
    EvrRtxKernelError((int32_t)osError);      //本工程该函数无功能操作
    return osError;
}
```

2）初始化 OS 运行时信息结构体

OS 运行时信息结构体 osRtxInfo 中记录着 Mbed OS 内核的实时状态信息，在内核初始化时要先给它赋初值。它的小部分初值（os_id = osRtxKernelId，version = osRtxVersionKernel，kernel.state = osRtxKernelInactive）来自静态初始化变量，大部分初值来自 OS 配置结构体常量 osRtxConfig。表 8-4 所示为操作系统配置结构体变量 osRtxConfig 的值。

表 8-4 操作系统配置结构体变量 osRtxConfig 的值

类 型	变 量 名	值	注 释
typedef struct {			
uint32_t	flags;	0U | (1UL<<0) | (1UL<<1) =11	OS 配置标志
uint32_t	tick_freq;	1000	内核嘀嗒分频
uint32_t	robin_timeout;	5	时间片轮转数
struct {			中断服务程序处理队列
void	**data;	&os_isr_queue[0]	队列数据
uint16_t	max;	sizeof(os_isr_queue)/sizeof(void *)=16	最大项目数
uint16_t	padding;	0U	填充
} isr_queue;			
struct {			可变内存池
void	*stack_addr;	NULL	栈内存地址
uint32_t	stack_size;	0U	栈内存大小
void	*mp_data_addr;	NULL	内存池地址
uint32_t	mp_data_size;	0U	内存池大小
void	*mq_data_addr;	NULL	消息队列数据内存地址
uint32_t	mq_data_size;	0U	消息队列数据大小
void	*common_addr;	NULL	公用内存地址
uint32_t	common_size;	0U	公用内存大小
} mem;			
struct {			不变内存池
osRtxMpInfo_t	*stack;	NULL	线程栈
osRtxMpInfo_t	*thread;	NULL	线程控制块
osRtxMpInfo_t	*timer;	NULL	定时器控制块
osRtxMpInfo_t	*event_flags;	NULL	事件标志控制块
osRtxMpInfo_t	*mutex;	NULL	互斥量控制块
osRtxMpInfo_t	*semaphore;	NULL	信号量控制块
osRtxMpInfo_t	*memory_pool;	NULL	内存池控制块
osRtxMpInfo_t	*message_queue;	NULL	消息队列控制块

续表

类 型	变 量 名	值	注 释
} mpi;			
uint32_t	thread_stack_size;	OS_STACK_SIZE = 1024	缺省线程栈大小
const osThreadAttr_t	*idle_thread_attr;	&os_idle_thread_attr	空闲线程属性变量
const osThreadAttr_t	*timer_thread_attr;	&os_timer_thread_attr	定时器线程属性变量
const osMessageQueueAttr_t	*timer_mq_attr;	&os_timer_mq_attr	定时器消息队列属性变量
uint32_t	timer_mq_mcnt;	(uint32_t)OS_TIMER_CB_QUEUE = 4	定时器消息队列最大值

初始化过程先调用 memset 函数将 osRtxInfo 结构体中除*os_id(值为RTX V5.5.0)、version (值为 50050000) 外的所有字段清零。然后使用 osRtxConfig 结构体中对应的值来对 osRtxInfo 中的值进行初始化。由表 8-3 可知，osRtxConfig 中只有少数域 isr_queue.data (在.bbs.os 中定义为 16 字大小)、isr_queue.max (值为 16)、robin_timeout (值为 5)、 thread_stack_size (值为 1024) 有初值，其他各个字段的值均为 NULL 或 0，所以 osRtxInfo 中的 mem.common、mem.stack、mem.mp_data 等各个内存指针字段在初始化后都为 NULL 或 0，在本段中大量的代码为防错检测代码。

OS 运行时信息结构体 osRtxInfo 变量初始化后的值如表 8-5 所示。

表 8-5　OS 运行时信息结构体 osRtxInfo 变量初始化的值

类 型	变 量 名	注 释
typedef struct {		
const char	*os_id;	操作系统 ID
uint32_t	version;	操作系统版本
struct {		内核信息
uint8_t	state;	状态
volatile uint8_t	blocked;	阻塞的
uint8_t	pendSV;	Pending SV
uint8_t	reserved;	保留
uint32_t	tick;	嘀嗒计数器
} kernel;		
int32_t	tick_irqn;	时间嘀嗒 IRQ 号
struct {		线程信息
struct {		线程运行信息
osRtxThread_t	*curr;	当前运行线程信息
osRtxThread_t	*next;	下一个运行线程信息
} run;		
volatile osRtxObject_t	ready;	就绪列表
osRtxThread_t	*idle;	空闲线程
osRtxThread_t	*delay_list;	延时列表
osRtxThread_t	*wait_list;	等待列表
osRtxThread_t	*terminate_list;	终止线程列表
struct {		线程轮询信息

续表

类 型	变 量 名	注 释
osRtxThread_t	*thread;	轮询线程
uint32_t	tick;	轮询时间嘀嗒
uint32_t	timeout;	轮询时间片
} robin;		
} thread;		
struct {		定时器信息
osRtxTimer_t	*list;	激活定时器链表
osRtxThread_t	*thread;	定时器线程
osRtxMessageQueue_t	*mq;	定时器消息队列
void	(*tick)(void);	定时器嘀嗒函数
} timer;		
struct {		中断服务程序处理队列
uint16_t	max;	队列最大元素数量
uint16_t	cnt;	目前队列元素个数
uint16_t	in;	入队元素索引
uint16_t	out;	出队元素索引
void	**data;	队列数据
} isr_queue;		
struct {		中断服务程序处理函数
void	(*thread)(osRtxThread_t*);	线程处理函数
void	(*event_flags)(osRtxEventFlags_t*);	事件字处理函数
void	(*semaphore)(osRtxSemaphore_t*);	信号量处理函数
void	(*memory_pool)(osRtxMemoryPool_t*);	内存池处理函数
void	(*message)(osRtxMessage_t*);	消息处理函数
} post_process;		
struct {		可变的内存池
void	*stack;	栈内存
void	*mp_data;	内存池数据
void	*mq_data;	消息队列数据
void	*common;	公用内存
} mem;		
struct {		不变内存池
osRtxMpInfo_t	*stack;	线程堆栈
osRtxMpInfo_t	*thread;	线程控制块
osRtxMpInfo_t	*timer;	定时器控制块
osRtxMpInfo_t	*event_flags;	事件字控制块
osRtxMpInfo_t	*mutex;	互斥量控制块
osRtxMpInfo_t	*semaphore;	信号量控制块
osRtxMpInfo_t	*memory_pool;	内存池控制块
osRtxMpInfo_t	*message_queue;	消息队列控制块
} mpi;		

类 型	变 量 名	注 释
} osRtxInfo_t;		

下面将介绍初始化 OS 实时状态 osRtxInfo 结构体变量代码。

```
// (2) 初始化 OS 运行时信息 osRtxInfo，即操作系统运行时信息结构体数据
// osRtxInfo，初始值来自操作系统配置信息 osRtxConfig
//清空 osRtxInfo.kernel
memset(&osRtxInfo.kernel, 0, sizeof(osRtxInfo) -offsetof(osRtxInfo_t, kernel));
    // (2.1) 初始化 osRtxInfo 的中断队列（包括队列数据和最大容量）
    osRtxInfo.isr_queue.data = osRtxConfig.isr_queue.data;
    osRtxInfo.isr_queue.max  = osRtxConfig.isr_queue.max;
    // (2.2) 初始化 osRtxInfo 的轮询调度时间片 5ms
    osRtxInfo.thread.robin.timeout = osRtxConfig.robin_timeout;
    // (2.3) 初始化 osRtxInfo 的 mem（可变块）内存池
    // (2.3.1)初始化 mem（可变块）公用内存池（由 osRtxConfig 指定 common_size）成功
    if (osRtxMemoryInit(osRtxConfig.mem.common_addr, osRtxConfig.mem.common_size) != 0U)
        osRtxInfo.mem.common = osRtxConfig.mem.common_addr;
    // (2.3.2) 初始化 mem（可变块）堆栈内存（由 osRtxConfig 指定 stack_size）
    if (osRtxMemoryInit(osRtxConfig.mem.stack_addr, osRtxConfig.mem.stack_size) != 0U)
    //若成功，osRtxInfo 的 mem（可变块）堆栈内存指向初始化得到的堆栈内存区域
        osRtxInfo.mem.stack = osRtxConfig.mem.stack_addr;
    else     //若失败，osRtxInfo 的 mem（可变块）堆栈内存指向公用内存
        osRtxInfo.mem.stack = osRtxInfo.mem.common;
    // (2.3.3)初始化 mem（可变块）内存池（由 osRtxConfig 指定 mp_data_size）
    if (osRtxMemoryInit(osRtxConfig.mem.mp_data_addr, osRtxConfig.mem.mp_data_size) != 0U)
    //若成功，osRtxInfo 的 mem（可变块）内存池数据内存指向初始化得到的内存区域
     osRtxInfo.mem.mp_data = osRtxConfig.mem.mp_data_addr;
    else     //若失败，osRtxInfo 的 mem（可变块）内存池数据内存指向公用内存
        osRtxInfo.mem.mp_data = osRtxInfo.mem.common;
    // (2.3.4)初始化 mem（可变块）消息队列数据内存（由 osRtxConfig 指定 mq_data_size）
    if (osRtxMemoryInit(osRtxConfig.mem.mq_data_addr, osRtxConfig.mem.mq_data_size) != 0U)
    //若成功，osRtxInfo 的的 mem（可变块）消息队列数据内存指向初始化得到的内存
     osRtxInfo.mem.mq_data = osRtxConfig.mem.mq_data_addr;
    else     //若失败，osRtxInfo 的 mem（可变块）消息队列数据内存指向公用内存
        osRtxInfo.mem.mq_data = osRtxInfo.mem.common;
    // (2.4) 初始化 osRtxInfo 的 mpi（不可变块）内存池
    // (2.4.1)判断 osRtxConfig 中 mpi 线程堆栈不为空，且初始化 mpi 线程堆栈成功
    if (osRtxConfig.mpi.stack != NULL)
    {
        (void)osRtxMemoryPoolInit(osRtxConfig.mpi.stack,
                                  osRtxConfig.mpi.stack->max_blocks,
                                  osRtxConfig.mpi.stack->block_size,
                                  osRtxConfig.mpi.stack->block_base);
        //osRtxInfo 的的 mpi（不可变块）线程堆栈指向初始化得到的内存区域
        osRtxInfo.mpi.stack = osRtxConfig.mpi.stack;
    }
```

```c
// (2.4.2) 判断 osRtxConfig 中 mpi 线程控制块不为空，且初始化 mpi 线程控制块成功
if (osRtxConfig.mpi.thread != NULL)
{
    (void)osRtxMemoryPoolInit(osRtxConfig.mpi.thread,
                              osRtxConfig.mpi.thread->max_blocks,
                              osRtxConfig.mpi.thread->block_size,
                              osRtxConfig.mpi.thread->block_base);
    //osRtxInfo 的的 mpi（不可变块）线程控制块指向初始化得到的内存区域
    osRtxInfo.mpi.thread = osRtxConfig.mpi.thread;
}
// (2.4.3) 判断 osRtxConfig 中 mpi 定时器控制块不为空，且初始化定时器控制块成功
if (osRtxConfig.mpi.timer != NULL)
{
    (void)osRtxMemoryPoolInit(osRtxConfig.mpi.timer,
                              osRtxConfig.mpi.timer->max_blocks,
                              osRtxConfig.mpi.timer->block_size,
                              osRtxConfig.mpi.timer->block_base);
    //osRtxInfo 的的 mpi（不可变块）定时器控制块指向初始化得到的内存区域
    osRtxInfo.mpi.timer = osRtxConfig.mpi.timer;
}
// (2.4.4) 判断 osRtxConfig 中 mpi 事件标志控制块不为空，且初始化事件标志控制块成功
if (osRtxConfig.mpi.event_flags != NULL)
{
    (void)osRtxMemoryPoolInit(osRtxConfig.mpi.event_flags,
                              osRtxConfig.mpi.event_flags->max_blocks,
                              osRtxConfig.mpi.event_flags->block_size,
                              osRtxConfig.mpi.event_flags->block_base);
    //osRtxInfo 的的 mpi（不可变块）事件标志控制块指向初始化得到的内存区域
    osRtxInfo.mpi.event_flags = osRtxConfig.mpi.event_flags;
}
// (2.4.5) 判断 osRtxConfig 中 mpi 互斥量控制块不为空，且初始化互斥量控制块成功
if (osRtxConfig.mpi.mutex != NULL)
{
    (void)osRtxMemoryPoolInit(osRtxConfig.mpi.mutex,
                              osRtxConfig.mpi.mutex->max_blocks,
                              osRtxConfig.mpi.mutex->block_size,
                              osRtxConfig.mpi.mutex->block_base);
    //osRtxInfo 的的 mpi（不可变块）互斥量控制块指向初始化得到的内存区域
    osRtxInfo.mpi.mutex = osRtxConfig.mpi.mutex;
}
// (2.4.6) 判断 osRtxConfig 中 mpi 信号量控制块不为空，且初始化信号量控制块成功
if (osRtxConfig.mpi.semaphore != NULL)
{
    (void)osRtxMemoryPoolInit(osRtxConfig.mpi.semaphore,
                              osRtxConfig.mpi.semaphore->max_blocks,
                              osRtxConfig.mpi.semaphore->block_size,
                              osRtxConfig.mpi.semaphore->block_base);
```

```
        //osRtxInfo 的的 mpi（不可变块）信号量控制块指向初始化得到的内存区域
        osRtxInfo.mpi.semaphore = osRtxConfig.mpi.semaphore;
    }
    //（2.4.7）判断 osRtxConfig 中 mpi 内存池控制块不为空，且初始化内存池控制块成功
    if (osRtxConfig.mpi.memory_pool != NULL)
    {
        (void)osRtxMemoryPoolInit(osRtxConfig.mpi.memory_pool,
                                  osRtxConfig.mpi.memory_pool->max_blocks,
                                  osRtxConfig.mpi.memory_pool->block_size,
                                  osRtxConfig.mpi.memory_pool->block_base);
        //osRtxInfo 的的 mpi（不可变块）内存池控制块指向初始化得到的内存区域
        osRtxInfo.mpi.memory_pool = osRtxConfig.mpi.memory_pool;
    }
    //（2.4.8）判断 osRtxConfig 中 mpi 消息队列控制块不为空，且初始化消息队列控制块成功
    if (osRtxConfig.mpi.message_queue != NULL)
    {
        (void)osRtxMemoryPoolInit(osRtxConfig.mpi.message_queue,
                                  osRtxConfig.mpi.message_queue->max_blocks,
                                  osRtxConfig.mpi.message_queue->block_size,
                                  osRtxConfig.mpi.message_queue->block_base);
        //osRtxInfo 的的 mpi（不可变块）消息队列控制块指向初始化得到的内存区域
        osRtxInfo.mpi.message_queue = osRtxConfig.mpi.message_queue;
    }
    //（2.5）初始化 osRtxInfo 的 post_process（ISR 后处理功能）
    //（2.5.1）初始化 osRtxInfo 的 post_process 中事件标志 ISR 后处理函数指针指向的函数地址
osRtxInfo.post_process.event_flags = osRtxEventFlagsPostProcess;
    //（2.5.2）初始化 osRtxInfo 的 post_process 中内存池 ISR 后处理函数指针指向的函数地址
osRtxInfo.post_process.memory_pool = osRtxMemoryPoolPostProcess;
    //（2.5.3）初始化 osRtxInfo 的 post_process 中消息 ISR 后处理函数指针指向的函数地址
osRtxInfo.post_process.message = osRtxMessageQueuePostProcess;
    //（2.5.4）初始化 osRtxInfo 的 post_process 中信号量 ISR 后处理函数指针指向的函数地址
osRtxInfo.post_process.semaphore = osRtxSemaphorePostProcess;
    //（2.5.5）初始化 osRtxInfo 的 post_process 中线程 ISR 后处理函数指针指向的函数地址
osRtxInfo.post_process.thread = osRtxThreadPostProcess;
```

3）更新内核状态

将 osRtxInfo.kernel.state 设置为 osRtxKernelReady（就绪态，1），也就是说通过初始化，内核的状态从 osRtxKernelInactive（不活跃态，0）转化成 osRtxKernelReady，此时 Mbed OS 内核虽然初始化已完成，但是未启动。

```
    //（3）【更新 Mbed OS 内核状态为就绪态】
    osRtxInfo.kernel.state = osRtxKernelReady;
```

4．svcRtxKernelInitialize 完整代码注释

```
//=============================================================================
//函数名称：svcRtxKernelInitialize
//函数返回：osOK 表示内核初始化成功；osError 表示内核初始化失败
//参数说明：无
```

```c
//功能概要：初始化操作系统运行信息结构体数据、切换内核状态为就绪
//================================================================
static osStatus_t svcRtxKernelInitialize (void)
{
    // (1) 判断当前内核状态，内核就绪态或终止状态直接返回
    // (1.1) 若内核处于就绪态，返回成功（防错用）
    if (osRtxInfo.kernel.state == osRtxKernelReady)
    {
        EvrRtxKernelInitialized();              //本工程该函数内容为空，见注①
        return osOK;
    }
    // (1.2) 若内核处于终止态，返回失败（防错用）
    if (osRtxInfo.kernel.state != osRtxKernelInactive)
    {
        EvrRtxKernelError((int32_t)osError);    //本工程该函数无功能操作，见注②
        return osError;
    }
    #if (DOMAIN_NS == 1)                        //这里 DOMAIN_NS 值为 0，故该段无功能操作
        // Initialize Secure Process Stack
        //初始化安全过程堆栈
        if (TZ_InitContextSystem_S() == 0U)
        {
            EvrRtxKernelError(osRtxErrorTZ_InitContext_S);
            return osError;
        }
    #endif
    // (2) 初始化 OS 运行时信息 osRtxInfo，即操作系统运行时信息结构体数据
    //     osRtxInfo，初始值来自操作系统配置信息 osRtxConfig
    //清空 osRtxInfo.kernel，见注④
    memset(&osRtxInfo.kernel, 0, sizeof(osRtxInfo) - offsetof(osRtxInfo_t, kernel));
    // (2.1) 初始化 osRtxInfo 的中断队列（包括队列数据和最大容量）
    osRtxInfo.isr_queue.data = osRtxConfig.isr_queue.data;
    osRtxInfo.isr_queue.max  = osRtxConfig.isr_queue.max;
    // (2.2) 初始化 osRtxInfo 的轮询调度时间片（5ms）
    osRtxInfo.thread.robin.timeout = osRtxConfig.robin_timeout;
    // (2.3) 初始化 osRtxInfo 的 mem（可变块）内存池（见注⑤）
    // (2.3.1) 初始化 mem（可变块）公用内存池（由 osRtxConfig 指定 common_size）成功
    if (osRtxMemoryInit(osRtxConfig.mem.common_addr, osRtxConfig.mem.common_size) != 0U)
    {
        //osRtxInfo 的 mem（可变块）公用内存指向初始化得到的公用内存区域
        osRtxInfo.mem.common = osRtxConfig.mem.common_addr;
    }
    // (2.3.2) 初始化 mem（可变块）堆栈内存（由 osRtxConfig 指定 stack_size）
    if (osRtxMemoryInit(osRtxConfig.mem.stack_addr, osRtxConfig.mem.stack_size) != 0U)
    {
        //若成功，osRtxInfo 的 mem（可变块）堆栈内存指向初始化得到的堆栈内存区域
        osRtxInfo.mem.stack = osRtxConfig.mem.stack_addr;
```

```c
    }
    else
    {
        //若失败，osRtxInfo 的 mem（可变块）堆栈内存指向公用内存
        osRtxInfo.mem.stack = osRtxInfo.mem.common;
    }
    //（2.3.3）初始化 mem（可变块）内存池（由 osRtxConfig 指定 mp_data_size）
    if (osRtxMemoryInit(osRtxConfig.mem.mp_data_addr, osRtxConfig.mem.mp_data_size) != 0U)
    {
        //若成功，osRtxInfo 的 mem（可变块）内存池数据内存指向初始化得到的内存区域
        osRtxInfo.mem.mp_data = osRtxConfig.mem.mp_data_addr;
    }
    else
    {
        //若失败，osRtxInfo 的 mem（可变块）内存池数据内存指向公用内存
        osRtxInfo.mem.mp_data = osRtxInfo.mem.common;
    }
    //（2.3.4）初始化 mem（可变块）消息队列数据内存（由 osRtxConfig 指定 mq_data_size）
    if (osRtxMemoryInit(osRtxConfig.mem.mq_data_addr, osRtxConfig.mem.mq_data_size) != 0U)
        {
            //若成功，osRtxInfo 的的 mem（可变块）消息队列数据内存指向初始化得到的内存
            osRtxInfo.mem.mq_data = osRtxConfig.mem.mq_data_addr;
        }
        else
        {
            //若失败，osRtxInfo 的 mem（可变块）消息队列数据内存指向公用内存
            osRtxInfo.mem.mq_data = osRtxInfo.mem.common;
        }
//（2.4）初始化 osRtxInfo 的 mpi（不可变块）内存池（见注⑥）
// 初始化函数 osRtxMemoryPoolInit 见注⑧
//（2.4.1）判断 osRtxConfig 中 mpi 线程堆栈不为空，且初始化 mpi 线程堆栈成功
if (osRtxConfig.mpi.stack != NULL)
{
    (void)osRtxMemoryPoolInit(osRtxConfig.mpi.stack,
                              osRtxConfig.mpi.stack->max_blocks,
                              osRtxConfig.mpi.stack->block_size,
                              osRtxConfig.mpi.stack->block_base);
    //osRtxInfo 的的 mpi（不可变块）线程堆栈指向初始化得到的内存区域
    osRtxInfo.mpi.stack = osRtxConfig.mpi.stack;
}
//（2.4.2）判断 osRtxConfig 中 mpi 线程控制块不为空，且初始化 mpi 线程控制块成功
if (osRtxConfig.mpi.thread != NULL)
{
    (void)osRtxMemoryPoolInit(osRtxConfig.mpi.thread,
                              osRtxConfig.mpi.thread->max_blocks,
                              osRtxConfig.mpi.thread->block_size,
                              osRtxConfig.mpi.thread->block_base);
```

```
        //osRtxInfo 的的 mpi（不可变块）线程控制块指向初始化得到的内存区域
        osRtxInfo.mpi.thread = osRtxConfig.mpi.thread;
    }
    //（2.4.3）判断 osRtxConfig 中 mpi 定时器控制块不为空，且初始化定时器控制块成功
    if (osRtxConfig.mpi.timer != NULL)
    {
        (void)osRtxMemoryPoolInit(osRtxConfig.mpi.timer,
                                  osRtxConfig.mpi.timer->max_blocks,
                                  osRtxConfig.mpi.timer->block_size,
                                  osRtxConfig.mpi.timer->block_base);
        //osRtxInfo 的的 mpi（不可变块）定时器控制块指向初始化得到的内存区域
        osRtxInfo.mpi.timer = osRtxConfig.mpi.timer;
    }
    //（2.4.4）判断 osRtxConfig 中 mpi 事件标志控制块不为空，且初始化事件标志控制块成功
    if (osRtxConfig.mpi.event_flags != NULL)
    {
        (void)osRtxMemoryPoolInit(osRtxConfig.mpi.event_flags,
                                  osRtxConfig.mpi.event_flags->max_blocks,
                                  osRtxConfig.mpi.event_flags->block_size,
                                  osRtxConfig.mpi.event_flags->block_base);
        //osRtxInfo 的的 mpi（不可变块）事件标志控制块指向初始化得到的内存区域
        osRtxInfo.mpi.event_flags = osRtxConfig.mpi.event_flags;
    }
    //（2.4.5）判断 osRtxConfig 中 mpi 互斥量控制块不为空，且初始化互斥量控制块成功
    if (osRtxConfig.mpi.mutex != NULL)
    {
        (void)osRtxMemoryPoolInit(osRtxConfig.mpi.mutex,
                                  osRtxConfig.mpi.mutex->max_blocks,
                                  osRtxConfig.mpi.mutex->block_size,
                            osRtxConfig.mpi.mutex->block_base);
        //osRtxInfo 的的 mpi（不可变块）互斥量控制块指向初始化得到的内存区域
        osRtxInfo.mpi.mutex = osRtxConfig.mpi.mutex;
    }
    //（2.4.6）判断 osRtxConfig 中 mpi 信号量控制块不为空，且初始化信号量控制块成功
    if (osRtxConfig.mpi.semaphore != NULL)
    {
        (void)osRtxMemoryPoolInit(osRtxConfig.mpi.semaphore,
                                  osRtxConfig.mpi.semaphore->max_blocks,
                                  osRtxConfig.mpi.semaphore->block_size,
                                  osRtxConfig.mpi.semaphore->block_base);
        //osRtxInfo 的的 mpi（不可变块）信号量控制块指向初始化得到的内存区域
        osRtxInfo.mpi.semaphore = osRtxConfig.mpi.semaphore;
    }
    //（2.4.7）判断 osRtxConfig 中 mpi 内存池控制块不为空，且初始化内存池控制块成功
    if (osRtxConfig.mpi.memory_pool != NULL)
    {
        (void)osRtxMemoryPoolInit(osRtxConfig.mpi.memory_pool,
```

```
                                osRtxConfig.mpi.memory_pool->max_blocks,
                                osRtxConfig.mpi.memory_pool->block_size,
                                osRtxConfig.mpi.memory_pool->block_base);
        //osRtxInfo 的的 mpi（不可变块）内存池控制块指向初始化得到的内存区域
        osRtxInfo.mpi.memory_pool = osRtxConfig.mpi.memory_pool;
    }
    // (2.4.8)判断 osRtxConfig 中 mpi 消息队列控制块不为空，且初始化消息队列控制块成功
    if (osRtxConfig.mpi.message_queue != NULL)
    {
        (void)osRtxMemoryPoolInit(osRtxConfig.mpi.message_queue,
                                osRtxConfig.mpi.message_queue->max_blocks,
                                osRtxConfig.mpi.message_queue->block_size,
                                osRtxConfig.mpi.message_queue->block_base);
        //osRtxInfo 的的 mpi（不可变块）消息队列控制块指向初始化得到的内存区域
        osRtxInfo.mpi.message_queue = osRtxConfig.mpi.message_queue;
    }
    // (2.5) 初始化 osRtxInfo 的 post_process（ISR 后处理功能）（见注⑦）
    // (2.5.1) 初始化 osRtxInfo 的 post_process 中事件标志 ISR 后处理函数指针指向的函数地址
    osRtxInfo.post_process.event_flags = osRtxEventFlagsPostProcess;
    // (2.5.2) 初始化 osRtxInfo 的 post_process 中内存池 ISR 后处理函数指针指向的函数地址
    osRtxInfo.post_process.memory_pool = osRtxMemoryPoolPostProcess;
    // (2.5.3) 初始化 osRtxInfo 的 post_process 中消息 ISR 后处理函数指针指向的函数地址
    osRtxInfo.post_process.message = osRtxMessageQueuePostProcess;
    // (2.5.4) 初始化 osRtxInfo 的 post_process 中信号量 ISR 后处理函数指针指向的函数地址
    osRtxInfo.post_process.semaphore = osRtxSemaphorePostProcess;
    // (2.5.5) 初始化 osRtxInfo 的 post_process 中线程 ISR 后处理函数指针指向的函数地址
    osRtxInfo.post_process.thread = osRtxThreadPostProcess;
    // (3) 更新 Mbed OS 内核状态，更新 Mbed OS 内核状态变量为就绪态
    osRtxInfo.kernel.state = osRtxKernelReady;
    // (4) 因 RTE_Compiler_EventRecorder 未定义，本程序内容为空，见注①
    EvrRtxKernelInitialized();
    return osOK;
}
/*
```
注①：svcRtxKernelInitialize 中多次调用的 EvrRtxKernelInitialized()，其功能如下：在定义了 RTE_Compiler_EventRecorder 的情况下，执行 EventRecord2，应该是事件记录操作。由于本工程未曾定义 RTE_Compiler_EventRecorder，该函数内容为空，实际未做操作。

注②：svcRtxKernelInitialize 中多次调用的 EvrRtxKernelError，其功能如下：在定义了 RTE_Compiler_EventRecorder 的情况下，执行 EventRecord2，应该是事件记录操作。由于本工程中未曾定义 RTE_Compiler_EventRecorder，本函数仅对未使用变量进行处理（将传入参数强制转为 viod 类型），防止报错。

注③：svcRtxKernelInitialize 中多次调用的 osRtxMemoryInit(void mem, uint32_t size)，其功能为初始化参数指定大小的内存池（可变块）。参数：mem 是指向内存池的指针，size 是内存池的大小（以字节为单位）。返　回　值：1 表示成功，0 表示失败

注④：osRtxInfo.kernel 是定义于 osRtxInfo 中的一个结构体，可以看出，这个结构体可用于记录内核运行的状态信息，在执行了 memset 语句之后，会将这个结构体段清空

注⑤：在本函数中这些内存块成员以及其大小信息将用于初始化内存函数，当初始化成功后，osRtxConfig.

mem 中的内存块地址成员将指向初始化完成后的内存区，然后将 osRtxInfo.mem 对应成员再指向 osRtxConfig.mem 中的内存块地址成员，便完成了 osRtxInfo.mem（OS 运行时信息中的可变块内存）的初始化

注⑥：本函数中，判断 osRtxConfig 系统配置信息给出的相关内存控制块不为空，并且以给定的控制块信息初始化内存成功，则将 osRtxInfo 系统运行时信息的对应项指向初始化得到的控制块，从而完成 osRtxInfo 系统运行时信息的 mpi（固定块内存池）的初始化

注⑦：osRtxInfo.post_process 是定义于 osRtxInfo 中的一个结构体，可以看出，这个结构体可用于记录线程、事件标志、信号量、内存池、消息在 ISR 后处理函数指向地址的的相关信息。原本 post_process 结构体在执行完 __libc_init_array 函数后已经赋初值，由于启动流程的改变，OS 在 main 函数之后启动，因此在内存初始化的过程中，相应初值被冲掉变为 NULL。这里重新给 osRtxInfo 中的 post_process 结构体数据赋初值

注⑧：svcRtxKernelInitialize 中多次调用的 osRtxMemoryPoolInit（os_mp_info_t mp_info、uint32_t block_count、uint32_t block_size, void block_mem），其功能如下：初始化内存池。参数说明：mp_info 指内存池信息，block_count 指内存池中的最大内存块数，block_size 指内存块大小（以字节为单位），block_mem 指向内存块的指针存储。返回值：1 表示成功，0 表示失败

*/

8.3.4 返回流程

1. 内核初始化函数调用后 SVC 中断服务程序的执行流程

内核初始化函数调用后 SVC 中断服务程序主要完成恢复调用前的堆栈指针、函数调用后的返回值入栈、判断是否进行上下文切换、退出 SVC 中断等工作。内核实际初始化函数调用后 SVC 中断处理程序的执行流程如图 8-5 所示。

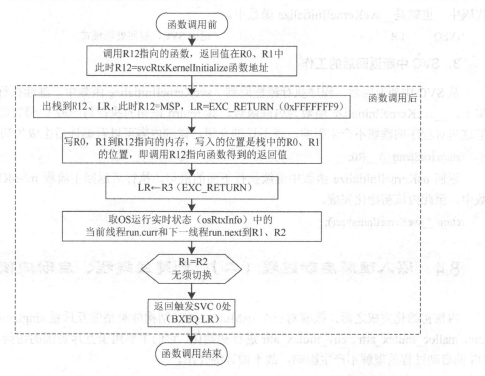

图 8-5　内核实际初始化函数调用后 SVC 中断处理程序的执行流程

2. 调用 svcRtxKernelInitialize 函数返回后功能解析

1）将返回值出栈

先将调用 svcRtxKernelInitialize 函数前压栈保存的 MSP 和 EXC_RETURN[①]出栈到 R12、LR 中，将 R0~R1 存入 R12 所指向的栈空间中。

POP	{R12,LR}	//R12←MSP;LR←EXC_RETURN
STM	R12,{R0-R1}	//存储函数返回值 R0~R1 到 MSP 堆栈中

2）判断是否进行上下文切换

取 OS 实时状态 osRtxInfo 中的线程运行信息 thread.run.curr 的地址到 R3，以 R3 为地址，取两个字到 R1、R2，即 R1=thread.run.curr，R2=thread.run.next，由于系统尚未启动，所以 R1=0，R2=0，不会进行上下文切换与线程切换，退出 SVC。

SVC_Context:		
LDR	R3,=osRtxInfo+I_T_RUN_OFS	//R3←当前运行线程存放的地址
LDM	R3,{R1,R2}	//R1←当前运行线程；R2←下一个线程
CMP	R1,R2	//判断是否需要线程切换
IT	EQ	//判断 EQ 符合条件则执行 BXEQ 语句
BXEQ	LR	//R1=R2，则返回触发 SVC 0 处

3）退出 SVC 中断

使用 BXEQ 指令跳转到 LR，触发中断返回机制，此时 EXC_RETURN 是进入 SVC 中断时生成的，其值为 0xFFFFFFF9，表示返回处理模式、使用 MSP 栈指针，由于触发 SVC 中断时的栈指针为 MSP，所以中断返回时出栈的内容与压栈的内容一致，即返回触发 SVC 中断的代码中，也就是__svcKernelInitialize 函数中。

BXEQ	LR	//退出 SVC，返回处理模式

3. SVC 中断返回后的工作

从 SVC 中断返回后，程序执行流程回到__svcKernelInitialize 函数中，继续执行语句。事实上，__svcKernelInitialize 函数为内联函数，其 return 语句的执行与一般 C 语言函数不同，但这里对程序的理解不产生影响，就不详细介绍，详细内容可以看编译后生成的列表文件。

```
return (osStatus_t) __R0;
```

返回 osKernelInitialize 函数中继续执行下面的语句，执行后返回主流程 mbedOS_start 函数中，至此内核初始化完成。

```
return __svcKernelInitialize();
```

8.4 深入理解启动过程（二）：创建主线程、启动内核

内核初始化完成之后，接着对三个 osMutexAttr_t 结构体类型的互斥量 singleton_mutex_attr、malloc_mutex_attr、env_mutex_attr 进行初始化，它们主要用于互斥资源的访问，对 Mbed OS 的启动过程的理解不产生影响，故不做详细介绍。

[①] EXC_RETURN 将在 8.5.3 节详细介绍。

8.4.1 创建主线程

在内核启动之前,需要创建一个自启动线程,以便内核启动后执行它,由它创建其他用户线程,可以把这个自启动线程称为主线程(thd_main),下面分析如何创建这个主线程。

创建线程过程主要由变量定义、三个函数与一个中断服务程序构成,这三个函数分别是创建线程函数 osThreadNew、SVC 触发封装函数 __svcThreadNew、实际创建线程函数 svcRtxThreadNew,中断服务程序 SVC_Handler 是通过 SVC 触发运行的。

上述函数的调用顺序为 osThreadNew→__svcThreadNew→触发 SVC 中断服务程序 SVC_Handler→svcRtxThreadNew。

下面将按照程序执行的顺序进行分析。

1. 创建主线程准备工作

1)线程控制块

内核中使用线程控制块指针来表示一个线程,线程控制块是一个结构体,其属性如表 8-2 所示。创建主线程首先要给线程控制块分配空间,在函数 mbedOS_start(可查看"..\mbedOS_start.cpp"文件)中用以下语句定义了主线程的线程控制块变量。

mbed_rtos_storage_thread_t main_obj;

2)线程的栈空间

每个线程都需要有自己的栈空间,通过前面对内核初始化过程的分析可知,OS 实时状态 osRtxInfo 中记录的内存空间指针皆为空,所以线程的栈空间不能通过系统内存申请得到,只能在创建线程之前分配,在函数 mbedOS_start 中用以下语句定义主线程的栈空间。

__attribute__((aligned(16))) char main_stack[512];

注意:在 AAPCS[①] ARM 系统中要求栈空间的地址是双字对齐的,又由于栈指针的初值为 0x2000FFFF,故在上面的语句中使用 __attribute__((aligned(16)))使编译器在分配空间时双字对齐。

3)线程属性结构体

线程控制块中的属性众多,创建线程时,为将众多的属性传递给线程创建函数,定义了一个线程属性结构体,在函数 mbedOS_start 中用以下语句定义了主线程的线程属性结构体。

osThreadAttr_t main_attr;

4)线程属性结构体初始化

在线程控制块中重要的属性有线程的栈空间指针 stack_mem、栈空间大小 stack_size、线程优先级 priority 等,在函数 mbedOS_start 中用以下语句为这些属性赋初值。

main_attr.stack_mem = main_stack;
main_attr.stack_size = sizeof(main_stack);
main_attr.cb_size = sizeof(main_obj);
main_attr.cb_mem = &main_obj;

---

① AAPCS 于 2007 年由 ARM 公司正式推出,规定了一些子程序间调用的基本规则,这些规则包括子程序调用过程中寄存器的使用规则、数据栈的使用规则、参数的传递规则。有了这些规则之后,单独编译的 C 语言程序就可以和汇编程序相互调用。

```
main_attr.priority = osPriorityNormal;    //主线程优先级为 24
main_attr.name = "main_thread";           //主线程名称
```

5）调用创建线程函数

调用 osThreadNew 函数创建主线程，其三个参数的含义分别为线程函数指针、线程参数和线程属性结构体，它们的值分别为线程函数指针 func=app_init，线程参数 argument=NULL，attr = &main_attr。

```
thd = osThreadNew((osThreadFunc_t)func, NULL, &main_attr);
```

2. 创建线程函数

函数 osThreadNew 的功能是判断是否处于中断服务程序中或关中断，若是则返回 NULL，否则调用函数 __svcThreadNew(func, argument, attr)进行创建线程，其三个参数的含义分别为线程函数名、线程函数参数指针、线程属性指针，它们的值分别为 func=app_init，argument=NULL，attr = &main_attr。

源代码可在 "...\TARGET_CORTEX\rtx5\RTX\Source\rtx_thread.c" 文件中查看。

```
//============================================================
//函数名称：osThreadNew（创建一个新线程控制块）
//函数返回：线程 ID
//参数说明：func—线程函数名
//         argument—线程函数参数指针
//         attr—线程属性指针
//功能概要：新建主线程 main_thread，其对应的线程函数为 app_init，并启动 Mbed OS 内核
//============================================================
osThreadId_t osThreadNew (osThreadFunc_t func, void *argument, const osThreadAttr_t *attr)
{
    osThreadId_t thread_id;
    EvrRtxThreadNew(func, argument, attr);
    //（1）线程的创建不能在中断模式下进行
    if (IsIrqMode() || IsIrqMasked())
    {
        EvrRtxThreadError(NULL, (int32_t)osErrorISR);
        thread_id = NULL;
    }
    //（2）调用 SVC 服务实现线程的创建
    else
    {
        thread_id = __svcThreadNew(func, argument, attr);
    }
    return thread_id;
}
```

其函数倒数第二句为调用 SVC 触发封装函数 __svcThreadNew 实现线程的创建。

```
thread_id = __svcThreadNew(func, argument, attr);
```

3. SVC 触发封装函数 __svcThreadNew

__svcThreadNew 函数是一个宏定义函数，展开后是 C 语言与汇编语言混合编程代码。其

功能是为触发 SVC 中断服务程序做前期准备工作，主要工作内容如下。

（1）将参数从栈中读出放入 R0～R2 寄存器中。

（2）将要执行的实际初始化函数指针放入 R12 寄存器中，即将 svcRtxThreadNew 函数的地址给 r12。

（3）触发 SVC 中断。

__svcThreadNew 函数与 __svcKernelInitialize 函数的功能基本相似，下面对其进行简单分析。

1）SVC0_3 宏展开

__svcThreadNew 宏定义如下：

SVC0_3 (ThreadNew, osThreadId_t, osThreadFunc_t, void *, const osThreadAttr_t *)

进行宏展开后为：

```
#define SVC0_3(f,t,t1,t2,t3)
__attribute__((always_inline))
__STATIC_INLINE t __svc##f (t1 a1, t2 a2, t3 a3) {
    SVC_ArgR(0,a1);
    SVC_ArgR(1,a2);
    SVC_ArgR(2,a3);
    SVC_ArgF(svcRtx##f);
    SVC_Call0(SVC_In3, SVC_Out1, SVC_CL0);
    return (t) __R0;
}
```

其中，SVC_ArgR、 SVC_ArgF、 SVC_Call0 也为宏定义函数，继续展开后的代码如下：

```
__attribute__((always_inline))
static inline osThreadId_t  __svcThreadNew (osThreadFunc_t a1, void * a2, const osThreadAttr_t * a3)
{
    register uint32_t __R0  __asm("r""0") = (uint32_t)a1;
    register uint32_t __R1  __asm("r""1") = (uint32_t)a2;
    register uint32_t __R2  __asm("r""2") = (uint32_t)a3;
    register uint32_t __Rf  __asm(SVC_RegF) = (uint32_t)svcRtxThreadNew;
    __asm volatile ("svc 0" : "=r"(__R0) : "r"(__rf),"r"(__R0),"r"(__R1),"r"(__R2) : );
    return (osThreadId_t) __R0;
}
```

2）__svcThreadNew 功能简单分析

宏定义函数的功能主要是调用 SVC 服务实现线程的创建，其汇编语言代码可以从 .lst 文件中查看。

（1）进入 osThreadNew 函数时，将存放在 R0、R1、R2 中的参数(osThreadFunc_t func、void *argument、const osThreadAttr_t *attr)保存在 R6、R5、R4 中，调用 __svcThreadNew()前，从 r4～r6 中恢复 3 个参数并存入 R2～R0 中，此时 R0～R2 分别是 func、argument 与 attr。

```
osThreadId_t osThreadNew (osThreadFunc_t func, void *argument, const osThreadAttr_t *attr) {
800fa5c: b570        push {R4, R5, R6, LR}  //进栈被调用者保护寄存器
800fa5e: 4606        mov R6, R0             //将参数存在 R4～R6 中，为调用 __svcThreadNew()做准备
800fa60: 460d        mov R5, R1
```

203

```
800fa62: 4614        mov R4, R2
……                                        //省略的代码中使用到 R0～R3
__svcThreadNew():
SVC0_3 (ThreadNew, osThreadId_t, osThreadFunc_t, void *, const osThreadAttr_t *)
800fa82: 4630        mov R0, R6
800fa84: 4629        mov R1, R5
800fa86: 4622        mov R2, R4             //恢复三个参数并存入 R0～R2 中
```

（2）设置 R12 指向 svcRtxThreadNew，在[pc,#20]中存放的是 svcRtxThreadNew 函数地址。

```
800fa88: f8df c014   ldr.w ip, [pc, #20];   //(800faa0 <osThreadNew+0x44>)
```

（3）使用 SVC 0 指令触发 SVC 中断。

```
800fa8c: df00        svc 0
```

3）__svcThreadNew 最终的汇编代码

```
__svcThreadNew():
SVC0_3 (ThreadNew, osThreadId_t, osThreadFunc_t, void *, const osThreadAttr_t *)
800fa82: 4630        mov R0, R6
800fa84: 4629        mov R1, R5
800fa86: 4622        mov R2, R4             //从栈中取出三个参数并存入 R0～R2 中
800fa88: f8df c014   ldr.w ip, [pc, #20];   //(800faa0 <osThreadNew+0x44>)
800fa8c: df00        svc 0                  //触发 SVC 异常服务，即调用 SVC_Handler
800fa8e: bd70        pop {R4, R5, R6, pc}
800fa90: f06f 0105   mvn.w R1, #5
800fa94: 2000        movs R0, #0
800fa96: f000 fa4a   bl 800ff2e
800fa9a: 2000        movs R0, #0
800fa9c: e7f7        b.n 800fa8e <osThreadNew+0x32>
800fa9e: bf00        nop
800faa0: 0800f635    .word 0x0800f635
```

注意：不同的汇编器，甚至不同版本的汇编器在编译后得到的汇编代码都可能不同，以上汇编代码是使用金葫芦集成编译环境得到的汇编代码，使用的编译器为 arm-none-eabi-gcc 版本的 gcc version 7.2.1 20170904 (release) [ARM/embedded-7-branch revision 255204] (GNU Tools for ARM Embedded Processors 7-2017-q4-major)。以下是在 STM32CubeIDE 集成开发环境 Version: 1.0.0 下得到的汇编代码。通过对代码进行分析，其实现的功能是一样的，在后面的章节中不再列出比较。

4. 进入 SVC 中断服务程序

在 SVC 中断服务程序 SVC_Handler 中的执行流程，除 R12 寄存器指向创建新线程的实际执行函数 svcRtxThreadNew 外，其他与内核初始化过程完全相同，其过程如下：

（1）判断 SVC 的调用号是否为 0，此时为 0。
（2）参数从栈中取出，存入 R0～R2 中。
（3）调用 R12 寄存器指向的函数，即创建新线程的实际执行函数 svcRtxThreadNew。
（4）调用结束，将返回值存入栈中。
（5）判断是否需要上下文与线程切换，此时不需要切换。

（6）SVC 中断返回，返回触发 SVC 中断的__svcThreadNew 函数中。

5. 创建新线程的实际执行函数 svcRtxThreadNew

1）svcRtxThreadNew 函数概述

svcRtxThreadNew 函数的任务是根据参数 func（线程函数）、argument（线程函数参数指针）和 attr（线程属性指针）创建一个新的线程，主要功能如下。

（1）检测参数 func（线程函数）的合法性，若 func 为空则返回 NULL，意味着创建线程失败。

（2）如果线程属性 attr 合法，就先将传入的值赋给 attr 变量指向的线程控制块地址及大小、线程栈空间地址及大小、优先级等，并进一步判断这些值的合理性。

（3）如果线程属性 attr 不合法，就将线程控制块指针、栈空间指针、它们的大小、优先级等初始化为缺省值，指针为 NULL，大小为 0，优先级为 osPriorityNormal（值为 24）。

（4）判断堆栈空间大小值是否合理，若不合理则返回 NULL。

（5）处理线程控制块内存分配问题：检测线程控制块指针，并根据内存来源设置内存使用标志 flags。如果线程控制块指针为 NULL，就尝试从当前操作系统的内存池中申请分配空间，依次为 osRtxInfo.mpi.thread、osRtxInfo.mem.common，若申请不成功，则返回 NULL。

（6）处理堆栈空间分配问题：检测栈空间指针，并根据内存来源设置内存使用标志 flags。如果栈空间指针为 NULL，就尝试从当前操作系统的内存池中申请分配空间，依次为 osRtxInfo.mpi.stack、osRtxInfo.mem.stack，若申请不成功，则返回 NULL。

（7）至此，线程有关属性已经准备好，给传入的线程控制块（attr->cb_mem）赋值。

（8）初始化线程栈，给 R0~R12、SP、LR、PC、xPSR 赋值

（9）为 OS 实时状态 osRtxInfo 中的线程提交函数指针赋值。

（10）进行一次线程调度，根据当前内核状态及线程优先级[①]将线程设为就绪态或运行态，如果设置为就绪态，就将线程放入就绪列表中；如果设置为运行态，就将线程放入 OS 实时状态 osRtxInfo 中的线程运行信息结构中，等待线程切换。

（11）创建完成后将线程控制块地址返回给用户。

2）创建主线程时 svcRtxThreadNew 函数执行流程

创建主线程时，svcRtxThreadNew 函数的执行流程如图 8-6 所示。

3）创建主线程时 svcRtxThreadNew 函数代码分段解析

（1）在调用 osThreadNew 函数创建主线程时，传入的主要参数情况是，func=app_init、attr=main_attr，其中线程控制块与栈空间均已经赋值，详见 8.4.2 节的创建主线程准备工作。

（2）由内核初始化的过程可知，根据 osRtxConfig 的设置，所有的系统内存池皆为空，即试图申请内存的过程均会失败，详见 8.3 节。

（3）此时内核状态为 osRtxKernelReady，所以主线程已被放入系统的线程就绪列表的最前端，即主线程是目前优先级最高的线程。

下面将对创建主线程时 svcRtxThreadNew 函数代码进行分段解析，其源代码可查"看...\TARGET_CORTEX\rtx5\RTX\Source\rtx_thread.c"文件，对于本次没有执行到的流程，

---

① Mbed OS 共有 53 种优先级，数值分别为-1~1、8~56、0x7FFFFFFF。数值越大，优先级越高。

可以参考完整代码注释。

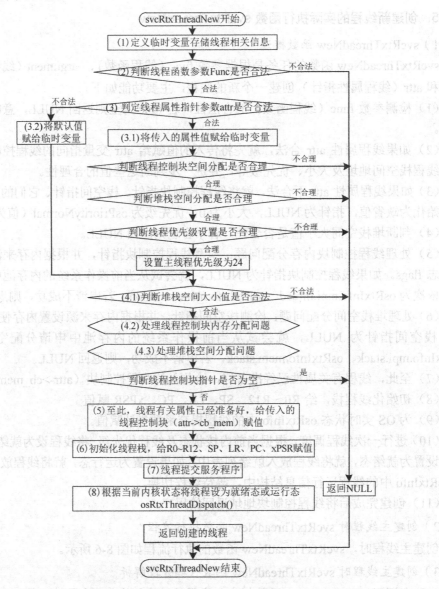

图 8-6 svcRtxThreadNew 函数的执行流程

（1）定义临时变量存储线程相关信息。

```
// (1) 定义临时变量存储线程相关信息
os_thread_t    *thread;          //线程控制块指针
uint32_t       attr_bits;        //线程属性位
void           *stack_mem;       //线程堆栈空间指针
uint32_t       stack_size;       //线程堆栈大小
osPriority_t   priority;         //线程优先级
uint8_t        flags;            //线程标志位
const char     *name;            //线程名称
uint32_t       *ptr;             //线程堆栈指针
```

```
uint32_t      n;                    //循环变量
```

（2）在函数 svcRtxThreadNew 中先检测 fun 是否为空（NULL），此时不为空。

```
//（2）判定传入参数 func（线程函数）合法性，若不合法直接返回
if (func == NULL)
{
    EvrRtxThreadError(NULL, (int32_t)osErrorParameter);
    return NULL;
}
```

（3）判断 attr 是否为空。此时 attr 已经通过参数传入，不为空，所以读取其中的值，赋给局部变量 name、attr_bits、thread、stack_mem、stack_size、priority。

判断 thread（线程控制块）是否为空。此时不为空，继续检测线程控制块是否字对齐，设置的线程控制块大小是否小于线程控制块结构体大小，线程栈空间是否双字对齐，检测优先级（priority）是否为合法值。以上检测均符合要求。

```
//（3）初步判定传入参数 attr（线程属性指针）合法性，若不合法赋默认值
if (attr != NULL)            //（3.1）合法，传入的属性赋给临时变量
{
    name       = attr->name;
    attr_bits  = attr->attr_bits;
    thread     = attr->cb_mem;
    stack_mem  = attr->stack_mem;
    stack_size = attr->stack_size;
    priority   = attr->priority;
    if (thread != NULL)                        //判定线程控制块
    {   //判断线程控制块空间分配是否合理
        if ((((uint32_t)thread & 3U) != 0U) || (attr->cb_size < sizeof(os_thread_t)))
        {
            EvrRtxThreadError(NULL, osRtxErrorInvalidControlBlock);
            return NULL;
        }
    }
    else
    {  …… }
    if (stack_mem != NULL)              //判定堆栈空间
    {   //判断堆栈空间分配是否合理
        if ((((uint32_t)stack_mem & 7U) != 0U) || (stack_size == 0U))
        {
            EvrRtxThreadError(NULL, osRtxErrorInvalidThreadStack);
            return NULL;
        }
    }
    if (priority == osPriorityNone)     //判定线程的优先级
    {
        priority = osPriorityNormal;    //设置主线程的优先级为 24
    }
    else
```

```
            {
                if ((priority < osPriorityIdle) || (priority > osPriorityISR))
                {
                    EvrRtxThreadError(NULL, osRtxErrorInvalidPriority);
                    return NULL;
                }
            }
```

（4）检测线程栈空间大小变量的合法性，不合法则返回 NULL，此时创建主线程使用的栈空间变量定义为__attribute__((aligned(8))) char main_stack[512]，大小为 512 字节，符合要求。

```
//（4）进一步判定堆栈空间大小变量的合法性、线程控制块、堆栈空间
//（4.1）判断堆栈空间大小值是否合法
if ((stack_size != 0U) && ((stack_size & 7U) || (stack_size < (64U + 8U))))
{
    EvrRtxThreadError(NULL, osRtxErrorInvalidThreadStack);
    return NULL;
}
```

（5）检测 thread（线程控制块指针）是否为 NULL，此时 thread 不为空，则设置内存使用标志 flags=0，表示自带内存空间、非系统分配。

```
//（4.2）处理线程控制块内存分配问题
if (thread == NULL)
{ ...... }
```

（6）检测 stack_mem（栈空间指针），此时不为空，则设置内存使用标志 flags=2。

```
//（4.3）处理堆栈空间分配问题
if ((thread != NULL) && (stack_mem == NULL))
{ ...... }
```

（7）线程控制块的初始化工作，给线程控制块的每个字段赋初值。

```
thread->id              = osRtxIdThread;
thread->state           = osRtxThreadReady;
……
thread->sp              = (uint32_t)stack_mem + stack_size - 64U;
thread->thread_addr     = (uint32_t)func;
```

主线程控制块信息表如表 8-6 所示。

表 8-6 主线程控制块信息表

成员名	含义	一般取值	初始值
id	对象标识符	0x00U～0x08U	0x01U（线程）
state	线程状态	线程状态：-1 表示错误；0 表示非活动态；1 表示就绪态；2 表示运行态；3 表示阻塞态；4 表示终止态。	1（就绪态）
flags	线程内存分配标志	0, 1, 2, 16	2
attr	线程属性	(uint8_t)attr_bits;	0
name	线程名	创建时赋予的线程名	main_thread

续表

成员名	含义	一般取值	初始值
thread_next	线程列表下一线程指针	线程列表下一线程下控制块地址	NULL
thread_prev	线程列表前一线程指针	线程列表前一线程指针控制块地址	NULL
delay_next	线程延时等待列表下一线程指针	线程延时等待列表下一线程控制块地址	NULL
delay_prev	线程延时等待列表前一线程指针	线程延时等待列表前一线程控制块地址	NULL
thread_join	连接线程指针	连接线程控制块地址	NULL
delay	线程延时	线程延时时间	0U
priority	线程优先级	线程优先级：1、8～56，标号越高，优先级越高	24
priority_base	线程基准优先级	线程优先级：1、8～56，标号越高，优先级越高	24
stack_frame	栈帧	STACK_FRAME_INIT_VAL	0xFD
flags_options	线程/事件标志选项	0	0
wait_flags	线程/事件等待标志	0	0
thread_flags	线程标志	0	0
mutex_list	线程互斥量列表指针	互斥量地址	NULL
stack_mem	线程堆栈空间指针	堆栈空间基地址	stack_mem
stack_size	线程堆栈大小	指定堆栈大小	512B
sp	线程堆栈当前指针	堆栈基址+堆栈大小-64	stack_mem+ stack_size - 64
thread_addr	线程执行入口地址	线程函数的入口地址	func

（8）线程的栈空间初始化，包括栈边界标志与处理器现场上下文结构。

初始化栈边界标志是在线程栈空间的最低地址上，即在 stack_mem 指向内存的地址中存入一个 32 位无符号数 0xE25A2EA5，占用 1 个字的空间，作为栈的溢出标志。线程切换时，通过检测这个标志来判断栈是否溢出。初始化栈边界标志的语句如下：

```
//（6）初始化线程栈
ptr     = (uint32_t *)stack_mem;                    //临时指针变量 ptr 指向线程栈基址
ptr[0] = osRtxStackMagicWord;                        //防止堆栈溢出（注④）
```

在线程切换时需要进行处理器现场的保存与恢复，也称上下文切换。在使用 ARM 处理器的 MCU 中，线程的上下文指的是 ARM 处理器中的 R0～R12、R14（LR）、R15（PC）、xPSR 共 16 个寄存器。此处的上下文切换就是对这 16 个寄存器的保存与恢复，把这 16 个寄存器分成两组，第 1 组是 R0～R3、R12、LR、PC、xPSR，第 2 组是 R4～R11。Mbed OS 中将线程的切换设置在中断返回的时候（如 SVC 中断返回时），中断触发与返回时处理器硬件会自动对第 1 组寄存器执行压栈与出栈操作，即可认为是对第 1 组寄存器的保存与恢复，但不会对第 2 组寄存器进行操作，所以还需要在中断返回前对第 2 组寄存器进行保存与恢复，根据这个过程就可以得到上下文在栈空间的结构，从低地址到高地址的顺序为 R4～R11、R0～R3、R12、LR（R14）、PC（R15）、xPSR。

在 Mbed OS 中，线程的上下文结构存放在线程栈空间最高地址的 64 字节中，使用线程控制块中的 sp（thread->sp）指向该地址，在上一步中使用以下语句实现：

```
thread->sp =   (uint32_t)stack_mem + stack_size - 64;   //线程栈指针 sp 指在栈空间最高地址-64
```

初始化线程栈空间中的上下文结构是为线程切换做准备的，需要在上下文结构中填入对应的内容，一般 R4～R11、R12 初始化值为 0。如果线程开始执行时有参数传入，那么应存入

R0~R3，LR（R14）中存入线程执行完成后的返回地址，最重要的是 PC（R15），它在中断返回时被加载到处理器的 PC 寄存器中，所以要将需要切换的线程函数指针放在这个位置上，最后是程序状态字 xPSR。

创建主线程时使用以下代码初始化线程栈空间。

```
// （6）【初始化线程栈】用以初始化线程运行时寄存器 R0~R12、SP、LR、PC、xPSR 赋值
  ptr    = (uint32_t *)stack_mem;              //临时指针变量 ptr 指向线程栈基址
  ptr[0] = osRtxStackMagicWord;                //防止堆栈溢出
  if ((osRtxConfig.flags & osRtxConfigStackWatermark) != 0U) //条件不成立
  {
      ......
  }
  ptr = (uint32_t *)thread->sp;                //指向当前线程的堆栈指针
  for (n = 0U; n != 13U; n++)                  //初始化 R0~R12 的初值为 0
  {
        ptr[n] = 0U;                           // R0~R12 的顺序：R4,…,R11,R0,…,R3, R12
  }
  ptr[13] = (uint32_t)osThreadExit;            // 线程 LR 指向 osThreadExit 线程终止函数
  ptr[14] = (uint32_t)func;                    // 线程 PC 指向线程函数
  ptr[15] = xPSR_InitVal((bool_t)((osRtxConfig.flags & osRtxConfigPrivilegedMode) != 0U), (bool_t)(((uint32_t)
func & 1U) != 0U));                            // 配置程序状态寄存器 xPSR
  ptr[8]  = (uint32_t)argument;                //给 R0 赋值
```

图 8-7 所示为 Mbed OS 创建主线程时，栈空间初始化后的状态（可通过 printf 打桩输出相应的值，此处的内存地址值只是用于举例，实际运行时可能会不同），图中每个格子代表一个字，即 4 字节，此时线程栈空间最高地址为 0x2000FF70。"线程控制块中的 SP"表示主线程线程控制块中 SP 指向内存地址 0x2000FF30，为可用栈空间最高地址减去 64。R4~R11、R1~R3、R12 寄存器对应的位置初始化为 0，PC（R15）寄存器对应的位置为线程函数指针 func（即 app_init[①]），LR（R14）对应的位置为 osThreadExit 函数指针，xPSR 的内容为 0x01000000。

	RAM 中的内容	内存地址	对应的寄存器
主线程栈空间起始地址→	0xE25A2EA5	0x2000FD70	
	……	……	
① 线程控制块中的SP→		0x2000FE30	
	0	0x2000FE34	R4
	0	0x2000FE38	R5
	0	0x2000FE3C	R6
	0	0x2000FE40	R7
	0	0x2000FE44	R8
	0	0x2000FE48	R9
	0	0x2000FE4C	R10
	0	0x2000FE50	R11

图 8-7 主线程栈空间初始化后的状态

---

① app_init 函数指针的值实际上为 0x08011ae0，但在 ARM 的 M 系列处理器中加载到 PC 中的地址的第 0 位必须为 1，表示执行的是 thumb 指令，否则会发生异常。在这里写入的虽然是 0x08011ae1，但由于 PC 的第 0 位不可写且固定为 0，所以写入 0x08011ae1 得到的 PC 值为 0x08011ae0。

② 线程切换时 PSP→

Argument=NULL(0)	0x2000FE54	R0
0	0x2000FE58	R1
0	0x2000FE5C	R2
0	0x2000FE60	R3
0	0x2000FE64	R12
osThreadExit=0x0800f3ad(f3ac)	0x2000FE68	LR(R14)
app_init=0x08011ae1/(1ae0)	0x2000FE6C	PC(R15)
0x01000000	0x2000FF70	XPSR

图 8-7　主线程栈空间初始化后的状态（续）

（9）将线程提交服务程序名（即地址）赋给 OS 实时状态 osRtxInfo 中的线程提交函数指针，该程序会在 PendSV 异常中得到处理，主要功能是判断线程状态、获取线程标志及进行线程切换。

```
//（7）线程提交服务程序
osRtxInfo.post_process.thread = osRtxThreadPostProcess;
```

（10）线程调度。通过执行 osRtxThreadDispatch(thread)函数来完成，在函数中根据当前内核的状态、thread 的状态与当前运行线程的优先级来完成不同的调度，创建主线程处于启动阶段，由于操作系统的状态处于 osRtxKernelReady 状态，主线程最终会被放入就绪列表中。

```
//（8）根据当前内核状态将线程设为就绪态或运行态
if (thread != NULL)
{
osRtxThreadDispatch(thread);
}
```

（11）返回新建线程句柄，即主线程控制块的指针。

```
return thread;
```

至此主线程创建完成，并返回线程控制块。接下来，将介绍 svcRtxThreadNew 完整代码注释。

4）svcRtxThreadNew 函数完整代码注释

```
//===========================================================
//函数名称：svcRtxThreadNew
//函数返回：线程 ID
//参数说明：func 表示线程函数；argument 表示线程函数参数指针；attr 表示线程属性指针；
//功能概要：创建新线程，并将其设置为激活态
//===========================================================
static osThreadId_t svcRtxThreadNew (osThreadFunc_t func, void *argument, const osThreadAttr_t *attr)
{ //（1）定义临时变量存储线程相关信息
    os_thread_t    *thread;           //线程控制块指针
    uint32_t       attr_bits;         //线程属性位
    void           *stack_mem;        //线程堆栈空间指针
    uint32_t       stack_size;        //线程堆栈大小
    osPriority_t   priority;          //线程优先级
    uint8_t        flags;             //线程标志位
    const char     *name;             //线程名称
```

```c
    uint32_t    *ptr;                   //线程堆栈指针
    uint32_t    n;                      //循环变量
//（2）判定传入参数 func（线程函数）合法性，若不合法直接返回
    if (func == NULL) {
        EvrRtxThreadError(NULL, (int32_t)osErrorParameter);
        return NULL;
    }
//（3）初步判定传入参数 attr（线程属性指针）合法性，若不合法赋默认值
    if (attr != NULL) {         //（3.1）合法，传入的属性赋给临时变量
        name = attr->name;
        attr_bits = attr->attr_bits;
        thread = attr->cb_mem;
        stack_mem = attr->stack_mem;
        stack_size = attr->stack_size;
        priority = attr->priority;
        if (thread != NULL)         //判定线程控制块
        {
            //判断线程控制块空间分配是否合理（注①）
            if ((((uint32_t)thread & 3U) != 0U) || (attr->cb_size < sizeof(os_thread_t)))
            {
                EvrRtxThreadError(NULL, osRtxErrorInvalidControlBlock);
                return NULL;
            }
        }
        else {
            if (attr->cb_size != 0U) {
                EvrRtxThreadError(NULL, osRtxErrorInvalidControlBlock);
                return NULL;
            }
        }
        if (stack_mem != NULL)          //判定堆栈空间
        {
            //判断堆栈空间分配是否合理，见注②
            if ((((uint32_t)stack_mem & 7U) != 0U) || (stack_size == 0U)) {
                EvrRtxThreadError(NULL, osRtxErrorInvalidThreadStack);
                return NULL;
            }
        }
        if (priority == osPriorityNone)     //判断线程的优先级
        {
            priority = osPriorityNormal;    //设置主线程的优先级为24
        }
        else
        {
            if ((priority < osPriorityIdle) || (priority > osPriorityISR)) {
                EvrRtxThreadError(NULL, osRtxErrorInvalidPriority);
                return NULL;
```

```c
        }
    }
}
else
{   // (3.2) 不合法，默认值赋给临时变量
    name = NULL;
    attr_bits = 0U;
    thread = NULL;
    stack_mem = NULL;
    stack_size = 0U;
    priority = osPriorityNormal;
    // (4) 进一步判定堆栈空间大小变量的合法性、线程控制块、堆栈空间
    // (4.1) 判断堆栈空间大小值是否合法（注③）
    if ((stack_size != 0U) && (((stack_size & 7U) != 0U) || (stack_size < (64U + 8U)))) {
        EvrRtxThreadError(NULL, osRtxErrorInvalidThreadStack);
        return NULL;
    }
// (4.2) 处理线程控制块内存分配问题
if (thread == NULL) {
    if (osRtxInfo.mpi.thread != NULL) //判断线程内存池是否为空
    {
        thread = osRtxMemoryPoolAlloc(osRtxInfo.mpi.thread);
    }
    else {
        thread = osRtxMemoryAlloc(osRtxInfo.mem.common, sizeof(os_thread_t), 1U);
    }
    flags = osRtxFlagSystemObject;
}
else {
    flags = 0U;
}
// (4.3) 处理堆栈空间分配问题
if ((thread != NULL) && (stack_mem == NULL)) {
    if (stack_size == 0U) {
        stack_size = osRtxConfig.thread_stack_size;
        if (osRtxInfo.mpi.stack != NULL) //判断栈内存池是否为空
        {
            stack_mem = osRtxMemoryPoolAlloc(osRtxInfo.mpi.stack);
            if (stack_mem != NULL) {
                flags |= osRtxThreadFlagDefStack;
            }
        }
        else {
            stack_mem = osRtxMemoryAlloc(osRtxInfo.mem.stack, stack_size, 0U);
        }
    }
    else {
```

```c
            stack_mem = osRtxMemoryAlloc(osRtxInfo.mem.stack, stack_size, 0U);
        }
        if (stack_mem == NULL) {
            if ((flags & osRtxFlagSystemObject) != 0U) {
                if (osRtxInfo.mpi.thread != NULL) {
                    (void)osRtxMemoryPoolFree(osRtxInfo.mpi.thread, thread);
                }
                else {
                    (void)osRtxMemoryFree(osRtxInfo.mem.common, thread);
                }
            }
            thread = NULL;
        }
        flags |= osRtxFlagSystemMemory;
    }
    if (thread != NULL) {
        //（5）至此，线程有关属性已经准备好，给传入的线程控制块（attr->cb_mem）赋值
        thread->id              = osRtxIdThread;
        thread->state           = osRtxThreadReady;
        thread->flags           = flags;
        thread->attr            = (uint8_t)attr_bits;
        thread->name            = name;
        thread->thread_next     = NULL;
        thread->thread_prev     = NULL;
        thread->delay_next      = NULL;
        thread->delay_prev      = NULL;
        thread->thread_join     = NULL;
        thread->delay           = 0U;
        thread->priority        = (int8_t)priority;
        thread->priority_base   = (int8_t)priority;
        thread->stack_frame     = STACK_FRAME_INIT_VAL;
        thread->flags_options   = 0U;
        thread->wait_flags      = 0U;
        thread->thread_flags    = 0U;
        thread->mutex_list      = NULL;
        thread->stack_mem       = stack_mem;
        thread->stack_size      = stack_size;
        thread->sp              = (uint32_t)stack_mem + stack_size - 64U;
        thread->thread_addr     = (uint32_t)func;
        //（6）【初始化线程栈】，给 R0～R12、SP、LR、PC、xPSR 赋值
        ptr = (uint32_t *)stack_mem;        //临时指针变量 ptr 指向线程栈基址
        ptr[0] = osRtxStackMagicWord;       //防止堆栈溢出（注④）
        if ((osRtxConfig.flags & osRtxConfigStackWatermark) != 0U) {
            for (n = (stack_size/4U) - (16U + 1U); n != 0U; n--) {
                ptr++;
                *ptr = osRtxStackFillPattern;
            }
        }
```

```c
        }
        ptr = (uint32_t *)thread->sp;          //指向当前线程的堆栈指针
        for (n = 0U; n != 13U; n++) {          //初始化 R0~R12 的初值为 0
            ptr[n] = 0U;                       // R0~R12 的顺序：R4~R11, R0~R3, R12
        }
        ptr[13] = (uint32_t)osThreadExit;      // 线程 LR 指向 osThreadExit 线程终止函数
        ptr[14] = (uint32_t)func;              // 线程 PC 指向线程函数
        ptr[15] = xPSR_InitVal(
            (bool_t)((osRtxConfig.flags & osRtxConfigPrivilegedMode) != 0U),
            (bool_t)(((uint32_t)func & 1U) != 0U)
        );                                     // 配置程序状态寄存器 xPSR
        ptr[8]  = (uint32_t)argument;          // 给 R0 赋值
        //（7）线程提交服务程序
        osRtxInfo.post_process.thread = osRtxThreadPostProcess;
        EvrRtxThreadCreated(thread, thread->thread_addr, thread->name);
    }
    else
    {
        EvrRtxThreadError(NULL, (int32_t)osErrorNoMemory);
    }
    //（8）根据当前内核状态将线程设为就绪态或运行态
    if (thread != NULL)
    {
        osRtxThreadDispatch(thread);
    }
    return thread;
}
/*--------------------------------------------------------------------------
注①：ARM 内核要求访问内存 4 字节对齐，提高访问效率。
注②：ARM 内核要求访问堆栈指针 8 字节（双字）对齐（AAPCS 标准）。
注③：线程堆栈大小变量须满足堆栈空间 8 字节对齐，并大于 72 字节。
注④：给栈的基地址空间赋特定值 0xE25A2EA5，当它被覆盖的时候表示栈已溢出。
----------------------------------------------------------------------------*/
```

6．返回流程

创建主线程的返回流程很简单，就是将 svcRtxThreadNew 函数的返回值（主线程控制块）逐层返回 mbedOS_start 函数中，最终赋值给引用 thd。

8.4.2 启动内核

在主线程创建成功后，系统会把主线程加入就绪列表中等待调用，接着将进行内核的启动，为操作系统的运行做最后的准备工作。启动内核的主要工作是创建空闲线程、创建定时器线程、设置时间嘀嗒（SysTick 中断）及启用时间嘀嗒中断。然后从就绪列表中选择优先级最高的就绪态线程，将它设置为激活态（在本系统中就是定时器线程），再切换当前堆栈指针为 PSP，最后修改操作系统内核状态为运行态，这时我们就可以认为内核启动成功了。

启动内核主要由三个函数与一个中断服务程序构成，这三个函数分别是内核启动函数

osKernelStart、SVC 触发封装函数__svcKernelStart、实际内核启动函数 svcRtxKernelStart，中断服务程序 SVC_Handler 通过 SVC 指令触发运行的。

上述函数的调用顺序为 osKernelStart→__svcKernelStart→触发 SVC 中断服务程序 SVC_Handler→svcRtxKernelStart。

下面按照程序执行的顺序进行分析。

1. 内核启动函数

内核启动函数 osKernelStart 的主要功能如下：①在内核启动过程中，首先要确认当前系统不处于中断状态，如果系统处于中断状态中，系统就会记录错误并报错返回[①]；②调用函数__svcKernelStart()转向启动内核的 SVC 系统调用。

osKernelStart 代码可"在...\TARGET_CORTEX\rtx5\RTX\Source\rtx_kernel.c"文件中进行查看。

```
//================================================================
//函数名称：osKernelStart（启动实时操作系统内核调度）
//函数返回：osOK—操作系统内核启动成功
//        osErrorISR—不能在中断情况下启动内核
//        osError—操作系统内核启动失败
//参数说明：无
//功能概要：启动 Mbed OS 内核
//================================================================
osStatus_t osKernelStart (void)
{
    osStatus_t status;
    //（1）记录内核启动事件
    EvrRtxKernelStart();
    //（2）判断系统是否处于中断状态，若是，则记录错误事件并报错返回
    if (IsIrqMode() || IsIrqMasked())
    {
        EvrRtxKernelError((int32_t)osErrorISR);
        status = osErrorISR;
    }
    else
    {
        //（3）进入启动内核的中断服务例程
        status = __svcKernelStart();
    }
    return status;
}
```

实际上，系统会执行"status = __svcKernelStart();"语句，即调用 SVC 触发封装函数__svcKernelStart。

---
① Mbed OS 5.15 内核版本中所有记录事件的函数为空操作。

2. SVC 触发封装函数 __svcKernelStart

__svcKernelStart 函数是一个宏定义函数，其宏定义如下：

SVC0_0(KernelStart, osStatus_t)

展开后是 C 语言与汇编语言的混合编程代码，其功能是为触发 SVC 中断服务程序做前期准备工作，主要任务如下。

（1）将要执行的实际启动函数 svcRtxKernelStart 指针放入 R12 寄存器中。
（2）使 MSP 中的值为触发 SVC 中断后的栈顶。
（3）触发 SVC 中断。
（4）将调用 R12 中函数得到的返回值存放在 MSP 栈中。

8.3.1 节中已详细介绍过 SVC0_0 展开的具体实现细节，故在此不多赘述。需要注意的是，此时寄存器 R12 保存的是 svcRtxKernelStart 函数的地址。

3. 进入 SVC 中断服务程序

内核启动 SVC 中断服务程序的代码按程序执行的顺序分为两部分进行解析，R12 寄存器存放的是内核启动实际函数 svcRtxKernelStart 的地址。本节将解析函数调用前部分。内核实际启动函数调用前 SVC 中断服务程序的执行流程如图 8-8 所示（与图 8-3 基本一致），此处寄存器 R12 保存的是 svcRtxKernelStart 的函数地址。函数调用后部分将在返回流程中解析。

1）取 SVC 调用号

取出 SVC 触发封装函数 __svcKernelStart 中预先设置的 MSP 值到 R0，取[R0+24]处的值（即栈中的 PC 值）到 R1 中，将［R1-2］取出 SVC 指令中的立即数（调用号），判断是否是 0。本次立即数为 0，转向（2）运行。

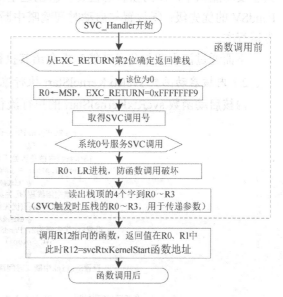

图 8-8　内核实际启动函数调用前 SVC 中断服务程序的执行流程

TST	LR,#0x04	// 从 EXC_RETURN 第 2 位确定返回堆栈
ITE	EQ	//判断 EQ 符合条件则执行 T（Then，下一条）语句，否则执行 E（Else）语句
MRSEQ	R0,MSP	// bit_2=0，CPSR 标志位 Zero=1，R0←MSP(如果返回的是 MSP)
MRSNE	R0,PSP	// bit_2=1，CPSR 标志位 Zero=0，R0←PSP(如果返回的是 PSP)
LDR	R1,[R0,#24]	//R1←取执行 SVC 指令前压入堆栈中的 PC 值
LDRB	R1,[R1,#-2]	//该 PC 值-2 为 SVC 指令的调用号存放的地址,R1←SVC 指令的调用号
CBNZ	R1,SVC_User	//若 SVC 指令调用号≠0，跳转至 SVC_User

2）调用 R12 中函数的准备工作

（1）压栈 R0、LR，防止调用 R12 中函数时被破坏，即保存 MSP，EXCRETURN。
（2）取出栈顶的 4 个字存入 R0~R3，栈顶的 4 个字为触发 SVC 前 R0~R3 的值，用于传递参数。

```
PUSH    {R0,LR}              //MSP、LR（EXC_RETURN）入栈
LDM     R0,{R0-R3,R12}       //从堆栈中读出进入本程序之前入栈的R0~R3
```

3）调用R12寄存器指向的函数svcRtxKernelStart

```
BLX     R12                  //跳转到R12指向的函数
```

下面介绍内核启动实际执行函数svcRtxKernelStart的执行过程。

4．内核启动的实际执行函数

1）内核启动的实际执行函数svcRtxKernelStart概述

最终实现内核启动的是svcRtxKernelStart函数，在它之前的所有代码都是为最终调用它而准备的。其主要任务是，为线程的调度做好所有必要的准备、创建必要的功能线程、设置时间嘀嗒、进行线程调度将最高优先级线程加入运行态、切换堆栈指针、修改内核状态等。其主要功能如下：①内核状态检查；②创建空闲线程；③创建定时器线程；④初始化SVC和PendSV的优先级；⑤设置与启动时间嘀嗒中断；⑥线程调度；⑦栈指针切换；⑧将内核设置为运行态。

下面通过流程图与分段功能解析介绍其执行流程。

2）内核启动函数svcRtxKernelStart执行流程

内核启动函数svcRtxKernelStart的执行流程如图8-9所示。

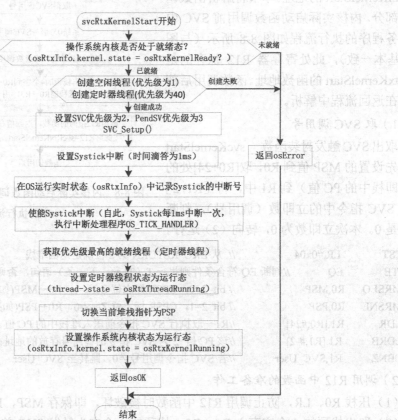

图8-9　内核启动函数svcRtxKernelStart的执行流程

3）内核启动 svcRtxKernelStart 函数代码分段解析

svcRtxKernelStart 在 "...\TARGET_CORTEX\rtx5\RTX\Source\rtx_kernel.c" 文件中可查看源代码。

（1）内核状态检查。

在启动过程中，若内核不处于就绪态（osRtxKernelReady），则记录内核未准备就绪，并返回错误标志；否则，认为在内核初始化时已经将内核状态设置为（就绪态）。

```
//（1）若当前内核内核状态是否为就绪态，如果不是，则内核不能启动
if (osRtxInfo.kernel.state != osRtxKernelReady)
{
    EvrRtxKernelError(osRtxErrorKernelNotReady);
    return osError;
}
```

（2）创建空闲线程和定时器线程。

svcRtxKernelStart 函数会创建一个空闲线程，并保存其线程控制块在 OS 实时状态 osRtxInfo 的 osRtxInfo.thread.idle 指针中。空闲线程不完成任何实际工作，其优先级较低，为 osPriorityIdle（优先级为 1），其职责就是在内核无用户线程可执行的时候被内核执行，使 CPU 保持运行状态。

svcRtxKernelStart 函数会创建一个定时器线程，并保存其线程控制块在 OS 实时状态 osRtxInfo 的 osRtxInfo.timer.thread 指针中，其优先级较高，为 osPriorityHigh（优先级为 40）。

```
//（2）创建一个空闲线程，优先级为 osPriorityIdle（1）;
//    创建一个定时器线程，优先级为 osPriorityHigh（40）
if (!osRtxThreadStartup())
{
    //（2.1）如果创建线程失败，则记录错误事件，并报错返回
    EvrRtxKernelError((int32_t)osError);
    return osError;
}
//用于创建空闲和定时器线程，成功返回 TRUE，失败返回 FALSE
bool_t osRtxThreadStartup (void)
{
    bool_t ret = TRUE;
    // 创建空闲线程
    osRtxInfo.thread.idle = osRtxThreadId(svcRtxThreadNew(osRtxIdleThread, NULL, osRtxConfig.idle_thread_attr));
    // 创建定时器线程
    if (osRtxConfig.timer_mq_mcnt != 0U)
    {
        osRtxInfo.timer.thread = osRtxThreadId(svcRtxThreadNew(osRtxTimerThread, NULL, osRtxConfig.timer_thread_attr));
        if (osRtxInfo.timer.thread == NULL)
        {
            ret = FALSE;
        }
```

```
    return ret;
}
```

(3) SVC、PendSV 优先级设置[①]。

调用函数 SVC_Setup 将 SVC 优先级设为 2，PendSV 优先级设为 3。

```
// (3) 初始化 SVC 和 PendSV 系统调用，设置 SVC 和 PendSV 优先级
SVC_Setup();        //SVC 优先级设为 2，PendSV 优先级为 3
```

SVC_Setup 可在 "...\TARGET_CORTEX\rtx5\RTX\Source\rtx_core_cm.h" 文件中查看源代码。

```
//================================================================
//函数名称：SVC_Setup
//函数返回：无
//参数说明：无
//功能概要：设置 SVC 和 PendSV 的优先级，即初始化 SVC 和 PendSV 系统服务
//================================================================
__STATIC_INLINE void SVC_Setup (void)
{
    uint32_t n;
    // (1) 配置 PendSv 优先级为 3（SHP[1]=0xc00000，取第 23、22 位）
    SCB->SHP[1] |= 0x00FF0000U;
    n = SCB->SHP[1];
    // (2) 配置 SVC 优先级为 2 (SHP[0]=0x80000000，取第 31、30 位)
    SCB->SHP[0] |= (n << (8+1)) & 0xFC000000U;
}
```

(4) 设置与使能 SysTick 中断[②]。

Mbed OS 使用 SysTick（时间嘀嗒）作为系统时钟来源。svcRtxKernelStart 函数会对 SysTick 进行设置，将 SysTick 的计数周期按照 osRtxConfig.tick_freq 的配置设为 1ms；设置 SysTick 中断向量地址为 OS_TICK_HANDLER（等于 SysTick_Handler）；取 SysTick 的 IRQ 中断号（-1）存于 osRtxInfo.tick_irqn 中；使能 SysTick。

SysTick 每 1ms 产生一次中断，运行 SysTick 中断服务程序，利用 SysTick 中断服务程序对系统定时器、延时等待列表、就绪列表、线程调度、时间片轮询等进行管理，在后面第 9 章将对时间嘀嗒进行详细介绍。

```
// (4) 设置时间嘀嗒（Systick），并设置其周期为 1ms，若设置失败则记录错误并报错返回
if (OS_Tick_Setup(osRtxConfig.tick_freq, OS_TICK_HANDLER) != 0)
{
    EvrRtxKernelError((int32_t)osError);
```

[①] SVC 和 PendSV 优先级通过系统异常优先级寄存器组设置，为了提高软件效率，简化了 SCB 寄存器的表示方式，字节数组 SHP [0]至 SHP [12]对应于 3 个 32 位优先级寄存器，只能通过字节访问，每 8 个字段控制着一个内核外设的中断优先级的配置。但在 STM32 中，只有高 4 位有效，低 4 位没有用到，所以内核外设的中断优先级可编号为 0~15，只有 16 个可编程优先级，数值越小，优先级越高。具体优先级配置方法可查看 ARM Cortex-M4 内核手册。

[②] SysTick 定时器实际上是一个 24 位的递减计数器，设定初值并使能后，它会在每个系统时钟周期减 1 计数，计数到 0 时就会从 Load 寄存器中自动重装定时初值。本书所用系统时钟频率为 48MHz，设定装载值为 Load=(48MHz/tick_freq)-1，tick_freq 为设置的 SysTick 嘀嗒频率。本书 SysTick 的计数周期设为 1ms，故 tick_freq 为 1000。

```
        return osError;
}
// (4.1) 获取时间嘀嗒 IRQ 中断号（=-1）
osRtxInfo.tick_irqn = OS_Tick_GetIRQn();
// (4.2) 使能时间滴答并挂起 PendSV
OS_Tick_Enable();
```

（5）线程调度。

至此，通过对启动过程的分析可知，内核中共有 1 个中断与 3 个线程，分别是时间嘀嗒中断、定时器线程（优先级 osPriorityHigh=40，最高）、主线程（优先级 osPriorityNorma=24，次之）、空闲线程（优先级 osPriorityIdle=1，最低）。

时间嘀嗒中断每 1ms 发生 1 次，3 个线程都处于就绪态，它们的线程控制块在就绪列表中按优先级从高到低的顺序排列，分别是定时器线程、主线程和空闲线程。

线程调度的过程是，先从就绪列表中得到优先级最高的线程，此时为定时器线程，然后通过线程切换函数将定时器线程设置为激活态（osRtxThreadRunning），即将定时器线程的线程控制块存入 OS 运行实时状态 osRtxInfo 中的 thread.run.next。

注意：此时定时器线程还没有获得处理器而真正运行，只是为运行做好了准备，真正切换到定时器线程运行发生在 SVC 中断返回时。

```
// (5) 选择优先级最高的就绪态线程设置为激活态
// (5.1) 从就绪线程队列中取出第一个线程，即优先级最高的就绪线程
thread = osRtxThreadListGet(&osRtxInfo.thread.ready);
// (5.2) 将就绪线程切换为激活态
osRtxThreadSwitch(thread);
```

（6）栈指针切换。

在系统启动时使用的栈指针默认为 MSP，当内核启动完成后切换到线程运行时，要将主栈与线程栈分开，以保障内核安全。内核使用 MSP 作为栈指针，线程使用 PSP 作为栈指针。在 svcRtxKernelStart 函数中进行了栈指针的切换，试图将当前指针切换为 PSP。

```
// (6) 切换当前堆栈指针为 PSP
// (6.1) 在特权摸下切换当前指针为 PSP
if ((osRtxConfig.flags & osRtxConfigPrivilegedMode) != 0U)
    __set_CONTROL(0x02U);
// (6.2) 在非特权模式下切换当前指针为 PSP
else
    __set_CONTROL(0x03U);
```

注意：目前处于处理模式，而在处理模式下切换栈指针是不会成功的，栈指针的切换必须在线程模式下进行，故此段代码实际是不被执行的。

（7）将内核设置为运行态。

在 svcRtxKernelStart 函数的最后是将内核状态修改为 osRtxKernelRunning（运行态，2），标志着内核启动成功。

```
osRtxInfo.kernel.state = osRtxKernelRunning;
```

（8）记录内核启动事件。

在本样例程序中事件记录函数均未实现，只预留了函数调用。

EvrRtxKernelStarted();

（9）最后返回 osOK。

最后返回 osOK，表示操作系统正常。

```
return osOK;
```

至此内核启动完成，并返回了操作系统正常代码。

4) svcRtxKernelStart 源代码解析

```
//====================================================================
//函数名称：svcRtxKernelStart（系统内核启动）
//函数返回：osOK 表示内核启动成功；osError 表示内核启动失败
//参数说明：无
//功能概要：启动操作系统内核调度，包括创建空闲和定时器线程、初始化 SVC 和 PendSV、
//         设置并使能时间嘀嗒、切换当前堆栈指针为 PSP 等
//====================================================================
static osStatus_t svcRtxKernelStart (void)
{
    os_thread_t *thread;
    //（1）判断当前内核内核状态是否为就绪态，若不是，则内核不能启动
    if (osRtxInfo.kernel.state != osRtxKernelReady)
    {
        EvrRtxKernelError(osRtxErrorKernelNotReady);
        return osError;
    }
    //（2）创建一个空闲线程，优先级为 osPriorityIdle（1）
    // 创建一个定时器线程，优先级为 osPriorityHigh（40）
    if (!osRtxThreadStartup())
    {
        //（2.1）若创建线程失败，则记录错误事件，并报错返回
        EvrRtxKernelError((int32_t)osError);
        return osError;
    }
    //（3）初始化 SVC 和 PendSV 系统调用，设置 SVC 和 PendSV 优先级
    SVC_Setup();        //SVC 优先级设为 2，PendSV 优先级为 3
    //（4）设置时间滴答（Systick），并设置其周期为 1ms，如设置失败则报错返回
    if (OS_Tick_Setup(osRtxConfig.tick_freq, OS_TICK_HANDLER) != 0)
    {
        EvrRtxKernelError((int32_t)osError);
        return osError;
    }
    //（4.1）获取时间滴答 IRQ 中断号（=-1）
    osRtxInfo.tick_irqn = OS_Tick_GetIRQn();
    //（4.2）使能时间滴答并挂起 PendSV
    OS_Tick_Enable();
    //（5）选择优先级最高的就绪态线程设置为激活态
    //（5.1）从就绪线程队列中取出第一个线程，即优先级最高的就绪线程，此时为定时器线程
    thread = osRtxThreadListGet(&osRtxInfo.thread.ready);
    //（5.2）将就绪线程切换为激活态
```

```
            osRtxThreadSwitch(thread);
            // (6) 切换当前堆栈指针为 PSP
            // (6.1) 在特权模式下切换当前指针为 PSP
            if ((osRtxConfig.flags & osRtxConfigPrivilegedMode) != 0U)
            {
                __set_CONTROL(0x02U);
            }
            // (6.2) 在非特权模式下切换当前指针为 PSP
            else
            {
                __set_CONTROL(0x03U);
            }
            // (7) 修改操作系统内核状态为运行态
            osRtxInfo.kernel.state = osRtxKernelRunning;
            // (8) 记录内核启动事件
            EvrRtxKernelStarted();
            return osOK;
        }
```

5. 返回流程

当 svcRtxKernelStart 函数执行 return osOK 后,就进入返回流程,从 svcRtxKernelStart 函数返回 SVC 中断服务程序中。

1) 返回 SVC 中断服务程序后的执行流程

调用 svcRtxKernelStart 函数返回 SVC 中断服务程序后的执行流程如图 8-10 所示。

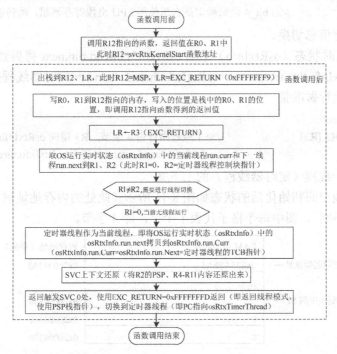

图 8-10　调用 svcRtxKernelStart 函数返回 SVC 中断服务程序后的执行流程

2）返回 SVC 中断服务程序后的代码分段解析

（1）将返回值出栈。

先将调用 svcRtxKernelStart 函数前压栈保存的 MSP 和 EXC_RETURN 出栈到 R12、LR 中，将 R0～R1 存入 R12 所指向的栈空间中。

| POP | {R12,LR} | //R12←MSP;LR←EXC_RETURN |
| STM | R12,{R0-R1} | //存储函数返回值 R0～R1 到 PSP 堆栈中 |

（2）判断是否进行上下文切换。

取 OS 实时状态 osRtxInfo 中的线程运行信息 thread.run.curr 的地址到 R3，以 R3 为地址，取两个字到 R1、R2，即 R1=thread.run.curr、R2=thread.run.next。由于系统刚刚启动，还没有线程运行，所以 R1=0。在 svcRtxKernelStart 函数中经过线程调度，在 thread.run.next 存入的是定时器线程控制块指针，即 R2=定时器线程控制块指针。R1≠R2，需要进行线程切换。

```
SVC_Context:
    LDR    R3,=osRtxInfo+I_T_RUN_OFS    //R3←当前运行线程存放的地址
    LDM    R3,{R1,R2}                   //R1←当前运行线程；R2←下一个线程
    CMP    R1,R2                        //判断是否需要线程切换
    IT     EQ                           //判断 EQ 符合条件则执行 BXEQ 语句
    BXEQ   LR                           //R1=R2，则返回触发 SVC 0 处
```

（3）是否需要保存当前线程上下文。

此时 R1=0 表示当前无线程运行，无需保存上下文，转到标号 SVC_ContextSwitch 执行。

```
CBNZ   R1,SVC_ContextSave    //R1 不等于 0 表示有线程需切换，先保存上下文
TST    LR,#0x10              //检查扩展堆栈帧（通过检查该位来表示是否需要 FPU 寄存器组）
BNE    SVC_ContextSwitch     //若 R1 被删除（R1=0），则通过判断此时的 EXC_RETURN
                             //的 bit_4 位来确定是否需使用 FPU 出栈寄存器组，跳转至 SVC_ContextSwitch
```

（4）线程运行信息切换。

将 OS 运行实时状态（osRtxInfo）中的 osRtxInfo.thread.run.next 拷贝到 osRtxInfo.thread.run.curr，即 osRtxInfo.thread.run.curr=osRtxInfo.thread.run.next=定时器线程控制块指针，为切换到定时器线程运行做准备。

```
SVC_ContextSwitch:
    STR    R2,[R3]    //每个线程指针占 4 字节，R3 指向 osRtxInfo.thread.run.curr，
                      //(osRtxInfo.thread.run.next)存入 osRtxInfo.thread.run.curr 中
```

（5）恢复下一线程（定时器线程）的上下文

定时器线程栈空间初始化后的状态如图 8-11 所示（此处的内存地址值只是用于举例，实际运行时可能会不同），图中每个格子代表 1 个字，即 4 字节。

	RAM 中的内容	内存地址（举例）	对应的
定时器栈空间起始地址→	0xE25A2EA5	0x200042A8	寄存器
	……		
① 线程控制块中的 SP→		0x20004368	
	0	0x2000436C	R4
	0	0x20004370	R5

图 8-11 定时器线程栈空间初始化后的状态

	0	0x20004374	R6
	0	0x20004378	R7
	0	0x2000437C	R8
	0	0x20004380	R9
	0	0x20004384	R10
	0	0x20004388	R11
②线程切换时 SP→	Argument=NULL(0)	0x2000438C	R0
	0	0x20004390	R1
	0	0x20004394	R2
	0	0x20004398	R3
	0	0x2000439C	R12
	osThreadExit=0x0800f3ad/(f3ac)	0x200043A0	LR
	osRtxTimerThread= 0x 0800f185/(f184)	0x200043A4	PC
	0x01000000	0x200043A8	XPSR

图 8-11　定时器线程栈空间初始化后的状态（续）

执行到标号 SVC_ContextRestore 处，恢复定时器线程的上下文，实际上就是取出定时器线程控制块中的 SP 指针开始的 32 字节的数据（也就是定时器线程保存的 R4~R11 数据），并放入 MCU 的 R4~R11 中，具体工作内容如下。

①从 osRtxInfo.thread.run.next 线程栈中恢复 R4~R11 寄存器。取[R2+#TCB_SP_OFS]（线程的栈指针 SP）到 R0 中，取[R2+#TCB_SF_OFS]（线程的栈帧 stack_frame）到 R1 中。

②stack_frame 的初始值（0xFD）与 0xFFFFFF00 进行"或"运算，得到 EXC_RETURN 的合法值：0xFFFFFFFD。

③恢复 R4~R11。

```
SVC_ContextRestore:
LDRB    R1,[R2,#TCB_SF_OFS]    //加载堆栈帧信息
LDR     R0,[R2,#TCB_SP_OFS]    //R0←当前线程 R2+56 的位置(=当前线程控制块中的 SP)
ORR     LR,R1,#0xFFFFFF00      //LR←0xFFFFFFFD，是合法的 EXC_RETURN 值将 EXC_
                               //RETURN 写入 PC 寄存器，退出 SVC，返回线程模式

#ifdef __FPU_PRESENT
    TST     LR,#0x10           //检查扩展堆栈帧（通过检查该位来表示是否需
                               //要 FPU 寄存器组）
    IT      EQ                 //Zero 标志位=1，需要用到出栈浮点状态寄存器组
    VLDMIAEQ R0!,{S16-S31}     //恢复 VFP 的 S16-S31
#endif
    LDMIA   R0!,{R4-R11}       //恢复 R4-R11
```

（6）从 SVC 中断返回到定时器线程 osRtxTimerThread。

在 SVC 中断的最后，通过"MSR　PSP,R0"指令从 SVC 中断返回。R0=0xFFFFFFFD，EXC_RETURN=0xFFFFFFFD 的含义是告诉处理器硬件：返回线程模式，使用 PSP 作为栈指针。处理器使用 PSP 栈指针出栈了 8 个字，恢复到 R0~R3、R12、LR、PC、XPSR 寄存器中，由于 PSP 指向定时器线程的栈空间，其中的值是在创建定时器线程时初始化的，栈顶的 8 个字如图 8-11 所示，对应恢复到 PC 中的值就是定时器线程函数的指针 osRtxTimerThread

（0x08006C89[①]），这时处理器就真正地转到定时器线程函数运行。

| MSR | PSP,R0 | //返回线程模式，并使用PSP |

此时系统的现状是，一个正在运行的定时器线程，两个在就绪列表中的就绪态线程（主线程和空闲线程）、一个开放的中断服务程序（时间嘀嗒中断服务程序）。下面开始分析正在运行的定时器线程。

8.4.3 定时器线程函数

1．定时器线程概述

内核启动后定时器线程是第一个获得运行的线程，它的主要功能如下：①创建系统消息队列；②初始化内核定时器处理函数；③运行一个无限循环；④在循环中调用osMessageQueueGet函数获取消息，若获取消息成功则回调消息函数，若未获取到消息则会阻塞定时器线程。

2．定时器线程函数的执行流程

定时器线程函数 osRtxTimerThread 的执行流程如图 8-12 所示。

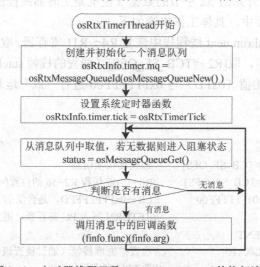

图 8-12　定时器线程函数 osRtxTimerThread 的执行流程

3．定时器线程代码分段解析

1）创建并初始化消息队列

osRtxTimerThread 函数运行时，先调用函数 osMessageQueueNew 创建一个消息队列。消息队列指针保存在 osRtxInfo.timer.mq 中，函数 osMessageQueueNew 创建消息队列的方式与新建线程相似，消息队列的初始数据来源于 osRtxConfig.timer_mq_attr，指向 os_timer_mq_attr 结构体，具体的值如下：

---

① osRtxTimerThread 函数指针的值实际上为 0x08006C88，但在 ARM 的 M 系列处理器中加载到 PC 中的地址的第 0 位必须为 1，表示执行的是 thumb 指令，否则会发生异常。在这里写入的虽然是 0x08006C89，但由于 PC 的第 0 位不可写且固定为 0，所以写入 0x08006C89 得到的 PC 值为 0x08006C88。

```
// Timer Message Queue Attributes
static const osMessageQueueAttr_t os_timer_mq_attr = {
    NULL,
    0U,
    &os_timer_mq_cb,
    (uint32_t)sizeof(os_timer_mq_cb),
    &os_timer_mq_data[0],
    (uint32_t)sizeof(os_timer_mq_data)
};
```

运行 osMessageQueueNew 函数后新建的消息队列如图 8-13 所示，图中的格子根据具体情况可以是一个字或一字节，地址中的数字只为描述方便，并非真实地址。

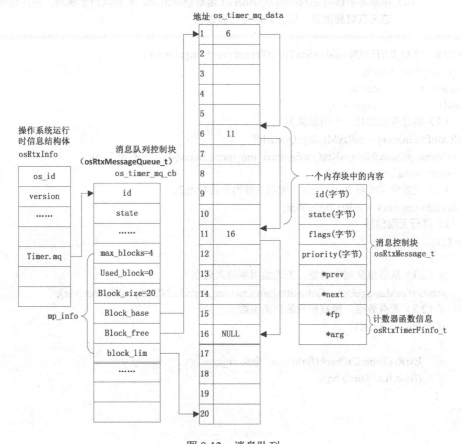

图 8-13　消息队列

2）初始化定时器 RtosTimer（周期定时器）处理函数

初始化定时器 RtosTimer（周期定时器）处理函数指针 osRtxInfo.timer.tick，使其指向 osRtxTimerTick 函数，这个函数在定时器中断中被调用。

3）进行无限循环

定时器线程进入一个无限循环，在循环中调用 osMessageQueueGet 函数获取消息，若消息获取成功则调用消息的回调函数 EvrRtxTimerCallback，若未成功则根据参数 timeout= osWaitForever 阻塞定时器线程。

4. 定时器线程函数代码详细注释

osRtxTimerThread 在 "...\TARGET_CORTEX\rtx5\RTX\Source\rtx_timer.c" 文件中可查看源代码。

```
//=================================================================
//函数名称：osRtxTimerThread
//函数返回：无
//参数说明：argument：线程参数
//功能概要：（1）创建系统消息队列
//         （2）初始化内核定时器处理函数
//         （3）运行一个无限循环
//         （4）在循环中调用 osMessageQueueGet 函数获取消息，若获取消息成功，则回调消息函数；
//              若未获取到消息，则会阻塞定时器线程
//=================================================================
__WEAK __NO_RETURN void osRtxTimerThread (void *argument) {
  os_timer_finfo_t finfo;
  osStatus_t       status;
  (void)           argument;
  //（1.1）创建并初始化一个消息队列
  osRtxInfo.timer.mq = osRtxMessageQueueId(
    osMessageQueueNew(osRtxConfig.timer_mq_mcnt, sizeof(os_timer_finfo_t),
    osRtxConfig.timer_mq_attr) );
  //（1.2）初始化定时器 RtosTimer（周期定时器）处理函数
  osRtxInfo.timer.tick = osRtxTimerTick;
  //（2）进行无限循环
  for (;;)
  {
    //（2.1）从消息队列中取值，若无数据则进入阻塞态
    status = osMessageQueueGet(osRtxInfo.timer.mq, &finfo, NULL, osWaitForever);
    //（2.2）若有数据，触发相应的回调函数
    if (status == osOK)
    {
      EvrRtxTimerCallback(finfo.func, finfo.arg);
      (finfo.func)(finfo.arg);
    }
  }
}
```

8.4.4 消息获取与处理函数

1. 消息获取与处理函数 osMessageQueueGet

osMessageQueueGet 函数的功能是，判断当前是否处于中断模式下，若是则执行 isrRtxMessageQueueGet 函数，否则执行 __svcMessageQueueGet 函数。osMessageQueueGet 在 "...\TARGET_CORTEX\rtx5\RTX\Source\rtx_msgqueue.c" 文件中可查看源代码。

```
osStatus_t osMessageQueueGet (osMessageQueueId_t mq_id, void *msg_ptr,
                              uint8_t *msg_prio, uint32_t timeout)
```

```
{
    osStatus_t status;
    EvrRtxMessageQueueGet(mq_id, msg_ptr, msg_prio, timeout);
    if (IsIrqMode() || IsIrqMasked())
    {//（1）中断模式下调用的函数
        status = isrRtxMessageQueueGet(mq_id, msg_ptr, msg_prio, timeout);
    }
    else
    {//（2）非中断模式下调用的函数
        status = __svcMessageQueueGet(mq_id, msg_ptr, msg_prio, timeout);
    }
    return status;
}
```

在定时器线程中调用 osMessageQueueGet 函数时，处于非中断模式下，所以调用的是 __svcMessageQueueGet 函数。

2. SVC 触发封装函数 __svcMessageQueueGet

__svcMessageQueueGet 是一个宏函数，其宏定义为：

SVC0_4 (MessageQueueGet, osStatus_t, osMessageQueueId_t, void *, uint8_t *, uint32_t)

展开后是 C 语言与汇编语言混合编程代码，其功能是为触发 SVC 中断服务程序做前期准备工作，主要内容如下。

（1）将参数从栈中读出并放入 R0～R3 寄存器中。

（2）将要执行的实际初始化函数指针放入 R12 寄存器中，即将 svcRtxMessageQueueGet 函数的地址给 R12。

（3）触发 SVC 中断。

1）SVC0_4 宏展开代码

```
__attribute__((always_inline)) static inline osStatus_t __svcMessageQueueGet (osMessageQueueId_t a1, void *a2, uint8_t * a3, uint32_t a4)
{                                                                    \
    register uint32_t __R0 __asm("r""0") = (uint32_t)a1;
    register uint32_t __R1 __asm("r""1") = (uint32_t)a2;
    register uint32_t __R2 __asm("r""2") = (uint32_t)a3;
    register uint32_t __R3 __asm("r""3") = (uint32_t)a4;
    register uint32_t __Rf  __asm(SVC_RegF) = (uint32_t)svcRtxMessageQueueGet;
    __asm volatile ("svc 0" : "=r"(__R0) : "r"(__rf),"r"(__R0),"r"(__R1),"r"(__R2),"r"(__R3) : );
    return (osStatus_t) __R0;
}
```

2）__svcMessageQueueGet 汇编代码

```
osStatus_t osMessageQueueGet (osMessageQueueId_t mq_id, void *msg_ptr,
                              uint8_t *msg_prio, uint32_t timeout) {
8010ed0: b5f8        push {R3, R4, R5, R6, R7, LR}    //进栈被调用者保护寄存器
8010ed2: 4604        mov R4, R0       //参数存在 R4～R7 中，调用 __svcMessageQueueGet 时使用
8010ed4: 460d        mov R5, R1
```

```
8010ed6: 4617        mov R7, R2
8010ed8: 461e        mov R6, R3
……
8010ef8: 4620        mov R0, R4
8010efa: 4629        mov R1, R5
8010efc: 463a        mov R2, R7
8010efe: 4633        mov R3, R6        //将参数放入 R0～R3 中
8010f00: f8df c060   ldr.w ip, [pc, #96] ; (8010f64 <osMessageQueueGet+0x94>)
8010f04: df00        svc 0             //触发 SVC 中断
```

3. 实际消息获取与处理函数 svcRtxMessageQueueGet

1）svcRtxMessageQueueGet 函数概述

svcRtxMessageQueueGet 函数从 osRtxInfo.timer.mq 消息队列中获取消息，根据获取消息的情况与 timeout（超时）参数的值，决定程序的走向。其主要功能如下：①检查消息队列状态和参数的合法性；②从消息队列中取出一个消息；③对获取到的消息进行处理，若无消息情况，则改变当前线程状态，并根据延时时长放入延时列表或等待列表中，从就绪列表中取出优先级最高的线程准备运行；⑤若有线程等待消息，则唤醒等待消息的线程，并加入就绪列表中。

2）svcRtxMessageQueueGet 函数执行流程

svcRtxMessageQueueGet 函数的执行流程如图 8-14 所示。

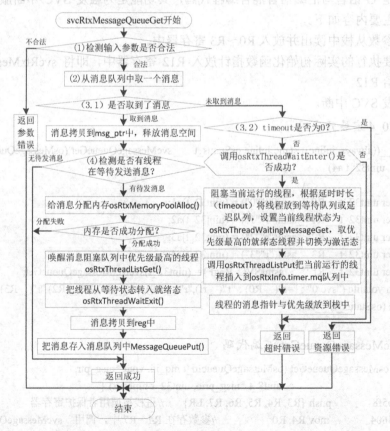

图 8-14 svcRtxMessageQueueGet 函数的执行流程

3）svcRtxMessageQueueGet 函数分段代码解析

在"...\TARGET_CORTEX\rtx5\RTX\Source\rtx_msgqueue.c"文件中可查看 svcRtxMessageQueueGet 函数，该函数有 4 个参数，分别为 mq_id=osRtxInfo.timer.mq, msg_ptr=&finfo, msg_prio=NULL，timeout=osWaitForever。此时在定时器线程中刚刚初始化了消息队列 osRtxInfo.timer.mq，其中的消息为空，在此基础上可分析出 svcRtxMessageQueueGet 函数的执行流程。

（1）参数检测。

若传入的消息队列指针 mq 为空，mq 指向的数据结构类型不是 osRtxIdMessageQueue 类型，用来存放计数器函数信息的指针 msg_ptr 为空，则返回参数错误（osErrorParameter），本次调用的这 3 个参数都是正确的。

```
// （1）参数检测
if ((mq == NULL) || (mq->id != osRtxIdMessageQueue) || (msg_ptr == NULL))
{
    EvrRtxMessageQueueError(mq, (int32_t)osErrorParameter);
    return osErrorParameter;
}
```

（2）从 mq 消息队列获取消息。

调用函数 MessageQueueGet 从 mq 消息队列中获取一个消息，并将它保存于 msg 中，此时 mq 队列中没有消息，所以 msg=NULL。

```
// （2）从 mq 队列中取出一个消息
msg = MessageQueueGet(mq);
```

（3）对当前线程的处理。

此时 msg=NULL 且 timeout= osWaitForever(0xFFFFFFFFU)，调用 osRtxThreadWaitEnter 函数，将定时器线程放入等待列表中，设置定时器线程状态为 osRtxThreadWaitingMessageGet，获取当前优先级最高的就绪态线程并切换为激活态，调用 osRtxThreadListPut 函数，把当前运行的线程（定时器线程）插入消息阻塞列表 osRtxInfo.timer.mq.thread_list 中。

```
if (msg != NULL)
{ // （3.1）取到了消息，就把消息拷贝到 msg_ptr 中，释放消息空间
    ......
}
else
{
    if (timeout != 0U)
    {
        // （3.2）没有取到消息，且 timeout 不等于 0
        EvrRtxMessageQueueGetPending(mq, msg_ptr, timeout);
        if (osRtxThreadWaitEnter(osRtxThreadWaitingMessageGet, timeout))
        {
            osRtxThreadListPut(osRtxObject(mq), osRtxThreadGetRunning());
            ......
        }
        else
        {
            EvrRtxMessageQueueGetTimeout(mq);
        }
    }
```

```
            status = osErrorTimeout;
        }
        else
        {//没有取到消息且 timeout = 0,返回资源错误
            ……
        }
}
```

下面将通过对 osRtxThreadWaitEnter 函数的解析,分析系统的执行流程,osRtxThreadWaitEnter 函数返回后的执行流程将在返回流程中解析。

4) svcRtxMessageQueueGet 函数完整代码注释

由于消息队列刚刚创建,消息队列中并无消息,且 timeout 等于 osWaitForever,表示获取不到消息就阻塞当前运行线程,此时的当前运行线程是定时器线程,所以它的状态由激活态变为阻塞态,被放入消息阻塞列表中。svcRtxMessageQueueGet 函数的源代码如下:

```
//================================================
//函数名称:svcRtxMessageQueueGet
//函数返回:状态代码值
//参数说明:mq_id—消息队列 ID
//         msg_ptr—消息队列
//         msg_prio—优先级
//         timeout—等待时间
//功能概要:从消息队列中获取消息
//================================================
static osStatus_t svcRtxMessageQueueGet (osMessageQueueId_t mq_id, void *msg_ptr, uint8_t *msg_prio, uint32_t timeout)
{
    //声明局部变量
    os_message_queue_t *mq = osRtxMessageQueueId(mq_id);
    os_message_t       *msg;
    os_thread_t        *thread;
    uint32_t           *reg;
    const void         *ptr;
    osStatus_t         status;
    //(1)检测参数的合法性
    if ((mq == NULL) || (mq->id != osRtxIdMessageQueue) || (msg_ptr == NULL))
    {
        EvrRtxMessageQueueError(mq, (int32_t)osErrorParameter);
        return osErrorParameter;
    }
    // (2)从 mq 队列中取出一个消息
    msg = MessageQueueGet(mq);
    if (msg != NULL)
    {//(3.1)取到了消息,就把消息拷贝到 msg_ptr 中,释放消息空间
        MessageQueueRemove(mq, msg);
        memcpy(msg_ptr, &msg[1], mq->msg_size);
        if (msg_prio != NULL)
```

```c
            {
                *msg_prio = msg->priority;
            }
            EvrRtxMessageQueueRetrieved(mq, msg_ptr);
            msg->id = osRtxIdInvalid;
            (void)osRtxMemoryPoolFree(&mq->mp_info, msg);
            if (mq->thread_list != NULL)
            {// （4）检查是否有线程在等待发送消息
                // 给消息分配内存
                msg = osRtxMemoryPoolAlloc(&mq->mp_info);
                if (msg != NULL)
                {
                    // 唤醒优先级高的等待发送消息的线程
                    thread = osRtxThreadListGet(osRtxObject(mq));
                    //将唤醒的高优先级的等待线程从等待状态转为就绪态
                    osRtxThreadWaitExit(thread, (uint32_t)osOK, TRUE);
                    //复制消息
                    reg = osRtxThreadRegPtr(thread);
                    ptr = (const void *)reg[2];
                    memcpy(&msg[1], ptr, mq->msg_size);
                    // 将消息存入消息队列中
                    msg->id = osRtxIdMessage;
                    msg->flags = 0U;
                    msg->priority = (uint8_t)reg[3];
                    MessageQueuePut(mq, msg);
                    EvrRtxMessageQueueInserted(mq, ptr);
                }
            }
            status = osOK;
        }
        else
        {
            if (timeout != 0U)
            {// （3.2）没有取到消息，且 timeout 不等于 0
                EvrRtxMessageQueueGetPending(mq, msg_ptr, timeout);
                if (osRtxThreadWaitEnter(osRtxThreadWaitingMessageGet, timeout))
                {
                    osRtxThreadListPut(osRtxObject(mq), osRtxThreadGetRunning());
                    //保存参数，把线程的消息指针与优先级放到栈中
                    reg = (uint32_t *)(__get_PSP());
                    reg[2] = (uint32_t)msg_ptr;
                    reg[3] = (uint32_t)msg_prio;
                }
                else
                {
                    EvrRtxMessageQueueGetTimeout(mq);
                }
```

```
                    status = osErrorTimeout;
                }
            else
                {//没有取到消息且 timeout = 0，返回资源错误
                    EvrRtxMessageQueueNotRetrieved(mq, msg_ptr);
                    status = osErrorResource;
                }
        }
    return status;
}
```

4．返回 svcRtxMessageQueueGet 函数

从函数 osRtxThreadWaitEnter 返回 svcRtxMessageQueueGet 函数后，将继续执行后续代码，这时还要把当前线程的两个参数，即消息指针 msg_ptr 与优先级指针 msg_prio 放到当前线程（定时器线程）栈中的 R2 与 R3 寄存器所在的位置，当定时器线程被唤醒时使用，最后返回 osErrorTimeout（超时错误）。svcRtxMessageQueueGet 函数执行完成后，就返回 SVC 中断服务程序中继续执行。

```
static osStatus_t svcRtxMessageQueueGet (osMessageQueueId_t mq_id, void *msg_ptr, uint8_t *msg_prio, uint32_t timeout)
{
    //声明局部变量
    os_message_queue_t *mq = osRtxMessageQueueId(mq_id);
    os_message_t        *msg;
    os_thread_t         *thread;
    uint32_t            *reg;
    const void          *ptr;
    osStatus_t           status;
    ……
    if (msg != NULL)
        {//（2.1）取到了消息，就把消息复制到 msg_ptr 中，释放消息空间
    ……
        }
    else
        {
        //  (4) 没有取到消息，且 timeout 不等于 0
        if (timeout != 0U)
            {
                EvrRtxMessageQueueGetPending(mq, msg_ptr, timeout);
                // 阻塞当前线程
                if (osRtxThreadWaitEnter(osRtxThreadWaitingMessageGet, timeout))
                {
                    osRtxThreadListPut(osRtxObject(mq), osRtxThreadGetRunning());
                    //保存参数，把线程的消息指针与优先级放到栈中
                    reg = (uint32_t *)(__get_PSP());
                    reg[2] = (uint32_t)msg_ptr;
                    reg[3] = (uint32_t)msg_prio;
```

```
                }
                else
                {
                    EvrRtxMessageQueueGetTimeout(mq);
                }
                status = osErrorTimeout; //返回超时错误
            }
            else
            {   //没有取到消息且 timeout = 0，返回资源错误
                EvrRtxMessageQueueNotRetrieved(mq, msg_ptr);
                status = osErrorResource;
            }
        }
    return status;
}
```

5. 返回流程

当函数 svcRtxMessageQueueGet 执行完成后，返回到 SVC 中断服务程序中，此时当前线程为定时器线程，下一线程为主线程，即 osRtxInfo.thread.run.curr≠osRtxInfo.thread.run.next，就会进行上下文切换，在退出 SVC 中断时切换到主线程运行。

1）SVC 中断调用 svcRtxMessageQueueGet 函数后的执行流程

SVC 中断调用 svcRtxMessageQueueGet 函数后的执行流程如图 8-15 所示。

图 8-15 SVC 中断调用 svcRtxMessageQueueGet 函数后的执行流程

2）SVC 中断服务程序调用 svcRtxMessageQueueGet 函数返回后的功能解析

（1）将返回值出栈。

先将调用 svcRtxMessageQueueGet 函数前压栈保存的 PSP 和 EXC_RETURN 出栈到 R12、LR 中，将 R0～R1 存入 R12 所指向的栈空间中。

```
POP      {R12,LR}              //R12←PSP;LR←EXC_RETURN
STM      R12,{R0-R1}           //存储函数返回值 R0～R1 到 PSP 堆栈中
```

（2）判断是否进行上下文切换。

取 OS 实时状态 osRtxInfo 中的线程运行信息 thread.run.curr 的地址到 R3，以 R3 为地址，取两个字到 R1、R2，即 R1=thread.run.curr，R2=thread.run.next。此时当前线程为定时器线程，R1=定时器线程控制块指针。在 osRtxThreadWaitEnter 函数中经过线程调度，在 thread.run.next 存入的是主线程控制块指针，即 R2=主线程控制块指针。R1≠R2，需要进行线程切换。

```
SVC_Context:
    LDR     R3,=osRtxInfo+I_T_RUN_OFS   //R3←当前运行线程存放的地址
    LDM     R3,{R1,R2}                  //R1←当前运行线程；R2←下一个线程
    CMP     R1,R2                       //判断是否需要线程切换
    IT      EQ
    BXEQ    LR                          //若不需要切换，退出 SVC，返回线程模式
```

（3）是否需要保存当前线程上下文。

此时 R1=定时器线程控制块指针，当前定时器线程在运行，需要保存上下文，继续运行到标号 SVC_ContextSave。

```
CBNZ    R1,SVC_ContextSave    //R1 不等于 0 表有线程需切换，先保存上下文
TST     LR,#0x10              //检查扩展堆栈帧
BNE     SVC_ContextSwitch     //若被删除，表示当前无线程运行，则跳转 SVC_ContextSwitch
```

（4）保存当前线程（定时器线程）上下文，具体工作内容如下。

① 取 PSP 指针到 R12 中。

② 将 R12 减 32 保存到线程控制块的 SP 中（保存 PSP）。

③ 保存 R4～R11 到栈顶的 8 个字中（图 8-10 中①位置）。

```
SVC_ContextSave:
    STMDB    R12!,{R4-R11}              //保存 R4～R11
    #ifdef __FPU_PRESENT
        TST      LR,#0x10
        IT       EQ
        VSTMDBEQ R12!,{S16-S31}         //保存 VFP 的 S16～S31
    #endif
    STR      R12,[R1,#TCB_SP_OFS]       //将 PSP 的值-32 存入当前线程的 TCB_SP_OFS 位置
    STRB     LR, [R1,#TCB_SF_OFS]       //存储堆栈帧信息
```

（5）切换线程运行信息。

将 OS 运行实时状态（osRtxInfo）中的 osRtxInfo.thread.run.next 复制到 osRtxInfo.thread.run.curr 中，即 osRtxInfo.thread.run.curr=osRtxInfo.thread.run.next=主线程控制块指针。

```
SVC_ContextSwitch:
    STR     R2,[R3]        //每个线程指针占 4 个字节，R3 指向 osRtxInfo.thread.run.curr
```

//R2(=osRtxInfo.run.next)存入 osRtxInfo.run.curr 中

（6）恢复下一线程（主线程）的上下文。

执行到标号 SVC_ContextRestore 处，恢复主线程的上下文，实际上就是取出主线程控制块中的 SP 指针开始的 32 字节的数据（也就是主线程保存的 R4~R11 数据），并放入 MCU 的 R4~R11 中，具体的工作内容如下。

① 从 osRtxInfo.thread.run.next 线程栈中恢复 R4~R11 寄存器。取[R2+#TCB_SP_OFS]（线程的栈指针 SP）到 R0 中，取[R2+#TCB_SF_OFS]（线程的栈帧 stack_frame）到 R1 中。将[R0+16]指向 R8 所在的内存地址（0x20001798）恢复 4 字到 R8~R11 中。

② stack_frame 的初始值（0xFD）与 0xFFFFFF00 进行"或"运算，得到 EXC_RETURN 的合法值：0xFFFFFFFD。

③ 恢复 R4~R11。

```
SVC_ContextRestore:
    LDRB    R1,[R2,#TCB_SF_OFS]      //加载堆栈帧信息
    LDR     R0,[R2,#TCB_SP_OFS]      //R0←当前线程 R2+56 的位置(=当前线程控制块中的 SP)
    ORR     LR,R1,#0xFFFFFF00        //LR←0xFFFFFFFD，是合法的 EXC_RETURN 值
//将 EXC_RETURN 写入 PC 寄存器，退出 SVC，返回线程模式
#ifdef __FPU_PRESENT
    TST     LR,#0x10                 //检查扩展堆栈帧
    IT      EQ
    VLDMIAEQ R0!,{S16-S31}           //恢复 VFP 的 S16~S31
#endif
    LDMIA   R0!,{R4-R11}             //恢复 R4~R11
```

（7）从 SVC 中断返回后转到主线程。

在 SVC 中断的最后，用指令 MSR PSP,R0，从 SVC 中断返回。R0=0xFFFFFFFD，EXC_RETURN=0xFFFFFFFD 的含义是告诉处理器硬件：返回线程模式，使用 PSP 作为栈指针。处理器使用 PSP 栈指针出栈了 8 个字，恢复到 R0~R3、R12、LR、PC、xPSR 寄存器中，由于 PSP 指向主线程的栈空间，其中的值是在创建主线程时初始化的，栈顶的 8 个字如图 8-11 所示，对应恢复到 PC 中的值就是主线程函数的指针 app_init（0x0800746D），这时处理器就真正地转到主线程函数运行。

```
    MSR     PSP,R0                   //返回线程模式，并使用 PSP
```

6. 从定时器到主线程流程回顾

从定时器线程阻塞到主线程运行调用了许多函数，为使调用关系更直观，下面列出从定时器线程到主线程之间的函数调用关系，如图 8-16 所示。从图 8-16 中可以看到，在 _svcMessageQueueGet 函数中触发了 SVC 中断，但在 SVC_Handler 异常返回时没有返回至 SVC 0 指令的下一条指令继续运行，因为定时线程被阻塞，并切换到主线程的函数 app_init 中运行。

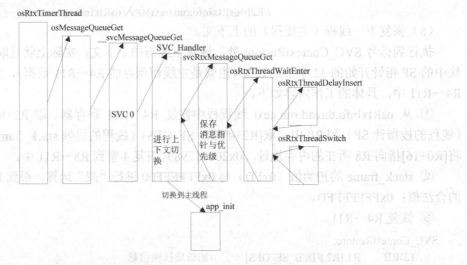

图 8-16 从定时器线程到主线程运行之间的函数调用关系

8.4.5 线程延时等待函数

1. osRtxThreadWaitEnter 函数概述

函数 osRtxThreadWaitEnter 的主要功能如下：①获取当前正在运行的线程；②阻塞当前运行线程；③将阻塞的线程根据延时时长插入等待列表或延时列表中；④获取当前优先级最高的就绪态线程；⑤切换就绪态线程为激活态。

2. osRtxThreadWaitEnter 函数分段详解

在"...\TARGET_CORTEX\rtx5\RTX\Source\rtx_thread.c"文件中可查看 osRtxThreadWaitEnter 函数，该函数有两个参数，其值分别为 state= osRtxKernelRunning（当前内核的状态为运行态），timeout= osWaitForever（0xFFFFFFFFU）。此时，系统运行的线程为定时器线程，就绪列表中有两个线程，一个是主线程，另一个是空闲线程，优先级最高的是主线程。

1）判断当前内核状态

当前内核状态为运行态（osRtxKernelRunning），判断条件不成立。

```
// 如果当前内核状态不是运行状态，就返回 FALSE
if (osRtxKernelGetState() != osRtxKernelRunning)
{
    return FALSE;
}
```

2）判断就绪列表状态

当前就绪列表中有两个线程，主线程与空闲线程，判断条件不成立。

```
//如果当前没有处于准备状态的线程，就返回 FALSE
if (osRtxInfo.thread.ready.thread_list == NULL)
    return FALSE;
```

3）获取当前线程

获取当前正在运行的线程。

```
//（1）获取当前正在运行的线程
thread = osRtxThreadGetRunning();
```

4）修改当前线程状态并阻塞当前线程

将当前线程状态修改为等待获取消息（osRtxThreadWaitingMessageGet），调用函数 osRtxThreadDelayInsert。该函数根据参数 timeout=osWaitForever 将当前线程（定时器线程）放入等待列表（osRtxInfo.thread.wait_list）中。

```
//给要阻塞的线程状态重新赋值
//state = osRtxThreadWaitingMessageGet
thread->state = state;
//（3）将运行的线程阻塞，即插入等待列表中
osRtxThreadDelayInsert(thread, timeout);
```

5）线程调度后返回

将定时器线程阻塞后，需要进行线程调度，以使内核有新线程可运行。调度的过程如下：先调用函数 osRtxThreadListGet 从就绪列表中取出优先级最高的线程（主线程），再调用 osRtxThreadSwitch 将其状态修改为运行态，将主线程控制块指针放入 osRtxInfo.thread.run.next 中，为进行线程切换做准备，线程调度完成后返回 true。

```
//（4）获取处于就绪态的线程（主线程）
thread = osRtxThreadListGet(&osRtxInfo.thread.ready);
//（5）将获取的主线程的状态改为运行态，并放入 osRtxInfo.thread.run.next 中
osRtxThreadSwitch(thread);
return TURE;
```

函数 osRtxThreadWaitEnter 执行完成后就返回 svcRtxMessageQueueGet 函数中继续执行。此时，当前线程（定时器线程）已经被放入等待列表（osRtxInfo.thread.wait_list）中，即阻塞了，主线程控制块指针也已经存入 osRtxInfo.thread.run.next 中，准备运行。在下节将继续分析 svcRtxMessageQueueGet 函数的后续代码。

3. osRtxThreadWaitEnter 函数执行流程

osRtxThreadWaitEnter 函数的执行流程如图 8-17 所示。

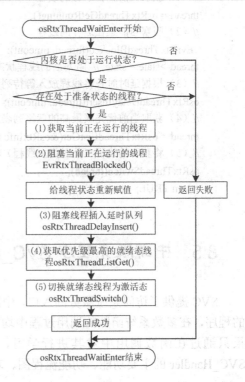

图 8-17 osRtxThreadWaitEnter 函数的执行流程

4. osRtxThreadWaitEnter 函数完整代码注释

```
//==========================================================================
//函数名称：osRtxThreadWaitEnter（进入线程等待状态）
//函数返回：TURE—线程状态改变成功；FALSE—线程状态改变失败
//参数说明：state—线程状态（-1 表示错误，0 表示非活动态，1 表示就绪态；2 表示运行态，
//              3 表示阻塞态，4 表示终止态）
//         timeout—延迟时间,单位是 ms
//功能概要：进入线程等待状态，改变线程的一些状态和属性标记
//==========================================================================
bool_t osRtxThreadWaitEnter (uint8_t state, uint32_t timeout)
{
    os_thread_t *thread;
    //如果当前内核状态不是运行状态，就返回 FALSE
    if (osRtxKernelGetState() != osRtxKernelRunning)
    {
        return FALSE;
    }
    //如果当前没有处于准备状态的线程，就返回 FALSE
    if (osRtxInfo.thread.ready.thread_list == NULL)
    {
        return FALSE;
    }
    // (1) 获取当前正在运行的线程
    thread = osRtxThreadGetRunning();
    // (2) 阻塞当前正在运行的线程
    EvrRtxThreadBlocked(thread, timeout);
    thread->state = state;  // 阻塞后的线程状态重新赋值
    // (3) 根据延时时长将线程放入等待列表或延迟队列中
    osRtxThreadDelayInsert(thread, timeout);
    // (4) 获取当前优先级最高的就绪列表中的线程（此时为主线程）
    thread = osRtxThreadListGet(&osRtxInfo.thread.ready);
    // (5) 将获取的线程（此时为主线程）状态转为激活态，并放入 osRtxInfo.thread.run.next 中
    osRtxThreadSwitch(thread);
    return TRUE;
}
```

8.5 中断服务程序 SVC_Handler 详解

SVC 提供了访问系统服务的入口，中断服务程序 SVC_Handler 是本样例程序中非常重要的程序，在多数系统函数的调用过程中均需使用到，不同的函数调用中执行的流程不同，如果只通过在函数调用中对其进行学习，仅能管中窥豹。在本节中将介绍中断服务程序 SVC_Handler 的主要功能、功能流程图、功能分段解析，以及 SVC_Handler 的完整代码。

8.5.1 SVC_Handler 功能概要

SVC_Handler 函数的主要功能有以下几点。

（1）在 SVC 中断服务程序中，先根据传入的 EXC_RETURN 值的第 2 位判断使用的是主栈（MSP）还是线程栈（PSP），然后根据栈指针（MSP 或 PSP）值得到栈中的 PC（返回地址）值，从 SVC 指令的机器码中提取立即数作为调用号。在 Mbed OS 中调用号为 0 是系统服务，其他为用户自定义服务。

（2）如果是系统服务，就取出栈顶的 4 个字（用来传递参数给 R12 中的函数）放入 R0~R3，调用触发 SVC 异常函数放在 R12 中的函数，并将调用所得到的返回值存入堆栈区（直接存入不使用压栈指令），以便返回给触发 SVC 异常的函数。

（3）在 SVC 中断服务程序中根据当前 OS 实时状态 osRtxInfo 中的 thread.run（线程运行信息）决定是否进行上下文切换与线程切换。

（4）使用不同的 EXC_RETURN 返回。

关于 EXC_RETURN 的说明如下。

EXC_RETURN 是 ARM 架构定义的特殊值，用于异常返回机制。这个值在异常被接受且压栈完成后自动存储到连接寄存器 LR（R14）中。EXC_RETURN 值为 32 位，但高 27 位都为 1。在 Cortex-M 中，第 0 位是保留位且必须为 1。EXC_RETURN 的合法值有 6 个，如表 8-7 所示。

表 8-7 EXC_RETURN 的合法值

EXC_RETURN	条件
0xFFFFFFF1	返回处理模式（总是使用主栈），不需要出栈浮点状态寄存器组
0xFFFFFFF9	返回线程模式并在返回中使用主栈，不需要出栈浮点状态寄存器组
0xFFFFFFFD	返回线程模式并在返回中使用进程栈，不需要出栈浮点状态寄存器组
0xFFFFFFE1	返回处理模式（总是使用主栈），需要出栈浮点状态寄存器组
0xFFFFFFE9	返回线程模式并在返回中使用主栈，需要出栈浮点状态寄存器组
0xFFFFFFED	返回线程模式并在返回中使用进程栈，不需要出栈浮点状态寄存器组

EXC_RETURN 的值在异常入口处被自动加载到 LR 中，异常处理把它当作普通返回地址，如果该返回地址无需压栈，异常处理可以像普通函数一样通过"BX LR"指令来触发异常返回并返回到中断前的程序。如果异常处理需要执行函数调用，就要将 LR 压栈。在异常处理的最后，已经压栈的 EXC_RETURN 值会通过 POP 指令直接加载到 PC，这样就能触发异常返回。

8.5.2 SVC_Handler 完整流程

SVC_Handler 函数的执行流程如图 8-18 所示。

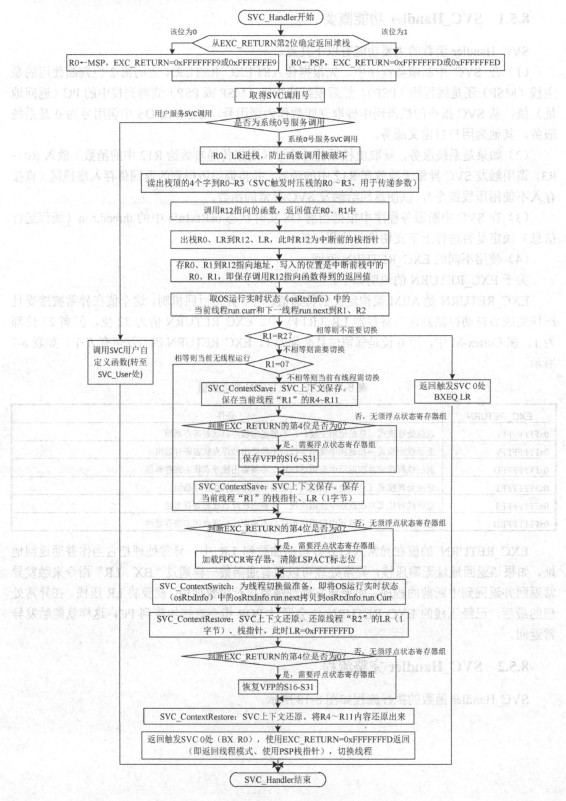

图 8-18 SVC_Handler 函数的执行流程

8.5.3 SVC_Handler 功能分段解析

下面将分段解析中断服务程序 SVC_Handler 的功能代码,其源代码可查看 "…\02_CPU\chip\irq_cm4f.S" 文件。

1. 判断 SVC 中断使用的栈指针

通过传入的 EXC_RETURN 的第 2 位的值是 0 还是 1,判断 SVC 使用的栈指针是 MSP 还是 PSP。若为 0,则表示使用的是 MSP;若为 1,则表示使用的是 PSP。

TST	LR,#0x04	//从 EXC_RETURN 第 2 位确定返回堆栈
ITE	EQ	//判断 EQ 符合条件则执行 MRSEQ 语句,否则执行 MRSNE 语句
MRSEQ	R0,MSP	// bit_2=0,CPSR 标志位 Zero=1,R0←MSP(如果返回的是 MSP)
MRSNE	R0,PSP	// bit_2=1,CPSR 标志位 Zero=0,R0←PSP(如果返回的是 PSP)

2. 取 SVC 调用号

取 SVC 调用号。根据调用号判断是系统服务还是用户服务。取出中断前的栈指针(MSP 或 PSP,根据传入 EXC_RETURN 的第 2 位的值得到)到 R0,取[R0+24]处的值到 R1 中,[R0+24]处的内容是栈中的 PC 值[①],将 R1 减 2[②]取出 SVC 指令中的立即数(调用号),判断是否是 0。若是 0,则表示为系统服务继续向下执行(2),否则,其他值表示为用户自定义服务转向第 12 步执行。

LDR	R1,[R0,#24]	//R1←取执行 SVC 指令前压入堆栈中的 PC 值
LDRB	R1,[R1,#-2]	//该 PC 值-2 为 SVC 指令的调用号存放的地址,R1←SVC 指令的调用号
CBNZ	R1,SVC_User	//若 SVC 指令调用号≠0,跳转至 SVC_User

3. 调用 R12 中函数前的准备工作

(1)压栈 R0、LR,防止调用 R12 中函数时破坏,即保存中断前的栈指针(MSP 或 PSP)、EXC_RETURN。

(2)取出栈顶的 4 个字存入 R0~R3,栈顶的 4 个字为触发 SVC 前 R0~R3 的值,用于传递参数。

PUSH	{R0,LR}	//若 R0←PSP 则 PSP、LR(EXC_RETURN)入栈,若 R0←MSP 则 MSP、
		//LR(EXC_RETURN)入栈
LDM	R0,{R0-R3,R12}	//从堆栈中读出进入本程序之前入栈的 R0~R3

4. 调用 R12 中的函数

使用子过程调用指令 BLX 调用 R12 寄存器指向的函数,返回地址自动放入 LR 中。

BLX	R12	//跳转到 R12 指向的函数

---

① 在触发 SVC 异常后,处理器硬件会自动按寄存器编号由高到低的顺序将 8 个 32 位寄存器 R0~R3、R12、LR、PC 和 xPSR 压栈,在 SVC 返回时硬件会自动将这 8 个寄存器出栈。在触发 SVC 前调整了 PSP,使其指向 R0 所在的地址。因此,PSP 的值+24 指向 PC 的值。

② 由于 thumb 指令是 16 位,因此 SVC 指令中的调用号位于 PC 寄存器的值-2 处;若是 ARM 指令,则为 32 位,SVC 指令中的调用号位于 PC 寄存器的值-4 处。

5. R12 中函数返回后的工作

（1）出栈 R0、LR 到 R12、LR 中，此时 R12 为中断前栈指针，LR=EXCRETURN。
（2）将存有返回值的 R0、R1 放入堆栈区，并存入中断前的堆栈（MSP 或 PSP）中。

POP	{R12,LR}	//R12←PSP;LR←EXC_RETURN
STM	R12,{R0-R1}	//存储函数返回值 R0～R1 到 PSP 堆栈中

6. 线程切换判断

根据 OS 实时状态 osRtxInfo 中的 thread.run（线程运行信息）决定是否需要线程切换。取"=osRtxInfo+I_T_RUN_OFS[①]"到 R3。以 R3 为地址，取两个字到 R1、R2，即 R1=thread.run.curr，R2=thread.run.next。比较 R1 与 R2，若 R1=R2，则不需要进行上下文与线程切换，跳转至第 11 步，否则继续执行第 7 步。

SVC_Context:		
LDR	R3,=osRtxInfo+I_T_RUN_OFS	//R3←当前运行线程存放的地址
LDM	R3,{R1,R2}	//R1←当前运行线程(osRtxInfo.thread.run.curr);
		//R2←下一个线程(osRtxInfo.thread.run.next)
CMP	R1,R2	//判断是否需要线程切换
IT	EQ	//判断 EQ 符合条件则执行 BXEQ 语句
BXEQ	LR	//R1=R2，则返回触发 SVC 0 处

7. 判断当前线程状态

判断当前线程状态，决定是否需要保存当前线程上下文。若 R1=0，表示当前无线程运行，不需要保存当前线程上下文，转向第 9 步，否则 R1≠0，表示当前有线程运行，需要保存上下文，继续执行第 8 步。

CBNZ	R1,SVC_ContextSave	//R1 不等于 0 表示有线程需切换，先保存上下文
TST	LR,#0x10	//检查扩展堆栈帧（通过检查该位来表示是否需要 FPU 寄存器组）
BNE	SVC_ContextSwitch	//若 R1 被删除（R1=0），则通过判断此时的 EXC_RETURN 的 bit_4 位
		//来确定是否需使用 FPU 出栈寄存器组，跳转 SVC_ContextSwitch

8. 保存线程上下文

保存 osRtxInfo.thread.run.curr 线程上下文，实际上就是将 MCU 的 R4～R11 寄存器的值保存到当前线程控制块 R1（osRtxInfo.thread.run.curr）的 SP 指针开始的 32 字节的单元中。

（1）通过设置 FPCCR 寄存器的 LSPACT 标志位状态[②]，得到一个中断延迟状态。
（2）按照 R11, R10, …, R4 的顺序压入栈中（将 R11 的中内容放入 R12 所指的内存地址中，R12 地址-4 再压 R10……）。
（3）保存 R12 到[R1+#TCB_SP_OFS]，其中 R1 为当前线程控制块指针，TCB_SP_OFS=56，[R1+#TCB_SP_OFS]为 SP 字段在线程控制块中的偏移，即保存线程栈指针至线程控制块中的

---

① I_T_RUN_OFS =20，为 thread.run.curr（当前运行线程）在 OS 实时状态 osRtxInfo 中的偏移量，故当前运行线程 osRtxInfo.thread.run.curr 的实际地址为 osRtxInfo+I_T_RUN_OFS。
② FPCCR(Floating-point Context Control Register，浮点上下文控制寄存器)：用于设置或返回 FPU 控制数据，LSPACT 位为 1 时，惰性状态保存被激活。已分配浮点堆栈帧，但将状态保存到该帧的操作会被延迟。在这里起到一个延迟状态的作用。

SP 变量中。

（4）保存线程上下文，按寄存器编号由低向高的顺序把 R4～R11 存入线程栈空间内，即编号大的寄存器存入高地址，保持与寄存器压栈顺序相同。

```
#ifdef __FPU_PRESENT
    LDR     R1,=0xE000EF34      //FPCCR 存储地址
    LDR     R0,[R1]             //加载 FPCCR
    BIC     R0,R0,#1            //清除 LSPACT(延迟状态)
    STR     R0,[R1]             //保存 FPCCR
    B       SVC_ContextSwitch
#endif
//（4）保存 R4～R11 的值到栈指针（MSP 或 PSP）下方的 32 字节
//SVC 上下文保存
SVC_ContextSave:
    STMDB   R12!,{R4-R11}       //保存 R4～R11，按照 R11, R10, …, R4 的顺序保存
#ifdef __FPU_PRESENT
    TST     LR,#0x10            //检查扩展堆栈帧（通过检查该位来表示是否需要 FPU 寄存器组）
    IT      EQ                  //Zero 标志位=1，需要用到出栈浮点状态寄存器组
    VSTMDBEQ R12!,{S16-S31}     //保存 VFP 的 S16～S31
#endif
    STR     R12,[R1,#TCB_SP_OFS]    //将栈指针（MSP 或 PSP）的值-32 存入当前线程的
                                    //TCB_SP_OFS 位置
    STRB    LR, [R1,#TCB_SF_OFS]    //存储堆栈帧信息
```

9. 线程运行信息切换

切换线程运行信息，将 R2 存入[R3]，R2 中保存的是 osRtxInfo.thread.run.next，即 osRtxInfo.thread.run.next 存入 osRtxInfo.thread.run.curr。

```
SVC_ContextSwitch:
    STR     R2,[R3]             //每个线程指针占 4 字节，R3 指向 osRtxInfo.thread.run.curr,
                                //R2(=osRtxInfo.run.next)存入 osRtxInfo.run.curr 中
```

10. 恢复线程上下文，SVC 中断返回（线程切换）

恢复 osRtxInfo.thread.run.next 线程的上下文，实际上就是取出线程控制块 R2（osRtxInfo.thread.run.next）中 SP 指针开始的 32 字节的数据（也就是 R2 保存的 R4～R11 数据），并放入 MCU 的 R4～R11，SVC 中断返回，完成线程切换。

（1）从 osRtxInfo.thread.run.next 线程栈中恢复 R4～R11 寄存器。取[R2+#TCB_SP_OFS]（线程的栈指针 SP）到 R0 中，取[R2+#TCB_SF_OFS]（线程的栈帧 stack_frame）到 R1 中。

（2）stack_frame 的初始值（0xFD）与 0xFFFFFF00 进行"或"运算，得到 EXC_RETURN 的合法值：0xFFFFFFFD。此时 R2 线程中的 LR=0xFFFFFFFD。

（3）恢复 R4～R11。

（4）触发中断返回机制，退出 SVC 中断。R0=0xFFFFFFFD 是一个合法的 EXC_RETURN，表示退出 SVC 中断时，返回线程模式，使用 PSP 为栈指针，此时 PSP 为 osRtxInfo.thread.run.next 线程的栈指针，即进入 osRtxInfo.thread.run.next 线程中执行。

```
SVC_ContextRestore:
```

LDRB	R1,[R2,#TCB_SF_OFS]	//加载堆栈帧信息
LDR	R0,[R2,#TCB_SP_OFS]	//R0←当前线程 R2+56 的位置(=当前线程控制块中的 SP)
ORR	LR,R1,#0xFFFFFF00	//LR←0xFFFFFFFD，是合法的 EXC_RETURN 值
#ifdef __FPU_PRESENT		
TST	LR,#0x10	//检查扩展堆栈帧
IT	EQ	
VLDMIAEQ R0!,{S16-S31}		//恢复 VFP 的 S16~S31
#endif		
LDMIA	R0!,{R4-R11}	//恢复 R4~R11
MSR	PSP,R0	//返回线程模式，并使用 PSP

11．SVC 中断返回（未进行线程切换）

跳转到 LR，返回触发 SVC 中断的代码中。此时 LR 的内容为触发 SVC 中断时生成的 EXC_RETURN，栈指针也未发生变化，即返回触发 SVC 中断的代码中。

SVC_Exit:		
BX	LR	//退出 SVC，返１回线程模式

12．用户自定义服务调用

用户自定义服务，仅在指令值非零时使用，通过查表得到要执行的用户服务函数地址，执行后将返回值存入栈中并返回。

```
//SVC 用户自定义
SVC_User:
    LDR     R2,=osRtxUserSVC       //R2←SVC 表（存储自定义处理函数）的地址
    LDR     R3,[R2]                //R3←SVC 最大值
    CMP     R1,R3                  //判断 SVC 指令值是否大于 SVC 最大值
    BHI     SVC_Exit               //若 SVC 指令值大于 SVC 最大值，跳转至 SVC_Exit
    PUSH    {R0,LR}    //R0←为中断前栈指针（MSP 或 PSP）和 LR（EXC_RETURN）入栈
    LDR     R12,[R2,R1,LSL #2]     //R1←R1×4。因一个处理函数地址占 4 字节
                                   //R12←当前 SVC 指令值对应的处理函数的地址
    LDM     R0,{R0-R3}             //R0←为中断前栈指针（MSP 或 PSP），从 PSP 堆栈中读出
                                   //保存的 R0~R3 到 R0~R3
    BLX     R12                    //执行当前 SVC 指令值对应的处理函数
    POP     {R12,LR}   //R12←为中断前栈指针（MSP 或 PSP）和 LR（EXC_RETURN）
                                   //出栈，恢复栈指针和 EXC_RETURN
    STR     R0,[R12]               //R0→函数返回结果
    BX      LR                     //从处理程序返回
```

8.5.4 SVC_Handler 完整代码注释

```
//==========================================================================
//函数名称：SVC_Handler 中断服务例程
//功能概要：根据传入的 SVC 指令值，执行相应的中断处理函数，必须要得到立即执行。对于操作系统
//         来说，本函数处于管理模式下，可对内核进行操作
//入口参数：SVC 指令值、R0~R3
//函数返回：R0~R3
//版权所有：苏州大学 ARM 嵌入式中心(sumcu.suda.edu.cn)
```

```
//版本更新：2020-05-16
//=================================================================
.thumb_func                          //表明函数使用的是 thumb 指令集的函数
.type      SVC_Handler, %function    //指定 SVC_Handler 为函数类型
.global    SVC_Handler               //声明全局函数 SVC_Handler
.fnstart                             //SVC_Handler 函数开始标志
.cantunwind                          //防止通过当前功能展开
SVC_Handler:
//（1）判断 SVC 指令调用号，若为零号调用，继续向下执行，否则跳转至（8）
TST        LR,#0x04                  //从 EXC_RETURN 第 2 位确定返回堆栈（注⑧）
ITE        EQ          //判断 EQ 符合条件则执行 MRSEQ 语句，否则执行 MRSNE 语句
MRSEQ      R0,MSP                    //bit_2=0，CPSR 标志位 Zero=1，R0←MSP(如果返回的是 MSP)
MRSNE      R0,PSP                    //bit_2=1，CPSR 标志位 Zero=0，R0←PSP(如果返回的是 PSP)
LDR        R1,[R0,#24]               //R1←取执行 SVC 指令前压入堆栈中的 PC 值（注①）
LDRB       R1,[R1,#-2]               //该 PC 值-2 为 SVC 指令的调用号存放的地址（注②），R1←SVC
                                     //指令的调用号
CBNZ       R1,SVC_User               //若 SVC 指令调用号≠0，则跳转至 SVC_User
//（2）【读出入口参数 R0～R3、执行 R12 中的函数，并存储返回值到中断前的堆栈】（注④）
PUSH       {R0,LR}                   //若 R0←PSP，则 PSP、LR（EXC_RETURN）入栈，
                                     //若 R0←MSP，则 MSP、LR（EXC_RETURN）入栈（注③）
LDM        R0,{R0-R3,R12}            //从堆栈中读出进入本程序之前入栈的 R0～R3、R12
BLX        R12                       //跳转到 R12 指向的函数（注④）
POP        {R12,LR}                  //出栈 R0、LR 到 R12、LR，此时 R12 为中断前栈指针，LR←EXC_
                                     //RETURN
STM        R12,{R0-R1}               //存储函数返回值 R0～R1 到中断前的堆栈中
//（3）【若不需要切换线程，则跳转至 SVC_Exit；若线程被删除，则跳转至 SVC_ContextSwitch；否则
//      继续执行】
//SVC 上下文
SVC_Context:
LDR        R3,=osRtxInfo+I_T_RUN_OFS //R3←当前运行线程存放的地址（注⑤）
LDM        R3,{R1,R2}                //R1←当前运行线程(osRtxInfo.thread.run.curr);
                                     //R2←下一个线程(osRtxInfo.thread.run.next)
CMP        R1,R2                     //判断是否需要线程切换
IT         EQ                        //判断 EQ 符合条件则执行 BXEQ 语句
BXEQ       LR                        //R1=R2，则返回触发 SVC 0 处
CBNZ       R1,SVC_ContextSave        //R1 不等于 0 表有线程需切换，先保存上下文
TST        LR,#0x10                  //检查扩展堆栈帧（通过检查该位来表示是否需要 FPU
                                     //寄存器组，注③）
BNE        SVC_ContextSwitch         //若 R1 被删除（R1=0），则判断此时 EXC_RETURN 的 bit_4 位
                                     //确定是否需使用 FPU 出栈寄存器组，跳转至 SVC_ContextSwitch
#ifdef __FPU_PRESENT
    LDR    R1,=0xE000EF34            //FPCCR 存储地址
    LDR    R0,[R1]                   //加载 FPCCR
    BIC    R0,R0,#1                  //清除 LSPACT(延迟状态)（注⑨）
    STR    R0,[R1]                   //保存 FPCCR
    B      SVC_ContextSwitch
#endif
```

```
// (4) 保存 R4~R11 的值到栈指针 (MSP 或 PSP) 下方的 32 字节
//SVC 上下文保存
SVC_ContextSave:
    STMDB    R12!,{R4-R11}              //保存 R4~R11，按照 R11,R10,…,R4 的顺序保存
#ifdef __FPU_PRESENT
    TST   LR,#0x10                      //检查扩展堆栈帧（通过检查该位来表示是否需要 FPU 寄存器组）
    IT    EQ                            //Zero 标志位=1，需要用到出栈浮点状态寄存器组（注③）
    VSTMDBEQ R12!,{S16-S31}             //保存 VFP 的 S16~S31
#endif
    STR   R12,[R1,#TCB_SP_OFS]          //将栈指针(MSP 或 PSP)的值-32 存入当前线程的 TCB_SP_
                                        //OFS 位置
    STRB  LR, [R1,#TCB_SF_OFS]          //存储堆栈帧信息
// (5) 切换到下一个线程
//SVC 上下文切换
SVC_ContextSwitch:
    STR      R2,[R3]     //每个线程指针占 4 字节，R3 指向 osRtxInfo.thread.run.curr, R2(=osRtxInfo.
                         //run.next)存入 osRtxInfo.run.curr 中
// (6) 还原线程的 R4~R11 寄存器，并退出 SVC，返回线程模式
//SVC 上下文还原
SVC_ContextRestore:
    LDRB  R1,[R2,#TCB_SF_OFS]           //加载堆栈帧信息
    LDR R0,[R2,#TCB_SP_OFS] //R0←当前线程 R2+56 的位置(=当前线程控制块中//的 SP)（注⑦）
    ORR   LR,R1,#0xFFFFFF00             //LR←0xFFFFFFFD，是合法的 EXC_RETURN 值
#ifdef __FPU_PRESENT
    TST   LR,#0x10                      //检查扩展堆栈帧（通过检查该位来表示是否需要 FPU 寄存器组）
    IT    EQ                            //Zero 标志位=1，需要用到出栈浮点状态寄存器组（注③）
    VLDMIAEQ R0!,{S16-S31}              //恢复 VFP 的 S16~S31
#endif
    LDMIA    R0!,{R4-R11}               //恢复 R4~R11
    MSR      PSP,R0                     //返回线程模式，并使用 PSP
// (7) 退出 SVC，返回线程模式
//SVC 退出
SVC_Exit:
    BX       LR                         //退出 SVC，返回线程模式（Exit from handler）
// (8) 用户自定义函数 SVC_User，仅在指令值非零时使用
//SVC 用户自定义
SVC_User:
    LDR   R2,=osRtxUserSVC              //R2←SVC 表（存储自定义处理函数）的地址
    LDR   R3,[R2]                       //R3←SVC 最大值
    CMP   R1,R3                         //判断 SVC 指令值是否大于 SVC 最大值
    BHI   SVC_Exit                      //若 SVC 指令值大于 SVC 最大值，跳转至 SVC_Exit
//至此，SVC 指令值不大于 SVC 最大值
    PUSH     {R0,LR}  //R0←为中断前栈指针（MSP 或 PSP）和 LR（EXC_RETURN）入栈
    LDR      R12,[R2,R1,LSL #2]         //R1←R1×4。因一个处理函数地址占 4 字节
                                        //R12←当前 SVC 指令值对应的处理函数的地址
    LDM      R0,{R0-R3}                 //R0←为中断前栈指针（MSP 或 PSP）
                                        //从堆栈中读出保存的 R0~R3 到 R0~R3
```

```
        BLX       R12                        //执行当前 SVC 指令值对应的处理函数
        POP       {R12,LR}                   //R12←为中断前栈指针（MSP 或 PSP）和 LR
//（EXC_RETURN）出栈，恢复栈指针和 EXC_RETURN
        STR       R0,[R12]                   //R0→函数返回结果
        BX        LR                         //从处理程序返回（Return from handler）
.fnend                                       //函数功能结束
.size   SVC_Handler, .-SVC_Handler           //为函数分配内存
//SVC_Handler 函数结束==============================================================
//================================================================================
```

注①：在调用 SVC 之前，堆栈中按顺序存放了 8 个 32 位寄存器 R0～R3、R12、LR、PC 和 xPSR 中的值。PSP 指向 R0 的值所在的位置。因此，PSP 的值+24 指向 PC 的值。

注②：在调用 SVC 中断之前，M4 内核会自动保存 PC 寄存器的值，即 SVC 指令上一行的地址。因此，可以通过该地址获得 SVC 指令值。由于 thumb 指令是 16 位，SVC 指令位于 PC 寄存器的值-2 处。而 ARM 指令是 32 位，SVC 指令位于 PC 寄存器的值-4 处。

注③：中断时的 LR 寄存器与函数调用时不同。其值被自动更新为合法的 EXC_RETURN，EXC_RETURN 值共有 6 个。0xFFFFFFF1，返回 handler 模式，不需要出栈浮点状态寄存器组；0xFFFFFFF9，返回线程模式，并使用 MSP，不需要出栈浮点状态寄存器组；0xFFFFFFFd，返回线程模式，并使用 PSP，不需要出栈浮点状态寄存器组；0xFFFFFFE1，返回 handler 模式，需要出栈浮点状态寄存器组；0xFFFFFFE9，返回线程模式，并使用 MSP，需要出栈浮点状态寄存器组；0xFFFFFFED，返回线程模式，并使用 PSP，需要出栈浮点状态寄存器组。

注④：进入 SVC 之前，R12 中保存了需要执行的函数，很重要，由调用者指定函数地址。

注⑤：osRtxInfo：OS Runtime Information 操作系统运行信息。
I_T_RUN_OFS：当前运行线程在 OS 运行时信息中的偏移位置。

注⑥：将 R4～R11 存储在 PSP 指向地址下方的 32 个字节。R4 位于地址最低的位置。

注⑦：参考 SVC_ContextSave 的第 8 行可知。

注⑧：TST 指令把一个寄存器内容与另一个寄存器内容或立即数进行按位与运算，并根据运算结果更新 CPSR 条件标志的值（若当前运算结果为 1，则 Z=0；若运算结果为 0，则 Z=1），这里是和 0x04 进行运算来判断 bit_2 的数值；若 bit_2 为 0，则运算结果为 0，Z=1，返回的线程模式使用的是 MSP；否则为 PSP（参考注③的 EXC_RETURN 的合法值）。

注⑨：Cortex M4 架构带有 32 位单精度硬件 FPU，支持浮点指令集，相对于 Cortex M0 和 Cortex M3 等，大大提高了运算性能。FPCCR（Floating-point Context Control Register，浮点上下文控制寄存器）：用于设置或返回 FPU 控制数据。LSPACT 位为 1 时，惰性状态保存被激活。已分配浮点堆栈帧，但将状态保存到该帧的操作会被延迟。在中断服务过程中，若使用 FPU，内核会自动把 S0～S15 和 FPSCR 入栈，LSPACT 同时清零，之后内核检测到 LSPACT=0 时，便会执行出栈操作恢复 FPU 寄存器，在这里起到一个延迟状态的作用。

注⑩：栈帧 stack_frame 的初始值是 0xFD，获取栈帧地址数据后与 0xFFFFFF00 进行"或"运算即得到 0xFFFFFFFD。

//==

8.6 函数调用关系总结及存储空间分析

至此，Mbed OS 启动完成，线程切换到主线程函数 app_init 进行执行，由主线程函数负责创建和启动各个用户线程，当用户线程启动后，主线程结束并释放所占有的资源，进入阻塞态，由 Mbed OS 开始对用户线程进行调度。

通过以上各节的描述，读者应该对 Mbed OS 启动过程有了一个基本的轮廓，为了更好地帮助读者理解各个函数之间的调用关系，现对各主要函数之间的调用关系做一个小结。需要说明的是，在 Mbed OS 5.15.1 版本中，以 Evr 或者 EventRecord 开头的这些函数，其内容均为空，未做任何操作，因此可以忽略对这些函数的理解。

8.6.1 启动过程中函数的调用关系总结

1. Mbed OS 启动过程中函数的调用关系

从芯片上电复位到 Mbed OS 的内核启动完成主要涉及系统启动文件（startup_stm32l431rctx.S）、系统初始化（SystemInit）、转到 main 函数、启动操作系统（mbedOS_start）、内核初始化（osKernelInitialize）、建立互斥量（osMutexNew）、创建主线程（osThreadNew）和内核启动（osKernelStart）等。Mbed OS 启动过程中函数的调用关系如图 8-19 所示。

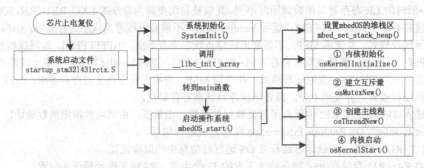

图 8-19　Mbed OS 启动过程中函数的调用关系

2. 内核初始化过程中函数的调用关系

内核初始化过程主要涉及内核初始化（osKernelInitialize）、SVC 触发封装（__svcKernelInitialize）、SVC 中断服务程序（SVC_Handler）和实际内核初始化（svcRtxKernelInitialize）等。内核初始化过程中函数的调用关系如图 8-20 所示。

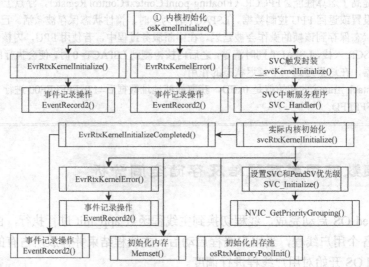

图 8-20　内核初始化过程中函数的调用关系

3. 互斥信号建立过程中函数的调用关系

互斥信号建立过程主要涉及建立互斥信号（osMutexNew）、SVC 触发封装（__svcMutexNew）、SVC 中断服务程序（SVC_Handler）和实际建立互斥信号（svcRtxMutexNew）等，互斥信号建立过程中函数的调用关系如图 8-21 所示。

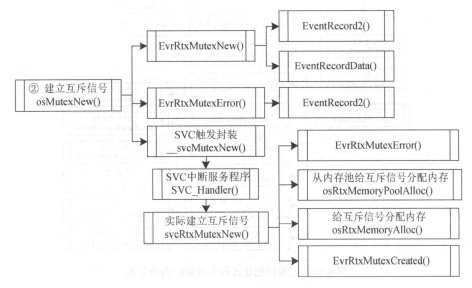

图 8-21　互斥信号建立过程中函数的调用关系

4. 主线程创建过程中函数的调用关系

主线程创建过程主要涉及创建主线程（osThreadNew）、创建线程控制块（osThreadContextNew）、SVC 触发封装（__svcThreadNew）、SVC 中断服务程序（SVC_Handler）、实际创建线程（svcRtxThreadNew）和内核状态转换（osRtxThreadDispatch）等，主线程创建过程中函数的调用关系如图 8-22 所示。

5. 内核启动过程中函数的调用关系

内核启动过程主要涉及内核启动（osKernelStart）、SVC 触发封装（__svcKernelStart）、SVC 中断服务程序（SVC_Handler）、实际内核启动（svcRtxKernelStart）、创建空闲线程（osRtxIdleThread）、创建定时器线程（osRtxTimerThread）、获取当前线程（osRtxThreadListGet）和线程切换（osRtxThreadSwitch）等，内核启动过程中函数的调用关系如图 8-23 所示。

6. 消息队列创建过程中函数的调用关系

消息队列创建过程主要涉及创建消息队列（osMessageQueueNew）、SVC 触发封装（__svcMessageQueueNew）、SVC 中断服务程序（SVC_Handler）、实际创建消息队列（svcRtxMessageQueueNew）等，消息队列创建过程中函数的调用关系如图 8-24 所示。

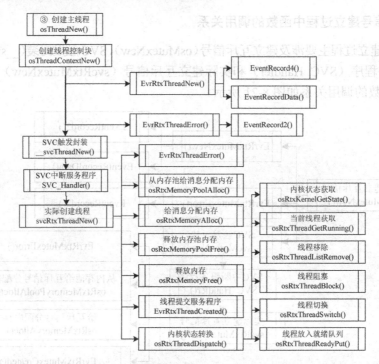

图 8-22 主线程创建过程中函数的调用关系

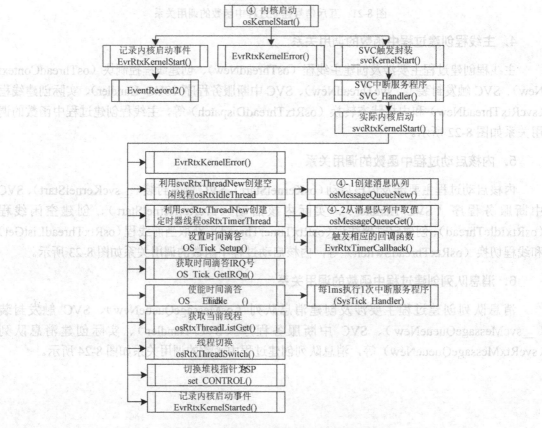

图 8-23 内核启动过程中函数的调用关系

第 8 章 理解 Mbed OS 的启动过程

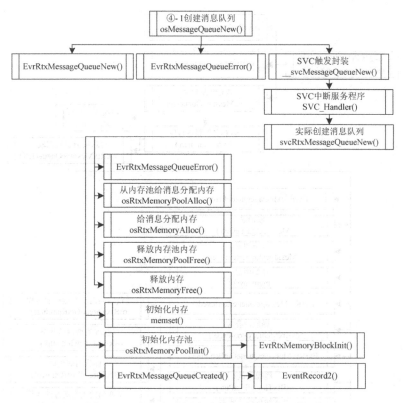

图 8-24 消息队列创建过程中函数的调用关系

7. 从消息队列取值过程中函数的调用关系

从消息队列取值过程主要涉及从消息队列中取值（osMessageQueueGet）、SVC 触发封装（__svcMessageQueueGet）、SVC 中断服务程序（SVC_Handler）、实际从消息队列取值（svcRtxMessageQueueGet）、进入线程等待状态（osRtxThreadWaitEnter）和切换到主线程（app_init）等。从消息队列取值过程中函数的调用关系如图 8-25 所示。

8.6.2 启动过程存储空间分析

在从芯片上电到最终 Mbed OS 启动这一过程中，Mbed OS 到底使用了哪些存储空间，这些存储空间具体使用情况又如何呢？本节将重点分析 Flash 区和 RAM 区的使用情况，它们的使用情况可以通过查阅链接文件 "...\linker_file\STM32L431RCTX_FLASH.ld"、工程中编译链接过程产生的列表文件 "Debug\CH8-mbedOS_StartAnalysis_STM32L431.lst" 和存储映像文件 "Debug\CH8-mbedOS_StartAnalysis_STM32L431.map" 来了解。

1．Flash 使用情况分析

STM32L431 片内 Flash 大小为 256KB，地址范围是 0x0800_0000～0x0803_FFFF，一般用来存放中断向量、程序代码、常数等，共有 128 个扇区，每个扇区大小为 2KB。由于 USER 程序 Flash 从 26 扇区开始，所以地址范围是 0x0800_D000～0x0803_FFFF，其中前 256B 为中断向量表，共有 48 个中断向量。Mbed OS 启动后 Flash 中各区的地址范围、大小及作用如表 8-8 所示。

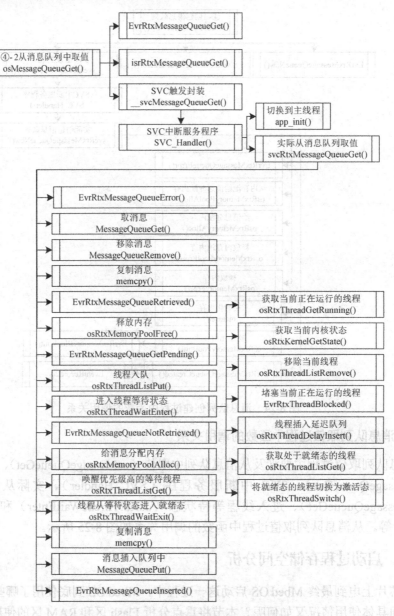

图 8-25 从消息队列取值过程中函数的调用关系

表 8-8 Flash 中各区的地址范围、大小及作用

Flash			地址范围	大小 (字节)	作 用
中文名称	英文名称				
中断向量区	isr_vector		0x0800_D000～0x0800_D7FF	0x0800	用于存放中断向量
代码及 常数区	m_text	text	0x0800_D800～0x0801_2457	0x4C58	用于存放程序代码
		rodata	0x0801_2458～0x0801_27A7	0x0350	用于存放只读数据(const)、字符串常量等
		ARM.extab	0x0801_27A8～0x0801_27A8	0x0000	ARM 保留
		ARM	0x0801_27A8～0x0801_27AF	0x0008	ARM 保留
		init_array	0x0801_27B0～0x0801_27BF	0x0010	保存程序或共享对象加载时的初始化函数指针
		fini_array	0x0801_27C0～0x0801_27CF	0x0010	保存程序或共享对象退出时的退出函数地址

可以在"Debug\CH8-mbedOS_StartAnalysis_STM32L431.map"文件中查看相关地址，直接搜索关键字即可找到。此外，下面的 RAM 地址也可用同样的方法查看。

2．RAM 使用情况分析

1）Mbed OS 启动后 RAM 使用情况分析

STM32L431 片内 RAM 为静态随机存储器 SRAM，大小为 64KB，地址范围为 0x2000_0000～0x2000_FFFF，一般用来存储全局变量、静态变量、临时变量（堆栈空间）等。由于 USER 程序 RAM 从 0x2000_3000 开始，所以地址范围是 0x2000_3000～0x2000_FFFF。该芯片的栈空间的使用方向是从大地址向小地址，因此栈空间的栈顶应该设置为 RAM 地址的最大值。而堆空间的使用方向是从小地址向大地址，这样可以减少重叠错误。在"Debug\CH8-mbedOS_StartAnalysis_STM32L431.map"文件中可以找到 Mbed OS 启动后 RAM 中各段的地址范围、大小及作用，如表 8-9 所示。

表 8-9　RAM 中各段的地址范围、大小及作用

各段名称	地址范围	大小（字节）	作　　用
data 段	0x2000_3000～0x2000_3137	0x0138	存放已初始化且值不为 0 的全局变量和静态变量
bss 段	0x2000_3138～0x2000_4F9F	0x1E68	存放未初始化或已初始化且值为 0 的全局变量和静态变量
heap 段	0x2000_4FA0～0x2000_559F	0x0600	用于动态申请空间
stack 段	～0x2000_FFFF		保存函数中的局部变量和参数

其中，初始化的数据段、未初始化的数据段、堆区和栈区的大小及地址范围会因程序的不同而不同。

2）各线程 RAM 分配情况分析

在 Mbed OS 的启动过程中，系统先后建立了主线程 main_thread、空闲线程 osRtxInfo.thread.idle、定时器线程 osRtxInfo.timer.thread，并启动定时中断。在切换到主线程函数 app_init 执行之前，这三个线程在就绪列表中。系统线程的 RAM 分配情况如表 8-10 所示。表中的成员名来源于线程控制块结构体，数据采用十六进制表示，可以通过对程序进行单步调试获得，这些数据会因每次程序的运行而有所变化。sp 的值等于 stack_mem+ stack_size-64（这个 64 字节的固定区域用于在线程进行上下文切换时，保存线程的上下文，即 R0～R12、R14、R15、xPSR 等 16 个寄存器）。

表 8-10　系统线程的 RAM 分配情况

成　员　名	线　程　名		
	主线程	空闲线程	定时器线程
osRtxThread_t（线程控制块地址）	0x2000_FF74	0x2000_4260	0x2000_421C
stack_mem（栈内存首地址）	0x2000_FD70	0x2000_43A8	0x2000_42A8
stack_size（栈大小）	0x200	0x100	0x100
thread_next（下一线程）	0x2000_1328	0	0x2000_FF74
thread_prev（上一线程）	0x2000_4260	0x2000_FF74	0x2000_3028
priority（优先级）	0x18	1	0x28
sp（当前栈指针）	0x2000_FF30	0x2000_4468	0x2000_4340

表 8-10 中的地址还可以通过 printf 语句打印出来进行查看，但 thread_next 和 thread_prev

这两个数据会不准确，读者要通过分析来获得。这里以主线程为例，只需要在"...\threadauto_appinit.cpp"文件中添加以下代码即可，详见"CH8.7-mbedOS_RAM_STM32L431"工程。

```
printf("主线程=%x.\n",osRtxInfo.thread.run.curr);
printf("主线程栈内存首地址=%x.\n",osRtxInfo.thread.run.curr->stack_mem);
printf("主线程栈大小=%x.\n",osRtxInfo.thread.run.curr->stack_size);
printf("主线程优先级=%x.\n",osRtxInfo.thread.run.curr->priority);
printf("主线程 SP=%x.\n",osRtxInfo.thread.run.curr->sp);
printf("主线程的上一线程=%x.\n",osRtxInfo.thread.run.curr->thread_prev);
printf("主线程的下一线程=%x.\n",osRtxInfo.thread.run.curr->thread_next);
```

在切换到主线程函数 app_init 执行之前，定时器线程、主线程和空闲线程之间的指向关系如图 8-26 所示，其中 0x2000_3028 地址表示就绪队列头指针，它指向 osRtxInfo 结构体偏移 28 的成员 ready，osRtxInfo 结构体在程序运行时的地址为 0x2000_300C，即 0x2000_3028= 0x2000_300C+28。

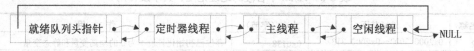

图 8-26 定时器线程、主线程和空闲线程之间的指向关系

定时器线程启动之后就被阻塞，转由主线程控制 CPU 的使用权，在主线程函数 app_init 中分别创建红灯线程 thd_redlight、蓝灯线程 thd_bluelight 和绿灯线程 thd_greenlight 三个用户线程，当这三个用户线程启动完成后，主线程进入阻塞态。此时，系统中有 4 个线程，分别是空闲线程、红灯线程、蓝灯线程和绿灯线程，这 4 个线程的 RAM 分配如表 8-11 所示。表中的成员名来源于线程控制块结构体，数据采用十六进制表示，可以通过对程序进行单步调试获得，这些数据会因每次程序的运行而有所变化，sp 的值等于 stack_mem+ stack_size-64（这个 64 字节的固定区域用于在线程进行上下文切换时，保存线程的上下文，即 R0~R12、R14、R15、xPSR 等 16 个寄存器）。

表 8-11 4 个线程的 RAM 分配

成 员 名	线 程 名			
	空闲线程	红灯线程	蓝灯线程	绿灯线程
osRtxThread_t（线程控制块地址）	0x2000_4260	0x2000_46B0	0x2000_4530	0x2000_45F0
stack_mem（栈内存首地址）	0x2000_43A8	0x2000_4FA8	0x2000_51B0	0x2000_53B8
stack_size（栈大小）	0x100	0x200	0x200	0x200
thread_next（下一线程）	0	0x2000_4530	0x2000_45F0	0x2000_4260
thread_prev（上一线程）	0x2000_45F0	0x2000_3028	0x2000_46B0	0x2000_4530
priority（优先级）	1	0x18	0x18	0x18
sp（当前栈指针）	0x2000_4468	0x2000_5140	0x2000_5348	0x2000_5550

表 8-11 中的地址还可以通过 printf 语句打印出来进行查看，但 thread_next 和 thread_prev 这两个数据会不准确，读者要通过分析来获得。这里以红灯线程为例，只需要在"...\thread_redlight.cpp"文件中添加以下代码即可，详见"CH8.7-mbedOS_RAM_STM32L431"工程。

```
printf("红灯线程=%x.\n",osRtxInfo.thread.run.curr);
printf("红灯线程栈内存首地址=%x.\n",osRtxInfo.thread.run.curr->stack_mem);
```

```
printf("红灯线程栈大小=%x.\n",osRtxInfo.thread.run.curr->stack_size);
printf("红灯线程优先级=%x.\n",osRtxInfo.thread.run.curr->priority);
printf("红灯线程 SP=%x.\n",osRtxInfo.thread.run.curr->sp);
printf("红灯线程的上一线程=%x.\n",osRtxInfo.thread.run.curr->thread_prev);
printf("红灯线程的下一线程=%x.\n",osRtxInfo.thread.run.curr->thread_next);
```

Mbed OS 启动后，当红灯线程、蓝灯线程和绿灯线程这 3 个用户线程启动完成后，主线程进入阻塞态。此时，空闲线程、红灯线程、蓝灯线程和绿灯线程这 4 个线程在就绪列表中，它们之间的指向关系如图 8-27 所示，其中 0x2000_3028 地址表示就绪队列头指针，它指向 osRtxInfo 结构体偏移 28 的成员 ready，osRtxInfo 结构体在程序运行时的地址为 0x2000_300C，即 0x2000_3028=0x2000_300C+28。

图 8-27 4 个线程之间的指向关系

注意：线程之间的关系跟线程启动的顺序有关，随着线程的调度就绪列表中的线程也在动态变化。

8.7 本章小结

芯片复位开始执行的第一个指令在 "...\startup\startup_stm32l431rctx.s" 文件中的 Reset_Handler 标号处，主要完成系统时钟的初始化工作。转向 main 函数之后，开始 Mbed OS 的启动工作。

Mbed OS 启动的主要过程有设置 Mbed OS 堆栈区、内核初始化、建立互斥量、创建主线程和启动内核等。在内核启动过程中先后创建了主线程 main_thread（优先级为 24）、空闲线程 osRtxInfo.thread.idle（优先级为 1）和定时器线程 osRtxInfo.timer.thread（优先级为 40），这三个线程的状态都为就绪态，都被放入就绪列表中，并按优先级高低排列就绪，即定时器线程、主线程和空闲线程。当内核启动完成后，从就绪列表中取出定时器线程先运行，然后该线程被阻塞，Mbed OS 从就绪列表中选择主线程，由主线程执行函数 app_init 负责创建用户线程。

第 9 章 理解时间嘀嗒

时间嘀嗒是实时操作系统内核的重要组成部分。没有时间嘀嗒,调度就难以进行。理解时间嘀嗒是理解实时操作系统下线程被调度运行的重要一环。本章阐述时间嘀嗒的产生、实时操作系统下的延时函数运行机制等,并给出原理剖析。

9.1 时间嘀嗒的建立与使用

ARM Cortex-M 内核中包含了一个简单的定时器 SysTick,又称为"嘀嗒"定时器。由于这个定时器是包含在内核中的,因此凡是使用该内核生产的 MCU 均含有 SysTick,这样方便在采用该内核的 MCU 间进行程序移植。在使用实时操作系统时,一般可将该定时器作为操作系统的时间嘀嗒,可简化实时操作系统在以 ARM Cortex-M 为内核的 MCU 间的移植工作。

Mbed OS 使用 SysTick 作为"嘀嗒"定时器,在 SysTick 中断服务程序 SysTick_Handler 中对线程状态进行管理和调度,本书各样例程序的 SysTick 定时器的时钟频率为 48MHz,每 1ms 产生一次定时器中断,一个时间片为 5 个时间嘀嗒,即 5ms。

9.1.1 SysTick 定时器的寄存器

SysTick 定时器是一个 24 位倒计时计数器,它以系统内核时钟作为基准,在一个时钟周期中进行一个递减操作,初值通过编程设定,采用减 1 计数的方式工作,当减 1 计数到 0 时,可产生 SysTick 中断。

1. SysTick 定时器的寄存器地址

SysTick 定时器中有 4 个 32 位寄存器,基地址为 0xE000E010。Systick 定时器的寄存器其偏移地址及功能如表 9-1 所示。

表 9-1 Systick 定时器的寄存器偏移地址及功能

偏移地址	寄存器名	简 称	简明功能
0x0	控制及状态寄存器	CTRL	配置功能及状态标志
0x4	重载寄存器	LOAD	低 24 位有效,计数器到 0,用该寄存器的值重载
0x8	计数器	VAL	低 24 位有效,计数器的当前值,减 1 计数
0xC	校准寄存器	CALIB	针对不同 MCU,校准恒定中断频率

2. 控制及状态寄存器

控制及状态寄存器的 31～17 位、15～3 位为保留位，4 个位有实际含义，如表 9-2 所示，这 4 位分别是溢出标志位、时钟源选择位、中断使能控制位和 SysTick 使能位。复位时，若未设置参考时钟，则为 0x00000004，即其第 2 位为 1，默认使用内核时钟。

表 9-2 控制及状态寄存器中有实际含义的 4 个位

位	英文含义	中文含义	R/W	功能说明
16	COUNTFLAG	溢出标志位	R	计数器减 1 计数到 0，则该位为 1，读取该位清 0
2	CLKSOURCE	时钟源选择位	R/W	0，外部时钟；1，内核时钟（默认）
1	TICKINT	中断使能控制位	R/W	0，禁止中断；1，允许中断
0	ENABLE	SysTick 使能位	R/W	0，关闭；1，使能

3. 重载寄存器及计数器

SysTick 模块的计数器 STCVR 保存当前计数值，这个寄存器是由芯片硬件自行维护的，用户无须干预，系统可通过读取该寄存器的值得到更精细的时间表示。

SysTick 定时器的重载寄存器 LOAD 的低 24 位 D23～D0 有效，其值是计数器的初值及重载值。SysTick 定时器的计数器 VAL 保存当前计数值，这个寄存器是由芯片硬件自行维护的，用户无须干预，用户程序可通过读取该寄存器的值得到更精细的时间表示。

4. ARM Cortex-M 内核优先级设置寄存器

SysTick 定时器初始化程序时，还需用到 ARM Cortex-M 内核的系统处理程序优先级寄存器（System Handler Priority Register，SHPR），用于设定 SysTick 定时器中断的优先级。SHPR 位于系统控制块（System Control Block，SCB）中。在 ARM Cortex-M 中，只有 SysTick、SVC（系统服务调用）和 PendSV（可挂起系统调用）等内部异常可以设置其中断优先级，其他内核异常的优先级是固定的。编程时，使用 SCB->SHP[n]进行书写，SVC 的优先级在 SHP[0]寄存器中设置，PendSV 的优先级在 SHP[1]寄存器中设置，SysTick 的优先级在 SHP[1]寄存器中设置，具体如表 9-3 所示。在 Mbed OS 内核启动过程中，SVC 的优先级设为 2、PendSV 的优先级设为 3 及 SysTick 的优先级设为 3，其中 SVC 及 PendSV 主要用于实时操作系统中。

表 9-3 优先级设置

地址	名称	设置位	取值范围	描述
0xE000_ED20	SHP[1]	第 30～31 位	0～3	SysTick 的优先级
0xE000_ED20	SHP[1]	第 22～23 位	0～3	PendSV 的优先级
0xE000_ED1C	SHP[0]	第 30～31 位	0～3	SVC 的优先级

9.1.2 SysTick 定时器的初始化

1. SysTick 定时器初始化过程分析

Mbes OS 在内核启动函数 svcRtxKernelStart 中调用 SysTick 设置函数 OS_Tick_Setup 完成 SysTick 初始化（也就是时间嘀嗒初始化）、获取时间嘀嗒中断向量号和使能时间嘀嗒。

```
//============================================
//函数名：svcRtxKernelStart（系统内核启动）
```

```
//函数返回：osOK 表示内核启动成功；osError 表示内核启动失败
//参数说明：无
//功能概要：启动操作系统内核调度，包括创建空闲和定时器线程、设置并使能时间嘀嗒、切
//          换当前堆栈指针为PSP 等
//================================================================================
static osStatus_t svcRtxKernelStart (void)
{
    ……
    // （4）设置时间嘀嗒（SysTick），并设置其周期为1ms，如设置失败则报错返回
    if (OS_Tick_Setup(osRtxConfig.tick_freq, OS_TICK_HANDLER) != 0U)
        EvrRtxKernelError((int32_t)osError);
            return osError;
    // （4.1）获取时间嘀嗒中断向量号，这里为-1(以第一个外部中断为0，内部的向负生长)
    osRtxInfo.tick_irqn = OS_Tick_GetIRQn();
    // （4.2）使能时间嘀嗒并挂起PendSV 异常，若未使能则报错返回
    OS_Tick_Enable();
    ……
}
```

1）初始化设置函数

OS_Tick_Setup 函数的两个参数：一是 freq 参数为时间嘀嗒的周期；二是 OS_TICK_HANDLER 为 SysTick 中断服务处理程序（入口）。freq 参数值由 osRtxConfig.tick_freq 传入，而 osRtxConfig.tick_freq 的值是由 osRtxConfig 变量初始化时给出的（osRtxConfig 变量可在 "…\TARGET_CORTEX\rtx5\RTX\Source\rtx_lib.c" 文件中查看），即宏常数 OS_TICK_FREQ，它的实际值为 1000，表示内核嘀嗒定时器频率为 1000Hz，对应重载寄存器的值=48000000/1000-1，即 47999，当这个值减至 0 时，时间刚好为 1ms，也可以说，在 Mbed OS 中 1 个时间嘀嗒的周期为 1ms。OS_TICK_FREQ 的定义可查看 "…\TARGET_CORTEX\rtx5\RTX\Config\RTX_config.h" 文件。

```
#define  OS_TICK_FREQ     1000
```

注意：OS_TICK_FREQ 值越大，时间嘀嗒的周期越短；反之，OS_TICK_FREQ 值越小，时间嘀嗒的周期越长。若要设置 2ms 的时间嘀嗒周期，则 OS_TICK_FREQ=500。实际时间嘀嗒大小的设置需要考虑实时性与 CPU 运行效率。

OS_TICK_HANDLER 就是 SysTick 中断服务处理程序 SysTick_Handler，在 "…\TARGET_CORTEX\rtx5\RTX\Source\rtx_core_cm.h" 文件中有其宏定义。

```
#define OS_TICK_HANDLER        SysTick_Handler
```

2）获取 SysTick 中断号

osRtxInfo.tick_irqn = OS_Tick_GetIRQn();

3）时间嘀嗒使能函数

OS_Tick_Enable 函数可在 "…\TARGET_CORTEX\rtx5\Source\os_systick.c" 文件中查看源代码。

```
//================================================================================
//函数名称：OS_Tick_Enable
//函数返回：无
```

```
//参数说明：无
//功能概要：挂起 SysTick 中断并使能 SysTick 中断
//================================================================
__WEAK int32_t OS_Tick_Enable (void)
{
    //（1）挂起 SysTick 中断
    if (PendST != 0U)
    {
        PendST = 0U;
        SCB->ICSR = SCB_ICSR_PENDSTSET_Msk;
    }
    //（2）使能 SysTick 中断
    SysTick->CTRL |=  SysTick_CTRL_ENABLE_Msk;
    return (0);
}
```

2．SysTick 定时器初始化的源代码

SysTick 定时器初始化的步骤如下：①判断重载寄存器值是否合法；②根据 Mbed OS 的时间嘀嗒（1ms），设置重载寄存器的值，即 SysTick 中断周期；③设置 SysTick 中断优先级；④加载 SysTick 计数值；⑤使能 SysTick 定时器中断。SysTick 定时器初始化设置函数 OS_Tick_Setup 的源代码可在"...\TARGET_CORTEX\rtx5\Source\os_systick.c"文件中查看。

```
//================================================================
//函数名：OS_Tick_Setup
//函数返回：时间嘀嗒设置是否成功。0 表示成功；-1 表示失败
//参数说明：freq—时间嘀嗒周期
//         handler—中断服务处理函数
//功能概要：根据 Mbed OS 的时间嘀嗒，设置 SysTick 重载寄存器的值和 SysTick 的优先级
//================================================================
__WEAK int32_t OS_Tick_Setup (uint32_t freq, IRQHandler_t handler)
{
    ……
    //（1）重载寄存器载入值 = 系统内核时钟/嘀嗒定时器频率-1
    load = (SystemCoreClock / freq) - 1U;        // SystemCoreClock=48000000
    if (load > 0x00FFFFFFU)                      //若大于重载寄存器最大表示值，则返回错误
        return (-1);
    //（2）针对不同的内核，设置系统控制块的优先级组寄存器
    ……
    SCB->SHP[1]  |= ((uint32_t)SYSTICK_IRQ_PRIORITY << 24);
    ……
    //（3）设置系统嘀嗒定时器的控制寄存器，选择内部时钟源，打开定时器中断
    //选择内部时钟，开启中断
    SysTick->CTRL =  SysTick_CTRL_CLKSOURCE_Msk | SysTick_CTRL_TICKINT_Msk;
    SysTick->LOAD =  load;                       //重载值加载
    SysTick->VAL  =  0U;                         //归零当前计数器值，准备计数
    PendST = 0U;                                 //关闭定时器调度标志
    return (0);
```

}

9.1.3 SysTick 中断服务程序

1. SysTick_Handler 功能概要

SysTick 中断服务程序 SysTick_Handler 的主要功能有以下几点：①系统计时；②从延时列表中移出到期线程，并加入就绪列表中；③若就绪列表中最高优先级的线程的优先级高于正在运行的线程，则抢占当前运行的线程；④当时间片到且优先级相同的线程之间进行轮询调度；⑤进入 SVC 中断进行实际线程上下文切换。

SysTick 中断服务程序 SysTick_Handler 的执行流程如下：①将 PSP 和 LR（EXC_RETURN）入栈；②调用中断实际处理程序 osRtxTick_Handler，根据时间片轮询的调度算法对当前的线程状态进行更改；③使用不同的 EXC_RETURN 进行返回；④进入 SVC_Context 进行上下文切换，完成实际的线程调度。

2. SysTick_Handler 功能分段解析

1）osRtxTick_Handler 函数功能概要

在 Mbed OS 中，每一个时间嘀嗒（1ms）中断一次，执行 SysTick_Handler 中断服务程序一次，在 "…02_CPU\chip\irq_cm4f.S" 文件中可查看 SysTick_Handler 源代码，它通过调用 osRtxTick_Handler 函数完成对线程的调度。

```
SysTick_Handler:
    PUSH    {R0,LR}              //PSP 和 LR（EXC_RETURN）入栈
    BL      osRtxTick_Handler    //调用中断实际处理程序 osRtxTick_Handler
```

osRtxTick_Handler 函数的功能有以下几点：①内核计数器加 1；②执行周期定时器处理函数；③从延时列表中移除到期线程，并加入就绪列表中；④抢占低优先级的线程；⑤对同一优先级的线程进行轮询调度。osRtxTick_Handler 函数的执行流程如图 9-1 所示。

2）osRtxTick_Handler 函数源代码解析

osRtxTick_Handler 可在 "…\TARGET_CORTEX\rtx5\RTX\Source\rtx_system.c" 文件中查看源代码。

```
//=================================================================
//函数名称：osRtxTick_Handler
//函数返回：无
//参数说明：无
//功能概要：osRtxTick_Handler 是 Mbed OS 时间嘀嗒（SysTick）的中断服务程序，其主要
//        功能是 Mbed OS 内核计数器加 1、执行 RtosTimer（周期定时器）处理函数、
//        从延时列表中移除到期线程，并加入就绪列表中、抢占低优先级的线程、
//        对同一优先级的线程进行轮询调度
//=================================================================
void osRtxTick_Handler (void)
{
    os_thread_t *thread;
    //（1）确认进入 SysTick 中断，此时 SysTick->CTRL=7，表示使用内核时钟、允许中断并使能
    OS_Tick_AcknowledgeIRQ();
```

```c
//（2）Mbed OS 内核计数器加 1
osRtxInfo.kernel.tick++;
//（3）执行 osRtxTimerTick 处理函数，由于没有周期定时器，实际不做任何事情
if (osRtxInfo.timer.tick != NULL) {
    osRtxInfo.timer.tick();
}
//（4）从延时列表中移除到期线程，并加入到就绪列表中
osRtxThreadDelayTick();
//（5）取就绪列表中最高优先级线程，若比正在运行线程的优先级高，则抢占该线程
osRtxThreadDispatch(NULL);
//（6）对同一优先级的线程进行轮询调度
if (osRtxInfo.thread.robin.timeout != 0U) {// 不等表示设置了轮询调度机制
    if (osRtxInfo.thread.robin.thread != osRtxInfo.thread.run.next) {
        //若下一运行线程不是轮询线程，则将它作为轮询线程
        osRtxInfo.thread.robin.thread = osRtxInfo.thread.run.next;
        osRtxInfo.thread.robin.tick   = osRtxInfo.thread.robin.timeout;
    }
    else {//否则下一运行线程是轮询线程
        //(6.1)轮询线程时间嘀嗒减 1
        if (osRtxInfo.thread.robin.tick != 0U) {
            osRtxInfo.thread.robin.tick--;
        }
        //(6.2)时间片（5ms）到，切换到下一个就绪线程
        if (osRtxInfo.thread.robin.tick == 0U) {
            if (osRtxKernelGetState() == osRtxKernelRunning) {
                thread = osRtxInfo.thread.ready.thread_list;//获得就绪线程
                //(6.3)相同优先级线程进行轮询调度，即按 5ms 进行一次调度
                if ((thread != NULL) &&(thread->priority == osRtxInfo.thread.robin.thread->
                                        priority)) {
                    osRtxThreadListRemove(thread);//从就绪列表移出就绪线程
                    //轮询线程放到就绪列表
                    osRtxThreadReadyPut(osRtxInfo.thread.robin.thread);
                    //对未使用的变量进行无功能操作，防止编译器报错，实际上不做任何事
                    EvrRtxThreadPreempted(osRtxInfo.thread.robin.thread);
                    osRtxThreadSwitch(thread);//切换就绪线程为激活态
                    osRtxInfo.thread.robin.thread = thread;//将就绪线程设为轮询线程
                    //设置轮询线程时间片
                    osRtxInfo.thread.robin.tick   = osRtxInfo.thread.robin.timeout;
                }
            }
        }
    }
}
}
```

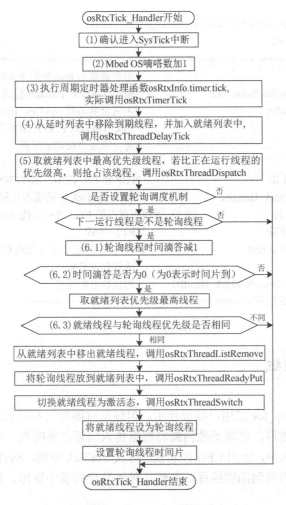

图 9-1　osRtxTick_Handler 函数的执行流程

在 Mbed OS 中，默认设置 5 个时间嘀嗒为一个时间片。当一个时间片结束且优先级相同的线程之间才会进行轮询调度。在宏定义 OS_ROBIN_TIMEOUT 中设置时间片的嘀嗒数，可在"...\TARGET_CORTEX\rtx5\RTX\Config\RTX_config.h"文件中进行修改。

```
#define   OS_ROBIN_TIMEOUT     5
```

3）跳转到 SVC_Context 进行上下文切换

```
POP     {R0,LR}        //R0←堆栈中保存的R0；LR←堆栈中保存的EXC_RETURN
MRS     R12,PSP        //R12←PSP
B       SVC_Context    //跳转到 SVC_Context 标号处，实现上下文处理
```

在标号 SVC_Context 处实现线程上下文处理，详细过程描述见 8.5.3 节。

3. SysTick_Handler 完整代码注释

在"02_CPU\chip\irq_cm4f.S"文件中可查看 SysTick_Handler 的源代码。

```
//=============================================================
//函数名称：SysTick_Handler
//功能概要：时间滴答中断服务例程
```

```
//版权所有：苏州大学 ARM 嵌入式中心(sumcu.suda.edu.cn)
//版本更新：2020-05-02
//============================================================
        .thumb_func                              //指明函数为 thumb 指令集的函数
        .type       SysTick_Handler, %function   //指定 SysTick_Handler 位函数类型
        .global     SysTick_Handler              //声明全局函数 SysTick_Handler
        .fnstart                                 //SVC_Handler 函数开始标志
        .cantunwind                              //防止通过当前功能展开
SysTick_Handler:
        PUSH        {R0,LR}                      //PSP 和 LR（EXC_RETURN）入栈
        BL          osRtxTick_Handler            //调用 SysTick 中断服务例程 osRtxTick_Handler
        POP         {R0,LR}                      //R0←堆栈中保存的 R0；LR←堆栈中保存的 LR（EXC_RETURN）
        MRS         R12,PSP                      //R12←PSP
        B           SVC_Context                  //跳转到 SVC 上下文处理程序 SVC_Context
        .fnend                                   //函数功能结束
        .size       SysTick_Handler, .-SysTick_Handler   //为函数分配内存
//SysTick_Handler 函数结束============================================
        .end
```

9.2 延时函数

线程延时函数 sleep_for 供用户线程使用，但该延时函数与利用机器指令空跑延时不同，当用户线程调用该函数后，在该函数内部将根据传入的延时嘀嗒数，将该用户线程按照延时时间插入延时等待列表中，让出 CPU 控制权。每次 SysTick 中断，SysTick 中断服务程序就会查看延时等待队表是否有到期的线程，有就从延时等待列表中取出，放入就绪列表进行调度运行。

9.2.1 线程延时等待函数

延时函数调用顺序为 sleep_for → osDelay → __svcDelay → 触发 SVC 中断服务程序 SVC_Handler → 实际调用 svcRtxDelay → osRtxThreadWaitEnter。在"...\TARGET_CORTEX\rtx5\RTX\Source\rtx_delay.c"文件中可查看 svcRtxDelay 函数的源代码，源代码如下：

```
//============================================================
//函数名：svcRtxDelay
//函数返回：延时状态。osOK 表示延时成功
//参数说明：ticks—延时时间嘀嗒数.
//功能概要：调用函数 osRtxThreadWaitEnter，进入线程等待状态
//============================================================
static osStatus_t svcRtxDelay (uint32_t ticks)
{
    if (ticks != 0U) {
        //进入线程等待状态
        if (osRtxThreadWaitEnter(osRtxThreadWaitingDelay, ticks)) {
            EvrRtxDelayStarted(ticks);
```

```
        } else {
            EvrRtxDelayCompleted(osRtxThreadGetRunning());
        }
    }
    return osOK;
}
```

线程延时等待函数 osRtxThreadWaitEnter 的主要功能如下：①获取当前正在运行的线程；②阻塞当前运行机制线程；③将阻塞的线程根据延时时长插入等待列表或延时列表中；④获取当前优先级最高的就绪态线程；⑤切换就绪态线程为激活态。关于线程等待函数 osRtxThreadWaitEnter 的详细剖析见 8.4.5 节。

9.2.2 线程延时嘀嗒函数

1. osRtxThreadDelayTick 函数功能概要

SysTick 中断服务程序 SysTick_Handler 调用 osRtxTick_Handler 函数，而后者又调用了线程延时嘀嗒函数 osRtxThreadDelayTick，该函数主要功能如下：①获取延时列表的线程；②线程延时时间减 1；③当线程延时时间为 0 时，根据线程的状态执行对应处理函数。同时将线程从延时列表中移除，插入就绪列表中；④更新延时列表。

2. osRtxThreadDelayTick 函数执行流程

osRtxThreadDelayTick 函数的执行流程如图 9-2 所示。

3. osRtxThreadDelayTick 函数源代码解析

在"...\TARGET_CORTEX\rtx5\RTX\Source\rtx_thread.c"文件中可查看线程延时嘀嗒函数 osRtxThreadDelayTick 的源代码。

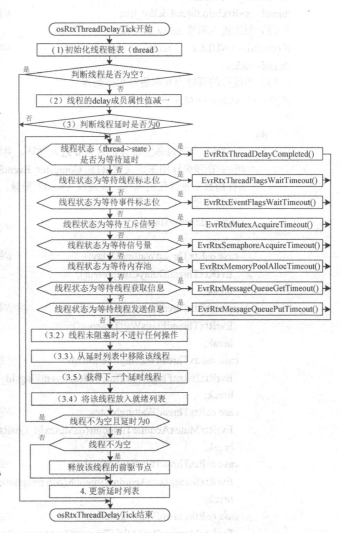

图 9-2 osRtxThreadDelayTick 函数的执行流程

```
//================================================================
//函数名称：osRtxThreadDelayTick
//函数返回：无
```

```
//参数说明：无
//功能概要：将延时列表的线程中的 delay 值（单位是 ms）减1，若列表中当前线程的 delay 值为 0 时，
//         查询当前链表中对应线程状态，包括线程等待延时状态与其他非延时状态导致的超时异常
//         （如等待线程标志位、线程等待事件标志位、等待互斥信号等，由于预编译未定义宏，所
//         有相关超时操作皆为空操作）；执行完对应操作后将该线程从延时列表中移除，并插入就绪
//         列表中，最后更新延时列表
//============================================================================
void osRtxThreadDelayTick (void)
{
    //（1）初始化线程链表 thread
    os_thread_t *thread;
    thread = osRtxInfo.thread.delay_list;                //获取线程延时列表中的第一个线程
    //（2）每次进入函数 delay 属性减1
    if (thread == NULL)      return;                     //线程为空时，跳出函数
    thread->delay--;
    //（3）当线程的延时为 0 时进行相关处理
    if (thread->delay == 0U)
    {
        do
        {   //（3.1）当链表非空时且延时为 0 进入循环，并根据线程当前状态执行对应处理函数
            //注：在预编译中未定义宏 RTE_Compiler_EventRecorder，即编译器事件记录器，对应的执
            //行函数不进行任何操作，或通过（void）变量，对未使用的变量进行无功能操作，防止编
            //译器报错
            switch (thread->state)
            {
                case osRtxThreadWaitingDelay:            //线程等待延时
                    EvrRtxThreadDelayCompleted();
                    break;
                case osRtxThreadWaitingThreadFlags:      //等待线程标志位
                    EvrRtxThreadFlagsWaitTimeout();
                    break;
                case osRtxThreadWaitingEventFlags:       //线程等待事件标志位
                    EvrRtxEventFlagsWaitTimeout((osEventFlagsId_t)osRtxThreadListRoot(thread));
                    break;
                case osRtxThreadWaitingMutex:            //线程等待互斥信号
                    EvrRtxMutexAcquireTimeout((osMutexId_t)osRtxThreadListRoot(thread));
                    break;
                case osRtxThreadWaitingSemaphore:        //线程等待信号量
                    EvrRtxSemaphoreAcquireTimeout((osSemaphoreId_t)osRtxThreadListRoot(thread));
                    break;
                case osRtxThreadWaitingMemoryPool:       //线程等待内存池
                    EvrRtxMemoryPoolAllocTimeout((osMemoryPoolId_t)osRtxThreadListRoot(thread));
                    break;
                case osRtxThreadWaitingMessageGet:       //等待线程获取信息
                    EvrRtxMessageQueueGetTimeout((osMessageQueueId_t)osRtxThreadListRoot(thread));
                    break;
                case osRtxThreadWaitingMessagePut:       //等待线程发送消息
```

```
                EvrRtxMessageQueuePutTimeout((osMessageQueueId_t)osRtxThreadListRoot(thread));
                break;
            default:                                    //默认状态不执行任何操作
                break;
        }
        //注：在预编译中未定义宏 RTE_Compiler_EventRecorder，即编译器事件记录器，对应的执
        //行函数不进行任何操作，或通过（void）变量，对未使用的变量进行无功能操作，防止编
        //译器报错。
        //（3.2）线程未阻塞时，不进行操作。
        EvrRtxThreadUnblocked(thread, (osRtxThreadRegPtr(thread))[0]);
        //（3.3）将该线程从延时列表中移除
        osRtxThreadListRemove(thread);
        //（3.4）将该线程按优先级顺序插入就绪列表中
        osRtxThreadReadyPut(thread);
        //（3.5）获得下一个延时线程
        thread = thread->delay_next;
    } while ((thread != NULL) && (thread->delay == 0U));//链表为非空时延时为 0
    //（4）更新延时列表
    if (thread != NULL)     thread->delay_prev = NULL;
    osRtxInfo.thread.delay_list = thread;
  }
}
```

每次调用该函数，延时等待列表 delay_list 中第一个线程的延时等待时间减 1。当延时时间减为 0 时，该线程从延时等待列表 delay_list 中移除并进入就绪态，从而实现线程从延时等待状态到就绪态的转变。

9.2.3 其他时间嘀嗒函数

以下函数均可在"…\TARGET_CORTEX\rtx5\RTX\Source\os_systick.c"文件中查看源代码。

1．禁用时间嘀嗒函数

```
//==============================================================================
//函数名称：OS_Tick_Disable
//函数返回：无
//参数说明：无
//功能概要：禁止操作系统的时间嘀嗒
//==============================================================================
__WEAK void  OS_Tick_Disable (void)
{
    SysTick->CTRL &= ~SysTick_CTRL_ENABLE_Msk;              //关闭定时器
    if ((SCB->ICSR & SCB_ICSR_PENDSTSET_Msk) != 0U)
    {   //若定时器异常，则挂起状态为 1
        SCB->ICSR = SCB_ICSR_PENDSTCLR_Msk;                 //清除状态位为 0
        PendST = 1U;                                        //关闭定时器调度标志
    }
}
```

2. 确认定时中断函数

```
//================================================================
//函数名称：OS_Tick_AcknowledgeIRQ
//函数返回：无
//参数说明：无
//功能概要：确认 OS 外部中断请求
//================================================================
__WEAK void   OS_Tick_AcknowledgeIRQ (void)
{
    (void)SysTick->CTRL;
}
```

3. 获取定时器 IRQ 中断号函数

```
//================================================================
//函数名称：OS_Tick_GetIRQn
//函数返回：定时器 IRQ 中断号
//参数说明：无
//功能概要：获取定时器 IRQ 中断号
//================================================================
__WEAK int32_t   OS_Tick_GetIRQn (void)
{
    return (SysTick_IRQn);              //返回系统定时器 IRQ 中断号
}
```

4. 获取系统时钟函数

```
//================================================================
//函数名称：OS_Tick_GetClock
//函数返回：系统时钟
//参数说明：无
//功能概要：获取系统时钟
//================================================================
__WEAK uint32_t OS_Tick_GetClock (void)
{
    return (SystemCoreClock);           //返回系统时钟
}
```

5. 获取定时器重载值函数

```
//================================================================
//函数名称：OS_Tick_GetInterval
//函数返回：定时器重载值
//参数说明：无
//功能概要：获取定时器的重载值
//================================================================
__WEAK uint32_t OS_Tick_GetInterval (void)
{
    return (SysTick->LOAD + 1U);        //返回定时器重载值
```

6. 获取时间嘀嗒计数值函数

```
//================================================================
//函数名称：OS_Tick_GetCount
//函数返回：返回时间嘀嗒的计数值
//参数说明：无
//功能概要：获取时间嘀嗒的计数值
//================================================================
__WEAK uint32_t OS_Tick_GetCount (void)
{
    uint32_t load = SysTick->LOAD;              //获取重载值
    return    (load - SysTick->VAL);            //返回重载值和当前计数值差值，即时间嘀嗒的计数值
}
```

7. 获取时间嘀嗒溢出状态

```
//================================================================
//函数名称：OS_Tick_GetOverflow
//函数返回：返回定时器控制寄存器的 COUNTFLAG 状态位
//参数说明：无
//功能概要：获取定时器控制寄存器的 COUNTFLAG 状态位
//================================================================
__WEAK uint32_t OS_Tick_GetOverflow (void)
{
    return ((SysTick->CTRL >> 16) & 1U);        //获取定时器控制寄存器的 COUNTFLAG 状态位
}
```

9.3 延时等待列表工作机制

延时等待列表在操作系统中管理处于阻塞态的线程，它会根据延时时间的长短对所有等待线程进行排序。线程在执行延时等待函数时，对应的延时等待列表会做出切换，本节将说明延时等待函数执行过程中延时等待列表的工作机制。

9.3.1 线程插入延时等待列表函数

1. osRtxThreadDelayInsert 函数功能概要

在线程延时等待函数 osRtxThreadWaitEnter 中，调用线程插入延时等待列表函数 osRtxThreadDelayInsert，将当前正在运行的线程插入延时等待列表中，其主要功能如下：①若等待时间是无限长的，则加入等待列表中；②若等待时间不是无限长的，则根据线程的延时时间长短，在延时列表中找到插入位置；③将线程插入延时列表中，并修改线程的前驱和后继指针；④更新线程的延时时间。

2. osRtxThreadDelayInsert 函数执行流程

osRtxThreadDelayInsert 函数的执行流程如图 9-3 所示。

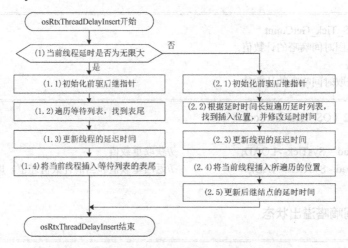

图 9-3　osRtxThreadDelayInsert 函数的执行流程

注意：延时列表按线程的延时时间长短的顺序排列，线程进入延时列表后，它的延时时间（delay）与调用延时函数提供的延时时间（millisec）是不相等的，此时的延时时间 delay=线程原来设定的延时时间 millisec－所有前驱线程的延时时间 delay 之和。

3. osRtxThreadDelayInsert 函数源代码解析

在 "…\TARGET_CORTEX\rtx5\RTX\Source\rtx_thread.c" 文件中可查看线程插入延时列表函数 osRtxThreadDelayInsert 的源代码。

```
//==============================================================
//函 数 名：osRtxThreadDelayInsert
//函数返回：无
//参数说明：thread——线程对象
//        delay——延时值（单位 ms）
//功能概要：将当前线程按延时时间长短加入延时等待列表中
//==============================================================
static void osRtxThreadDelayInsert (os_thread_t *thread, uint32_t delay)
{
    os_thread_t *prev, *next;//定义线程指针 perv，next
    //（1）若当前线程等待时间为无限大，则加入等待列表中
    if (delay == osWaitForever)
    {
        //（1.1）对指针 prev，next 初始化
        prev = NULL;
        next = osRtxInfo.thread.wait_list;
        //（1.2）遍历等待列表，找到表尾
        while (next != NULL)
        {
            prev = next;
```

```c
            next = next->delay_next;
        }
        //（1.3）更新线程的延迟时间
        thread->delay = delay;
        //（1.4）将当前线程加入等待列表末端
        thread->delay_prev = prev;        //prev 指向延时等待列表末端
        thread->delay_next = NULL;        //next 指向等待列表末端后一位
        if (prev != NULL)
        {
            prev->delay_next = thread;
        }
        else
        {
            osRtxInfo.thread.wait_list = thread;
        }
    }
    else
    {   //（2）若当前线程等待时间不是无限大的，则插入延时列表中
        //（2.1）对前驱指针 prev、后继指针 next 初始化
        prev = NULL;
        next = osRtxInfo.thread.delay_list;
        //（2.2）根据延时时间长短遍历延时列表，找到插入位置，并修改延时时间
        while ((next != NULL) && (next->delay <= delay))
        {
            delay -= next->delay;
            prev = next;
            next = next->delay_next;
        }
        //（2.3）更新线程的延迟时间
        thread->delay = delay;
        //（2.4）将当前线程插入所遍历到的位置(该队列是双向链表队列)
        thread->delay_prev = prev;
        thread->delay_next = next;
        if (prev != NULL)
        {
            prev->delay_next = thread;
        }
        else
        {
            osRtxInfo.thread.delay_list = thread;
        }
        if (next != NULL)
        {
            //（2.5）更新后继节点的延时时间
            next->delay -= delay;
            next->delay_prev = thread;
        }
```

        }
}

9.3.2 从延时等待列表中移除线程的函数

1. osRtxThreadDelayRemove 函数功能概要

osRtxThreadDelayRemove 函数的主要功能是将当前正在运行的线程从延时列表或等待列表中移出。

2. osRtxThreadDelayRemove 函数执行流程

osRtxThreadDelayRemove 函数的执行流程如图 9-4 所示。

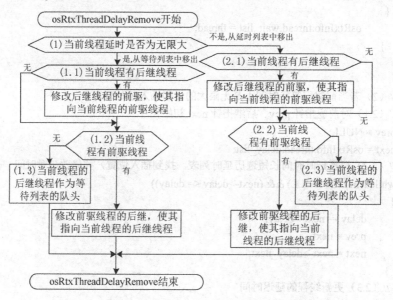

图 9-4 osRtxThreadDelayRemove 函数的执行流程

3. osRtxThreadDelayRemove 函数源代码解析

在"...\TARGET_CORTEX\rtx5\RTX\Source\rtx_thread.c"文件中可查看线程插入延时列表函数 osRtxThreadDelayRemove 的源代码。

```
//==============================================================
//函 数 名：osRtxThreadDelayRemove
//函数返回：无
//参数说明：thread—线程对象
//功能概要：从延时列表中删除线程
//==============================================================
static void osRtxThreadDelayRemove (os_thread_t *thread)
{
    //（1）判断线程的延时时长为永久等待
    if (thread->delay == osWaitForever){
    //（1.1）若当前线程存在一个排在其后的线程，则将排在其后的线程的 delay_prev 指针指向当前线
    //        程的前一个线程。这相当于在链表中将当前线程删除了
```

```
      if (thread->delay_next != NULL) {
        thread->delay_next->delay_prev = thread->delay_prev;
      }
      //（1.2）若当前线程存在一个排在其前面的线程，则将排在其前面的线程的 delay_next 指针指向当
      //       前线程的下一个线程。这相当于在链表中将当前线程删除了
      if (thread->delay_prev != NULL) {
        thread->delay_prev->delay_next = thread->delay_next;
        thread->delay_prev = NULL;
      }
      //（1.3）否则，进行更新操作，等待列表置为当前线程的下一个线程
      else{
        osRtxInfo.thread.wait_list = thread->delay_next;
      }
    }
    //（2）判断线程的延时时长不为永久等待
    else{
      //（2.1）若当前线程存在一个排在其后的线程，则将排在其后的线程的延时时长加上当前线程的延
      //       时时长，当前线程的下一个线程的 delay_prev 指针指向当前线程的前一个线程。这相当于，
      //       在链表中将当前线程删除了
      if (thread->delay_next != NULL) {
        thread->delay_next->delay += thread->delay;
        thread->delay_next->delay_prev = thread->delay_prev;
      }
      //（2.2）若当前线程存在一个排在其前面的线程，将排在其前面的线程的 delay_next 指针指向当前
      //       线程的下一个线程。这相当于在链表中将当前线程删除了，并且将当前线程前一个线程指
      //       针置为空
      if (thread->delay_prev != NULL) {
        thread->delay_prev->delay_next = thread->delay_next;
        thread->delay_prev = NULL;
      }
      //（2.3）否则，进行更新操作，等待列表置为当前线程的下一个线程
      else{
        osRtxInfo.thread.delay_list = thread->delay_next;
      }
    }
  }
}
```

9.3.3 延时函数调度过程实例剖析

在第 3.4 节的样例程序中，红灯线程通过延时函数实现每 5s 闪烁一次，绿灯线程通过延时函数实现每 10s 闪烁一次，蓝灯线程通过延时函数实现每 10s 闪烁一次。为了进一步理解线程之间是如何通过延时函数进行调度的，本节给出延时函数调度过程的实例分析，样例工程详见 "...\04-Softwareware\CH09\ CH9.3.3-wait-mbedOS_STM32L431-demo" 文件，基于优先级相同的使用延时函数的线程调度时序图如图 9-5 所示。

在图 9-5 中，纵向表示运行时间，实线箭头表示线程运行或状态切换，虚线箭头表示从列表中取线程。下面对线程调度过程进行分段剖析，程序中加入了 printf 输出函数给出的运行过

程信息,可以清晰地看出延时函数的运行机制,下面给出时间段的运行分析。

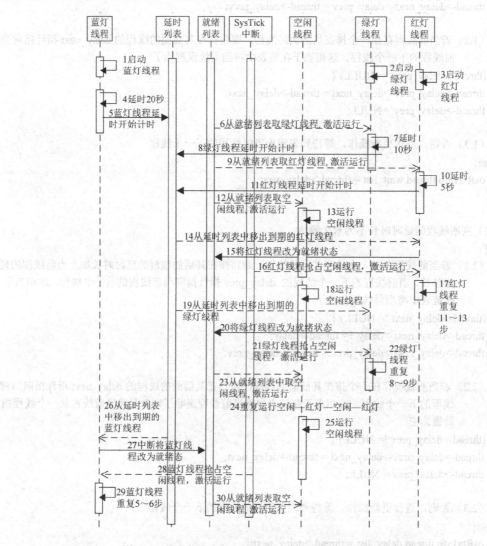

图 9-5 基于优先级相同的使用延时函数的线程调度时序图

1. 线程启动

在本样例程序中,芯片上电启动后会转到主线程的运行函数 app_init 执行,在该函数中创建并先后启动了蓝灯、绿灯和红灯三个线程,最后阻塞主线程的运行。此时,就绪列表中根据优先级高低和先后顺序依次是蓝灯线程、绿灯线程、红灯线程和空闲线程,Mbed OS 开始对这些线程进行调度。首先,取出就绪列表中最高优先级的线程(即蓝灯线程)激活运行,然后按时间片(5ms)对蓝灯线程、绿灯线程和红灯线程进行轮询调度。

```
0-1.MCU 启动
0-2.启动蓝灯线程
0-3.启动绿灯线程
0-4.启动红灯线程
1-1.当前运行的线程=20004530 (蓝灯)开始
```

1-2.当前运行的线程=20004530 (蓝灯)调用延时等待函数 sleep_for->osDelay->__svcDelay->svcRtxDelay (实际调用函数)
##时间片(5ms)到对相同优先级的线程进行轮询调度,将线程=200045F0 切换为激活态准备运行
2-1.当前运行的线程=200045F0 (绿灯)开始
2-2.当前运行的线程=200045F0 (绿灯)调用延时等待函数 sleep_for->osDelay->__svcDelay->svcRtxDelay (实际调用函数)
##时间片(5ms)到对相同优先级的线程进行轮询调度,将线程=200046B0 切换为激活态准备运行
3-1.当前运行的线程=200046B0 (红灯)开始
3-2.当前运行的线程=200046B0 (红灯)调用延时等待函数 sleep_for->osDelay->__svcDelay->svcRtxDelay (实际调用函数)
##时间片(5ms)到对相同优先级的线程进行轮询调度,将线程=20004530 切换为激活态准备运行

2. 蓝灯线程延时 20s

蓝灯线程调用延时函数 ThisThread::sleep_for(20000)（在 includes.h 中将它封装成了 delay_ms,故之后都用 delay_ms 来代替）延时 20s,在调用该函数的过程中蓝灯线程会按延时时长被放入延时列表的相应位置,并从就绪列表中取最高优先级的线程（此时为绿灯线程）激活运行。

4.当前运行线程=20004530
  4-1.调用 osRtxThreadWaitEnter 前延时列表=2000303C 中的线程:0->8005A29->45F00046
  4-2.调用 osRtxThreadWaitEnter 前就绪列表=2000302C 中的线程: 200045F0->200046B0->20004260
  5-1.调用 osRtxThreadWaitEnter->osRtxThreadDelayInsert 将当前运行线程=20004530 放入延时列表
  5-2.调用 osRtxThreadWaitEnter->osRtxThreadListGet 从就绪列表中获取优先级最高的线程=200045F0
  5-3.调用 osRtxThreadWaitEnter->osRtxThreadSwitch 将线程=200045F0 设置为激活态准备运行
  4-3.调用 osRtxThreadWaitEnter 后延时列表: 20004530->0->8005A29
    4-3-1.线程延时时间:20000->0->334495929
6.调用 wait 结束

3. 绿灯线程延时 10s

绿灯线程调用延时函数 delay_ms(10000)延时 10s,在调用该函数的过程中蓝灯线程会按延时时长被放入延时列表的相应位置（因为绿灯线程的延时时长 10s<蓝灯线程的延时时长 20s,故绿灯线程会被放到蓝灯线程之前）,同时修改蓝灯线程的 delay 值=20000-10000（绿灯线程延时时长）-5（时间片时长）=9995,并从就绪列表中取最高优先级的线程（此时为绿灯线程）激活运行。

4.当前运行线程=200045F0
  4-1.调用 osRtxThreadWaitEnter 前延时列表=2000303C 中的线程: 20004530->0->8005A29
  4-2.调用 osRtxThreadWaitEnter 前就绪列表=2000302C 中的线程: 200046B0->20004260->0
  5-1.调用 osRtxThreadWaitEnter->osRtxThreadDelayInsert 将当前运行线程=200045F0 放到延时列表
  5-2.调用 osRtxThreadWaitEnter->osRtxThreadListGet 从就绪列表中获取优先级最高的线程=200046B0
  5-3.调用 osRtxThreadWaitEnter->osRtxThreadSwitch 将线程=200046B0 设置为激活态准备运行
  4-3.调用 osRtxThreadWaitEnter 后延时列表: 200045F0->20004530->0
    4-3-1.线程延时时间: 10000->9995->0
6.调用 wait 结束

4. 红灯线程延时 5s

红灯线程调用延时函数 delay_ms(5000)延时 5s，在调用该函数的过程中红灯线程会按延时时长被放到延时列表相应位置（因为红灯线程的延时时长 5s<绿灯线程的延时时长 10s，故红灯线程会被放到绿灯线程之前），同时修改绿灯线程的 delay 值=10000-5000（红灯线程延时时长）-5（时间片时长）=4995。

> 4.当前运行线程=200046B0
> 4-1.调用 osRtxThreadWaitEnter 前延时列表=2000303C 中的线程: 200045F0->20004530->0
> 4-2.调用 osRtxThreadWaitEnter 前就绪列表=2000302C 中的线程: 20004260->0->8005A29
> 5-1.调用 osRtxThreadWaitEnter->osRtxThreadDelayInsert 将当前运行线程=200046B0 放到延时列表
> 5-2.调用 osRtxThreadWaitEnter->osRtxThreadListGet 从就绪列表中获取优先级最高的线程=20004260
> 5-3.调用 osRtxThreadWaitEnter->osRtxThreadSwitch 将线程=20004260 设置为激活态准备运行
> 4-3.调用 osRtxThreadWaitEnter 后延时列表: 200046B0->200045F0->20004530.
>   4-3-1.线程延时时间: 5000->4995->9995
> 6.调用 wait 结束

5. 运行空闲线程

由于此时蓝灯线程、绿灯线程和红灯线程都已经放入延时列表中，就绪列表中只剩下空闲线程，因此空闲线程得以激活运行（实际上空闲线程什么都没做，只是让 CPU 处于运行状态）。

6. 轮询调度激活红灯线程

SysTick 中断会每 1ms 中断一次，按每次时间片（5ms）到就对线程进行轮询调度。当空闲线程运行达到 5s，此时红灯线程延时结束，从延时列表中移出并被放入就绪列表中。由于红灯线程的优先级 24>空闲线程的优先级 1，红灯线程会抢占空闲线程，并阻塞空闲线程，同时激活红灯线程运行。

> *从延时列表移出到期线程=200046B0
> *将移出的线程=200046B0 放入就绪列表中
>   **就绪列表中的线程=200046B0 的优先级=24>当前运行线程=20004260 的优先级=1，抢占、阻塞当前运行线程=20004260，激活线程=200046B0 运行

7. 红灯线程结束

当红灯延时结束后，红灯反转，开始新一轮的延时等待。

> 3-3.当前运行的线程=200046B0 (红灯)反转
> 3-4.当前运行的线程=200046B0 (红灯)结束

8. 轮询调度激活绿灯线程

SysTick 中断会每 1ms 中断一次，按每次时间片（5ms）到就对线程进行轮询调度。当空闲线程运行达到 10s，此时绿灯线程延时结束，从延时列表中移出并被放入就绪列表中。由于绿灯线程的优先级 24>空闲线程的优先级 1，则绿灯线程会抢占空闲线程，并阻塞空闲线程，同时激活绿灯线程运行。

> *从延时列表移出到期线程=200045F0
> *将移出的线程=200045F0 放入就绪列表中
>   **就绪列表中的线程=200045F0 的优先级=24>当前运行线程=20004260 的优先级=1,抢占、阻塞当前

运行线程=20004260,激活线程=200045F0 运行

9. 绿灯线程结束

当绿灯延时结束后,绿灯反转,开始新一轮的延时等待。

2-3.当前运行的线程=200045F0 (绿灯)反转
2-4.当前运行的线程=200045F0 (绿灯)结束

10. 轮询调度激活蓝灯线程

SysTick 中断会每 1ms 中断一次,按每次时间片（5ms）到就对线程进行轮询调度。当空闲线程运行达到 20s,此时蓝灯线程延时结束,从延时列表中移出并被放入就绪列表中。由于蓝灯线程的优先级 24>空闲线程的优先级 1,则蓝灯线程会抢占空闲线程,并阻塞空闲线程,同时激活蓝灯线程运行。

*从延时列表中移出到期线程=20004530
*将移出的线程=20004530 放入就绪列表中
**就绪列表中的线程=20004530 的优先级=24>当前运行线程=20004260 的优先级=1,抢占、阻塞当前运行线程=20004260,激活线程=20004530 运行

11. 蓝灯线程结束

当蓝灯延时结束后,蓝灯反转,开始新一轮的延时等待。

1-3.当前运行的线程=20004530 (蓝灯)反转
1-4.当前运行的线程=20004530 (蓝灯)结束

说明：演示程序主要是在相关代码处通过插入 printf 函数的方式,打印出相关信息,并且执行 printf 函数需要占用一些时间。同时,由于线程优先级相同,SysTick 中断会每 1ms 中断一次,按每次时间片（5ms）到就会对线程进行轮询调度。因此,在串口实际输出执行结果时,会出现输出错位的现象,线程延时时间也会有略微偏差。另外,地址 20004530 表示蓝灯线程,地址 200045F0 表示绿灯线程,地址 200046B0 表示红灯线程,地址 20004260 表示空闲线程,地址 8005A29 表示缺省处理函数 DefaultISR,地址 2000303C 表示延时列表,地址 2000302C 表示就绪列表。

9.4 与时间相关的函数

9.4.1 节提供的函数可在"...\TARGET_CORTEX\rtx5\RTX\Source\rtx_kernel.c"文件中查看源代码,与时间相关的函数如表 9-4 所示。9.4.2 节与 9.4.3 节提供的函数可在 06_SoftComponent 文件夹下找到对应文件,以查看源代码。同时,为读者提供了一个有关时间函数使用方法的样例程序,详见 CH9.4-time-mbedOS_STM32L431 文件。

表 9-4 与时间相关的函数

序号	函数名	简明功能
1	osKernelGetTickCount	获得内核嘀嗒计数值
2	osKernelGetTickFreq	获取内核嘀嗒频率
3	osKernelGetSysTimerCount	获取内核系统计时器计数值

续表

序 号	函 数 名	简 明 功 能
4	osKernelGetSysTimerFreq	获取内核系统计时器频率
5	_rtc_mktime	将 UNIX 纪元以来的日历时间转换为秒数
6	DateToTimeStamp	对 _rtc_mktime 函数进行封装
7	TimeStampToDate	时间戳转成字符表示日期
8	transformToDate	将 64 位时长转化为时间数组
9	transformToDateString	将 64 位时长转化为时间字符串

9.4.1 获取系统运行时间函数

Mbed OS 提供了获取系统运行时间的相关函数，如获取内核嘀嗒计时值的函数 osKernelGetTickCount、获取内核嘀嗒频率的函数 osKernelGetTickFreq、获取内核系统计时器计数的函数 osKernelGetSysTimerCount、获取内核系统计时器频率的函数 osKernelGetSysTimerFreq，下面将逐一介绍各个函数的功能。

1. 内核嘀嗒计数值函数

```
//================================================================
//函数名称：osKernelGetTickCount
//函数返回：内核嘀嗒计数值
//参数说明：无
//功能概要：获得内核嘀嗒计数值
//================================================================
uint32_t osKernelGetTickCount (void)
{
    if (IS_IRQ_MODE() || IS_IRQ_MASKED())        //判断当前函数是否在中断中调用的
        return svcRtxKernelGetTickCount();
    else
        return __svcKernelGetTickCount();
}
```

2. 内核嘀嗒频率函数

```
//================================================================
//函数名称：osKernelGetTickFreq
//函数返回：内核嘀嗒频率
//参数说明：无
//功能概要：获取内核嘀嗒频率
//================================================================
uint32_t osKernelGetTickFreq (void)
{
    if (IS_IRQ_MODE() || IS_IRQ_MASKED())        //判断当前函数是否在中断中调用的
        return svcRtxKernelGetTickFreq();
    else
        return __svcKernelGetTickFreq();
}
```

3. 内核系统计时器计数值函数

```
//============================================================
//函数名称：osKernelGetSysTimerCount
//函数返回：内核系统计时器计数值
//参数说明：无
//功能概要：获取内核系统计时器计数值
//============================================================
uint32_t osKernelGetSysTimerCount (void)
{
    if (IS_IRQ_MODE() || IS_IRQ_MASKED())    //判断当前函数是否在中断中调用的
        return svcRtxKernelGetSysTimerCount();
    else
        return __svcKernelGetSysTimerCount();
}
```

4. 内核系统计时器频率函数

```
//============================================================
//函数名称：osKernelGetSysTimerFreq
//函数返回：内核系统计时器频率
//参数说明：无
//功能概要：获取内核系统计时器频率
//============================================================
uint32_t osKernelGetSysTimerFreq (void)
{
    if (IS_IRQ_MODE() || IS_IRQ_MASKED())    //判断当前函数是否在中断中调用的
        return svcRtxKernelGetSysTimerFreq();
    else
        return __svcKernelGetSysTimerFreq();
}
```

9.4.2 日期转时间戳函数

时间戳是指格林威治时间 1970 年 01 月 01 日 00 时 00 分 00 秒（北京时间 1970 年 01 月 01 日 08 时 00 分 00 秒）起至现在的总秒数。Mbed OS 提供了将实际日期转换成时间戳的函数，mbed_mktime.h 文件提供了对该函数的声明，具体如下：

```
//============================================================
//函数名称：_rtc_mktime
//函数返回：是否转换成功。true 表示转换成功；false 表示转换失败
//参数说明：time—UNIX 纪元以来的日历时间，用于计算的 tm 字段是：
//         tm_sec—秒
//         tm_min—分
//         tm_hour—时
//         tm_mday—日
//         tm_mon—传参时月份要减 1
//         tm_year—传参时年份要减 1900
//         其中，有效的日历时间包括 1970 年 1 月 1 日 00:00:00 至 2106 年 2 月 7 日 06:28:15 之间。
```

```
//             seconds—存放转换后的秒数。若 time 的输入处于有效范围内，则日历时间为自
//             UNIX 纪元以来的秒数；否则为-1
//             leap_year_support—是否支持所有闰年枚举值
//                   0—表示 RTC 设备能够正确地检测到 1970 年到 2106 年之间的所有闰年
//                   1—表示 RTC 设备只能正确地检测到 1970 年到 2106 年之间的非世纪闰年
//功能概要：将 UNIX 纪元以来的日历时间转换为秒数
//备    注：不支持微秒；输出范围内的值从 0 到 INT_MAX；仅供 HAL 使用
//=============================================================================
bool _rtc_maketime(const struct tm *time, time_t *seconds, rtc_leap_year_support_t leap_year_support);
```

为了更好的使用该函数，在 DateToTimeStamp.h 和 DateToTimeStamp.cpp 文件中实现对该函数的封装。DateToTimeStamp.h 文件的内容如下：

```
//=============================================================================
//函数名称：DateToTimeStamp
//函数返回：若输入处于有效范围内，则日历时间为自 UNIX 纪元以来的秒数；否则输出-1
//参数说明：date—UNIX 纪元以来的日历时间，用于计算的 tm 字段有 tm_sec、tm_min、tm_hour
//              tm_mday 、tm_mon 和 tm_year，其中有效的日历时间包括 1970 年 1 月 1 日 00:00:00
//              至 2106 年 2 月 7 日 06:28:15 之间
//功能概要：将 UNIX 纪元以来的日历时间转换为秒数
//备    注：不支持瑞秒；输出范围内的值从 0 到 INT_MAX；仅供 HAL 使用
//=============================================================================
time_t DateToTimeStamp(struct tm* date);
```

DateToTimeStamp.cpp 文件的内容如下：

```
#include "includes.h"
//=============================================================================
//函数名称：DateToTimeStamp
//函数返回：输入处于有效范围内，则日历时间为自 UNIX 纪元以来的秒数；否则输出-1
//参数说明：date—UNIX 纪元以来的日历时间，用于计算的 tm 字段有 tm_sec、tm_min、tm_hour
//              tm_mday 、tm_mon 和 tm_year，其中有效的日历时间包括 1970 年 1 月 1 日 00:00:00
//              至 2106 年 2 月 7 日 06:28:15 之间
//功能概要：将 UNIX 纪元以来的日历时间转换为秒数
//备    注：不支持瑞秒；输出范围内的值从 0 到 INT_MAX；仅供 HAL 使用
//=============================================================================
time_t DateToTimeStamp(struct tm* date)
{
    //声明局部变量
    struct tm ss;
    rtc_leap_year_support_t full_leap_year;
    //（1）设置_rtc_maketime 函数调用所需参数
    //（1.1）设置日历时间各项值
    ss.tm_year=date->tm_year-1900;
    ss.tm_mon=date->tm_mon-1;
    ss.tm_mday=date->tm_mday;
    ss.tm_hour=date->tm_hour;
    ss.tm_min=date->tm_min;
    ss.tm_sec=date->tm_sec;
    //（1.2）设置枚举值为 RTC_FULL_LEAP_YEAR_SUPPORT，表示能正确检测所有闰年
```

```
    full_leap_year=RTC_FULL_LEAP_YEAR_SUPPORT;
    //（1.3）设置获取秒数
    time_t seconds_tmp;
    //（2）调用_rtc_maketime 函数将日期转换为时间戳
    _rtc_maketime(&ss,&seconds_tmp,full_leap_year);
      //从 1970 年 1 月 1 日 08:00:00 开始计算时间戳，故减去 8 个小时的秒数
    return (seconds_tmp-28800);
}
```

9.4.3 时间戳转日期函数

1．TimeStampToDate 函数执行流程

由于 Mbed OS 中没有提供"时间戳转换成实际日期"的函数，所以封装了一个实现该转换的构件，其中 TimeStampToDate.h 文件提供了时间戳转日期函数 TimeStampToDate 的声明，TimeStampToDate.cpp 文件提供了对该函数的具体实现。时间戳转日期函数 TimeStampToDate 的执行流程如图 9-6 所示。

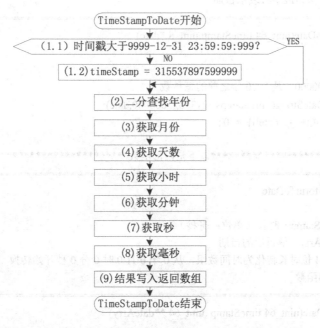

图 9-6　时间戳转日期函数 TimeStampToDate 的执行流程

2．TimeStampToDate 函数源代码解析

TimeStampToDate.h 文件内容如下：

```
#ifndef _TIMESTAMP_H
#define _TIMESTAMP_H
#include "common.h"
//使用本构件的线程，栈空间建议 1024 字节以上
//================================================================
//函数名称：TimeStampToDate
//函数返回：无
```

```
//参数说明：timeStamp—时间戳（单位：毫秒）
//          date—解析后的日期，如 19700101080000(1970-01-01 08:00:00)
//功能概要：时间戳转成字符表示日期
//=================================================================
void TimeStampToDate(uint_64 timeStamp,uint_8 *date);
#endif
```

TimeStampToDate.cpp 文件内容如下：

```
#include "TimeStampToDate.h"
//内部函数声明
void transformToDate(uint_64 timeStamp ,uint_64 **dateArry);
void transformToDateString(uint_64 timeStamp ,uint_8 *dateString);
//=================================================================
//函数名称：TimeStampToDate
//函数返回：无
//参数说明：timeStamp—时间戳（单位：毫秒）
//          date—解析后的日期，如 19700101080000(1970-01-01 08:00:00)
//功能概要：时间戳转成字符表示日期
//=================================================================
void TimeStampToDate(uint_64 timeStamp,uint_8 *date)
{
    uint_8 i;
    //62135625600000   是 1970 年之前的毫秒数
    transformToDateString(timeStamp+62135625600000,date);
    for(i = 0;i < 14;i++)   date[i] -= '0';
}
/*****************************以下是内部函数*****************************/
//=================================================================
//函数名称：transformToDate
//函数返回：无
//参数说明：timeStamp—时长（单位：毫秒）
//          dateArry—解析后的日期
//功能概要：将 64 位时长转化为时间数组,从 0 年 0 月 0 时 0 分 0 秒开始转换
//备    注：内部函数
//=================================================================
void transformToDate(uint_64 timeStamp ,uint_64 **dateArry)
{
    //定义局部变量
    uint_64 low ,high ,mid ,t;
    uint_64 year ,month ,day ,hour ,minute ,second ,milliSecond;
    //记录每个月开始时的天数
    uint_64 daySum[] = {0 ,31 ,59 ,90 ,120 ,151 ,181 ,212 ,243 ,273 ,304 ,334 ,365};
    uint_64 milOfDay = 24 * 3600 * 1000;        //一天的时间戳
    uint_64 milOfHour = 3600 * 1000;            //一小时的时间戳
    //（1）防止时间戳超过 9999-12-31 23:59:59:999
    if(timeStamp > 315537897599999)
    {
```

```c
            timeStamp = 315537897599999;
    }
    low = 1;
    high = 9999;
    //（2）使用二分法查找年份
    while(low <= high)
    {
        mid = (low+high)/2;
        //(mid-1)*365 表示假设都为平年时的总天数
        //(mid-1)/4 - (mid-1)/100 + (mid-1)/400 表示闰年天数
        t = ((mid-1) * 365 + (mid-1)/4 - (mid-1)/100 + (mid-1)/400) * milOfDay;    //计算总时间戳
        if(t == timeStamp)                     //若找到对应年份
        {
            low = mid;                         //low←年份+1
            break;
        }
        else if(t < timeStamp)
            low = mid + 1;
        else
            high = mid - 1;
    }
    year = low-1;//获取年份
    uint_64 cc;
    cc = (year-1) * 365 + (year-1)/4 - (year-1)/100 + (year-1)/400;
    timeStamp -= cc* milOfDay;
    //闰年标志位。=0，非闰年；=1，闰年
    int isLeapYear = ((year%4) == 0 && year%100!=0) || year%400 == 0;
    //（3）获取月份
    for(month = 1 ;(daySum[month] + ((isLeapYear && month > 1) ? 1 : 0)) * milOfDay <= timeStamp && month < 13 ;month ++)
    {
        if(isLeapYear && month > 1)            //若当前年份是闰年且当前月份不为一月
            ++daySum[month];                   //对应当前月份天数加 1
    }
    timeStamp -= daySum[month-1] * milOfDay;
    //（4）获取天数
    day = timeStamp / milOfDay;
    timeStamp -= day * milOfDay;
    //（5）获取小时
    hour = timeStamp / milOfHour;
    timeStamp -= hour * milOfHour;
    //（6）获取分钟
    minute = timeStamp / 60000;
    timeStamp -= minute * 60000;
    //（7）获取秒
    second = timeStamp / 1000;
    //（8）获取毫秒
```

```
            milliSecond = timeStamp % 1000;
            //（9）结果写入返回数组
            *dateArry[0] = year;
            *dateArry[1] = month;
            *dateArry[2] = day;
            *dateArry[3] = hour;
            *dateArry[4] = minute;
            *dateArry[5] = second;
            *dateArry[6] = milliSecond;
        }
//==============================================================================
//函数名称：transformToDateString
//函数返回：无
//参数说明：timeStamp——时长（单位：毫秒）
//           dateString—解析后的日期
//功能概要：将 64 位时长转化为时间字符串，从 0 年 0 月 0 时 0 分 0 秒开始转换
//备    注：内部函数
//==============================================================================
void transformToDateString(uint_64 timeStamp ,uint_8 *dateString)
{
    //定义局部变量
    uint_64 year ,month ,day ,hour ,minute ,second ,milliSecond;
    uint_64 *intp[] = {&year ,&month ,&day ,&hour ,&minute ,&second ,&milliSecond };
    transformToDate(timeStamp ,intp);
    //把时间戳转换后的时间变成字符串
    sprintf(dateString,"%04d",year);
    sprintf(dateString+4,"%02d",month);
    sprintf(dateString+6,"%02d",day+1);
    sprintf(dateString+8,"%02d",hour);
    sprintf(dateString+10,"%02d",minute);
    sprintf(dateString+12,"%02d",second);
}
```

9.5 本章小结

本章通过对实时操作系统中线程延时函数运行机制的分析，可以清楚地看出，在一个线程运行过程中，当执行到延时函数时，实时操作系统内核就将当前线程按照延时的时间插入延时列表中，让出 CPU，内核可以调度其他线程运行，当延时时间到达时，又会将该线程从延时列表中取出并放入就绪列表中，接受调度。内核在每个时间嘀嗒中断都会扫描一下延时列表，看看有没有延时时间到达的线程，以确保及时取出。一个时间嘀嗒是扫描的最小时间单元，半个时间嘀嗒是不会扫描的，因此时间嘀嗒是这种延时方式的最小度量单位。

第 10 章 理解调度机制

在带有实时操作系统的嵌入式系统中,线程调度是实时操作系统内核的主要职责之一。线程调度决定将哪一个线程投入运行、何时投入运行及运行多久,以及协调线程对系统资源合理使用。线程调度的核心内容是进行上下文切换。Mbed OS 内核中实现上下文切换动作的是 SVC 中断、PendSV 中断和 SysTick 中断。通过第 8 章的学习,已经知道在内核启动过程中会触发 SVC 中断来完成线程调度;通过第 9 章的学习,可以知道 SysTick 中断每 1ms 中断一次,对延时等待的线程进行调度;本章将剖析 PendSV 中断服务程序及调度机制。

10.1　ARM Cortex-M4 的 SVC 和 PendSV 中断的调度作用

10.1.1　SVC 中断的调度作用

在其他的 ARM 处理器(如 ARM7)中有个被称为软件中断(SWI)的指令,该指令用于触发软件中断。从 Cortex-M3 开始异常的处理模型已经发生改变,所以该指令也被重新命名,叫作 SVC 指令。虽然改了名字,但是 SVC 的地位和之前的 SWI 是相同的,甚至机器码都是相同的。本书采用的 STM32L431RC 评估板以 Cortex-M4 内核为主控芯片,所以 SVC 指令也被该芯片所支持[①]。

SVC 和 PendSV 多用于操作系统软件设计。当执行 SVC 时,将产生 SVC 中断。在 SVC 中断服务程序中,可完成线程的调度、执行线程上下文切换和阻塞当前执行线程等相关操作。在 SVC 服务例程中,将解析调用参数,从而执行对应的操作程序。

操作系统通常不让用户程序直接访问硬件,而是通过提供一些系统服务函数,让用户程序使用 SVC 发出对系统服务函数的调用请求,以这种方式调用它们来间接访问硬件。因此,当用户想要控制特定的硬件时,就要先产生一个 SVC 异常,然后操作系统提供的 SVC 异常服务例程得到执行,它会调用相关的操作系统函数,该函数完成用户程序请求的服务。这种机制使用户程序不需要直接和硬件打交道,而是由实时操作系统来管理硬件,并使用户程序无须在特权级别下运行,用户程序不会因为误操作而使整个系统陷入混乱。Cortex-M4 支持两级特权操作:特权级和用户级,也就是提供了一种存储器访问的保护机制,使普通的用户程

---

① Cortex-M3 内核发布于 2004 年 10 月,本书支持的 Cortex-M4 内核发布于 2010 年 2 月。

序代码不能意外地、甚至是恶意地执行涉及要害的操作。

SVC 异常通过执行 SVC 指令来产生，该指令需要通过一个立即数来充当指令代号。SVC 异常服务例程稍后会提取此代号，从而获知本次调用的具体要求，调用相应的服务函数。例如，在 Mbed OS 中，SVC 0 就是调用 0 号系统服务，在执行完 SVC 指令进行 SVC 中断处理函数（SVC_Handler）的时候，会根据这个系统服务号来决定执行什么操作。

10.1.2 PendSV 中断的调度作用

另一个相关的异常是 PendSV，它和 SVC 合作使用。SVC 异常发生时必须在执行 SVC 指令后立即得到响应。而 PendSV 不同，它可以像普通的中断一样被推迟执行，操作系统可利用它稍后执行一个异常（直到其他重要的线程完成后才执行动作）。推迟 PendSV 中断的方法是，往嵌套向量中断控制器（Nested Vectored Interrupt Controller，NVIC）的 PendSV 挂起寄存器中写 1。推迟后，若优先级不够高，则将等待执行。

PendSV 中断一般出现在当在一个中断函数中或者是中断被屏蔽的情况下调用一个可以允许在中断上下文中执行的操作函数时（例如，设置线程信号或者是设置事件标志时），系统会进入该操作函数中，执行推迟 PendSV 中断操作，当中断程序执行完后才会转到执行 PendSV 中断。

10.1.3 列表分析

4.4 节已经介绍了就绪列表、延时列表、等待列表和条件阻塞列表的基本含义，下面将分析列表的使用方法。

1）就绪列表

就绪列表定义在 OS 实时状态 osRtxInfo 结构体中，即 osRtxInfo.thread.ready，它的地址用&osRtxInfo.thread.ready 表示，它的类型为 osRtxObject_t，线程最终存放在 osRtxObject_t 结构体的 thread_list 成员中，而 thread_list 成员的类型为 osRtxThread_t。osRtxThread_t 结构体的 thread_next 成员表示后继线程，thread_prev 成员表示前驱线程。故可用 osRtxInfo.thread.ready.thread_list 表示就绪列表的第 1 个元素，osRtxInfo.thread.ready.thread_list->thread_next 表示就绪列表的第 2 个元素，osRtxInfo.thread.ready.thread_list->thread_next->thread_next 表示就绪列表的第 3 个元素，依此类推。

2）延时列表

延时列表定义在 OS 实时状态 osRtxInfo 结构体中，即 osRtxInfo.thread.delay_list，它的地址用&osRtxInfo.thread.delay_list 表示，它的类型为 osRtxThread_t。osRtxThread_t 结构体的 delay_next 成员表示后继线程，delay_prev 成员表示前驱线程。故可用 osRtxInfo.thread.delay_list 表示延时列表的第 1 个元素，osRtxInfo.thread.delay_list->delay_next 表示延时列表的第 2 个元素，osRtxInfo.thread.delay_list->delay_next->delay_next 表示延时列表的第 3 个元素，依此类推。

3）等待列表

等待列表定义在 OS 实时状态 osRtxInfo 结构体中，即 osRtxInfo.thread.wait_list，它的地址用&osRtxInfo.thread.wait_list 表示，它的类型为 osRtxThread_t。osRtxThread_t 结构体的 delay_next 成员表示后继线程，delay_prev 成员表示前驱线程。故可用 osRtxInfo.thread.wait_list

表示等待列表的第 1 个元素，osRtxInfo.thread. wait_list->delay_next 表示等待列数的第 2 个元素，osRtxInfo.thread. wait_list->delay_next->delay_next 表示等待列数的第 3 个元素，依此类推。

4）条件阻塞列表

条件阻塞列表定义在 osRtxEventFlags_t 结构中（详见 11.1.1 节），即 osRtxEventFlags_t.thread_list，它的地址用 &osRtxEventFlags_t.thread_list 表示，它的类型为 osRtxThread_t。osRtxThread_t 结构体的 thread_next 成员表示后继线程，thread_prev 成员表示前驱线程。故可用 osRtxEventFlags_t->thread_list 表示条件阻塞列表的第 1 个元素，osRtxEventFlags_t->thread_list->thread_next 表示条件阻塞列表的第 2 个元素，osRtxEventFlags_t->thread_list->thread_next->thread_next 表示条件阻塞列表的第 3 个元素，依此类推。

消息阻塞列表定义在 osRtxMessageQueue_t 结构中（详见 11.2.1 节），即 osRtxMessageQueue_t.thread_list，它的地址用 & osRtxMessageQueue_t.thread_list 表示，它的类型为 osRtxThread_t。osRtxThread_t 结构体的 thread_next 成员表示后继线程，thread_prev 成员表示前驱线程。故可用 osRtxMessageQueue_t->thread_list 表示消息阻塞列表的第 1 个元素，osRtxMessageQueue_t->thread_list->thread_next 表示消息阻塞列表的第 2 个元素，osRtxMessageQueue_t->thread_list->thread_next->thread_next 表示消息阻塞列表的第 3 个元素，依此类推。

信号量阻塞列表定义在 osRtxSemaphore_t 结构中（详见 12.2.1 节），即 osRtxSemaphore_t.thread_list，它的地址用 & osRtxSemaphore_t.thread_list 表示，它的类型为 osRtxThread_t。osRtxThread_t 结构体的 thread_next 成员表示后继线程，thread_prev 成员表示前驱线程。故可用 osRtxSemaphore_t->thread_list 表示信号量阻塞列表的第 1 个元素，osRtxSemaphore_t->thread_list->thread_next 表示信号量阻塞列表的第 2 个元素，osRtxSemaphore_t->thread_list->thread_next->thread_next 表示信号量阻塞列表的第 3 个元素，依此类推。

互斥量阻塞列表定义在 osRtxMutex_t 结构中（详见 12.3.1 节），即 osRtxMutex_t.thread_list，它的地址用 & osRtxMutex_t.thread_list 表示，它的类型为 osRtxThread_t。osRtxThread_t 结构体的 thread_next 成员表示后继线程，thread_prev 成员表示前驱线程。故可用 osRtxMutex_t->thread_list 表示互斥量阻塞列表的第 1 个元素，osRtxMutex_t->thread_list->thread_next 表示互斥量阻塞列表的第 2 个元素，osRtxMutex_t->thread_list->thread_next->thread_next 表示互斥量阻塞列表的第 3 个元素，依此类推。

10.2 中断服务程序 PendSV_Handler 剖析

在 Mbed OS 中提供的系统调用服务样例程序包含 SVC_Handler、PendSV_Handler 和 SysTick_Handler 3 个函数，其中 SVC_Handler 函数的详细解析见 8.5 节，SysTick_Handler 函数的详细解析见 9.1 节，本节主要剖析 PendSV_Handler 中断服务程序。

10.2.1 osRtxPendSV_Handler 的功能概要

在 "…\02_CPU\chip \irq_cm4f.S" 文件中可查看 PendSV_Handler 源代码，它通过调用 osRtxPendSV_Handler 函数完成对线程的处理。

PendSV_Handler：

```
            PUSH    {R0,LR}                      //PSP 和 LR（EXC_RETURN）入栈
            BL      osRtxPendSV_Handler          //调用中断实际处理程序 osRtxPendSV_Handler
```

osRtxPendSV_Handler 函数的功能如下：①从中断队列中取数据；②根据所取数据的类型执行相应处理函数；③取就绪列表中最高优先级线程。osRtxPendSV_Handler 函数的执行流程如图 10-1 所示。

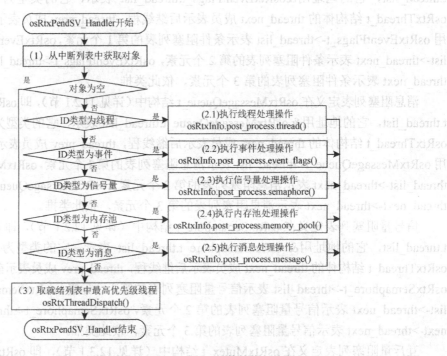

图 10-1 osRtxPendSV_Handler 函数的执行流程

10.2.2 osRtxPendSV_Handler 函数源代码解析

在 "...\TARGET_CORTEX\rtx5\RTX\Source\rtx_system.c" 文件中可查看 osRtxPendSV_Handler 函数的源代码。

```
//============================================================
//函数名称：osRtxPendSV_Handler
//函数返回：无
//参数说明：无
//功能概要：PendSV 中断服务程序
//============================================================
void osRtxPendSV_Handler (void)
{
    os_object_t *object;
    for (;;)
    {
        //（1）从中断队列中取数据
        object = isr_queue_get();
        if (object == NULL)    break;
        //（2）根据所取数据的 ID 类型来执行相应的处理函数
```

```
    switch (object->id) {
      case osRtxIdThread:              //（2.1）进行线程处理操作
        osRtxInfo.post_process.thread(osRtxThreadObject(object));
        break;
      case osRtxIdEventFlags:          //（2.2）进行事件处理操作
        osRtxInfo.post_process.event_flags(osRtxEventFlagsObject(object));
        break;
      case osRtxIdSemaphore:           //（2.3）进行信号量处理操作
        osRtxInfo.post_process.semaphore(osRtxSemaphoreObject(object));
        break;
      case osRtxIdMemoryPool:          //（2.4）进行内存池处理操作
        osRtxInfo.post_process.memory_pool(osRtxMemoryPoolObject(object));
        break;
      case osRtxIdMessage:             //（2.5）进行消息处理操作
        osRtxInfo.post_process.message(osRtxMessageObject(object));
        break;
      default:      break;
    }
    //（3）取就绪列表中最高优先级线程，若比正在运行线程的优先级高，则抢占该线程
    osRtxThreadDispatch(NULL);
}
```

10.2.3　跳转到 SVC_Context 进行上下文切换

```
POP      {R0,LR}        //R0←堆栈中保存的 R0；LR←堆栈中保存的 LR（EXC_RETURN）
MRS      R12,PSP        //R12←PSP 的值
B        SVC_Context    //跳转到 SVC 上下文处理程序 SVC_Context
```

在标号 SVC_Context 处实现线程上下文处理，详细过程见 8.5.3 节。

10.2.4　PendSV_Handler 函数完整代码注释

"…\02_CPU\chip\irq_cm4f.S" 文件中可查看 PendSV_Handler 函数的源代码。

```
//============================================================================
//函数名称：PendSV_Handler
//功能概要：不需要立即执行的中断服务例程，优先级只需比线程的优先级高即可。
//版权所有：苏州大学 ARM 嵌入式中心(sumcu.suda.edu.cn)
//版本更新：2020-04-30
//============================================================================
.thumb_func                          //表明函数使用的是 thumb 指令集的函数
.type    PendSV_Handler, %function   //指定 PendSV_Handler 为函数类型
.global  PendSV_Handler              // 声明全局函数 PendSV_Handler
.fnstart                             //SVC_Handler 函数开始标志
.cantunwind                          //防止通过当前功能展开
PendSV_Handler:
    PUSH     {R0,LR}                 //PSP 和 LR（EXC_RETURN）入栈
    BL       osRtxPendSV_Handler     //调用 PendSV 中断服务例程 osRtxPendSV_Handler
```

```
        POP       {R0,LR}                    //R0←堆栈中保存的 R0; LR←堆栈中保存的 LR(EXC_RETURN)
        MRS       R12,PSP                    //R12←PSP 的值
        B         SVC_Context                //跳转到 SVC 上下文处理程序 SVC_Context
.fnend                                       //函数功能结束
.size     PendSV_Handler, .-PendSV_Handler   //为函数分配内存
//PendSV_Handler 函数结束
```

10.3 PendSV 应用举例

10.3.1 PendSV 在事件中的应用

5.2.3 节的样例程序介绍了中断与线程之间的事件同步，事件的置位是由串口接收中断来实现的，是通过触发 PendSV 中断来实现线程的调度的。为了剖析 PendSV 中断的调度机制，简化了程序功能，只保留红灯线程等待事件字第 2 位置位来实现亮暗切换，串口接收中断当收到字符"1"时对事件字第 2 位进行置位，具体工程见"CH10.3.1-ISR_Event_mbedOS_STM32L431-demo"文件夹。

1. 定义与声明事件字全局变量

在使用事件之前，需要先确定程序中需要使用哪些事件字，可以通过 EventFlags 构造函数手动创建事件字。例如，在本节样例程序中，在 app_init.cpp 中定义事件字，代码如下：

```
EventFlags EventWord;                        //初始化事件字实例 EventWord
```

2. 给事件位取名

在 include.h 中添加红灯线程事件位宏定义。

```
#define RED_LIGHT_TASK    (1<<2)             //定义红灯线程事件位为事件字第 2 位
```

3. 程序代码

1）红灯线程

```
//=============================================================================
//函数名称：run_redlight
//函数返回：无
//参数说明：无
//功能概要：等待 RED_LIGHT_TASK 标志，接收到信号后反转红灯，并清除事件位
//=============================================================================
void run_redlight(void)
{
    gpio_init(LIGHT_RED,GPIO_OUTPUT,LIGHT_OFF);
    while (true)
    {
        printf("0-3.当前运行的线程=%x(红灯)开始.\n",osRtxThreadGetRunning());
        printf("1.红灯线程调用 wait_any()等待串口设置事件字的第 2 位\r\n");
        EventWord.wait_any(RED_LIGHT_EVENT);      //等待红灯事件
```

```
    printf("2.红灯线程已等待到串口对事件字第 2 位置的位,切换红灯亮暗\r\n");
    EventWord.clear(RED_LIGHT_EVENT);              //清除红灯事件
    gpio_reverse(LIGHT_RED);                       //反转红灯
  }
}
```

2）串口接收中断

```
//=====================================================================
//函数名称：USART2_IRQHandler
//函数返回：无
//参数说明：无
//功能概要：等待串口发送字符,当收到"1"时设置事件字的第 2 位
//=====================================================================
extern "C" void USART2_IRQHandler(void)
{
  uint_8 ch;
  uint_8 flag;
  DISABLE_INTERRUPTS;                              //关总中断
  //接收 1 字节
  ch = uart_re1(UART_UPDATE, &flag);               //调用接收 1 字节的函数,清接收中断位
  if(flag)   //有数据
  {
    if(ch=='1')
    {
      printf("3.串口产生接收中断,收到字符 1 调用 set()设置事件字的第 2 位\r\n");
      EventWord.set(RED_LIGHT_EVENT);              //置第 2 位,控制红灯
      printf("4.串口执行 set()的后续语句\r\n");
    }
  }
  ENABLE_INTERRUPTS;                               //开总中断
  printf("5.串口中断执行完,接着触发 PendSV 中断 PendSV_Handler→实际调用 osRtxPendSV_Handler→
调用 osRtxEventFlagsPostProcess\r\n");
}
```

4. PendSV 调度机制剖析

1）程序执行流程分析

红灯线程的执行流程需要等待串口接收中断程序设置事件字的第 2 位（RED_LIGHT_TASK）为 1,当红灯线程执行到 EventWord.wait_any(RED_LIGHT_TASK)这个语句时,红灯线程进入事件阻塞列表和等待列表,状态由激活态变为阻塞态,直到收到串口接收中断程序设置的事件字置位信号 RED_LIGHT_TASK 后,红灯线程才会从事件阻塞列表和等待列表中移出,状态由阻塞态变为就绪态,并进入就绪列表,由系统进行调度切换为激活态后,才会执行后续语句（切换红灯亮暗）。该语句的调用顺序为 wait_any →wait→osEventFlagsWait→__svcEventFlagsWait()→触发 SVC 中断 SVC_Handler→svcRtxEventFlagsWait。svcRtxEventFlagsWait 函数的主要功能就是给正在运行的线程（本例为红灯线程）添加等待事件位标志,暂停红灯线程的运行并放入等待列表中。

在串口接收中断服务程序中,当接收到字符1时(产生了串口接收中断),执行EventWord.set(RED_LIGHT_TASK)这个语句,即向红灯线程发送事件字置位信号RED_LIGHT_TASK,红灯线程收到这个线程信号后,才会执行后续语句(切换红灯亮暗)。该语句的调用顺序为set→osEventFlagsSet→isrRtxEventFlagsSet→osRtxPostProcess→执行SetPendSV函数挂起PendSV中断→执行串口2的后续语句(即EventWord.set(RED_LIGHT_TASK)这个语句之后的语句)→串口2中断执行完后触发PendSV中断PendSV_Handler→实际调用osRtxPendSV_Handler→调用osRtxEventFlagsPostProcess完成对线程的调度处理。

2)线程调度时序剖析

以上内容从宏观层面阐述了程序执行流程,接下来将从微观层面剖析PendSV中断是如何进行线程调度的,为此给本样例程序配套了一个演示程序,可以通过串口(波特率设置为115200)打印出运行结果,程序见"CH10.3.1-ISR_Event-mbedOS_kl36-demo"文件,基于事件的PendSV中断线程调度时序图如图10-2所示。

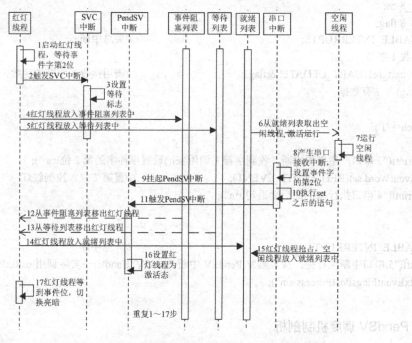

图10-2 基于事件的PendSV中断线程调度时序图

在图10-2中,纵向表示运行时间,实线箭头表示线程进入列表,虚线箭头表示从列表取线程。下面将对线程调度过程进行分段剖析,程序中加入了printf输出函数给出的运行过程信息,可以清晰地看出事件的运行机制。

(1)线程启动。

在本样例程序中,芯片上电启动后会转到主线程的运行函数app_init执行,在该函数中创建并启动了红灯线程,然后阻塞主线程的运行,由Mbed OS开始进行线程调度,取出就绪列表(此时就绪列表只有红灯线程和空闲线程)的最高优先级线程(即红灯线程)激活运行。

0-1.MCU启动
0-2.启动红灯线程

0-3.当前运行的线程=20004544(红灯)开始

（2）红灯线程等待事件字第 2 位。

红灯线程调用 EventWord.wait_any(RED_LIGHT_TASK)函数等待事件字第 2 位，由于是在线程中进行事件字的等待操作，因此在调用该函数的过程中会触发 SVC 中断，红灯线程会被放入事件阻塞列表和等待列表中，并从就绪列表中取最高优先级的线程（即空闲线程）激活运行。由于此时是空闲线程，它实际上不做任何事件，只是为了确保 MCU 处于运行状态。

1.红灯线程调用 wait_any()等待串口设置事件字的第 2 位
  1-1.设置当前线程(20004544)的等待标志(wait_flags=4)和标志选项(flags_options=0)
    1-2.阻塞当前线程(20004544)，并放入事件阻塞列表(200044BC)中
    1-3.当前线程(20004544)放入等待列表(20003044)中
    1-4.从就绪列表(20003030)中取线程(20004260)准备运行
  1-5.等待设置事件位完成，退出 wait_any()

（3）串口接收中断。

当通过上位机（如串口调试器）向串口发送字符"1"时，会产生串口接收中断，若判断收到的是字符"1"，则调用 EventWord.set(RED_LIGHT_TASK)对事件字第 2 位进行置位。由于是在中断中进行事件字的置位操作，因此在设置完事件字的事件位后，不会马上对等待事件字第 2 位的线程进行处理，而是调用 osRtxPosProcess 函数内的 SetPendSV 函数挂起 PendSV 中断，转去执行 EventWord.set(RED_LIGHT_TASK)的后续语句，当串口接收中断执行完之后，才会转回来触发 PendSV 中断。

3.串口产生接收中断，收到字符 1 调用 set()设置事件字的第 2 位
    3-1-1.进一步调用 EventFlagsSet(ef=200044BC, flags=4)设置事件标志字的事件位
      3-1-1-1.设置事件位前(event_flags=0)
      3-1-1-2.事件位设置后(event_flags=4)——第 2 位变为 1
    3-1-2.调用 osRtxPosProcess(),挂起 PendSV 中断
  3-2.事件位设置完成，退出 isrEventFlagsSet()
4.串口执行 set()的后续语句
5.串口中断执行完，接着触发 PendSV 中断 PendSV_Handler→实际调用 osRtxPendSV_Handler→调用 osRtxEventFlagsPostProcess

（4）触发 PendSV 中断。

当串口接收中断执行完之后，会触发 PendSV 中断对等待事件字第 2 位的线程进行处理，触发 PendSV 中断服务程序 PendSV_Handler→实际调用 osRtxPendSV_Handler→调用 osRtxEventFlagsPostProcess 进行事件位的处理。由于事件阻塞列表中的红灯线程所等待的事件位（事件字的第 2 位，值为 4）与当前设置的事件位（事件字的第 2 位，值为 4）相同，因此红灯线程从事件阻塞列表和等待列表中移出，并放入就绪列表中。紧接着会在 osRtxPendSV_Handler 函数中调用 osRtxThreadDispatch()函数，由于红灯线程的优先级（24）比当前正在运行的空闲线程优先级（1）高，故红灯线程会抢占空闲线程，被设置为激活态，准备运行。

6-1.最终调用 osRtxEventFlagsPostProcess()进行事件位的处理
  6-1-1.获取事件阻塞列表(200044BC)的线程(20004544)
  6-1-2.设置的事件位(=4)与当前线程(20004544)所等待的事件位(=4)相同
  6-1-3.将已设置事件位的线程(20004544)从事件阻塞列表(200044BC)中移除

6-1-4.从等待列表(20003044)中移出找到的线程(20004544)
6-1-5.将找到的线程(20004544)加入到就绪列表(20003030)中
7-1.从就绪列表(20003030)中获取线程(20004544),该线程的优先级=24>当前运行线程(20004260)的优先级=1,抢占
7-2.将当运行线程(20004260)放到就绪列表中(即阻塞当前线程)
7-3.设置线程(20004544)为激活态
8.退出 osRtxPendSV_Handler()函数。

（5）红灯线程等到事件字的第 2 位。

红灯线程等到事件字的第 2 位,进行红灯亮暗切换(执行 EventWord.wait_any 后续语句),开始新一轮的事件位等待（重复 1~17 步,见图 10-2）。

2.红灯线程已等待到串口对事件字第 2 位置的位,切换红灯亮暗

说明：演示程序主要是在相关的代码处通过插入 printf 函数的方式,打印出相关的信息。另外,地址 20004544 表示红灯线程,地址 20004260 表示空闲线程,地址 20003044 表示等待列表,地址 20003030 表示就绪列表,地址 200044BC 表示事件阻塞列表。

10.3.2 PendSV 在线程信号中的应用

5.4.3 节的样例程序介绍了中断与线程之间线程信号的同步,线程信号的设置是由串口接收中断来实现的,通过触发 PendSV 中断来实现线程的调度。为了剖析 PendSV 中断的调度机制,简化了程序功能,只保留红灯线程等待信号 RED_SIGNAL（0x52）来实现红灯亮暗切换,串口接收中断当收到字符"R"时设置线程信号 RED_SIGNAL（0x52）,具体工程见"CH10.3.2-ISR_ThreadSignal_mbedOS_STM32L431-demo"文件。

1. 给线程信号取名

在"07_NosPrg\include.h"文件夹中添加红灯线程线程信号宏定义。

#define RED_SIGNAL 0X52   //红灯等待的线程信号

2. 程序代码

1）红灯线程

```
//=============================================================
//函数名称：run_redlight
//函数返回：无
//参数说明：无
//功能概要：等待 RED_SIGNAL 标志,接收到信号后反转红灯,并清除线程信号
//内部调用：无
//=============================================================
void run_redlight(void)
{
    gpio_init(LIGHT_RED,GPIO_OUTPUT,LIGHT_OFF);
    while (true)
    {
        printf("0-3.当前运行的线程=%x(红灯)开始.\n",osRtxThreadGetRunning());
        printf("1.红灯线程调用 signal_wait()等待串口设置线程信号 RED_SIGNAL(0x52)\n");
```

```
        Thread::signal_wait(RED_SIGNAL);           //等待红灯信号
        Thread::signal_clr(RED_SIGNAL);            //清除红灯信号
        printf("2.红灯线程已等待到串口对线程信号的设置，切换红灯亮暗\r\n");
        gpio_reverse(LIGHT_RED);                   //反转红灯
```

2）串口接收中断

```
extern Thread thd_redlight;
//=============================================================================
//程序名称：USART2_IRQHandler
//函数返回：无
//参数说明：无
//功能概要：等待串口发送字符，当收到"R"时设置红灯的线程信号。
//=============================================================================
extern "C" void USART2_IRQHandler(void)
{
 uint_8 ch;
 uint_8 flag;
    //-----------------------------------------------------------
    DISABLE_INTERRUPTS;                            //关总中断
    ch = uart_re1(UART_UPDATE, &flag);             //调用接收1字节的函数
    if(flag)
    {
        if(ch=='R')
        {
            printf("3.串口产生接收中断，收到字符 R 调用 signal_set()设置线程信号
            RED_SIGNAL(0x52).\n");
        thd_redlight.signal_set(RED_SIGNAL);       //由红灯线程来设置红灯信号
        printf("4.串口执行 signal_set()的后续语句\n");
        }
    }
    //-----------------------------------------------------------
    ENABLE_INTERRUPTS;                             //开总中断
    printf("5.串口中断执行完，接着触发 PendSV 中断 PendSV_Handler→实际调用
        osRtxPendSV_Handler→调用 osRtxThreadPostProcess\n\n");
}
```

3. PendSV 调度机制剖析

1）程序执行流程分析

红灯线程的执行流程需要等待串口 3 设置线程信号 RED_SIGNAL（0x52），当红灯线程执行 Thread::signal_wait(RED_SIGNAL)这个语句时，红灯线程进入等待列表，状态由激活态变为阻塞态，直到收到串口接收中断程序设置的线程信号 RED_SIGNAL（0x52）后，红灯线程才会从等待列表中移出，并从阻塞态变为就绪态，并进入就绪列表，由系统进行调度切换为激活态后才会执行后续语句（切换红灯亮暗）。该语句的调用顺序为 signal_wait→osThreadFlagsWait→__svcThreadFlagsWait→触发 SVC 中断 SVC_Handler→svcRtxThreadFlags

Wait。svcRtxThreadFlagsWait 函数的主要功能就是给正在运行的线程（本例为红灯线程）添加等待标志，暂停红灯线程的运行并放入等待列表。

在串口接收中断服务程序中，当接收到字符"R"时（产生了串口接收中断），执行 thd_redlight.signal_set(RED_SIGNAL)这个语句，即向红灯线程发送线程信号 RED_SIGNAL，红灯线程收到这个线程信号后，才会执行后续语句（切换红灯亮暗）。该语句的调用顺序为 signal_set→osThreadFlagsSet→isrRtxThreadFlagsSet→osRtxPostProcess→执行 SetPendSV 挂起 PendSV 中断→执行串口 3 的后续语句（即 thd_redlight.signal_set(RED_SIGNAL)这个语句之后的语句）→串口3中断执行完后触发PendSV中断 PendSV_Handler→实际调用 osRtxPendSV_Handler→调用 osRtxThreadPostProcess 完成对线程的调度处理。

2）线程调度时序剖析

从宏观层面阐述了程序执行流程，接下来将从微观层面剖析 PendSV 中断是如何进行线程调度的，为此给本样例程序配套了一个演示程序（见 "CH10.3.2- ISR-_ThreadSignal_mbedOS_STM32L431-demo" 文件夹），可以通过串口（波特率设置为 115200）打印出运行结果。基于线程信号的 PendSV 中断线程调度时序图如图 10-3 所示。

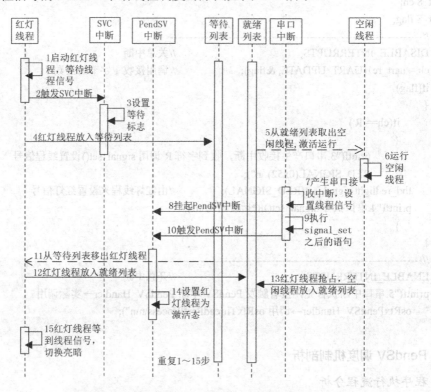

图 10-3 基于线程信号的 PendSV 中断线程调度时序图

在图 10-3 中，纵向表示运行时间，实线箭头表示线程进入列表，虚线箭头表示从列表中取线程。下面将对线程调度过程进行分段剖析，程序中加入了 printf 输出函数给出的运行过程信息，可以清晰地看出线程信号的运行机制。

（1）线程启动。

在本样例程序中，芯片上电启动后会转到主线程的运行函数 app_init 执行，在该函数中

298

创建并启动了红灯线程，阻塞主线程的运行，由 Mbed OS 开始进行线程调度，取出就绪列表（此时就绪列表只有红灯线程和空闲线程）中的最高优先级线程（即红灯线程）激活运行。

```
0-1.MCU 启动
0-2.启动红灯线程
0-3.当前运行的线程=20004530(红灯)开始
```

（2）红灯线程等待线程信号。

红灯线程调用 Thread::signal_wait(RED_SIGNAL)函数等待线程信号 RED_SIGNAL（0x52），由于是在线程中进行线程信号的等待操作，因此在调用该函数的过程中会触发 SVC 中断，红灯线程会被放入等待列表中，并从就绪列表中取最高优先级的线程（即空闲线程）激活运行。由于此时是空闲线程，它实际上不做任何事件，只是为了确保 MCU 处于运行状态。

```
1.红灯线程调用 signal_wait()等待串口设置线程信号 RED_SIGNAL(0x52)
    1-1.设置当前线程(20004530)的等待标志(wait_flags=82)和标志选项(flags_options=0)
    1-2.当前线程(20004530)放入等待列表(20003044)
    1-3.从就绪列表(20003030)中取线程(20004260)准备运行
1-4.等待设置线程信号完成，退出 signal_wait()
```

（3）串口接收中断。

当通过上位机（如串口调试器）向串口发送字符"R"时，会产生串口接收中断，若判断收到的是字符"R"，则调用 thd_redlight.signal_set(RED_SIGNAL)设置线信号 RED_SIGNAL（0x52）。由于是在中断中进行线程信号的设置操作，因此在设置完线程信号后，不会马上对等待线程信号的线程进行处理，而是调用 osRtxPosProcess 函数内的 SetPendSV 函数挂起 PendSV 中断，转去执行 thd_redlight.signal_set(RED_SIGNAL)的后续语句，当串口接收中断执行完之后，才会转回来触发 PendSV 中断。

```
3.串口产生接收中断，收到字符 R 调用 signal_set()设置线程信号 RED_SIGNAL(0x52).
    3-1.由于是在中断中进行设置线程信号，故调用 isrRtxThreadFlagsSet()函数
        3-1-1.进一步调用 ThreadFlagsSet(thread=20004530, flags=82)设置线程信号
            3-1-1-1.设置线程信号前(thread_flags=0)
            3-1-1-2.线程信号设置后(thread_flags=82)
        3-1-2.调用 osRtxPosProcess(),挂起 PendSV 中断
    3-2.线程信号设置完成，退出 isrRtxThreadFlagsSet()
4.串口执行 signal_set()的后续语句
5.串口中断执行完，接着触发 PendSV 中断 PendSV_Handler→实际调用 osRtxPendSV_Handler→调用 osRtxThreadFlagsPostProcess
```

（4）触发 PendSV 中断。

当串口接收中断执行完之后，会触发 PendSV 中断对等待线程信号的线程进行处理，触发 PendSV 中断服务程序 PendSV_Handler → 实际调用 osRtxPendSV_Handler → 调用 osRtxThreadPostProcess 进行线程信号的处理。由于等待列表中的红灯线程所等待的线程信号（RED_SIGNAL，值为 0x52）与当前设置的线程信号（RED_SIGNAL，值为 0x52）相同，因此红灯线程从等待列表中移出，并放入就绪列表中。紧接着会在 osRtxPendSV_Handler 函数中调用 osRtxThreadDispatch()函数，由于红灯线程的优先级（24）比当前正在运行的空闲线程优先级（1）高，故红灯线程会抢占空闲线程，被设置为激活态，准备运行。

```
6.触发 PendSV 中断 PendSV_Handler→实际调用 osRtxPendSV_Handler()
```

6-1.最终调用 osRtxThreadPostProcess()进行线程信号的处理
　　6-1-1.设置的线程信号(=82)与当前线程(20004530)所等待的线程信号(=82)相同
　　6-1-2.从等待列表(20003044)中移出找到的线程(20004530)
　　6-1-3.将找到的线程(20004530)放入就绪列表(20003030)中
6-2.线程信号的处理完成，退出 osRtxThreadPostProcess()函数.
7-1.从就绪列表(20003030)中获取线程(20004530),该线程的优先级=24>当前运行线程(20004260)的优先级=1,抢占
7-2.将当线运行线程(20004260)放入就绪列表中(即阻塞当前线程)
7-3.设置线程(20004530)为激活态
8.退出 osRtxPendSV_Handler()函数.

（5）红灯线程等到线程信号。

红灯线程等到线程信号，进行红灯亮暗切换（执行 Thread::signal_wait(RED_SIGNAL)后续语句），开始新一轮的线程信号等待（重复1～15步，见图10-3）。

2.红灯线程已等待到串口对线程信号的设置，切换红灯亮暗

说明：演示程序主要是在相关代码处通过插入 printf 函数的方式，打印出相关信息。另外，地址 20004530 表示红灯线程，地址 20004260 表示空闲线程，地址 20003044 表示等待列表，地址 20003030 表示就绪列表。

10.4　本章小结

在 Mbed OS 中，当在中断中实现与线程的同步时，会采用 PendSV 中断进行线程调度，在 PendSV_Handler 中断服务程序中进行线程的上下文切换。当在中断中执行到相关设置语句（如设置事件位、线程信号等语句）时，不会马上对等待这个信号的线程进行处理，而是调用 osRtxPosProcess 函数内的 SetPendSV 函数挂起 PendSV 中断，转去执行设置语句之后的语句，当中断执行完之后，才会转回来触发 PendSV 中断。在 PendSV 中断服务程序 PendSV_Handler 中会将等待信号的线程从等待列表和条件阻塞列表中移出，放入就绪列表中，并进行上下文切换，最后由内核完成线程调度。

第 11 章 理解事件与消息队列

实时操作系统中的通信是指线程之间或者线程与中断服务程序之间的信息交互，其作用是实现同步与数据传输。同步是协调不同程序单元的执行顺序，数据传输是在不同程序单元之间进行数据的传递。同步与通信的主要方式有事件、消息队列、线程信号、信号量、互斥量等。本章剖析事件与消息队列的工作机制，第 12 章将剖析线程信号、信号量和互斥量的工作机制。

11.1 事件

事件的含义及应用场合、事件常用函数及事件的编程举例已在 5.2 节中介绍过了，本节主要剖析事件所涉及的结构体、事件等待函数和事件置位函数。

11.1.1 事件的相关结构体

1. 事件属性结构体

在 "...\TARGET_CORTEX\rtx5\Include\cmsis_os2.h" 文件中定义了事件属性结构体，存放创建事件对象的相关属性，各成员含义及作用如下：

```
//事件属性结构体
typedef struct {
    const char      *name;          //事件位名称
    uint32_t        attr_bits;      //属性位
    void            *cb_mem;        //控制内存块
    uint32_t        cb_size;        //内存块大小
} osEventFlagsAttr_t;
```

2. 事件控制块结构体

EventFlags 类中的 _obj_mem 成员，其类型为 mbed_rtos_storage_event_flags_t，也就是 os_event_flags_t 结构体，即 osRtxEventFlags_t 结构体，其定义可查看 "...\TARGET_CORTEX\rtx5\RTX\Include\rtx_os.h" 文件，各成员含义及作用如下：

```
//事件控制块，大小为 16 字节
typedef struct {
    uint8_t     id;                 //事件 ID
```

```
    uint8_t     reserved_state;      //事件状态
    uint8_t     flags;               //事件标志
    uint8_t     reserved;            //保留位
    const char  *name;               //事件名称
    osRtxThread_t *thread_list;      //事件阻塞列表
    uint32_t    event_flags;         //事件字
} osRtxEventFlags_t;
```

其中，事件id初值为osRtxIdEventFlags(0x03U)；事件状态state初值为osRtxObjectActive（即激活态，值为0x01U）；事件标志flag值包括0、osRtxFlagSystemObject和osRtxFlagSystemMemory；事件控制块通过事件阻塞列表*thread_list对事件进行统一管理，它的类型为osRtxThread_t结构体，主要用到flags_options和wait_flags两个成员变量。

```
//线程控制内存块
typedef struct osRtxThread_s
{
    ......
    uint8_t     flags_options;       //线程/事件标志选项
    uint32_t    wait_flags;          //等待线程/事件标志
    ......
} osRtxThread_t;
```

3．事件标志选项

事件标志选项指明是等待事件字的某一位还是所有位，以及事件位等到之后不清0等操作。在"...\TARGET_CORTEX\rtx5\Include\cmsis_os2.h"文件中可查看事件标志选项flags_options的定义。

```
//事件标志选项
#define osFlagsWaitAny    0x00000000U    //等待事件字中的任意一位（默认值）
#define osFlagsWaitAll    0x00000001U    //等待事件字中的所有位
#define osFlagsNoClear    0x00000002U    //事件位不清0
```

11.1.2 事件函数深入剖析

1．实际事件位等待函数 svcRtxEventFlagsWait

1）svcRtxEventFlagsWait 函数概述

事件位等待函数调用顺序为 EventFlags::wai_any → wait → osEventFlagsWait → __svcEventFlagsWait → 触发 SVC 中断服务程序 SVC_Handler → 实际事件位等待函数 svcRtxEventFlagsWait。

实际事件位等待函数 svcRtxEventFlagsWait 的主要功能如下：①判断线程和事件状态及参数是否正确；②设置事件等待标志及标志选项；③将等待事件位的线程放到事件阻塞列表中；④更改等待事件位的线程状态，并放入等待列表中，然后从就绪列表中取出线程准备运行；⑤返回事件各类状态代码值。

2）svcRtxEventFlagsWait 函数执行流程

svcRtxEventFlagsWait 函数的执行流程如图 11-1 所示。

第 11 章 理解事件与消息队列

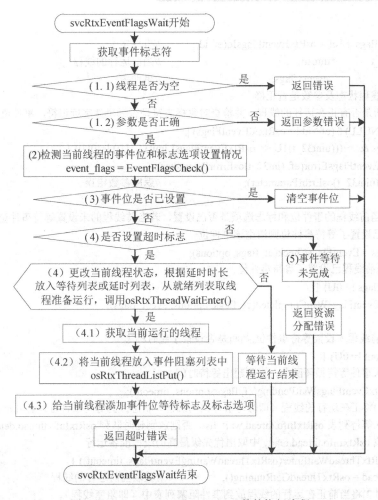

图 11-1 svcRtxEventFlagsWait 函数的执行流程

3）svcRtxEventFlagsWait 函数完整代码注释

在 "...\TARGET_CORTEX\rtx5\RTX\Source\rtx_evflags.c" 文件中可以查看 svcRtxEventFlagsWait 函数的源代码。

```
//================================================================
//函数名称：svcRtxEventFlagsWait
//函数返回：事件状态代码值
//参数说明：ef_id—事件字 ID
//         flags—指定要等待的事件位（其范围为 0x00000000～0xFFFFFFFF）
//         options—事件位标志选项
//                 0—osFlagsWaitAny 等待事件字中的任意一位
//                 1—osFlagsWaitAll 等待事件字中的所有位
//                 2—osFlagsNoClear 事件位不清 0
//         timeout—等待时间，默认为 0xFFFFFFFF，单位为 ms
//功能概要：等待指定的事件位发出信号。
//================================================================
static uint32_t svcRtxEventFlagsWait (osEventFlagsId_t ef_id, uint32_t flags,
                                     uint32_t options, uint32_t timeout)
```

303

```c
{
    os_event_flags_t *ef = osRtxEventFlagsId(ef_id);       //事件字
    os_thread_t      *thread;                              //当前运行的线程
    uint32_t          event_flags;                         //事件字
    //(1)判断线程状态及参数是否正确
    //(1.1)判断是否有正在运行的线程,并检查对象标志符是否为事件字标识符,事件位是否为32位
    if ((ef == NULL) || (ef->id != osRtxIdEventFlags) ||
        ((flags & ~(((uint32_t)1U << osRtxEventFlagsLimit) - 1U)) != 0U)) {
        EvrRtxEventFlagsError(ef, (int32_t)osErrorParameter);
        return ((uint32_t)osErrorParameter);               //返回参数错误
    }
    //(2)检测当前线程的事件位和标志选项是否已设置,若当前线程的未设置等待事件位则返回0,若当
    //前线程已设置了等待事件位则清空该事件位
    event_flags = EventFlagsCheck(ef, flags, options);
    //(3) 若当前线程已设置了等待事件位
    if (event_flags != 0U) {
        EvrRtxEventFlagsWaitCompleted(ef, flags, options, event_flags);
    } else {
    //(4)若当前线程未设置等待事件位,判断是否设置了超时标志
        if (timeout != 0U) {
            //进入事件等待循环函数,直到超出等待时间
            EvrRtxEventFlagsWaitPending(ef, flags, options, timeout);
            //(4.1)将正在运行的线程(即等待事件位的线程)状态改为等待事件位,若timeout为无限长,则
            //放入等待列表 osRtxInfo.thread.wait_list,否则放到延时队列 osRtxInfo.thread.delay_list,并从就绪
            //列表 osRtxInfo.thread.ready 中取出优先级最高的线程准备运行
            if (osRtxThreadWaitEnter(osRtxThreadWaitingEventFlags, timeout)) {
                thread = osRtxThreadGetRunning();           //获取当前运行的线程
                //(4.2)将当前正在运行的线程放到事件阻塞列表中(即阻塞线程)
                osRtxThreadListPut(osRtxObject(ef), thread);
                //(4.3)给当前正在运行线程添加事件位等待标志及标志选项
                thread->wait_flags = flags;
                thread->flags_options = (uint8_t)options;
            } else {
                EvrRtxEventFlagsWaitTimeout(ef);
            }
            event_flags = (uint32_t)osErrorTimeout;
        } else {
            //(5)事件等待未完成
            EvrRtxEventFlagsWaitNotCompleted(ef, flags, options);
            event_flags = (uint32_t)osErrorResource;       //返回资源分配错误
        }
    }
    return event_flags;
}
```

2. 实际事件位置位函数 svcRtxEventFlagsSet

1)svcRtxEventFlagsSet 函数概述

事件位置位函数调用顺序为 EventFlags::set→osEventFlagsSet→__svcEventFlagsSet→触发 SVC 中断服务程序 SVC_Handler→实际事件位置位函数 svcRtxEventFlagsSet。

实际事件位置位函数 svcRtxEventFlagsSet 的主要功能如下:①判断事件状态及参数是否正确;②设置事件字的事件位;③在事件阻塞列表中查找线程等待的事件位与设置的事件位相同的线程,找到后从事件阻塞列表和等待列表中移出线程,并加入就绪列表中;④取就绪列表中优先级最高的线程。

2)svcRtxEventFlagsSet 函数执行流程

svcRtxEventFlagsSet 函数的执行流程如图 11-2 所示。

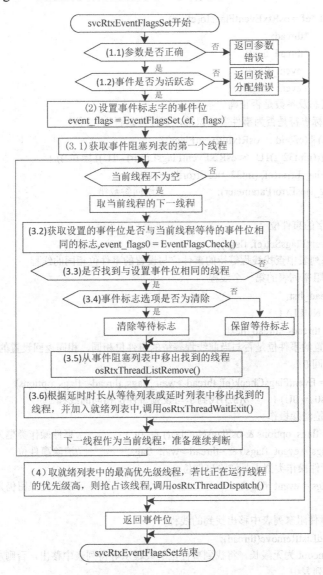

图 11-2 svcRtxEventFlagsSet 函数的执行流程

3）svcRtxEventFlagsSet 函数完整代码注释

在 "...\TARGET_CORTEX\rtx5\RTX\Source\rtx_evflags.c" 文件中可以查看 svcRtxEventFlagsSet 函数的源代码。

```
//==========================================================================
//函数名称：svcRtxEventFlagsSet
//函数返回：事件字
//参数说明：ef_id—事件字 ID
//         flags—需设置的事件位（其范围为 0x00000000～0xFFFFFFFF）
//功能概要：设置事件字的指定事件位
//==========================================================================
static uint32_t svcRtxEventFlagsSet (osEventFlagsId_t ef_id, uint32_t flags)
{
  os_event_flags_t *ef = osRtxEventFlagsId(ef_id);
  os_thread_t       *thread;
  os_thread_t       *thread_next;
  uint32_t           event_flags;
  uint32_t           event_flags0;
//(1)判断事件状态及参数是否正确
//(1.1)检查对象标志符是否为事件字标识符，事件位是否为 32 位
  if ((ef == NULL) || (ef->id != osRtxIdEventFlags) ||
      ((flags & ~(((uint32_t)1U << osRtxEventFlagsLimit) - 1U)) != 0U)) {
    EvrRtxEventFlagsError(ef, (int32_t)osErrorParameter);
    return ((uint32_t)osErrorParameter);              //返回参数错误
  }
//(2) 设置事件字的事件位
  event_flags = EventFlagsSet(ef, flags);
//(3)在事件阻塞列表中查找线程等待的事件位与设置的事件位相同的线程
//(3.1)获取事件阻塞列表的第一个线程
  thread = ef->thread_list;
  while (thread != NULL) {
    thread_next = thread->thread_next;
//(3.2)检测设置的事件位是否与当前线程等待的事件位相同，相同返回设置的事件位，并清除事件
//字，不同返回 0
    event_flags0 = EventFlagsCheck(ef, thread->wait_flags, thread->flags_options);
    if (event_flags0 != 0U) {     //(3.3)找到了与设置事件位相同的线程
      //(3.4)事件位清除操作
      if ((thread->flags_options & osFlagsNoClear) == 0U) {   //事件操作类型为清除事件位
        event_flags = event_flags0 & ~thread->wait_flags;     //清除事件位
      } else {   //事件操作类型不是清除事件位
        event_flags = event_flags0;                           //事件位保留仍为设置的事件位
      }
//(3.5) 从事件阻塞列表中移出找到的线程
      osRtxThreadListRemove(thread);
//(3.6)若 timeout 为无限长，将找到事件位的线程从等待列表中移出，否则从延时列表中移出，并
//加入就绪列表中
      osRtxThreadWaitExit(thread, event_flags0, FALSE);
```

```
    EvrRtxEventFlagsWaitCompleted(ef, thread->wait_flags, thread->flags_options, event_flags0);
  }
  thread = thread_next;         //准备下一线程的判断
}
// (4) 取就绪列表中最高优先级线程,若比正在运行线程的优先级高,则抢占该线程
osRtxThreadDispatch(NULL);
EvrRtxEventFlagsSetDone(ef, event_flags);
return event_flags;            //返回事件字
}
```

11.1.3 事件调度剖析

5.2.4 节已经分析了通过事件实现线程间通信的程序执行流程,本节将深入剖析事件的设置过程及线程之间是如何进行调度的。

1. 事件调度时序分析

样例工程实现了蓝灯线程分别控制红灯事件和绿灯事件,从而实现线程间的同步与通信。为了只针对事件进行剖析,故在程序中不采用延时函数,而采用空循环来实现延时,可以通过串口(波特率设置为115200)打印出运行结果。基于事件的优先级相同的线程调度时序图如图11-3所示,样例工程见"CH11.1.3-Event_mbedOS_STM32L431-demo"文件夹。

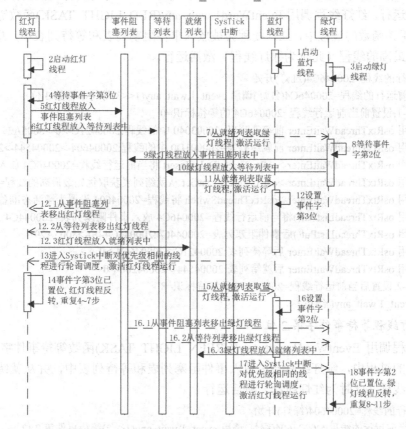

图 11-3 基于事件的优先级相同的线程调度时序图

在图 11-3 中，纵向表示运行时间，实线箭头表示线程进入列表，虚线箭头表示从列表取线程。下面将对事件调度过程进行分段剖析，程序中加入了 printf 输出函数给出的运行过程信息，可以清晰地看出事件调度的运行机制。

2．事件调度过程分段解析

下面将对线程调度过程进行分段解析，并给出各段的运行结果。

1）线程启动

在本样例程序中，芯片上电启动后会转到主线程函数 app_init 执行，在该函数中创建并先后启动了红灯、蓝灯和绿灯 3 个线程，然后阻塞主线程的运行，由 Mbed OS 开始进行线程调度，取出就绪列表中的最高优先级线程（即蓝灯线程）激活运行。

```
0-1.MCU 启动
0-2.启动蓝灯线程
0-3.启动红灯线程
0-4.启动绿灯线程
1.当前运行的线程=20004544(蓝灯)开始
    3-1.当前运行的线程 20004544(蓝灯),调用 event_1.set(1<<3)设置红灯等待事件第 3 位
```

2）红灯线程等待事件字第 3 位

SysTick 中断会每 1ms 中断一次，以每个时间片（5ms）为周期对线程进行轮询调度，激活红灯线程运行，红灯线程调用 EventWord1.wait_any(RED_LIGHT_TASK)函数等待事件字第 3 位。在调用该函数的过程中，红灯线程会被放入事件阻塞列表和等待列表中，并从就绪列表中取优先级最高的线程（此时为绿灯线程）激活运行。

```
2.当前运行的线程=200046C4(红灯)开始
    2-1.当前运行的线程=200046C4(红灯)调用 event_1.wait_any(1<<3)等待事件第 3 位
        2-1-1.设置前当前运行线程=200046C4 的等待标识=0
    5-1.调用 osRtxThreadWaitEnter 前等待列表=20003040 中的线程:2000421C->0->8005A29
    5-2.调用 osRtxThreadWaitEnter 前就绪列表=200001D0 中的线程:20004604->20004544->2004260
    6-1.调用 osRtxThreadWaitEnter->osRtxThreadDelayInsert 将当前运行线程=200046C4 放入等待列表中
    6-2.调用 osRtxThreadWaitEnter->osRtxThreadListGet 从就绪列表获取优先级最高的线程=20004604
    6-3.调用 osRtxThreadWaitEnter->osRtxThreadSwitch 将线程=20004604 设置为激活态准备运行
    7-1.调用 osRtxThreadListPut()将当前运行线程=200046C4 放入事件阻塞列表=200044C4
    7-2.调用 osRtxThreadListPut()后事件阻塞列表=200044C4:200046C4->0->8005A29
    8-1.调用 osRtxThreadWaitEnter 后等待列表:2000421C->200046C4->0
    8-2.调用 osRtxThreadWaitEnter 后就绪列表:20004544->20004260->0
        2-1-2.设置后当前运行线程=200046C4 的等待标识=8
4.调用 event_1.wait_any()结束
```

3）绿灯线程等待事件字第 2 位

绿灯线程调用 EventWord1.wait_any(GREEN_LIGHT_TASK)函数等待事件字第 2 位。在调用该函数的过程中，绿灯线程会被放入事件阻塞列表和等待列表中，并从就绪列表中取优先级最高的线程（此时为红灯线程）激活运行。

```
3.当前运行的线程=20004604(绿灯)开始
    3-1.当前运行的线程=20004604(绿灯)调用 event_1.wait_any(1<<2)等待事件第 2 位
        2-1-1.设置前当前运行线程=20004604 的等待标识=0
```

5-1.调用 osRtxThreadWaitEnter 前等待列表=20003040 中的线程:200421C->200046C4->0
　　5-2.调用 osRtxThreadWaitEnter 前就绪列表=2000302C 中的线程:20004544->20004260->0
　　6-1.调用 osRtxThreadWaitEnter->osRtxThreadDelayInsert 将当前运行线程=20004604 放入等待列表中
　　6-2.调用 osRtxThreadWaitEnter->osRtxThreadListGet 从就绪列表获取优先级最高的线程=20004544
　　6-3.调用 osRtxThreadWaitEnter->osRtxThreadSwitch 将线程=20004544 设置为激活态准备运行
　　7-1.调用 osRtxThreadListPut()将当前运行线程=20004604 放入事件阻塞列表=200044C4
　　7-2.调用 osRtxThreadListPut()后事件阻塞列表=200044C4:200046C4->20004604->0
　　8-1.调用 osRtxThreadWaitEnter 后等待列表:2000421C->200046C4->20004604
　　8-2.调用 osRtxThreadWaitEnter 后就绪列表:20004260->0->8005A29
　2-1-2.设置后当前运行线程=20001848 的等待标识=4
　4.调用 event_1.wait_any()结束

4）蓝灯线程设置事件字第 3 位

　　蓝灯线程调用 EventWord1.set(RED_LIGHT_TASK)函数设置事件字第 3 位，从事件阻塞列表移出等待事件字第 3 位的线程（即红灯线程），同时红灯线程从等待列表中移出，并放入就绪列表中。由于线程优先级相同，红灯线程不会抢占当前运行的蓝灯线程，而是会在 SysTick 中断中通过轮询调度激活红灯线程运行。

　1.当前运行的线程=20004544(蓝灯)开始
　　1-1.当前运行的线程=20004544 (蓝灯)，调用 event_1.set(1<<3)设置红灯等待事件第 3 位
　　　1-1-1.事件字设置前的值=0
　　　1-1-2.事件字设置后的值=8
　　9-1.调用 osRtxThreadListRemove 前事件阻塞列表=200044C4 中的线程:200046C4->20004604->0
　　　9-2.调用 osRtxThreadListRemove 将线程=200046C4 从事件阻塞列表中移出
　　9-3.调用 osRtxThreadListRemove 后事件阻塞列表:20004604->0->8005A29
　　10-1.调用 osRtxThreadWaitExit 前等待列表=20003040 中的线程: 2000421C->200046C4->20004604
　　10-2.调用 osRtxThreadWaitExit 前就绪列表=2000302C 中的线程:20004260->0->8005A29
　　11-1.调用 osRtxThreadWaitExit->osRtxThreadDelayRemove 将线程=200046C4 从等待列表中移出
　　11-2.调用 osRtxThreadWaitExit->osRtxThreadReadyPut->osRtxThreadListPut 将线程=200046C4 放入就绪列表中
　　12-1.调用 osRtxThreadWaitExit 后等待列表: 2000421C->20004604->0
　　12-2.调用 osRtxThreadWaitExit 后就绪列表=2000302C 中的线程:200046C4->20004260->0
　　13-1.调用 osRtxThreadDispatch 从就绪列表中获取线程=200046C4,该线程的优先级=24 与当前运行线程的优先级=24 相同,不抢占
　　13-2.调用 osRtxThreadDispatch 后就绪列表: 200046C4->20004260->0
　14.调用 event_1.set()结束

5）轮询调度激活红灯线程

　　SysTick 中断会每 1ms 中断一次,以每个时间片（5ms）为周期对线程进行轮询调度,激活红灯线程运行。

　15.进入 SysTick_Handler 触发 osRtxTick_Handler 对优先级相同的线程进行轮询调度,将线程=200046C4 切换为激活态

6）红灯线程等到事件字的第 3 位

　　红灯线程等到事件字的第 3 位，进行红灯亮暗切换（执行 EventWord.wait_any 后续语句），开始新一轮的事件位等待（重复 4～7 步,见图 11-3）,激活蓝灯线程运行。

　2-2.当前运行的线程=200046C4 (红灯) 已等到事件位第 3 位置位，红灯反转
　2.当前运行的线程=200046C4 (红灯)结束

2.当前运行的线程=200046C4 (红灯)开始
  2-1.当前运行的线程=200046C4 (红灯)调用 event_1.wait_any(1<<3)等待事件第 3 位
    5-1.调用 osRtxThreadWaitEnter 前等待列表=20003040 中的线程: 2000421C->20004604->0
    5-2.调用 osRtxThreadWaitEnter 前就绪列表=2000302C 中的线程: 20004544->20004260->0
    6-1.调用 osRtxThreadWaitEnter->osRtxThreadDelayInsert 将当前运行线程=200046C4 放入等待列表中
    6-2.调用 osRtxThreadWaitEnter->osRtxThreadListGet 从就绪列表获取优先级最高的线程=20004544
    6-3.调用 osRtxThreadWaitEnter->osRtxThreadSwitch 将线程=20004544 设置为激活态准备运行
    2-1-1.设置前当前运行线程=200046C4 的等待标识=8
    7-1.调用 osRtxThreadListPut()将当前运行线程=200046C4 放入事件阻塞列表=200044C4
    7-2.调用 osRtxThreadListPut()后事件阻塞列表=200044C4:20004604->200046C4->0
    8-1.调用 osRtxThreadWaitEnter 后等待列表:2000421C->20004604->200046C4
    8-2.调用 osRtxThreadWaitEnter 后就绪列表: 20004260->0->8005A29
    2-1-2.设置后当前运行线程=200046C4 的等待标识=8
  4.调用 event_1.wait_any()结束

7）蓝灯线程设置事件字第 2 位

蓝灯线程调用 EventWord1.set(GREEN_LIGHT_TASK)函数设置事件字第 2 位，从事件阻塞列表移出等待事件字第 2 位的线程（即绿灯线程），同时绿灯线程从等待列表移出，并放入就绪列表中。由于线程优先级相同，绿灯线程不会抢占当前运行的蓝灯线程，而是会在 SysTick 中断中通过轮询调度激活绿灯线程运行。

  1-2.当前运行的线程=20004544 (蓝灯),调用 event_1.set(1<<2)设置绿灯等待事件第 2 位
    1-1-1.事件字设置前的值=0
    1-1-2.事件字设置后的值=4
  9-1.调用 osRtxThreadListRemove 前事件阻塞列表=200044C4 中的线程: 20004604->200046C4->0
  9-2.调用 osRtxThreadListRemove 将线程=20004604 从事件阻塞列表中移出
  9-3.调用 osRtxThreadListRemove 后事件阻塞列表: 200046C4->0->8005A29
  10-1.调用 osRtxThreadWaitExit 前等待列表=20003040 中的线程:2000421C->20004604->200046C4
  10-2.调用 osRtxThreadWaitExit 前就绪列表=2000302C 中的线程:20004260->0->8005A29
    11-1.调用 osRtxThreadWaitExit->osRtxThreadDelayRemove 将线程=20004604 从等待列表中移出
    11-2.调用 osRtxThreadWaitExit->osRtxThreadReadyPut->osRtxThreadListPut 将线程=20004604 放入就绪列表
  12-1.调用 osRtxThreadWaitExit 后等待列表: 2000421C->200046C4->0
  12-2.调用 osRtxThreadWaitExit 后就绪列表=2000302C 中的线程:20004604->20004260->0
  13-1.调用 osRtxThreadDispatch 从就绪列表中获取线程=20004604,该线程的优先级=24 与当前运行线程的优先级=24 相同,不抢占
  13-2.调用 osRtxThreadDispatch 后就绪列表: 20004604->20004260->0
14.调用 event_1.set()结束

8）轮询调度激活绿灯线程

SysTick 中断会每 1ms 中断一次，以每个时间片（5ms）为周期对线程进行轮询调度，激活绿灯线程运行。

  15.进入 SysTick_Handler 触发 osRtxTick_Handler 对优先级相同的线程进行轮询调度,将线程=20004604 切换为激活态

9）绿灯线程等到事件字的第 2 位

绿灯线程等到事件字的第 2 位,进行绿灯亮暗切换（执行 EventWord.wait_any 后续语句），开始新一轮的事件位等待（重复 8～11 步，见图 11-3），激活蓝灯线程运行。

  3-2.当前运行的线程=20004604 (绿灯)已等到事件位第 2 位置，绿灯反转
 3.当前运行的线程=20004604 (绿灯)结束
 3.当前运行的线程=20004604 (绿灯)开始
  3-1.当前运行的线程=20004604 (绿灯)调用 event_1.wait_any(1<<2)等待事件第 2 位
   5-1.调用 osRtxThreadWaitEnter 前等待列表=20003040 中的线程:2000421C->200046C4->0
   5-2.调用 osRtxThreadWaitEnter 前就绪列表=2000302C 中的线程:20004544->20004260->0
   6-1.调用 osRtxThreadWaitEnter->osRtxThreadDelayInsert 将当前运行线程=20004604 放入等待列表中
   6-2.调用 osRtxThreadWaitEnter->osRtxThreadListGet 从就绪列表获取优先级最高的线程=20004544
    6-3.调用 osRtxThreadWaitEnter->osRtxThreadSwitch 将线程=20004544 设置为激活态准备运行
  2-1-1.设置前当前运行线程=20004604 的等待标识=4
   7-1.调用 osRtxThreadListPut()将当前运行线程=20004604 放入事件阻塞列表=200044C4
   7-2.调用 osRtxThreadListPut()后事件阻塞列表=200044C4:200046C4->20004604->0
   8-1.调用 osRtxThreadWaitEnter 后等待列表: 2000421C->200046C4->20004604
   8-2.调用 osRtxThreadWaitEnter 后就绪列表: 20004260->0->8005A29
  2-1-2.设置后当前运行线程=20004604 的等待标识=4
 4.调用 event_1.wait_any()结束

  说明：演示程序主要是在相关代码处通过插入 printf 函数的方式，打印出相关信息，且执行 printf 函数需要占用一些时间。本例中采用空循环语句而不采用延时函数进行延时，主要是为了简化线程的调度过程（基于延时函数的线程调度过程见 9.3.3 节）。同时，由于线程优先级相同，SysTick 中断会每 1ms 中断一次，按每个时间片（5ms）到就会对线程进行轮询调度。因此，在串口实际输出执行结果时，会出现一些输出错位现象。另外，地址 200046C4 表示红灯线程，地址 20004604 表示绿灯线程，地址 20004544 表示蓝灯线程，地址 2000421C 表示定时器线程，地址 20004260 表示空闲线程，地址 8005A29 表示缺省处理函数 DefaultISR，地址 200044C4 表示事件阻塞列表，地址 20003040 表示等待列表，地址 2000302C 表示就绪列表。

  此外，在"CH11.1.3-Event_mbedOS_STM32L431-Priority-demo"文件夹中给出了基于事件的不同优先级的线程调度演示程序。在该演示程序中，蓝灯线程、红灯线程和绿灯线程的优先级设置不同，分别为 22、24 和 23。其调度流程与本例的不同之处在于，线程调度不是通过时间片轮询方式，而是采用优先级抢占方式，读者可参考本例自行分析其调度流程时序。

11.2 消息队列

  本节主要剖析消息队列所涉及的结构体、存放消息函数、获取消息函数和内存池分配函数。为了简明分析消息接收和消息发送的流程，本节将对使用消息队列在线程间进行通信的样例程序进行剖析。

11.2.1 消息或消息队列结构体

1．消息控制块结构体

  在"…\TARGET_CORTEX\rtx5\RTX\Include\rtx_os.h"文件中定义了消息控制块结构体，存放创建消息对象的相关属性，各成员含义及作用如下：

```
//消息控制块结构体
```

```c
typedef struct osRtxMessage_s
{
    uint8_t             id;                     //消息 ID
    uint8_t             reserved_state;         //消息状态（未使用）
    uint8_t             flags;                  //消息标志
    uint8_t             priority;               //消息优先级
    struct osRtxMessage_s    *prev;             //指向前一个消息的指针
    struct osRtxMessage_s    *next;             //指向后一个消息的指针
} osRtxMessage_t;
```

2．消息队列控制块结构体

在"...\TARGET_CORTEX\rtx5\RTX\Include\rtx_os.h"文件中定义了消息队列控制块结构体，存放创建消息队列对象的相关属性，各成员含义及作用如下：

```c
//消息队列控制块结构体
typedef struct
{
    uint8_t             id;                     //消息队列 ID
    uint8_t             reserved_state;         //消息队列状态（未使用）
    uint8_t             flags;                  //消息队列标志
    uint8_t             reserved;               //保留
    const char          *name;                  //消息队列名称
    osRtxThread_t       *thread_list;           //消息阻塞列表
    osRtxMpInfo_t       mp_info;                //内存池信息
    uint32_t            msg_size;               //消息大小
    uint32_t            msg_count;              //消息队列中消息的个数
    osRtxMessage_t      *msg_first;             //指向第一个消息的指针
    osRtxMessage_t      *msg_last;              //指向最后一个消息的指针
} osRtxMessageQueue_t;
```

3．消息队列属性结构体

在"...\TARGET_CORTEX\rtx5\Include\cmsis_os2.h"文件中定义了消息队列属性结构体，存放创建消息队列对象的相关属性，各成员含义及作用如下：

```c
//消息队列属性结构体
typedef struct
{
    const char          *name;                  //消息队列名称
    uint32_t            attr_bits;              //消息队列属性
    void                *cb_mem;                //为消息队列控制块分配的内存首地址
    uint32_t            cb_size;                //为消息队列控制块分配的内存大小
    void                *mq_mem;                //消息队列数据存储器地址
    uint32_t            mq_size;                //消息队列数据存储器大小
} osMessageQueueAttr_t;
```

4．内存池控制块结构体

在"...\TARGET_CORTEX\rtx5\RTX\Include\rtx_os.h"文件中定义了内存池控制块结构体，

存放创建内存池控制块对象的相关属性,各成员含义及作用如下:

```
//内存池控制块结构体
typedef struct
{
    uint8_t         id;                     //内存池 ID
    uint8_t         reserved_state;         //内存池状态(未使用)
    uint8_t         flags;                  //内存池标志
    uint8_t         reserved;               //保留
    const char      *name;                  //内存池名称
    osRtxThread_t   *thread_list;           //内存池阻塞队列
    osRtxMpInfo_t   mp_info;                //内存池信息
} osRtxMemoryPool_t;
```

5. 内存池信息结构体

在"...\TARGET_CORTEX\rtx5\RTX\Include\rtx_os.h"文件中定义了内存池信息结构体,存放创建内存池信息对象的相关属性,各成员含义及作用如下:

```
typedef struct
{
    uint32_t    max_blocks;     //最大块数
    uint32_t    used_blocks;    //已用块数
    uint32_t    block_size;     //块大小
    void        *block_base;    //块内存基地址
    void        *block_lim;     //块内存限制地址
    void        *block_free;    //第一自由块地址
} osRtxMpInfo_t;
```

6. 内存池属性结构体

在"...\TARGET_CORTEX\rtx5\Include\cmsis_os2.h"文件中定义了内存池属性结构体,存放创建内存池对象的相关属性,各成员含义及作用如下:

```
typedef struct
{
    const char  *name;          //内存池名称
    uint32_t    attr_bits;      //内存池属性
    void        *cb_mem;        //为内存池控制块分配的内存首地址
    uint32_t    cb_size;        //为内存池控制块分配的内存大小
    void        *mp_mem;        //内存池数据存储器地址
    uint32_t    mp_size;        //内存池数据存储器大小
} osMemoryPoolAttr_t;
```

11.2.2 消息队列函数深入剖析

1. 实际消息队列存放消息函数 svcRtxMessageQueuePut

1)svcRtxMessageQueuePut 函数概述

消息队列存放消息函数调用顺序为 put→osMessageQueuePut→__svcMessageQueuePut→

触发 SVC 中断服务程序 SVC_Handler→实际消息队列存放消息函数 svcRtxMessageQueuePut。

实际消息队列存放消息函数 svcRtxMessageQueuePut 的主要功能如下：①判断消息队列的状态和参数的合法性；②唤醒等待接收消息队列的线程；③给消息分配内存；④将等待获取消息的线程放入消息阻塞列表中并更改线程状态，将该线程放入等待列表中，然后从就绪列表取出线程准备运行；⑤返回事件各类状态代码值。

2）svcRtxMessageQueuePut 函数执行流程

svcRtxMessageQueuePut 函数的执行流程如图 11-4 所示。

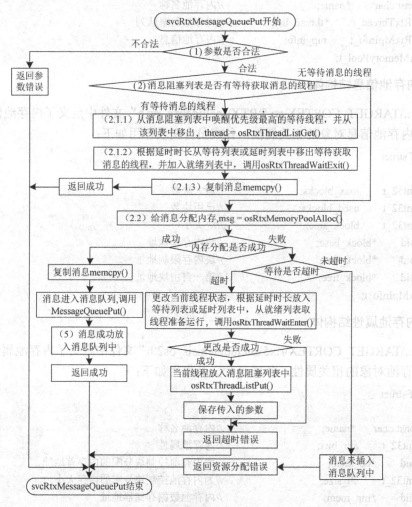

图 11-4　svcRtxMessageQueuePut 函数的执行流程

3）svcRtxMessageQueuePut 函数完整代码注释

在"...\TARGET_CORTEX\rtx5\RTX\Source\rtx_msgqueue.c"文件中可以查看函数的源代码。

```
//================================================================
//函数名称：svcRtxMessageQueuePut
//函数返回：状态代码值
//参数说明：mq_id：消息队列 ID
```

```c
//              msg_ptr：消息队列
//              msg_prio：优先级
//              timeout：等待时间，单位为 ms
//功能概要：将消息放入消息队列中
//============================================================================
static osStatus_t svcRtxMessageQueuePut (osMessageQueueId_t mq_id, const void *msg_ptr, uint8_t msg_prio,
uint32_t timeout) {
    //（1）声明局部变量
    os_message_queue_t *mq = osRtxMessageQueueId(mq_id);
    os_message_t       *msg;
    os_thread_t        *thread;
    uint32_t           *reg;
    void               *ptr;
    osStatus_t         status;
    //（2）检查参数的合法性
    if ((mq == NULL) || (mq->id != osRtxIdMessageQueue) || (msg_ptr == NULL)) {
        EvrRtxMessageQueueError(mq, (int32_t)osErrorParameter);
        return osErrorParameter;                      //返回参数错误
    }
    //（3）唤醒等待接收消息队列的线程
    //（3.1）检查消息阻塞列表是否有等待获取消息的线程
    if ((mq->thread_list != NULL) && (mq->thread_list->state == osRtxThreadWaitingMessageGet)) {
        EvrRtxMessageQueueInserted(mq, msg_ptr);
        //（3.1.1）从消息阻塞列表中唤醒优先级最高的等待线程，并从该列表中移出
        thread = osRtxThreadListGet(osRtxObject(mq));
        //（3.1.2）若 timeout 为无限长，将等待获取消息的线程从等待列表中移出，否则从延时列表中移出，
        //并加入就绪列表中
        osRtxThreadWaitExit(thread, (uint32_t)osOK, TRUE);
        //（3.1.3）复制消息
        reg = osRtxThreadRegPtr(thread);
        ptr = (void *)reg[2];
        memcpy(ptr, msg_ptr, mq->msg_size);
        if (reg[3] != 0U) {
            *((uint8_t *)reg[3]) = msg_prio;
        }
        EvrRtxMessageQueueRetrieved(mq, ptr);
        status = osOK;                                //返回成功
    } else {
        //（3.2）消息阻塞列表是没有等待获取消息的线程
        //（3.2.1）给消息分配内存
        msg = osRtxMemoryPoolAlloc(&mq->mp_info);
        //（3.2.2）消息入队处理
        if (msg != NULL) {                            //内存分配成功
            memcpy(&msg[1], msg_ptr, mq->msg_size);   //内存复制
            msg->id       = osRtxIdMessage;
            msg->flags    = 0U;
            msg->priority = msg_prio;
```

```
            MessageQueuePut(mq, msg);                    //消息进入消息队列
            EvrRtxMessageQueueInserted(mq, msg_ptr);
            status = osOK;
        } else {                                          //内存分配不成功
            if (timeout != 0U) {                          //等待超时
                EvrRtxMessageQueuePutPending(mq, msg_ptr, timeout);
                //将正在运行的线程（即等待获取消息的线程）状态改为等待获取消息
                if (osRtxThreadWaitEnter(osRtxThreadWaitingMessagePut, timeout)) {
                    //阻塞当前正在运行的线程，并放入消息阻塞列表中
                    osRtxThreadListPut(osRtxObject(mq), osRtxThreadGetRunning());
                    //保存传入的参数
                    reg = (uint32_t *)(__get_PSP());
                    reg[2] = (uint32_t)msg_ptr;
                    reg[3] = (uint32_t)msg_prio;
                } else {
                    EvrRtxMessageQueuePutTimeout(mq);
                }
                status = osErrorTimeout;                  //返回超时错误
            } else {
                //消息未放到消息队列中，返回资源分配错误
                EvrRtxMessageQueueNotInserted(mq, msg_ptr);
                status = osErrorResource;
            }
        }
    }
    return status;
}
```

2. 实际消息队列获取消息函数 svcRtxMessageQueueGet

消息队列获取消息函数调用顺序为 get→osMessageQueueGet→__svcMessageQueueGet→触发 SVC 中断服务程序 SVC_Handler→实际消息队列获取消息函数 svcRtxMessageQueueGet。

消息队列获取消息函数 svcRtxMessageQueueGet 的主要功能如下：①检查消息队列状态和参数的合法性；②从消息队列中取出一个消息；③对获取到的消息进行处理，若无消息情况，则改变当前线程状态，并根据延时时长放入延时列表或等待列表中，从就绪列表中取出线程准备运行；④若有线程等待消息，则唤醒等待消息的线程，并加入就绪列表中。其具体过程见 8.4.4 节。

3. 实际内存池分配函数 svcRtxMemoryPoolAlloc 函数

一般来说只需要调用本函数即可实现内存池的常用操作，即内存池的初始化。

内存池的分配函数调用顺序为 alloc→osMemoryPoolAlloc→__svcMemoryPoolAlloc→实际内存池分配函数 svcRtxMemoryPoolAlloc。

实际内存池分配函数 svcRtxMemoryPoolAlloc 的主要功能如下：①判断内存池的状态和参数的合法性；②给内存池分配内存；③若永久等待，将当前运行线程放入内存池阻塞队列中；④先将当前运行线程放入等待列表中，然后从就绪列表中取出线程准备运行；⑤返回内

存池分配到内存块的首地址。

1）svcRtxMemoryPoolAlloc 函数执行流程

svcRtxMemoryPoolAlloc 函数的执行流程如图 11-5 所示。

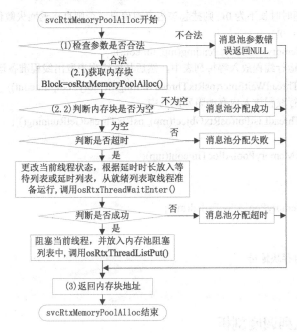

图 11-5 svcRtxMemoryPoolAlloc 函数的执行流程

2）svcRtxMemoryPoolAlloc 函数完整代码注释

在"…\mebedOS_Src \TARGET_CORTEX\rtx5\RTX\Source\rtx_mempool.c"文件中可以查看函数的源代码。

```
//========================================================================
//函数名称：svcRtxMemoryPoolAlloc
//函数返回：内存池地址
//参数说明：mp_id —内存池号
//          timeout—超时时长（一般设置为0）
//功能概要：初始化内存池对象，返回内存池地址
//========================================================================
static void *svcRtxMemoryPoolAlloc (osMemoryPoolId_t mp_id, uint32_t timeout) {
    //（1）声明局部变量
    os_memory_pool_t *mp = osRtxMemoryPoolId(mp_id);
    void*block;
    //（2）检查参数的合法性
    if ((mp == NULL) || (mp->id != osRtxIdMemoryPool)) {
        EvrRtxMemoryPoolError(mp, (int32_t)osErrorParameter);
        return NULL;
    }
    //（3）分配内存
    //（3.1）尝试获取内存块
    block = osRtxMemoryPoolAlloc(&mp->mp_info);
```

```
        //（3.2）若获得内存块为空即未成功获取内存，则返回失败信息
        if (block != NULL) {
          EvrRtxMemoryPoolAllocated(mp, block);
        } else {
        //（3.2.1）若超时时长不为0，则挂起该内存池信息，否则直接返回失败信息
          if (timeout != 0U) {
            EvrRtxMemoryPoolAllocPending(mp, timeout);
            //将当前运行线程放入等待列表中，然后从就绪列表取出线程准备运行
            if (osRtxThreadWaitEnter(osRtxThreadWaitingMemoryPool, timeout)) {
            //将当前运行线程放入内存池阻塞队列中
              osRtxThreadListPut(osRtxObject(mp), osRtxThreadGetRunning());
            } else {
              EvrRtxMemoryPoolAllocTimeout(mp);
            }
          } else {
            EvrRtxMemoryPoolAllocFailed(mp);
          }
        }
        //（4）返回内存块地址
        return block;
      }
```

11.2.3 消息队列调度剖析

1. 消息队列调度时序分析

5.3.3 节已经分析了消息队列调度在中断与线程间的程序执行流程，为了让读者更加明白消息队列中消息是如何放入和获取的，本节给出线程间通过消息队列进行通信的演示程序，可以通过串口（波特率设置为115200）打印出运行消息。消息队列使用方法时序如图 11-6 所示，工程见 "CH11.2.3-MessageQueue_mbedOS_STM32L431-demo" 文件夹。

2. 消息队列调度过程分段解析

下面将对消息队列中消息的放入和获取过程进行分段解析，并给出各段的运行结果。

1）消息发送线程第 1、2 次存放消息

消息发送线程每隔 1s 存放一次消息，而消息接收线程每隔 2s 才会获取一次消息，因此消息发送线程先存放两次消息，消

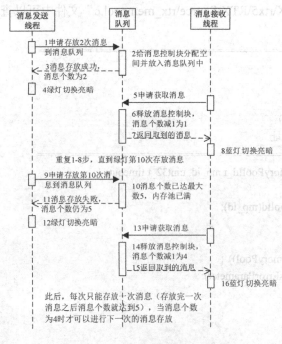

图 11-6 消息队列使用方法时序图

息队列中消息个数为 2。每次存放消息时先申请消息控制块的内存，大小为 16 字节（16B=消息控制块大小 12 字节+消息指针 4 字节），消息控制块的地址存放在消息队列的 msg_first 成员中，消息的地址存放在消息控制块+12 的位置。

  1.第 1 次存放消息之前的消息队列状态：消息个数为 0，首个消息控制块的地址为 0，末尾消息控制块的地址为 0
  2.准备将消息放入消息队列中，消息=0 1 2 3 4 5 6 7
   7.从内存池中给新消息控制块分配地址(2000463C)
   将消息控制块(2000463c)放入消息队列(2000468C)中
  3.第 1 次存放消息之后的消息队列状态：消息个数为 1，首个消息控制块的地址为 2000463C，末尾消息控制块的地址为 2000463C
  10.消息已放入消息队列，切换绿灯亮暗
  1.第 2 次存放消息之前的消息队列状态：消息个数为 1，首个消息控制块的地址为 2000463C，末尾消息控制块的地址为 2000463C
  2.准备将消息放入消息队列中，消息=0 1 2 3 4 5 6 7
   7.从内存池中给新消息控制块分配地址(2000464C)
   将消息控制块(2000464C)放入消息队列(2000468C)中
  3.第 2 次存放消息之后的消息队列状态：消息个数为 2，首个消息控制块的地址为 2000463C，末尾消息控制块的地址为 2000464C
  10.消息已放入消息队列中，切换绿灯亮暗

  2）消息接收线程第 1 次获取消息

  当消息发送线程存放完 2 次消息之后，消息接收线程开始从消息队列中获取首个消息控制块地址（2000463C），并从该地址+12 的位置获取消息内容，同时释放消息控制块（2000463C），且消息个数为 1。

  4.获取消息之前消息队列情况：消息个数为 2，首个消息控制块的地址为 2000463C，末尾消息控制块地址为 2000464C
   ****从消息队列(2000468C)中获取消息控制块(2000463C)，并释放消息控制块的内存空间****
  5.从消息队列控制块(2000463C)中消息(地址 20004648)
  6.该消息队列的消息=0 1 2 3 4 5 6 7
  9.已从消息队列中获得消息，切换蓝灯亮暗

  3）消息发送线程第 3、4 次存放消息

  消息发送线程继续存放两次消息，消息队列中消息个数为 3。由于消息控制块（2000463C）在消息接收线程第 1 次获取消息时已被释放，故在第 3 次存放消息时从 2000463C 地址开始的 16 字节内存空间会再次被申请到,同时第 4 次存放消息继续申请后续内存空间（2000465C）。

  1.第 3 次存放消息之前的消息队列状态：消息个数为 1，首个消息控制块的地址为 2000464C，末尾消息控制块的地址为 2000464C
  2.准备将消息放入消息队列中，消息=0 1 2 3 4 5 6 7
   7.从内存池中给新消息控制块分配地址(2000463C)
   将消息控制块(2000463C)放入消息队列(2000468C)中
  3.第 3 次存放消息之后的消息队列状态：消息个数为 2，首个消息控制块的地址为 2000464C，末尾消息控制块的地址为 2000463C
  10.消息已放入消息队列，切换绿灯亮暗
  1.第 4 次存放消息之前的消息队列状态：消息个数为 2，首个消息控制块的地址为 2000464C，末尾消息控制块的地址为 2000463C
  2.准备将消息放入消息队列中，消息=0 1 2 3 4 5 6 7

7.从内存池中给新消息控制块分配地址(2000465C)
　　将消息控制块(2000465C)放入消息队列(2000468C)中
　3.第 4 次存放消息之后的消息队列状态：消息个数为 3，首个消息控制块的地址为 2000464C，末尾消息控制块的地址为 2000465C
　10.消息已放入消息队列，切换绿灯亮暗

4）消息接收线程第 2 次获取消息

消息接收线程开始从消息队列中获取首个消息控制块地址（2000464C），并从该地址+12 的位置获取消息，同时释放消息控制块（2000464C），且消息个数为 2。

　4.获取消息之前消息队列情况：消息个数为 3，首个消息控制块的地址为 2000464C，末尾消息控制块地址为 2000465C
　　****从消息队列(2000468C)中获取消息控制块(2000464C)，并释放消息控制块的内存空间****
　5.从消息队列控制块(2000464C)中消息(地址 20004658)
　6.该消息队列的消息= 0 1 2 3 4 5 6 7
　9.已从消息队列中获得消息，切换蓝灯亮暗

5）消息发送线程第 5、6 次存放消息

消息发送线程继续存放两次消息，消息队列中消息个数为 4。由于消息控制块（2000464C）在红灯线程获取消息时已被释放，故在第 5 次存放消息时 2000464C 地址开始的 16 字节内存空间会再次被申请到，同时第 6 次存放消息继续申请后续内存空间（2000466C）。

　1.第 5 次存放消息之前的消息队列状态：消息个数为 2，首个消息控制块的地址为 2000463C，末尾消息控制块的地址为 2000465C
　2.准备将消息放入消息队列中，消息= 0 1 2 3 4 5 6 7
　　7.从内存池中给新消息控制块分配地址(2000464C)
　　将消息控制块(20001870)放入消息队列(200018B0)中
　3.第 5 次存放消息之后的消息队列状态：消息个数为 3，首个消息控制块的地址为 2000463C，末尾消息控制块的地址为 2000464C
　10.消息已放入消息队列，切换绿灯亮暗
　1.第 6 次存放消息之前的消息队列状态：消息个数为 3，首个消息控制块的地址为 2000463C，末尾消息控制块的地址为 2000464C
　2.准备将消息放入消息队列中，消息= 0 1 2 3 4 5 6 7
　　7.从内存池中给新消息控制块分配地址(2000466C)
　　将消息控制块(2000466C)放入消息队列(2000468C)中
　3.第 6 次存放消息之后的消息队列状态：消息个数为 4，首个消息控制块的地址为 2000463C，末尾消息控制块的地址为 2000466C
　10.消息已放入消息队列，切换绿灯亮暗

6）消息接收线程第 3 次获取消息

消息接收线程开始从消息队列中获取首个消息控制块地址（2000463C），并从该地址+12 的位置获取消息，同时释放消息控制块（2000463C），且消息个数为 3。

　4.获取消息之前消息队列情况：消息个数为 4，首个消息控制块的地址为 2000463C，末尾消息控制块地址为 2000466C
　　****从消息队列(2000468C)中获取消息控制块(2000463C)，并释放消息控制块的内存空间****
　5.取到消息之后消息队列情况：消息个数为 3，首个消息控制块的地址为 2000465C，末尾消息控制块地址为 2000466C
　5.从消息队列控制块(2000463C)中消息(地址 20004648)
　6.该消息队列的消息= 0 1 2 3 4 5 6 7

9.已从消息队列中获得消息，切换蓝灯亮暗

7）消息发送线程第 7、8 次存放消息

消息发送线程继续存放两次消息，消息队列中消息个数为 5。由于消息控制块（20001860）在红灯线程获取消息时已被释放，故在第 7 次存放消息时 20001860 地址开始的 16 字节内存空间会再次被申请到，同时第 8 次存放消息继续申请后续内存空间（200018A0）。

  1.第 7 次存放消息之前的消息队列状态：消息个数为 3，首个消息控制块的地址为2000465C，末尾消息控制块的地址为2000466C
  2.准备将消息放入消息队列中，消息=0 1 2 3 4 5 6 7
    7.从内存池中给新消息控制块分配地址(2000463C)
    将消息控制块(2000463C)放入消息队列(2000468C)中
  3.第 7 次存放消息之后的消息队列状态：消息个数为 4，首个消息控制块的地址为2000465C，末尾消息控制块的地址为2000463C
  10.消息已放入消息队列，切换绿灯亮暗.
  1.第 8 次存放消息之前的消息队列状态：消息个数为 4，首个消息控制块的地址为2000465C，末尾消息控制块的地址为2000463C
  2.准备将消息放入消息队列中，消息=0 1 2 3 4 5 6 7
    7.从内存池中给新消息控制块分配地址(2000467C)
    将消息控制块(2000467C)放入消息队列(2000468C)中
  3.第 8 次存放消息之后的消息队列状态：消息个数为 5，首个消息控制块的地址为2000465C，末尾消息控制块的地址为2000467C
  10.消息已放入消息队列，切换绿灯亮暗.

8）消息接收线程第 4 次获取消息

消息接收线程开始从消息队列中获取首个消息控制块地址（2000465C），并从该地址+12 的位置获取消息，同时释放消息控制块（2000465C），且消息个数为 4。

  4.获取消息之前消息队列情况：消息个数为 5，首个消息控制块的地址为2000465C，末尾消息控制块地址为 2000467C
    从消息队列(2000468C)中获取消息控制块(2000465C)，并释放消息控制块的内存空间
  5.从消息队列控制块(2000465C)中消息(地址 20004668)
  6.该消息队列的消息=0 1 2 3 4 5 6 7
  9.已从消息队列中获得消息，切换蓝灯亮暗

9）消息发送线程第 9 次存放消息

消息发送线程继续第 9 次存放消息，消息队列中消息个数为 5。由于消息控制块（2000465C）在红灯线程获取消息时已被释放，故在第 9 次存放消息时 2000465C 地址开始的 16 字节内存空间会再次被申请到。

  1.第 9 次存放消息之前的消息队列状态：消息个数为 4，首个消息控制块的地址为000464C，末尾消息控制块的地址为2000467C
  2.准备将消息放入消息队列中，消息=0 1 2 3 4 5 6 7
    7.从内存池中给新消息控制块分配地址(2000465C)
    将消息控制块(2000465C)放入消息队列(2000468C)中
  3.第 9 次存放消息之后的消息队列状态：消息个数为 5，首个消息控制块的地址 2000464C，末尾消息控制块的地址为2000465C
  10.消息已放入消息队列，切换绿灯亮暗

10）消息发送线程第 10 次存放消息

消息发送线程继续第 10 次存放消息,由于此时消息队列中消息个数为 5 已达到最大消息数,内存池已满,无空间可分配,故本次存放的消息未被存入消息队列中,产生了消息堆积现象。

1.第 10 次存放消息之前的消息队列状态:消息个数为 5,首个消息控制块的地址为 2000464C,末尾消息控制块的地址为 2000465C
8.消息个数已达到消息队列的最大数 5,内存池已满,无法为消息分配可用内存块
3.第 10 次存放消息之后的消息队列状态:消息个数为 5,首个消息控制块的地址为 2000464C,末尾消息控制块的地址为 2000465C
10.消息已放入消息队列,切换绿灯亮暗

11)消息接收线程第 5 次获取消息

消息接收线程开始从消息队列中获取首个消息控制块地址(2000464C),并从该地址+12 的位置获取消息,同时释放消息控制块(2000464C),且消息个数为 4。此后,每次只能存放一次消息(在存放一次消息后,消息个数就达到 5),当消息个数为 4 时才可以进行下一次的消息存放。

4.获取消息之前消息队列情况:消息个数为 5,首个消息控制块的地址为 2000464C,末尾消息控制块地址为 2000465C
从消息队列(2000468C)中获取消息控制块(2000464C),并释放消息控制块的内存空间
5.从消息队列控制块(2000464C)中消息(地址 20004658)
6.该消息队列的消息= 0 1 2 3 4 5 6 7
9.已从消息队列中获得消息,切换蓝灯亮暗

说明:演示程序主要是为了说明消息的存放和获取过程,因此在程序设计上存放消息的时间(1s)比获取消息的时间(2s)短,故产生了消息堆积的现象。但在实际的应用场景中,应该是存放消息的平均时间比获取消息的平均时间长,这样就不会产生消息堆积现象(允许偶尔有消息堆积)。

11.3 本章小结

在中断与线程之间,或者两个线程之间,如果只需要同步,就使用事件;如果既需要同步又需要数据传送,就可以使用消息队列。从本章分析可以看出,发送事件或者消息队列时,内核程序把处于阻塞列表中的线程取出放入就绪列表,并进行一次调度。从软件开发工程师的角度来看,该线程运行了。从事件或消息的发送到等待它们的线程从阻塞列表中取出并放入就绪列表的时间,是衡量操作系统性能的重要技术指标之一。

第12章 理解线程信号、信号量与互斥量

第11章已经剖析了事件与消息队列这两种线程间的通信方式,本章将继续剖析线程间通信的其他方式,如线程信号、信号量和互斥量。

12.1 线程信号

线程信号的含义及应用场合、线程常用函数及线程信号的编程举例已在5.4节介绍过了,本节主要剖析线程操作函数、线程信号函数和线程信号调度过程。

12.1.1 线程操作函数

为了深刻理解线程函数的作用和执行过程,下面对常用的线程函数——线程进队、线程出队、线程获取、线程调度、线程阻塞、线程切换和线程退出等进行剖析。

1. 线程进队函数

线程进队函数 osRtxThreadListPut 的主要功能是将待进队线程按优先级从高到低的顺序插入相应列表中(该列表最高优先级的线程在队头),其源代码可查看"...\TARGET_CORTEX\rtx5\RTX\Source\rtx_thread.c"文件。

```
//===================================================
//函数名称:osRtxThreadListPut
//函数返回:无
//参数说明:object—线程队列,thread—待进队的线程对象
//功能概要:将待进队线程按优先级顺序插入相应列表中(该列表最高优先级的线程在队头)
//===================================================
void osRtxThreadListPut (os_object_t *object, os_thread_t *thread)
{
    //声明局部变量
    os_thread_t *prev, *next;        // prev 为前驱指针,next 为后继指针
    int32_t     priority;            //线程优先级
    //线程进队
    priority = thread->priority;     //获取线程优先级
    prev = osRtxThreadObject(object);
```

```
            next = prev->thread_next;        //取线程列表列头
            while ((next != NULL) && (next->priority >= priority))
            {
                prev = next;
                next = next->thread_next;
            }
            //修改前驱线程和后继线程的指针
            thread->thread_prev = prev;       //添加线程的前驱指针
            thread->thread_next = next;       //添加线程的后继指针
            prev->thread_next = thread;       //前驱线程的后继指向线程
            if (next != NULL) {
                next->thread_prev = thread;   //后继线程的前驱指向线程
            }
        }
```

还有一个专门用于将线程插入就绪列表的函数 osRtxThreadReadyPut，该函数的主要功能如下：①设置线程的状态为就绪态；②调用 osRtxThreadListPut 函数将线程按优先级排序插入就绪列表中。

```
//==================================================================
//函数名称：osRtxThreadReadyPut
//函数返回：无
//参数说明：thread—待入队线程
//功能概要：将线程按优先级排序插入就绪列表中
//==================================================================
void osRtxThreadReadyPut (os_thread_t *thread)
{
    //更新线程状态为就绪态 osRtxThreadReady
    thread->state = osRtxThreadReady;
    //将线程按优先级排序插入就绪列表中（队头优先级最高）
    osRtxThreadListPut(&osRtxInfo.thread.ready, thread);
}
```

2. 线程出队函数

线程出队函数 osRtxThreadListRemove 的主要功能是将待出队线程从其所在列表中移除，在"…\TARGET_CORTEX\rtx5\RTX\Source\rtx_thread.c"文件中可查看源代码。

```
//==================================================================
//函数名称：osRtxThreadListRemove
//函数返回：无
//参数说明：thread：待出队线程
//功能概要：将待出队线程从其所在列表中移除
//==================================================================
void osRtxThreadListRemove (os_thread_t *thread)
{
    //线程的前驱指针不为空
    if (thread->thread_prev != NULL)
```

```
        {
                //将该线程的前驱线程的后继指针指向该线程的后继线程
                thread->thread_prev->thread_next = thread->thread_next;
                if (thread->thread_next != NULL)          //线程的后继指针不为空
                {
                        //将该线程的后继线程的前驱指针指向该线程的前驱线程
                        thread->thread_next->thread_prev = thread->thread_prev;
                }
                thread->thread_prev = NULL;               //将线程的前驱指针改为空
        }
}
```

3. 线程获取函数

线程获取函数 osRtxThreadListGet 的主要功能是从指定的线程列表中获取优先级最高的线程，并将它从该列表中移出，在 "...\TARGET_CORTEX\rtx5\RTX\Source\rtx_thread.c" 文件中可查看其源代码。

```
//===============================================================
//函数名称：osRtxThreadListGet
//函数返回：thread
//参数说明：object—线程列表
//功能概要：从指定的线程列表中获取优先级最高的线程（队头），并将它从该列表中移出
//===============================================================
os_thread_t *osRtxThreadListGet (os_object_t *object)
{
        os_thread_t *thread;
        thread = object->thread_list;                                         //获取线程的队头
        object->thread_list = thread->thread_next;                            //线程的后继指针作为队头
        if (thread->thread_next != NULL)
        { //队头不为空
                thread->thread_next->thread_prev = osRtxThreadObject(object);  //线程的前驱指针改为空
        }
        thread->thread_prev = NULL;
        return thread;
}
```

4. 线程调度函数

1）osRtxThreadDispatch 函数功能概要

线程调度函数 osRtxThreadDispatch 的主要功能是从指定的线程表列中获取优先级最高的线程（队头），并予以调度。osRtxThreadDispatch 函数的执行流程如图 12-1 所示。

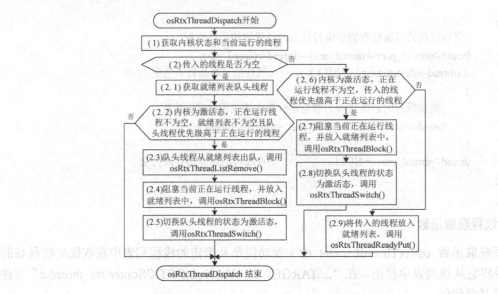

图 12-1 osRtxThreadDispatch 函数的执行流程

2）osRtxThreadDispatch 函数源代码解析

在 "...\TARGET_CORTEX\rtx5\RTX\Source\rtx_thread.c" 文件中可查看该函数的源代码。

```
//===========================================================================
//函数名称：osRtxThreadDispatch
//函数返回：无
//参数说明：thread—线程对象
//功能概要：选择指定的线程或就绪线程中优先级最高的线程，予以调度，即抢占当前正在运行线程或
//         进入就绪列表
//===========================================================================
void osRtxThreadDispatch (os_thread_t *thread)
{
    //局部变量声明
    uint8_t         kernel_state;              //用于获取内核状态
    os_thread_t     *thread_running;           //用于获取当前正在运行的线程
    os_thread_t     *thread_ready;             //用于获取当前就绪列表队头线程
    //(1)获取内核状态及当前正在运行的线程
    kernel_state   = osRtxKernelGetState();    //内核内联函数，返回内核状态
    thread_running = osRtxThreadGetRunning();  //线程内联函数，返回当前正在运行的线程
    //(2)传入的线程对象为空
    if (thread == NULL)
    {
        // (2.1) 获取当前就绪列表队头线程
        thread_ready = osRtxInfo.thread.ready.thread_list;
        // （2.2）判断内核状态为正在运行，且当前正在运行的线程不为空，就绪列表不为空，且就绪列
        //表中的线程优先级高于当前运行的线程
        if ((kernel_state == osRtxKernelRunning) &&
            (thread_ready != NULL) &&
            (thread_ready->priority > thread_running->priority))
        {
```

```
                osRtxThreadListRemove(thread_ready);    //(2.3)队头线程从就绪列表出队
                osRtxThreadBlock(thread_running);       //(2.4)阻塞当前正在运行线程,并放到就绪列表中
                    osRtxThreadSwitch(thread_ready);    //(2.5)切换队头线程状态为激活态
            }
        } else
            { //传入的线程对象不为空
            //(2.6)判断内核状态为正在运行 Running,且当前正在运行的线程不为空,传入的线程优先级高
            //于当前正在运行的线程的优先级
                if ((kernel_state == osRtxKernelRunning) &&
                    (thread->priority > thread_running->priority))
                {
                    osRtxThreadBlock(thread_running);   //(2.7)阻塞正在运行的线程,并放入就绪列表中
                    osRtxThreadSwitch(thread);          //(2.8)切换传入线程的状态为激活态
                }
                else
                {
                    osRtxThreadReadyPut(thread);        //(2.9)将传入的线程放入就绪列表中
                }
            }
    }
}
```

5. 线程阻塞函数

线程阻塞函数 osRtxThreadBlock 的主要功能是阻塞当前正在运行的线程,并将其放入就绪列表中,在"...\TARGET_CORTEX\rtx5\RTX\Source\rtx_thread.c"文件中可查看函数源代码。

```
//=============================================================================
//函数名称:osRtxThreadBlock
//函数返回:无
//参数说明:thread —线程对象
//功能概要:阻塞当前正在运行的线程,并将其放入就绪列表中
//=============================================================================
static void osRtxThreadBlock (os_thread_t *thread)
{
    //声明局部变量
    os_thread_t *prev, *next;              // prev 为前驱指针,next 为后继指针
    int32_t      priority;                 //线程优先级
    thread->state = osRtxThreadReady;      //设置线程状态为就绪态
    priority = thread->priority;
    prev = osRtxThreadObject(&osRtxInfo.thread.ready);
    next = prev->thread_next;
    //按照优先级的大小找到线程插入位置
    while ((next != NULL) && (next->priority > priority))
    {
        prev = next;                       //前驱线程
        next = next->thread_next;          //后继线程
    }
    //线程入队
```

```
        thread->thread_prev = prev;              //更改线程的前驱指针
        thread->thread_next = next;              //更改线程的后继指针
        prev->thread_next = thread;              //更改前驱线程的后继指针
        if (next != NULL)
        {
            next->thread_prev = thread;          //更改后继线程的前驱指针
        }
        //对未使用的变量进行无功能操作，防止编译器报错，实际上不做任何事
        EvrRtxThreadPreempted(thread);
    }
```

6. 线程切换函数

线程切换函数 osRtxThreadSwitch 的主要功能是将线程对象的状态切换到激活态，在"...\TARGET_CORTEX\rtx5\RTX\Source\rtx_thread.c"文件中可查看函数源代码。

```
//========================================================
//函数名称：osRtxThreadSwitch
//函数返回：无
//参数说明：thread—线程对象
//功能概要：将线程对象切换到激活态
//========================================================
void osRtxThreadSwitch (os_thread_t *thread)
{
    thread->state = osRtxThreadRunning;          //设置线程的状态为激活态
    osRtxInfo.thread.run.next = thread;          //更改当前运行线程的后继指针
    osRtxThreadStackCheck();
    EvrRtxThreadSwitch(thread);
}
```

7. 线程退出函数

线程退出函数 osRtxThreadWaitExit 的主要功能如下：①将线程对象从等待列表或延时列表中移出；②根据调度标志，抢占当前正在运行的线程或放入就绪列表中。其源代码可查看"...\TARGET_CORTEX\rtx5\RTX\Source\rtx_thread.c"文件。

```
//========================================================
//函数名称：osRtxThreadWaitExit
//函数返回：无
//参数说明：thread—线程对象
//         ret_val—返回值
//         dispatch—调度标志（取值为 false 或 true）
//功能概要：线程退出等待状态
//========================================================
void osRtxThreadWaitExit (os_thread_t *thread, uint32_t ret_val, bool dispatch)
{
    uint32_t *reg;
    //做被阻塞的线程释放事件处理（函数调用 1）调用被阻塞的线程释放事件处理函数 EvrRtxThreadUnblocked
    //该函数在定义了 RTE_Compiler_EventRecorder
```

//（RTE 编译器时间记录器）的情况下，使用事件记录相关函数处理参数。但本工程未定义记录器，
//不做实质操作
EvrRtxThreadUnblocked(thread, ret_val);
//（1）获取指向 Thread 寄存器的指针，并更新 Thread 寄存器中的线程标志通过 thread 线程对象，
//获取指向线程寄存器的指针 (R0,…, R3)，赋值给 reg
reg = osRtxThreadRegPtr(thread);   //reg 将指向线程寄存器
reg[0] = ret_val;   //将传入的线程标志返回值赋给线程寄存器
//（2）从延迟队列或等待列表中移出线程 thread
osRtxThreadDelayRemove(thread);
//（3）判断传入的调度标志 dispatch
if (dispatch)
    //（3.1）将选择指定的线程或就绪线程中优先级最高的线程，予以调度
    osRtxThreadDispatch(thread);
else
    osRtxThreadReadyPut(thread);   //(3.2)将线程放入就绪列表
}

12.1.2 线程信号函数深入剖析

1. 实际线程信号等待函数 svcRtxThreadFlagsWait

1）svcRtxThreadFlagsWait 函数概述

线程信号等待函数调用顺序为 signal_wait → osThreadFlagsWait → __svcThreadFlagsWait → 触发 SVC 中断 SVC_Handler→svcRtxThreadFlagsWait。

实际线程信号等待函数 svcRtxThreadFlagsWait 的主要功能如下：①判断线程和参数是否正确；②给当前线程添加线程信号等待标志及标志选项；③更改等待线程信号的线程状态，并放入等待列表，然后从就绪列表取出线程准备运行；④返回线程各类状态代码值。

2）svcRtxThreadFlagsWait 函数执行流程

svcRtxThreadFlagsWait 函数的执行流程如图 12-2 所示。

3）svcRtxThreadFlagsWait 函数完整代码注释

在 "...\TARGET_CORTEX\rtx5\RTX\Source\rtx_thread.c" 文件中可以查看 svcRtxThreadFlagsWait 函数的源代码。

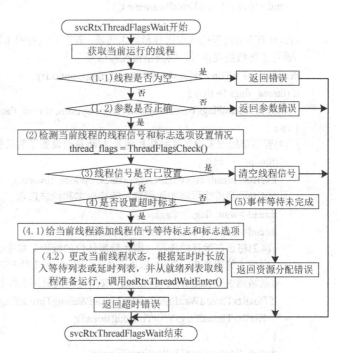

图 12-2 svcRtxThreadFlagsWait 函数的执行流程

```c
//================================================================
//函数名称：svcRtxThreadFlagsWait （系统线程等待）
//函数返回：thread_flags—线程标志改变成功；osError—线程标志改变失败
//参数说明：flags—线程的等待标志；options—配置选项；timeout—延迟时间
//功能概要：当前运行线程状态改变时发送信号
//================================================================
static uint32_t svcRtxThreadFlagsWait (uint32_t flags, uint32_t options, uint32_t timeout)
{
    os_thread_t *thread;
    uint32_t     thread_flags;              //定义线程标志位
    thread = osRtxThreadGetRunning();       //获取正在运行的线程
    //(1)判断线程状态及参数是否正确
    // (1.1)如果当前没有正在运行的线程
    if (thread == NULL) {
      // 处理错误信息
      EvrRtxThreadFlagsError(NULL, osRtxErrorKernelNotRunning);
      return ((uint32_t)osError);           //返回内核状态错误
    }
    //(1.2) 检查传入的参数 flags 是否满足要求
    if ((flags & ~(((uint32_t)1U << osRtxThreadFlagsLimit) - 1U)) != 0U) {
      EvrRtxThreadFlagsError(thread, (int32_t)osErrorParameter);
      return ((uint32_t)osErrorParameter);
    }
    //(2)检测当前线程的线程信号和标志选项,若当前线程的未设置等待线程信号，则返回0。若当前线程
    //设置了等待线程信号，则清空该线程信号
    thread_flags = ThreadFlagsCheck(thread, flags, options);
    if (thread_flags != 0U) {
      EvrRtxThreadFlagsWaitCompleted(flags, options, thread_flags, thread);
    } else {
      //(4)若当前线程未设置等待线程信号,判断是否设置了等待标志
      if (timeout != 0U) {
        EvrRtxThreadFlagsWaitPending(flags, options, timeout);
        //(4.1)给当前线程添加线程信号等待标志和标志选项
        thread->wait_flags = flags;
        thread->flags_options = (uint8_t)options;
        //(4.2)将正在运行的线程（即等待事件位的线程）状态改为等待线程信号，若 timeout 为无限长，
        //则放入等待列表 osRtxInfo.thread.wait_list, 否则放到延时列表 osRtxInfo.thread.delay_list，并从
        //就绪列表 osRtxInfo.thread.ready 取出优先级最高的线程准备运行
        if (!osRtxThreadWaitEnter(osRtxThreadWaitingThreadFlags, timeout)) {
            EvrRtxThreadFlagsWaitTimeout(thread);
        }
        thread_flags = (uint32_t)osErrorTimeout;
      } else {
        EvrRtxThreadFlagsWaitNotCompleted(flags, options);
        thread_flags = (uint32_t)osErrorResource;
      }
    }
}
```

```
    return thread_flags;
}
```

2. 实际线程信号设置函数 svcRtxThreadFlagsSet

1）svcRtxThreadFlagsSet 函数概述

线程信号设置函数调用顺序为 signal_set→osThreadFlagsSet→__svcThreadFlagsSet →触发 SVC 中断 SVC_Handler→实际调用 svcRtxThreadFlagsSet。

实际线程信号设置函数 svcRtxThreadFlagsSet 的主要功能如下：①判断线程状态及参数是否正确；②设置线程信号；③在线程列表中查找线程等待的线程信号与设置的线程信号相同的线程，找到后从延时列表中移出线程，并加入就绪列表中；④取就绪列表中优先级最高的线程。

2）svcRtxThreadFlagsSet 函数执行流程

svcRtxThreadFlagsSet 函数的执行流程如图 12-3 所示。

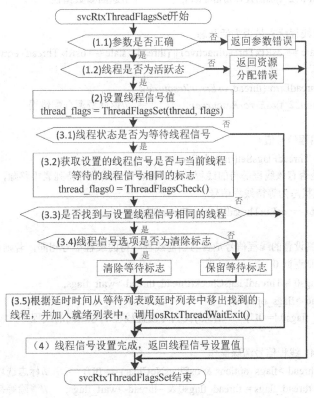

图 12-3　svcRtxThreadFlagsSet 函数的执行流程

3）svcRtxThreadFlagsSet 函数完整代码注释

在 "...\TARGET_CORTEX\rtx5\RTX\Source\rtx_thread.c" 文件中可以查看 svcRtxThreadFlagsSet 函数的源代码。

```
//============================================================
//函数名称：svcRtxThreadFlagsSet
//函数返回：线程信号；
```

```c
//参数说明：thread_id：线程 ID
//        flags：线程信号设置值
//功能概要：设置线程信号，若该值为等待值，则将线程从阻塞态移除并加入就绪态
//========================================================================
uint32_t svcRtxThreadFlagsSet (osThreadId_t thread_id, uint32_t flags)
{
    os_thread_t *thread = (os_thread_t *)thread_id;
    uint32_t       thread_flags;
    uint32_t       thread_flags0;
    //(1)判断线程状态及参数是否正确
    //(1.1)检查线程标识符 ID 是否为线程标识符，线程信号是否为 32 位
    if ((thread == NULL) || (thread->id != osRtxIdThread) || (flags & ~((1U << osRtxThreadFlagsLimit) - 1U)))
    {
        EvrRtxThreadError(thread, osErrorParameter);
        return ((uint32_t)osErrorParameter);              //返回参数错误
    }
    // (1.2) 检查线程状态是否为活跃态
    if ((thread->state == osRtxThreadInactive) || (thread->state == osRtxThreadTerminated))
    {
        EvrRtxThreadError(thread, osErrorResource);
        return ((uint32_t)osErrorResource);               //返回资源分配错误
    }
    // (2) 设置线程信号值
    thread_flags = ThreadFlagsSet(thread, flags);
    // (3) 检查是否有该线程等待的线程信号，若有则将其从等待列表中移除，并加入就绪列表中
    // (3.1) 线程状态为等待线程信号
    if (thread->state == osRtxThreadWaitingThreadFlags)
    {
        //(3.2)检测设置的线程信号是否与当前线程等待的线程信号相同，若则返回设置的线程信号，
        //若不同则返回 0
        thread_flags0 = ThreadFlagsCheck(thread, thread->wait_flags,
            thread->flags_options);
        if (thread_flags0 != 0U)         //(3.3)找到与设置线程信号相同的线程
        {
            //(3.4) 线程信号清除操作
            if ((thread->flags_options & osFlagsNoClear) == 0U)          //标志选项为清除
                thread_flags = thread_flags0 & ~thread->wait_flags;       //清除等待标志
            else
                thread_flags = thread_flags0;                              //不清除等待标志
            //(3.5)若 timeout 为无限长，将找到的线程从等待列表中移出，否则从延时列表中移出，并
            //加入就绪列表中
            osRtxThreadWaitExit(thread, thread_flags0, true);
            EvrRtxThreadFlagsWaitCompleted(thread->wait_flags,
                thread->flags_options, thread_flags0);                    //线程等待完成
        }
    }
```

```
//(4) 线程信号设置完成，返回线程信号设置值
    EvrRtxThreadFlagsSetDone(thread, thread_flags);         //线程信号设置完成
    return thread_flags;                                      //返回线程信号设置值
}
```

12.1.3 线程信号调度剖析

1. 线程信号调度时序分析

5.4.3 节已经分析了线程信号调度的程序执行流程，为了让读者更加明白线程信号的设置过程及线程之间是如何进行调度的，给 5.4.3 节样例工程配套了一个基于线程信号的相同优先级的线程调度演示程序，不采用延时函数而采用空循环来实现延时，可以通过串口（波特率设置为 115200）打印出运行结果。基于线程信号的优先级相同的线程调度时序图如图 12-4 所示，工程见"CH12.1.3-ThreadSignal_mbedOS_STM32L431-demo"文件夹。

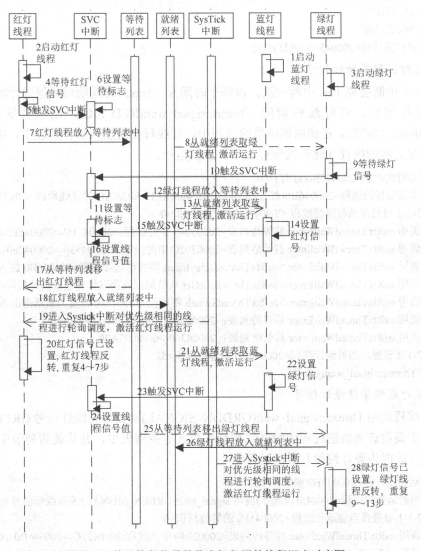

图 12-4 基于线程信号的优先级相同的线程调度时序图

在图 12-4 中，纵向表示运行时间，实线箭头表示线程进入列表，虚线箭头表示从列表取线程。下面将对线程调度过程进行分段剖析，程序中加入了 printf 输出函数给出的运行过程信息，可以清晰地看出线程信号的运行机制。

2. 线程信号调度过程分段解析

下面将对线程调度过程进行分段解析，并给出各段的运行结果。

1）线程启动

在本样例程序中，芯片上电启动后会转到主线程函数 app_init 执行，在该函数中创建并先后启动了红灯、蓝灯和绿灯 3 个线程，然后阻塞主线程的运行，由 Mbed OS 开始进行线程调度，取出就绪列表中优先级最高的线程（即蓝灯线程）激活运行。

```
0-1.MCU 启动
0-2.启动蓝灯线程
0-3.启动红灯线程
0-4.启动绿灯线程
1.当前运行的线程=20004530 (蓝灯)开始
```

2）红灯线程等待红灯信号

SysTick 中断会每 1ms 中断一次，以每个时间片（5ms）为周期对线程进行轮询调度，激活红灯线程运行，红灯线程调用 Thread::signal_wait(RED_SIGNAL)函数等待红灯信号 RED_SIGNAL（0x22），在调用该函数的过程中红灯线程会被放入等待列表中，并从就绪列表中取最高优先级的线程（此时为绿灯线程）激活运行。

```
2.当前运行的线程=200046B0(红灯)开始
    2-1.当前运行的线程=200046B0(红灯)调用 signal_wait(RED_SIGNAL)等待线程信号 0x52
        2-1-1.设置前当前运行线程=200046B0 的等待标识=0
    5-1.调用 osRtxThreadWaitEnter 前等待列表=20003040 中的线程：2000421C->200045F0->0
    5-2.调用 osRtxThreadWaitEnter 前就绪列表=2000302C 中的线程：20004530->20004260->0
    6-1.调用 osRtxThreadWaitEnter->osRtxThreadDelayInsert 将当前运行线程=200046B0 放入等待列表中
    6-2.调用 osRtxThreadWaitEnter->osRtxThreadListGet 从就绪列表获取优先级最高的线程=20004530
    6-3.调用 osRtxThreadWaitEnter->osRtxThreadSwitch 将线程=20004530 设置为激活态准备运行
    7-1.调用 osRtxThreadWaitEnter 后等待列表：2000421C->200045F0->200046B0
    7-2.调用 osRtxThreadWaitEnter 后就绪列表：20004260->0->8005A29
        2-1-2.设置后当前运行线程=200046B0 的等待标识=52
4.调用 Thread::signal_wait()结束
```

3）绿灯线程等待绿灯信号

绿灯线程调用 Thread::signal_wait(GRDDN_SIGNAL)函数等待绿灯信号 GREEN_SIGNAL（0x11），在调用该函数的过程中绿灯线程会被放入等待列表中，并从就绪列表中取优先级最高的线程（此时为蓝灯线程）激活运行。

```
3.当前运行的线程=200045F0(绿灯)开始
    3-1.当前运行的线程=200045F0(绿灯)调用 signal_wait(GREEN_SIGNAL)等待线程信号 0x47
        2-1-1.设置前当前运行线程=200045F0 的等待标识=0
    5-1.调用 osRtxThreadWaitEnter 前等待列表=20003040 中的线程:2000421C->200046B0->0
    5-2.调用 osRtxThreadWaitEnter 前就绪列表=2000302C 中的线程:20004530->20004260->0
```

6-1.调用 osRtxThreadWaitEnter->osRtxThreadDelayInsert 将当前运行线程=200045F0 放入等待列表中
　　6-2.调用 osRtxThreadWaitEnter->osRtxThreadListGet 从就绪列表获取优先级最高的线程=20004530
　　6-3.调用 osRtxThreadWaitEnter->osRtxThreadSwitch 将线程=20004530 设置为激活态准备运行
　　7-1.调用 osRtxThreadWaitEnter 后等待列表:2000421C->200046B0->200045F0
　　7-2.调用 osRtxThreadWaitEnter 后就绪列表:20004260->0->8005A29
　　　2-1-2.设置后当前运行线程=200045F0 的等待标识=47
　4.调用 Thread::signal_wait()结束

4）蓝灯线程设置红灯信号

蓝灯线程调用 thd_redlight.signal_set(RED_SIGNAL)函数设置红灯信号，从等待列表移出红灯线程，并放入就绪列表中。由于线程优先级相同，红灯线程不会抢占当前运行的蓝灯线程，而是会在 SysTick 中断中通过轮询调度，激活红灯线程运行。

　1-1.当前运行的线程=20004530 (蓝灯),调用 signal_set(RED_SIGNAL)设置红灯等待线程信号 0x47
　　1-1-1.线程信号设置前的值=0
　　1-1-2.线程信号设置后的值=47
　8-1.调用 osRtxThreadWaitExit 前等待列表=20003040 中的线程:2000421C->200045F0->200046B0
　8-2.调用 osRtxThreadWaitExit 前就绪列表=2000302C 中的线程:20004260->0->8005A29
　9-1.调用 osRtxThreadWaitExit->osRtxThreadDelayRemove 将线程=200045F0 从等待列表中移出
　9-2.调用 osRtxThreadWaitExit->osRtxThreadReadyPut->osRtxThreadListPut 将线程=200045F0 放入就绪列表中
　10-1.调用 osRtxThreadWaitExit 后等待列表: 2000421C->200046B0->0
　10-2.调用 osRtxThreadWaitExit 后就绪列表=2000302C 中的线程:200045F0->20004260->0
　11.调用 signal_set()结束

5）轮询调度激活红灯线程

SysTick 中断会每 1ms 中断一次，以每个时间片（5ms）为周期对线程进行轮询调度，激活红灯线程运行。

　12.进入 SysTick_Handler 触发 osRtxTick_Handler 对优先级相同的线程进行轮询调度,将线程=200046B0 切换为激活态

6）红灯线程等到红灯信号

红灯线程等到红灯信号，进行红灯亮暗切换（执行 Thread::signal_wait(RED_SIGNAL)后续语句），接着开始新一轮的线程信号等待（重复 4~7 步，见图 12-4），激活蓝灯线程运行。

　2-2.当前运行的线程=200046B0(红灯)已等到线程信号 0x52，红灯反转
　2.当前运行的线程=200046B0(红灯)结束
　2.当前运行的线程=200046B0(红灯)开始
　　2-1.当前运行的线程=200046B0(红灯)调用 signal_wait(RED_SIGNAL)等待线程信号 0x52
　　　2-1-1.设置前当前运行线程=200046B0 的等待标识=0
　　5-1.调用 osRtxThreadWaitEnter 前等待列表=20003040 中的线程:2000421C->200045F0->0
　　5-2.调用 osRtxThreadWaitEnter 前就绪列表=2000302C 中的线程:20004530->20004260->0
　　6-1.调用 osRtxThreadWaitEnter->osRtxThreadDelayInsert 将当前运行线程=200046B0 放入等待列表中
　　6-2.调用 osRtxThreadWaitEnter->osRtxThreadListGet 从就绪列表获取优先级最高的线程=20004530
　　6-3.调用 osRtxThreadWaitEnter->osRtxThreadSwitch 将线程=20004530 设置为激活态准备运行
　　7-1.调用 osRtxThreadWaitEnter 后等待列表:2000421C->200045F0->200046B0
　　7-2.调用 osRtxThreadWaitEnter 后就绪列表:20004260->0->8005A29
　　　2-1-2.设置后当前运行线程=200046B0 的等待标识=52

4.调用 Thread::signal_wait()结束

7)蓝灯线程设置绿灯信号

蓝灯线程调用 thd_greenlight.signal_set(GREEN_SIGNAL)函数设置绿灯信号,从等待列表移出绿灯线程,并放入就绪列表中。由于线程优先级相同,绿灯线程不会抢占当前运行的蓝灯线程,而是会在 SysTick 中断中通过轮询调度,激活绿灯线程运行。

  1-2.当前运行的线程=20004530(蓝灯),调用 signal_set(GREEN_SIGNAL)设置绿灯等待线程信号 0x47
    1-1-1.线程信号设置前的值=0
    1-1-2.线程信号设置后的值=47
  8-1.调用 osRtxThreadWaitExit 前等待列表=20003040 中的线程:2000421C->200045F0->200046B0
  8-2.调用 osRtxThreadWaitExit 前就绪列表=2000302C 中的线程:20004260->0->8005A29
  9-1.调用 osRtxThreadWaitExit->osRtxThreadDelayRemove 将线程=200045F0 从等待列表中移出
  9-2.调用 osRtxThreadWaitExit->osRtxThreadReadyPut->osRtxThreadListPut 将线程=200045F0 放入就绪列表中
  10-1.调用 osRtxThreadWaitExit 后等待列表:2000421C->200046B0->0
  10-2.调用 osRtxThreadWaitExit 后就绪列表=2000302C 中的线程:200045F0->20004260->0
  11.调用 signal_set()结束

8)轮询调度激活绿灯线程

SysTick 中断会每 1ms 中断一次,以每个时间片(5ms)为周期对线程进行轮询调度,激活绿灯线程运行。

  12.进入 SysTick_Handler 触发 osRtxTick_Handler 对优先级相同的线程进行轮询调度,将线程=200045F0 切换为激活态

9)绿灯线程等到绿灯信号

绿灯线程等到绿灯信号,进行绿灯亮暗切换(执行 Thread::signal_wait(GREEN_SIGNAL)后续语句),接着开始新一轮的线程信号等待(重复9~13步,见图 12-4),激活蓝灯线程运行。

  3-2.当前运行的线程=200045F0(绿灯)已等到线程信号 0x47,绿灯反转
  3.当前运行的线程=200045F0(绿灯)结束
  3.当前运行的线程=200045F0(绿灯)开始
  3-1.当前运行的线程=200045F0(绿灯)调用 signal_wait(GREEN_SIGNAL)等待线程信号 0x47
    2-1-1.设置前当前运行线程=200045F0 的等待标识=0
  5-1.调用 osRtxThreadWaitEnter 前等待列表=20003040 中的线程:2000421C->200046B0->0
  5-2.调用 osRtxThreadWaitEnter 前就绪列表=2000302C 中的线程:20004530->20004260->0
  6-1.调用 osRtxThreadWaitEnter->osRtxThreadDelayInsert 将当前运行线程=200045F0 放入等待列表中
  6-2.调用 osRtxThreadWaitEnter->osRtxThreadListGet 从就绪列表获取优先级最高的线程=20004530
  6-3.调用 osRtxThreadWaitEnter->osRtxThreadSwitch 将线程=20004530 设置为激活态准备运行
  7-1.调用 osRtxThreadWaitEnter 后等待列表:2000421C->200046B0->200045F0
  7-2.调用 osRtxThreadWaitEnter 后就绪列表:20004260->0->8005A29
    2-1-2.设置后当前运行线程=200045F0 的等待标识=47
  4.调用 Thread::signal_wait()结束

说明:演示程序主要是在相关代码处通过插入 printf 函数的方式,打印出相关的信息,且执行 printf 函数需要占用一些时间。本例采用空循环语句而不采用延时函数进行延时,主要是为了简化线程的调度过程(采用延时函数的线程调度过程见 9.3.3 节描述)。同时,由于线程优先级相同,SysTick 中断会每 1ms 中断一次,按每次时间片(5ms)到就会对线程进行轮询

调度。因此，在串口实际输出执行结果时，会出现输出错位的现象。另外，地址 200046B0 表示红灯线程，地址 200045F0 表示绿灯线程，地址 20004530 表示蓝灯线程，地址 2000421C 表示定时器线程，地址 20004260 表示空闲线程，地址 8005A29 表示缺省处理函数 DefaultISR。

12.2 信号量

信号量的含义及应用场合、信号量操作函数及信号量的编程举例已在 5.5 节介绍过了，本节主要剖析信号量涉及到的结构体、信号量等待函数和信号量释放函数。

12.2.1 信号量控制块结构体

在 "…\TARGET_CORTEX\rtx5\RTX\Include\rtx_os.h" 文件中可查看信号量控制块结构体的定义，各成员含义及作用如下：

```
//信号量控制块结构体
typedef struct
{
    uint8_t             id;              //信号量 ID
    uint8_t             reserved_state;  //信号量状态
    uint8_t             flags;           //信号量标志
    uint8_t             reserved;        //保留
    const char          *name;           //信号量名称
    osRtxThread_t       *thread_list;    //信号量阻塞列表
    uint16_t            tokens;          //剩余信号量数量
    uint16_t            max_tokens;      //信号量最大数量
} osRtxSemaphore_t;
```

12.2.2 信号量函数深入剖析

1. 实际等待信号量函数 svcRtxSemaphoreAcquire

1) svcRtxSemaphoreAcquire 函数概述

等待信号量函数调用顺序为 Semaphore::wait→osSemaphoreAcquire→__svcSemaphoreAcquire→触发 SVC 中断服务程序 SVC_Handler→实际等待信号量函数 svcRtxSemaphoreAcquire。

实际等待信号量函数 svcRtxSemaphoreAcquire 的主要功能如下：①检查参数的合法性；②判断是否还有信号量，若无且等待超时，则将当前已锁定信号量的线程放入等待列表或延时列表中，并从就绪列表中取出优先级最高的线程准备运行；③阻塞当前运行线程，并插入信号量阻塞列表中。

2) svcRtxSemaphoreAcquire 函数执行流程

svcRtxSemaphoreAcquire 函数的执行流程如图 12-5 所示。

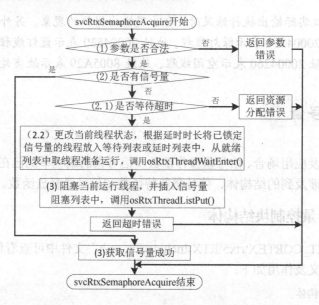

图 12-5 svcRtxSemaphoreAcquire 函数的执行流程

3）svcRtxSemaphoreAcquire 函数完整代码注释

在"...\TARGET_CORTEX\rtx5\RTX\Source\rtx_semaphore.c"文件中可以查看 svcRtxSemaphoreAcquire 函数的源代码。

```
//=============================================================================
//函数名称：svcRtxSemaphoreAcquire
//函数返回：信号量状态值
//参数说明：semaphore_id—信号量 ID
//         timeout—等待时间，单位为 ms
//功能概要：获取信号量
//=============================================================================
static osStatus_t svcRtxSemaphoreAcquire (osSemaphoreId_t semaphore_id, uint32_t timeout)
{
    os_semaphore_t *semaphore = osRtxSemaphoreId(semaphore_id);
    osStatus_t status;
    //(1) 检查信号量是否为空，以及信号量 ID 是否为 osRtxIdSemaphore
    if ((semaphore == NULL) || (semaphore->id != osRtxIdSemaphore))
    {
        EvrRtxSemaphoreError(semaphore, (int32_t)osErrorParameter);
        return osErrorParameter;                  //返回参数错误
    }
    //(2) 获取信号量
    if (SemaphoreTokenDecrement(semaphore) != 0U)  //有信号量
    {
        //(2.1)获取信号量成功，修改状态为成功
        EvrRtxSemaphoreAcquired(semaphore, semaphore->tokens);
        status = osOK;
    }
```

```
        else   //无信号量
        {
            //等待超时
            if (timeout != 0U)
            {
                EvrRtxSemaphoreAcquirePending(semaphore, timeout);
                //(2.2) 更改当前线程状态为等待信号量,若 timeout 为无限长,则将当前已锁定信号量的线
                //程放入等待列表 osRtxInfo.thread.wait_list,否则放入延时列表 osRtxInfo.thread.delay_list,
                //并从就绪列表 osRtxInfo.thread.ready 取出优先级最高的线程准备运行
                if (osRtxThreadWaitEnter(osRtxThreadWaitingSemaphore, timeout))
                {
                    //(2.3) 阻塞当前运行线程,并插入信号量阻塞列表中
                    osRtxThreadListPut(osRtxObject(semaphore), osRtxThreadGetRunning());
                }
                else
                {
                    //本工程该函数无功能操作
                    EvrRtxSemaphoreAcquireTimeout(semaphore);
                }
                //修改状态为超时错误
                status = osErrorTimeout;
            }
            else
            {
                //(2.4)获取信号量失败,修改状态为资源分配错误
                EvrRtxSemaphoreNotAcquired(semaphore);
                status = osErrorResource;
            }
        }
    }
    return status;
}
```

2. 实际释放信号量函数 svcRtxSemaphoreRelease

1) svcRtxSemaphoreRelease 函数概述

释放信号量函数调用顺序为 Semaphore:: release→osSemaphoreRelease→__svcSemaphoreRelease→触发 SVC 中断服务程序 SVC_Handler→实际释放信号量函数 svcRtxSemaphoreRelease。

实际释放信号量函数 svcRtxSemaphoreRelease 的主要功能如下:①检查信号量参数的合法性;②若有等待信号量的线程,则从信号量阻塞列表中唤醒优先级高的线程,并从等待列表中取出,释放信号量。

2) svcRtxSemaphoreRelease 函数执行流程

svcRtxSemaphoreRelease 函数的执行流程如图 12-6 所示。

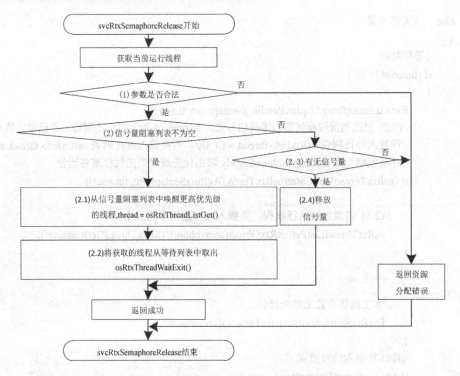

图 12-6　svcRtxSemaphoreRelease 函数的执行流程

3）svcRtxSemaphoreRelease 函数完整代码注释

在"...\TARGET_CORTEX\rtx5\RTX\Source\rtx_semaphore.c"文件中可以查看 svcRtxSemaphoreRelease 函数的源代码。

```
//================================================================
//函数名称：svcRtxSemaphoreRelease
//函数返回：信号量状态值
//参数说明：semaphore_id—信号量 ID
//功能概要：释放信号量
//================================================================
static osStatus_t svcRtxSemaphoreRelease (osSemaphoreId_t semaphore_id)
{
    os_semaphore_t *semaphore = osRtxSemaphoreId(semaphore_id);
    os_thread_t    *thread;
    osStatus_t     status;
    // (1)检查信号量参数的合法性
    //    检查信号量是否为空，以及信号量 ID 是否为 osRtxIdSemaphore
    if ((semaphore == NULL) || (semaphore->id != osRtxIdSemaphore))
    {
        EvrRtxSemaphoreError(semaphore, (int32_t)osErrorParameter);
        return osErrorParameter;
    }
    //(2)检查信号量阻塞列表中是否有等待信号量的线程
    if (semaphore->thread_list != NULL)
    {
```

```
            //本工程该函数无功能操作
            EvrRtxSemaphoreReleased(semaphore, semaphore->tokens);
            //(2.1) 从信号量阻塞列表中唤醒优先级高的线程
            thread = osRtxThreadListGet(osRtxObject(semaphore));
            //(2.2) 将获取的线程从等待列表中取出
            osRtxThreadWaitExit(thread, (uint32_t)osOK, TRUE);
            //本工程该函数无功能操作
            EvrRtxSemaphoreAcquired(semaphore, semaphore->tokens);
            status = osOK;
        }
        else
        {
            //(2.3)有信号量释放，修改状态为释放成功
            if (SemaphoreTokenIncrement(semaphore) != 0U)
            {
                EvrRtxSemaphoreReleased(semaphore, semaphore->tokens);
                status = osOK;
            }
            //(2.4)无信号量释放，修改状态为资源分配错误
            else
            {
                EvrRtxSemaphoreError(semaphore, osRtxErrorSemaphoreCountLimit);
                status = osErrorResource;
            }
        }
        return status;
}
```

12.2.3 信号量调度剖析

1. 信号量调度时序分析

5.5.3 节已经分析了信号量调度程序的执行流程，为了让读者更加明白信号量的使用方法及线程是如何对资源进行独占访问的，给 5.5.3 节样例程序配套了一个演示程序，不采用延时函数而采用空循环来实现延时，可以通过串口（波特率设置为 115200）打印出运行结果，工程见"CH12.2.3-Semaphore_mbedOS_STM32L431-demo"文件夹，基于信号量的优先级相同的线程调度时序如图 12-7 所示。

在图 12-7 中，纵向表示运行时间，实线箭头表示线程进入列表，虚线箭头表示从列表取线程。下面将对线程调度过程进行分段剖析，程序中加入了 printf 输出函数给出的运行过程信息，可以清晰地看出信号量的运行机制。

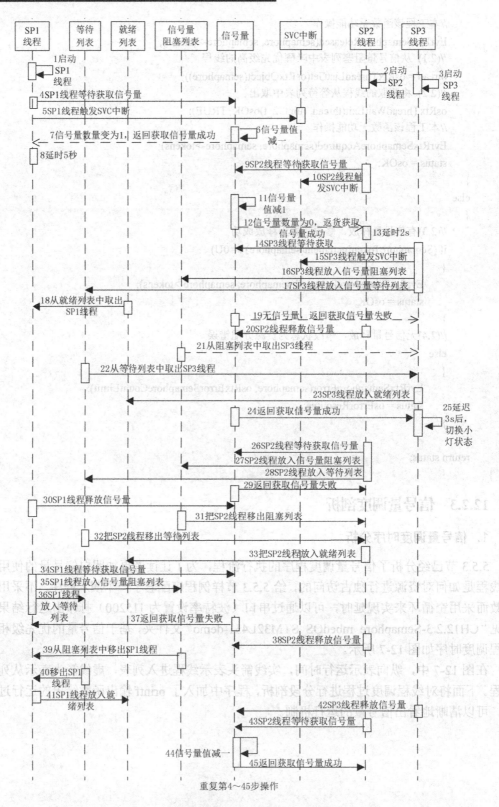

图 12-7 基于信号量的优先级相同的线程调度时序图

2. 信号量调度过程分段解析

下面将对信号量的使用过程进行分段解析，并给出各段的运行结果。

1）线程启动

在本样例程序中，芯片上电启动后转到主线程函数 app_init 执行，在该函数中创建并先后启动了 SP1（SPThread1）、SP2（SPThread2）和 SP3（SPThread3）3 个用户线程，然后阻塞主线程的运行，由 Mbed OS 负责对线程的调度运行。

```
0-1.启动 SP1 线程
0-2.启动 SP2 线程
0-3.启动 SP3 线程
```

2）SP1 线程等待获取信号量

阻塞主线程后，Mbed OS 从就绪列表中取最高优先级的线程（此时为 SP1 线程）激活运行。初始时信号量数量为 2，SP1 线程开始等待获取信号量，信号量获取成功后，信号量数量减 1 变为 1。

```
1-1.SP1 线程(20004538)调用 wait 函数,等待获取信号量
4-1.信号量=2!=0,表示当前线程(20004538)可获取信号量
4-2.获取信号量成功后, 信号量变为 1
1-2.SP1 线程获取信号量成功,延时 5s
```

3）SP2 线程等待获取信号量

由于当前信号量数量为 1，SP2 线程获取信号量成功，同时信号量数量减 1 变为 0。

```
2-1.SP2 线程(200045F8)调用 wait 函数,等待获取信号量
4-1.信号量=1!=0,表示当前线程(200045F8)可获取信号量
4-2.获取信号量成功后, 信号量变为 0
2-2.SP2 线程获取信号量成功,延时 2s
```

4）SP3 线程等待获取信号量

由于当前信号量数量为 0，SP3 线程获取信号量失败，SP3 线程被放入信号量阻塞列表和等待列表中，同时从就绪列表中取出 SP1 线程准备运行。

```
3-1.SP3 线程(200046B8)调用 wait 函数,等待获取信号量
4-3. 信号量=0,表示当前运行线程(200046B8)获取信号量失败
5-1.将当前线程放入等待列表(20003040)中
5-2.获取就绪列表(2000302C)的线程(20004538)
5-3.将当前线程(200046B8)放入信号量阻塞列表(20004FB4)中
```

5）SP2 线程释放信号量

此时信号量还被 SP1 和 SP2 占据，但 SP2 线程延时 2s 后会先释放信号量，由于在信号量阻塞列表中有一个 SP3 线程正在等待信号量，因此当 SP2 线程释放信号量之后，会将 SP3 线程从信号量阻塞列表和等待列表中移出，并放入就绪列表准备运行。此时 SP3 线程实际上已经获得了信号量（可以理解为是 SP2 线程将信号量转移给 SP3 线程，当前信号量数量还是为 0）。

```
1-2.SP1 线程获取信号量成功,延时 5s
2-2.SP2 线程获取信号量成功,延时 2s
2-3.SP2 线程释放信号量
```

6-1.从信号量阻塞队列(20004FB4)中获取等待信号量的线程=200046B8
6-2.从等待列表(20003040)中移除已获取的线程=200046B8
6-3.将已获取的线程放入就绪列表(2000302C)中
3-2.SP3 线程获取信号量成功,3s 后切换小灯状态

6)SP2 线程新一轮的等待获取信号量

SP2 线程释放信号量后,开始新一轮申请信号量,此时信号量被 SP1 和 SP3 占据,所以当前信号量数量为 0,SP2 线程获取信号量失败,SP2 线程被放入信号量阻塞列表和等待列表中,同时从就绪列表中取出 SP1 线程准备运行。

2-1.SP2 线程(200045F8)调用 wait 函数,等待获取信号量
4-3.信号量=0,表示当前运行线程(200045F8)获取信号量失败
5-1.将当前线程放入等待列表(20003040)中
5-2.获取就绪列表(2000302C)的线程(20004260)
5-3.将当前线程(200045F8)放入信号量阻塞列表(20004FB4)

7)SP1 线程释放信号量

SP1 线程延时 5s 结束,释放信号量。由于在信号量阻塞列表中有一个 SP2 线程正在等待信号量,因此当 SP1 线程释放信号量之后,会将 SP2 线程从信号量阻塞列表和等待列表中移出,并放入就绪列表准备运行。此时 SP2 线程实际上已经获得了信号量(可以理解为是 SP1 线程将信号量转移给 SP2 线程,当前信号量数量还是为 0)。

1-3.SP1 线程释放信号量
6-1.从信号量阻塞列表(20004FB4)中获取等待信号量的线程=200045F8
6-2.从等待列表(20003040)中移除已获取的线程=200045F8
6-3.将已获取的线程放入就绪列表(2000302C)中
2-2.SP2 线程获取信号量成功,延时 2s

8)SP1 线程新一轮的等待获取信号量

SP1 线程释放信号量后,开始新一轮申请信号量,此时信号量被 SP2 和 SP3 占据,所以当前信号量数量为 0,SP1 线程获取信号量失败,SP1 线程被放入信号量阻塞列表和等待列表中。

1-1.SP1 线程(20004538)调用 wait 函数,等待获取信号量
4-3.信号量=0,表示当前运行线程(20004538)获取信号量失败
5-1.将当前线程放入等待列表(20003040)中
5-2.获取就绪列表(2000302C)的线程(20004260)
5-3.将当前线程(20004538)放入信号量阻塞列表(20004FB4)中

9)SP2、SP3 线程释放信号量

SP2 线程延时结束,释放信号量。由于在信号量阻塞列表中有一个 SP1 线程正在等待信号量,因此,当 SP2 线程释放信号量之后,会将 SP1 线程从信号量阻塞列表和等待列表中移出,并放入就绪列表准备运行。在 SP2 释放信号量后,SP3 延时结束开始释放信号量(几乎可以看作同时),此时信号量数量为 1,所以 SP2 可以立即从从信号量阻塞列表和等待列表中移出,获取到信号量开始运行。

2-3.SP2 线程释放信号量
6-1.从信号量阻塞队列(20004FB4)中获取等待信号量的线程=20004538
6-2.从等待列表(20003040)中移除已获取的线程=20004538
6-3.将已获取的线程放入就绪列表(2000302C)中

1-2.SP1 线程获取信号量成功，延时 5s
3-3.SP3 线程释放信号量
7.当前线程(200046B8)释放信号量成功，信号量变为 1
2-1.SP2 线程(200045F8)调用 wait 函数，等待获取信号量
4-1.信号量=1，!=0，表示当前线程(200045F8)可获取信号量
4-2.获取信号量成功后，信号量变为 0
2-2.SP3-1.SP3 线程(200046B8)调用 wait 函数，等待获取信号量

10）SP1、SP2 和 SP3 新一轮的等待获取信号量，循环以上过程

此时的运行情况是 SP1 获取信号量开始运行，随后 SP2 获取信号量开始运行，这便回到程序开始运行时的状况，即到这里 SP1、SP2 和 SP3 便开始循环，不断执行以上过程。即一直按照 SP1、SP2、SP3、SP2 的顺序反复获取信号量执行。

说明：演示程序主要是在相关代码之间通过插入 printf 函数的方式，打印出相关的信息，且执行 printf 函数需要占用一些时间。为了让灯的亮暗切换效果明显一些，加入了空循环语句，也会占用一些时间。同时，由于线程优先级相同，SysTick 中断会每 1ms 中断一次，按每次时间片（5ms）到就会对线程进行轮询调度。因此在串口实际输出执行结果时，会出现输出错位的现象。另外，地址 20004538 表示 SP1 线程，地址 200045F8 表示 SP2 线程，地址 200046B8 表示 SP3 线程。

12.3 互斥量

互斥量的含义及应用场合、互斥量相关函数及互斥量的编程举例已在 5.6 节介绍过了，本节主要剖析互斥量涉及的结构体、互斥量锁定函数和互斥量解锁函数。

12.3.1 互斥量结构体

1. 互斥量属性结构体

在 "…\TARGET_CORTEX\rtx5\Include\cmsis_os2.h" 文件中定义了互斥量属性结构体，存放创建互斥量对象的相关属性，各成员含义及作用如下：

```
typedef struct
{
    const char      *name;          //互斥量名称
    uint32_t        attr_bits;      //互斥量属性所在位
    void            *cb_mem;        //为互斥量控制块分配的内存首地址
    uint32_t        cb_size;        //为互斥量控制块分配的内存大小
} osMutexAttr_t;
```

其中，若互斥量名称 name 在初始化没有给互斥量赋值名称，则会默认名称为 "aplication_unnamed_mutex"；互斥量属性 attr_bits 包括嵌套互斥量（osMutexRecursive）、内部优先级互斥量（osMutexPrioInherit）及健壮互斥量（osMutexRobust），在新建一个互斥量对象都会默认其属性具有以上 3 个特性。

1）嵌套型互斥量

如果一个线程对这种类型的互斥锁重复上锁，就不会引起死锁。一个线程对这类互斥锁

的多次重复上锁必须由这个线程来重复相同数量的解锁,这样才能解开这个互斥锁,别的线程才能得到这个互斥锁,这种类型的互斥锁只能是进程私有的。如果试图解锁一个由别的线程锁定的互斥锁将会返回一个错误代码,如果一个线程试图解锁已经被解锁的互斥锁也将会返回一个错误代码。

2)内部优先级互斥量

当高优先级的线程等待低优先级的线程而锁定互斥量时,低优先级的线程以高优先级线程的优先级运行,这种方式是以继承的形式进行传递的。当线程解锁互斥量时,线程的优先级自动变为它原来的优先级。

注意:Mbed OS 通过内部优先级互斥量属性,采用基于优先级继承方法,使用互斥量来避免优先级反转问题,具体的操作方法已在 7.4 节中给出。

3)健壮互斥量

如果互斥锁的持有者线程释放了,或者持有这样的互斥锁的线程不再映射该互斥锁所在的共享内存或者持有这样的锁的线程执行 exec 调用,就会解除锁定该互斥锁,互斥锁的下一个持有者将获取该互斥锁,并返回错误。

2. 互斥量控制块结构体

在"…\TARGET_CORTEX\rtx5\RTX\Include\rtx_os.h"文件中可查看互斥量控制块结构体的定义,各成员含义及作用如下:

```
typedef struct osRtxMutex_s
{
    uint8_t                 id;              //互斥量 ID
    uint8_t                 state;           //互斥量状态
    uint8_t                 flags;           //互斥量标志
    uint8_t                 attr;            //互斥量属性
    const char              *name;           //互斥量名称
    osRtxThread_t           *thread_list;    //互斥量阻塞列表
    osRtxThread_t           *owner_thread;   //互斥量私有线程
    struct osRtxMutex_s     *owner_prev;     //指向前一个互斥量
    struct osRtxMutex_s     *owner_next;     //指向下一个互斥量
    uint8_t                 lock;            //互斥锁
    uint8_t                 padding[3];      //保留
} osRtxMutex_t;
```

其中,互斥量 ID 初值为 osRtxIdMutex(0x04U);互斥量状态 state 初值为 osRtxObjectActive(即激活状态,值为 0x01U);互斥量标志 flags 值包括 0、osRtxFlagSystemObject 和 osRtxFlagSystemMemory;互斥量属性 attr 包括嵌套型互斥量、内部优先级互斥量和健壮互斥量;互斥锁 lock 在具有嵌套的属性时,其值最大可以达到 255。

12.3.2 互斥量函数深入剖析

1. 互斥量锁定函数剖析

1)svcRtxMutexAcquire 函数功能概要

互斥量锁定函数调用顺序为 lock→osMutexAcquire→__svcMutexAcquire→触发 SVC 中断

服务程序 SVC_Handler→实际互斥量锁定函数 svcRtxMutexAcquire。

实际互斥量锁定函数 svcRtxMutexAcquire 的主要功能如下：①检查当前运行线程、互斥量状态和参数的合法性；②检查互斥量是否锁定，若未上锁，则将互斥量加入当前正在运行线程的私有互斥量列表中，并上锁；③若互斥量已上锁，且互斥量具有嵌套属性，则继续加锁；④若互斥量设置了超时标志，其具有内部优先级属性，则提升互斥量私有线程的优先级，并将该线程放入就绪列表中重新排序。此外，将当前运行线程插入互斥量阻塞列表中，同时放入等待列表中，并从就绪列表中取出优先级最高的线程准备运行。

2) svcRtxMutexAcquire 函数执行流程

svcRtxMutexAcquire 函数的执行流程如图 12-8 所示。

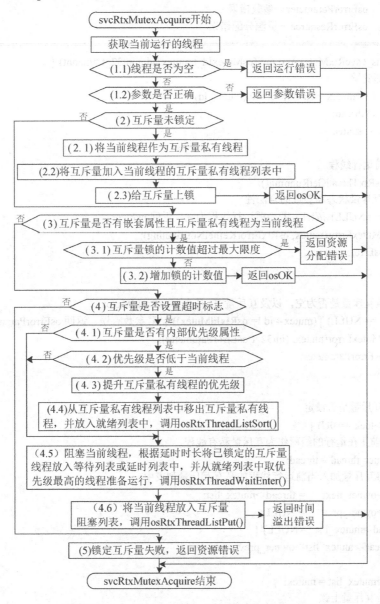

图 12-8　svcRtxMutexAcquire 函数放入执行流程

3）svcRtxMutexAcquire 函数完整代码注释

在 "...\TARGET_CORTEX\rtx5\RTX\Source\rtx_mutex.c" 文件中可查看的 svcRtxMutexAcquire 源代码。

```
//================================================================
//函数名称：   svcRtxMutexAcquire
//函数说明：   获取互斥量
//函数参数：   mutex_id—互斥量 ID
//           time_out—等待时间，单位:ms
//函数返回：   osOK—获取成功
//           osError—获取失败
//           osErrorParameter—参数错误
//           osErrorResource—资源分配错误
//================================================================
static osStatus_t svcRtxMutexAcquire (osMutexId_t mutex_id, uint32_t timeout) {
    //声明局部变量
    os_mutex_t   *mutex = osRtxMutexId(mutex_id);
    os_thread_t *thread;
    osStatus_t    status;

    //获取当前运行线程
    thread = osRtxThreadGetRunning();
    //(1)检查互斥量状态和参数的合法性
    if (thread == NULL) {//1.1 若当前运行线程为空，返回 osError
      EvrRtxMutexError(mutex, osRtxErrorKernelNotRunning);
      return osError;
    }

    //(1.2)检查互斥量是否为空，以及互斥量 ID 是否为 osRtxIdMutex
    if ((mutex == NULL) || (mutex->id != osRtxIdMutex)) {//若参数有误，返回 osErrorParameter
      EvrRtxMutexError(mutex, (int32_t)osErrorParameter);
      return osErrorParameter;
    }

    //(2)检查互斥量是否锁定
    if (mutex->lock == 0U) {
    //(2.1)将当前正在运行的线程作为互斥量私有线程
    mutex->owner_thread = thread;
       //(2.2)将互斥量加入当前运行线程的私有互斥量列表中
       mutex->owner_next    = thread->mutex_list;
       mutex->owner_prev    = NULL;
       if (thread->mutex_list != NULL) {
          thread->mutex_list->owner_prev = mutex;
       }
       thread->mutex_list = mutex;
       //(2.3)给互斥量上锁
       mutex->lock = 1U;
```

```c
        EvrRtxMutexAcquired(mutex, mutex->lock);
        status = osOK;
    } else {
//(3)检查互斥量是否具有嵌套属性,以及该互斥量持有者是否为当前运行线程
        if (((mutex->attr & osMutexRecursive) != 0U) && (mutex->owner_thread == thread)) {
//(3.1)若计数器达到 osRtxMutexLockLimit,则返回资源错误
            if (mutex->lock == osRtxMutexLockLimit) {
                EvrRtxMutexError(mutex, osRtxErrorMutexLockLimit);
                status = osErrorResource;
            } else {
//(3.2)增加锁的计数器
                mutex->lock++;
                EvrRtxMutexAcquired(mutex, mutex->lock);
                status = osOK;
            }
        } else {
//(4)检查互斥量是否设置超时标志
            if (timeout != 0U) {
//(4.1)检查互斥量是否具有内部优先级属性
                if ((mutex->attr & osMutexPrioInherit) != 0U) {
//(4.2)互斥量私有线程的优先级低于当前运行线程的优先级
                    if (mutex->owner_thread->priority < thread->priority) {
//(4.3)提升互斥量私有线程的优先级
                        mutex->owner_thread->priority = thread->priority;
//(4.4)将互斥量私有线程从互斥量私有线程列表中移出,并将该线程放入就绪列表中重新
//排序
                        osRtxThreadListSort(mutex->owner_thread);
                    }
                }
                EvrRtxMutexAcquirePending(mutex, timeout);
                //(4.5)更改当前线程状态,若 timeout 为无限长,将当前已锁定的互斥量线程放入等待列表
//osRtxInfo.thread.wait_list,否则放入延迟列表 osRtxInfo.thread.delay_list,并从就绪列表 osRtxInfo
//thread.ready 中取出优先级最高的线程准备运行
                if (osRtxThreadWaitEnter(osRtxThreadWaitingMutex, timeout)) {
//(4.6)若更改当前线程状态成功,阻塞当前运行线程,并插入互斥量阻塞列表中
                    osRtxThreadListPut(osRtxObject(mutex), thread);
                } else {
                    EvrRtxMutexAcquireTimeout(mutex);
                }
                status = osErrorTimeout;              //返回时间溢出错误
            } else {
//(5)锁定互斥量失败
                EvrRtxMutexNotAcquired(mutex);
                status = osErrorResource;             //返回资源错误
            }
        }
    }
}
```

        return status;
    }

2. 互斥量解锁函数剖析

1）svcRtxMutexRelease 函数功能概要

互斥量解锁函数调用顺序为 unlock→osMutexRelease→__svcMutexRelease→触发 SVC 中断服务程序 SVC_Handler→实际互斥量解锁函数 svcRtxMutexRelease。

实际互斥量解锁函数 svcRtxMutexRelease 的主要功能如下：①检查当前线程、互斥量状态及参数的合法性；②互斥量锁计数值减 1；③将互斥量从当前线程的私有互斥量列表中移出；④若互斥量具有优先级属性，则将当前线程优先级调至最高；⑤在互斥量阻塞列表中唤醒更高优先级的线程，从等待列表中取出并放入就绪列表中，作为新的互斥量私有线程；⑥取就绪列表中最高优先级线程，若比正在运行线程的优先级高，则抢占该线程。

2）svcRtxMutexRelease 函数执行流程

svcRtxMutexRelease 函数的执行流程如图 12-9 所示。

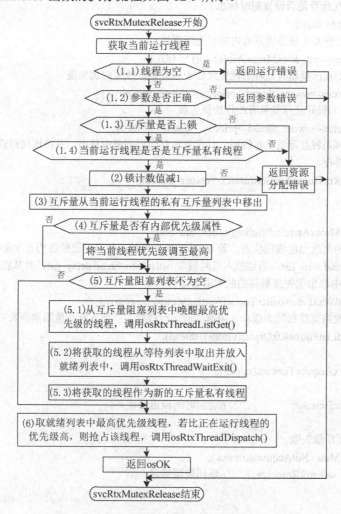

图 12-9 svcRtxMutexRelease 函数的执行流程

3）svcRtxMutexRelease 函数完整代码注释

在"...\TARGET_CORTEX\rtx5\RTX\Source\rtx_mutex.c"文件中可查看的 svcRtxMutexRelease 源代码。

```
//============================================================
//函数名称：    svcRtxMutexRelease
//函数说明：    释放互斥量
//函数参数：    mutex_id—互斥量 ID
//函数返回：    osOK—释放成功
//              osError—释放失败
//              osErrorParameter—参数错误
//              osErrorResource—资源分配错误
//============================================================
static osStatus_t svcRtxMutexRelease (osMutexId_t mutex_id)
{
  //局部变量声明
        os_mutex_t      *mutex = osRtxMutexId(mutex_id);
  const os_mutex_t      *mutex0;
        os_thread_t     *thread;
        int8_t          priority;
  //获取当前运行线程
  thread = osRtxThreadGetRunning();
  //(1)检查互斥量状态及参数的合法性
  //(1.1)若当前线程为空，则返回错误
  if (thread == NULL) {
    EvrRtxMutexError(mutex, osRtxErrorKernelNotRunning);
    return osError;
  }
  //(1.2)若互斥量为空或者互斥量 id 不是 osRtxIdMutex，返回参数错误
  if ((mutex == NULL) || (mutex->id != osRtxIdMutex)) {
    EvrRtxMutexError(mutex, (int32_t)osErrorParameter);
    return osErrorParameter;
  }
  //(1.3)检查互斥量锁计数值情况
  if (mutex->lock == 0U) {
    EvrRtxMutexError(mutex, osRtxErrorMutexNotLocked);
    return osErrorResource;
  }
  //(1.4)检查当前运行线程是否是互斥量私有线程
  if (mutex->owner_thread != thread) {
    EvrRtxMutexError(mutex, osRtxErrorMutexNotOwned);
    return osErrorResource;
  }
  //(2)将互斥锁减 1
  mutex->lock--;
  EvrRtxMutexReleased(mutex, mutex->lock);
  if (mutex->lock == 0U) {
```

```c
//(3)将互斥量从当前运行线程的私有互斥量列表中移出
if (mutex->owner_next != NULL) {
    mutex->owner_next->owner_prev = mutex->owner_prev;
}
if (mutex->owner_prev != NULL) {
    mutex->owner_prev->owner_next = mutex->owner_next;
} else {
    thread->mutex_list = mutex->owner_next;
}
//(4)若互斥量具有内部优先级属性，则将当前线程优先级调至最高
if ((mutex->attr & osMutexPrioInherit) != 0U) {
    priority = thread->priority_base;
    mutex0   = thread->mutex_list;
    while (mutex0 != NULL) {
        if ((mutex0->thread_list != NULL) && (mutex0->thread_list->priority > priority)) {
            priority = mutex0->thread_list->priority;
        }
        mutex0 = mutex0->owner_next;
    }
    thread->priority = priority;
}
//(5)检查互斥量阻塞列表中是否有等待互斥量的线程
if (mutex->thread_list != NULL) {
    //(5.1)从互斥量阻塞列表中唤醒最高优先级的线程
    thread = osRtxThreadListGet(osRtxObject(mutex));
    //(5.2)将获取的线程从等待列表中取出并放入就绪列表中
    osRtxThreadWaitExit(thread, (uint32_t)osOK, FALSE);
    //(5.3)将获取的线程作为新的互斥量私有线程
    mutex->owner_thread = thread;
    mutex->owner_next   = thread->mutex_list;
    mutex->owner_prev   = NULL;
    thread->mutex_list  = mutex;
    mutex->lock = 1U;
    EvrRtxMutexAcquired(mutex, 1U);
}
//(6)取就绪列表中最高优先级线程，若比正在运行线程的优先级高，则抢占该线程
osRtxThreadDispatch(NULL);
}
return osOK;
}
```

12.3.3 互斥量调度剖析

1．互斥量调度时序分析

5.6.3 节已经分析了互斥量调度的程序执行流程，为了让读者更加明白互斥量的使用方法及线程是如何对资源进行独占访问的，给 5.6.3 节样例程序配套了一个演示程序，去掉了串口

互斥量，只考虑一个互斥量的情况，同时不采用延时函数，而采用空循环来实现延时，可以通过串口（波特率设置为115200）打印出运行结果，程序工程见"CH12.3.3_mutex_mbedOS_STM32-demo"文件夹，基于互斥量的优先级相同的线程调度时序图如图12-10所示。

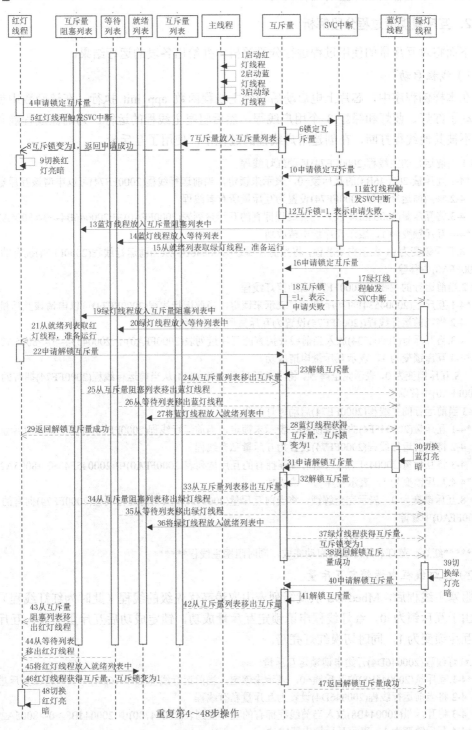

图 12-10　基于互斥量的优先级相同的线程调度时序图

在图 12-10 中，纵向表示运行时间，实线箭头表示线程进入列表，虚线箭头表示从列表取线程。下面将对线程调度过程进行分段剖析，程序中加入了 printf 输出函数给出的运行过程信息，可以清晰地看出互斥量的运行机制。

2. 互斥量调度过程分段解析

下面将对互斥量的使用过程进行分段解析，并给出各段的运行结果。

1）线程启动

在本样例程序中，芯片上电启动后转到主线程函数 app_init 执行，在该函数中创建并先后启动了红灯、蓝灯和绿灯 3 个用户线程，然后阻塞主线程的运行。为确保线程能正常被创建，不被其他线程打断，在创建用户线程的过程中，使用了互斥量。

```
0-1.当前运行的主线程(2000FF74)启动红灯线程
 *4-1.互斥量(200046B4)的互斥锁=0，表示未锁定，当前运行线程(2000FF74)可以申请该互斥量
  4-2.将当前运行线程(2000FF74)设置为互斥量所有者线程
  4-3.将互斥量(200046B4)放入当前线程拥有的互斥量列表(2000FFA0)中:200046B4->0->8005A29
 *4-4.互斥锁变为1，表示互斥量申请成功
   8.互斥锁变为0，表示完全解锁，将当前互斥量((200046B4)从当前运行线程(2000FF74)拥有的互斥量列表(2000FFA0)中移除
0-2.当前运行的主线程(2000FF74)启动蓝灯线程
 *4-1.互斥量(20004534)的互斥锁=0，表示未锁定，当前运行线程(2000FF74)可以申请该互斥量
  4-2.将当前运行线程((2000FF74)设置为互斥量所有者线程
  4-3.将互斥量(20004534)放入当前线程拥有的互斥量列表(2000FFA0)中:20004534->0->8005A29
 *4-4.互斥锁变为1，表示互斥量申请成功
   8.互斥锁变为0，表示完全解锁，将当前互斥量(20004534)从当前运行线程(2000FF74)拥有的互斥量列表(2000FFA0)中移除
0-3.当前运行的主线程(2000FF74)启动绿灯线程
 *4-1.互斥量(200045F4)的互斥锁=0，表示未锁定，当前运行线程(2000FF74)可以申请该互斥量
  4-2.将当前运行线程(2000FF74)设置为互斥量私有线程
  4-3.将互斥量(200045F4)放入当前线程拥有的互斥量列表(2000FFA0)中:200045F4->0->8005A29
 *4-4.互斥锁变为1，表示互斥量申请成功
   8.互斥锁变为0，表示完全解锁，将当前互斥量(200045F4)从当前运行线程(2000FF74)拥有的互斥量列表(2000FFA0)中移除

******红灯、蓝灯和绿灯线程启动完成，同时阻塞主线程******
```

2）红灯线程申请锁定互斥量

阻塞主线程后，Mbed OS 从就绪列表中取最高优先级的线程（此时为红灯线程）激活运行。由于互斥锁为 0，红灯线程申请锁定互斥量成功，锁定成功后互斥量被放入互斥量列表中，互斥锁变为 1，同时切换红灯亮暗。

```
3.红灯线程(200046D4)开始申请锁定互斥量
 *4-1.互斥量(200044B8)的互斥锁=0，表示未锁定，当前运行线程(200046D4)可以申请该互斥量
  4-2.将当前运行线程(200046D4)设置为互斥量私有线程
  4-3.将互斥量(200044B8)放入当前线程拥有的互斥量列表(20004700)中:200044B8->0->8005A29
 *4-4.互斥锁变为1，表示互斥量申请成功
  3-1.红灯线程锁定互斥量成功，切换红灯亮暗
```

3）蓝灯线程申请锁定互斥量

由于互斥量已被红灯线程锁定（互斥锁为1），蓝灯线程申请互斥量失败，因此蓝灯线程会被放入互斥量阻塞列表和等待列表中，并从就绪列表中取出绿灯线程准备运行。

```
1.蓝灯线程(20004554)开始申请锁定互斥量
 *6-1.互斥锁=1，表示已锁定(其所有者线程=200046D4)，互斥量申请失败
  6-2.将当前运行线程(20004554)放入等待列表(20003040)中
  6-3.从就绪列表(2000302C)获取优先级最高的线程(20004614)，并设置为激活态准备运行
  6-4.将当前运行线程(20004554)放入互斥量阻塞列表(200044B8)中:20004554->0->8005A29
```

4）绿灯线程申请锁定互斥量

由于互斥量仍被红灯线程锁定（互斥锁为1），绿灯线程申请互斥量也失败，因此绿灯线程同样被放入互斥量阻塞列表和等待列表中，并从就绪列表中取出红灯线程准备运行。

```
2.绿灯线程(20004614)开始申请锁定互斥量
 *6-1.互斥锁=1，表示已锁定(其所有者线程=200046D4)，互斥量申请失败
  6-2.将当前运行线程(20004614)放入等待列表(20003040)中
  6-3.从就绪列表(2000302C)获取优先级最高的线程(200046D4)，并设置为激活态准备运行
  6-4.将当前运行线程(20004614)放入互斥量阻塞列表(200044B8)中:20004554->20004614->0
```

5）红灯线程解锁互斥量

由于互斥量是由红灯线程锁定的，因此红灯线程能成功解锁互斥量，解锁后互斥锁为0。此时互斥量会从互斥量列表中移出，并移转给正在等待互斥量的蓝灯线程，之后红灯线程开始新一轮的申请锁定互斥量。蓝灯线程变为互斥量所有者，就表示蓝灯线程成功锁定互斥量，互斥锁变为1，同时切换蓝灯的亮暗。

```
 8.互斥锁变为0，表示完全解锁，将当前互斥量(200044B8)从当前运行线程(200046D4)拥有的互斥量列表(20004700)中移除
  10-1.从互斥量阻塞列表(200044B8)中获取优先级最高的互斥量等待线程(20004554)
  10-2.将线程(20004554)从等待列表(20003040)中移出
  10-3.将线程(20004554)放入就绪列表(2000302C)中
  10-4.将刚获取的线程(20004554)设置为互斥量所有者，互斥锁变为1
 3-2.红灯线程解锁互斥量成功
 1-1.蓝灯线程锁定互斥量成功，切换蓝灯亮暗
```

6）蓝灯线程解锁互斥量

蓝灯线程解锁互斥量成功（互斥锁=0），互斥量从互斥量列表中移出并转交给绿灯线程，之后蓝灯线程开始新一轮的申请锁定互斥量。绿灯线程变为互斥量所有者，就表示绿灯线程成功锁定互斥量，同时切换绿灯的亮暗。

```
 8.互斥锁变为0，表示完全解锁，将当前互斥量(200044B8)从当前运行线程(20004554)拥有的互斥量列表(20004580)中移除
  10-1.从互斥量阻塞列表(200044B8)中获取优先级最高的互斥量等待线程(20004614)
  10-2.将线程(20004614)从等待列表(20003040)中移出
  10-3.将线程(20004614)放入就绪列表(2000302C)中
  10-4.将刚获取的线程(20004614)设置为互斥量所有者，互斥锁变为1
 1-2.蓝灯线程解锁互斥量成功
 2-1.绿灯线程锁定互斥量成功，切换绿灯亮暗
```

7）绿灯线程解锁互斥量

绿灯线程解锁互斥量成功（互斥锁=0），互斥量从互斥量列表移出并转交给红灯线程，之后绿灯线程开始新一轮的申请锁定互斥量。红灯线程变为互斥量所有者，就表示红灯线程成功锁定互斥量，同时切换红灯亮暗。此后，重复图 12-10 的第 19～45 步。

> 8.互斥锁变为 0，表示完全解锁，将当前互斥量(200044B8)从当前运行线程(20004614)拥有的互斥量列表(20004640)中移除
> 10-1.从互斥阻塞列表(200044B8)中获取优先级最高的互斥量等待线程(200046D4)
> 10-2.将线程(200046D4)从等待列表(20003040)中移出
> 10-3.将线程(200046D4)放入就绪列表(2000302C)中
> 10-4.将刚获取的线程(200046D4)设置为互斥量所有者，互斥锁变为 1
> 2-2.绿灯线程解锁互斥量成功
> 3-1.红灯线程锁定互斥量成功，切换红灯亮暗

说明：演示程序主要是在相关代码之间通过插入 printf 函数的方式，打印出相关的信息，且执行 printf 函数需要占用一些时间。为了让灯的亮暗切换效果明显一些，加入了空循环语句，也会占用一些时间。同时，由于线程优先级相同，SysTick 中断会每 1ms 中断一次，按每次时间片（5ms）到就会对线程进行轮询调度。因此在串口实际输出执行结果时，会出现输出错位的现象。另外，地址 2000FF74 表示主线程，地址 200046D4 表示红灯线程，地址 20004614 表示绿灯线程，地址 20004554 表示蓝灯线程，地址 8005A29 表示缺省处理函数 DefaultISR。

12.3.4 互斥量避免优先级反转问题调度剖析

1. 调度时序分析

7.4 节已经分析了如何使用互斥量避免优先级反转问题，为了让读者更加明白互斥量避免优先级反转的详细过程，给 7.4 节样例程序配套了一个演示程序，为了使演示过程更加清晰，在线程 Tc 开始处多添加了 1s 的延时。另外，Ta 的优先级为 Pa=26，Tb 的优先级为 Pb=25，Tc 的优先级为 Pc=24，以 "*" 开头的语句表明了优先级的变化过程。可以通过串口（波特率设置为 115200）打印出运行结果，程序工程见 "CH12.3.4_PrioReverse_mbedOS_STM32-demo" 文件夹。基于互斥量的优先级不同的线程避免优先级反转问题调度时序图如图 12-11 所示。

说明：纵向表示运行时间，实线箭头表示线程运行、进入队列、申请互斥量或改变优先级，虚线箭头表示从队列取线程（互斥量）或返回申请互斥量结果。

2. 调度过程分段解析

下面将对基于互斥量的优先级不同线程运行流程进行分段解析，并给出各段的运行结果。

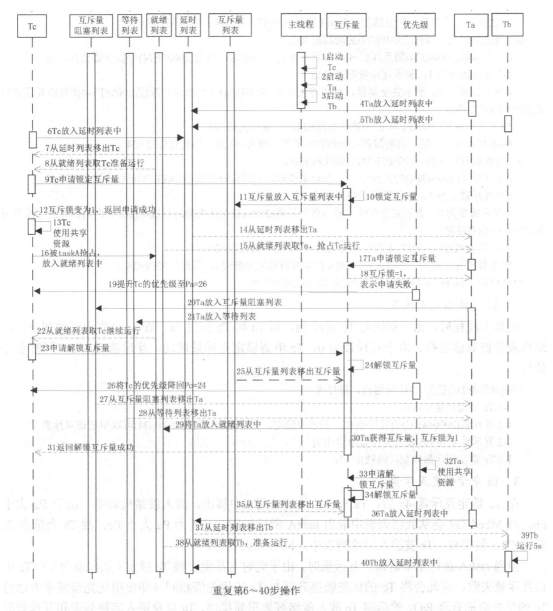

图 12-11 基于互斥量的优先级不同的线程避免优先级反转问题调度时序图

1）线程启动

在本样例程序中，芯片上电启动后转到主线程函数 app_init 执行，在该函数中创建并先后启动了 Tc、Ta 和 Tb 三个用户线程，然后阻塞主线程的运行。为确保线程能正常被创建，不被其他线程打断，在创建用户线程的过程中，使用了互斥量。其中，主线程的优先级为24。

> 0-1.当前运行的主线程(2000FF74)启动线程 Tc
> 4-1.互斥量(200046B4)的互斥锁=0，表示未锁定，当前运行线程(2000FF74)可以申请该互斥量
> 4-2.互斥锁变为1，表示互斥量申请成功
> 8.互斥锁变为0，表示完全解锁，将当前互斥量(200046B4)从当前运行线程(2000FF74)拥有的互斥量列表(2000FFA0)中移除
> *9-1.当前线程=2000FF74 的初始优先级=24，当前优先级=24

　　　　*9-2.释放互斥量后,当前线程=2000FF74 的初始优先级=24,当前优先级=24
　　　0-2.当前运行的主线程(2000FF74)启动线程 taskA
　　　　4-1.互斥量(20004534)的互斥锁=0,表示未锁定,当前运行线程(2000FF74)可以申请该互斥量
　　　　4-2.互斥锁变为 1,表示互斥量申请成功
　　　　8.互斥锁变为 0,表示完全解锁,将当前互斥量(20004534)从当前运行线程(2000FF74)拥有的互斥量列表(2000FFA0)中移除
　　　　*9-1.当前线程=2000FF74 的初始优先级=24,当前优先级=24
　　　　*9-2.释放互斥量后,当前线程=2000FF74 的初始优先级=24,当前优先级=24
　　　0-3.当前运行的主线程(2000FF74)启动线程 taskB
　　　　4-1.互斥量(200045F4)的互斥锁=0,表示未锁定,当前运行线程(2000FF74)可以申请该互斥量
　　　　4-2.互斥锁变为 1,表示互斥量申请成功
　　　　8.互斥锁变为 0,表示完全解锁,将当前互斥量(200045F4)从当前运行线程(2000FF74)拥有的互斥量列表(2000FFA0)中移除
　　　　*9-1.当前线程=2000FF74 的初始优先级=24,当前优先级=24
　　　　*9-2.释放互斥量后,当前线程=2000FF74 的初始优先级=24,当前优先级=24
　　　******Tc、Ta 和 Tb 启动完成,同时阻塞主线程******

　　2）Tc 申请锁定互斥量
　　阻塞主线程后,由于初始时 Tc 延时 1s,而 Ta 和 Tb 延时 5s,故 Tc 会先出延时列表入就绪列表并被激活运行。由于互斥锁为 0,Tc 申请锁定互斥量成功,互斥锁变为 1,同时点亮蓝灯。

　　1.Tc(200046D4)获得 CPU 使用权,蓝灯亮
　　　1-1.Tc 申请锁定互斥量
　　　　4-1.互斥量(200044BC)的互斥锁=0,表示未锁定,当前运行线程(200046D4)可以申请该互斥量
　　　　4-2.互斥锁变为 1,表示互斥量申请成功
　　　1-2.Tc 锁定互斥量成功,将锁定 15s

　　3）Ta 申请锁定互斥量
　　在 Tc 锁定互斥量 4s 后,Ta 和 Tb 从延时列表中移出,放入就绪列表中,由于 Pa 大于 Pb,故 Mbed OS 会从就绪列表中取出 taskA 激活运行。又因为 Pa 大于 Pc,故 Ta 会抢占 Tc 获得 CPU 使用权,Tc 被放入就绪列表中,同时熄灭蓝灯。
　　但当 taskA 运行至申请锁定互斥量时,由于此时互斥量已被 Tc 锁定(互斥锁为 1),Ta 申请互斥量失败,因此会将 Tc 的优先级提升至与 Ta 的优先级相同(即使用优先级继承方法将 Tc 的优先级提升至 Pa),然后将 Tc 放入就绪列表重新排序,Ta 自身进入等待列表和互斥量阻塞列表中,将 CPU 使用权让给 Tc,等待 Tc 解锁互斥量。

　　2.Ta(20004554)抢占 Tc 获得 CPU 使用权,蓝灯暗
　　　2-1.Ta 申请锁定互斥量
　　　　6.互斥锁=1,表示已锁定(其所有者线程=200046D4),互斥量申请失败
　　　　*7-1.优先级继承前,当前互斥量私有线程=200046D4 的优先级=24 低于当前运行线程=20004554 的优先级=26
　　　　*7-2.优先级继承后,当前互斥量私有线程=200046D4 的优先级被提升至与当前运行线程=20004554 的优先级=26 相同
　　　　*7-3.将当前互斥量私有线程=200046D4 从互斥量私有线程列表中移出,放入通用对象线程队列中
　　　　6-1.将当前运行线程(20004554)放入等待列表(20003040)中
　　　　6-2.从就绪列表(2000302C)获取优先级最高的线程(200046D4),并设置为激活态准备运行
　　　　6-3.将当前运行线程(20004554)放入互斥量阻塞列表(200044BC)中:20004554->0->8005A29

4）Tc 解锁互斥量

Tc 重新获得 CPU 使用权后，继续运行。由于互斥量是由 Tc 锁定的，因此 Tc 能成功解锁互斥量。在解锁时 Tc 的优先级会重新降为初始优先级 Pc。解锁后互斥锁为 0，同时点亮蓝灯，Tc 进入就绪列表，又开始等待执行新一轮的执行过程。此时互斥量会从互斥量列表中移出，并移转给正在等待互斥量的 Ta，之后 Ta 进入就绪列表，由于 Pa>Pb>Pc，故在就绪列表中的排列顺序为 Ta→Tb→Tc。Mbed OS 从就绪列表中取出优先级最高的 Ta 激活运行，Ta 成功锁定互斥量，互斥锁变为 1。

1-3.Tc 解锁互斥量成功，蓝灯亮
8.互斥锁变为 0，表示完全解锁，将当前互斥量(200044BC)从当前运行线程(200046D4)拥有的互斥量列表(20004700)中移除
 *9-1.当前线程=200046D4 的初始优先级=24，当前优先级=26
 *9-2.释放互斥量后，当前线程=200046D4 的初始优先级=24，当前优先级=24
 10-1.从互斥量阻塞列表(200044BC)中获取优先级最高的互斥量等待线程=20004554
 10-2.将线程(20004554)从等待列表(20003040)中移出
 10-3.将线程(20004554)放入就绪列表(2000302C)中
 10-4.将刚获取的线程(20004554)设置为互斥量所有者，互斥锁变为 1
 2-2.Ta 锁定互斥量成功，将锁定 5s

5）Ta 解锁互斥量

Ta 运行 5s 后，由于互斥量是由 Ta 锁定的，因此 Ta 能成功解锁互斥量，解锁后互斥锁为 0，同时熄灭蓝灯。互斥量从互斥量列表中移出，同时为了重复上述演示过程，Ta 进入延时等待列表 5s 后，出延时等待列表并进入就绪列表，开始等待执行新一轮的执行过程。

2-3.Ta 解锁互斥量成功，蓝灯暗
8.互斥锁变为 0，表示完全解锁，将当前互斥量(200044BC)从当前运行线程(20004554)拥有的互斥量列表(20004580)中移除
 *9-1.当前线程=20004554 的初始优先级=26，当前优先级=26
 *9-2.释放互斥量后，当前线程=20004554 的初始优先级=26，当前优先级=26

6）Tb 运行

在 Ta 进入延时等待列表后，Mbed OS 从就绪列表中取出优先级最高的 Tb 激活运行。Tb 运行 5s 后释放 CPU 使用权，为了重复上述演示过程，Tb 进入延时等待列表 4s 后，出延时等待列表并进入就绪列表，开始等待执行新一轮的执行过程。

3.Tb(20004614)获得 CPU 使用权，将运行 5s，成功避免优先级反转
 3-1.Tb 释放 CPU 使用权

说明：演示程序主要是在相关代码之间通过插入 printf 函数的方式，打印出相关的信息。另外，地址 2000FF80 表示主线程，地址 200046D4 表示 Tc，地址 20004554 表示 Ta，地址 20004614 表示 Tb，地址 8005A29 表示缺省处理函数 DefaultISR。

12.4 本章小结

线程信号的工作机制类似于事件，它是用一个 32 位的整型值来表达一个信号，相比于事件用一个 32 位整型值只能表达 32 个事件位，线程信号则可以表达 2^{32} 个信号。在设置线程信

号时需要注意哪个线程等待线程信号，必须由等待线程信号的这个线程来设置这个线程信号。信号量机制用于不同线程访问一个共享资源。在线程访问共享资源时，获取对应的信号量，若信号量不为 0，则表示还有资源可以使用，此时线程可使用该资源，并将信号量减 1；若信号量为 0，则表示资源已被用完，该线程进入信号量阻塞列表，排队等候其他线程使用完该资源后释放信号量（将信号量加 1），才可以重新获取该信号量，访问该共享资源。此外，如果信号量的最大数量为 1，信号量就变成了互斥量，互斥型信号量和二值型信号（布尔值、事件等用 0 和 1 表示状态）非常相似，但是互斥量和二值型信号量有一个区别，互斥量可以通过优先级反转保证系统的实时性。本章给出的分析，有助于对线程信号、信号量和互斥量工作机制的理解。

综合实践篇

第3篇

綜合实验篇

第3篇

第 13 章
基于 Mbed OS 的 AHL-EORS 应用

目前，人工智能的算法大多在性能较高的通用计算机上运行，但是将人工智能真正落地的产品却是种类繁多的嵌入式计算机系统。嵌入式人工智能就是指含有基本学习或推理算法的嵌入式智能产品。嵌入式物体认知系统就是嵌入式人工智能的应用实例之一。在此理念的基础上，苏州大学嵌入式人工智能与物联网实验室利用 STM32L431 微控制器，结合 Mbed OS 设计了一套原理清晰、价格低廉、简单实用的基于图像识别的嵌入式物体认知系统（Embedded Object Recognition System，EORS），命名为 AHL-EORS，可以作为人工智能的快速入门系统。

13.1 AHL-EORS 简介

基于图像识别的嵌入式物体认知系统是利用嵌入式计算机通过摄像头采集物体图像，利用图像识别相关算法进行训练、标记，训练完成后，可进行推理完成对图像的识别。AHL-EORS 主要目标用于嵌入式人工智能入门教学，试图把复杂问题简单化，利用最小的资源、最清晰的流程体现人工智能中"标记、训练、推理"的基本知识要素。同时，提供完整源代码、编译及调试环境，期望达到"学习汉语拼音从 a、o、e 开始，学习英语从 A、B、C 开始，学习嵌入式人工智能从物体认知系统开始"的目标。学生可通过本系统获得人工智能的相关基础知识，并真实体会到学习人工智能的快乐，消除畏惧心理，使其敢于自行开发自己的人工智能系统。AHL-EORS 除了用于教学，本身亦可用于数字识别、数量计数等实际应用系统中。

13.1.1 硬件清单

AHL-EORS 硬件清单如表 13-1 所示。

表 13-1 AHL-EORS 硬件清单

序号	名称	数量	功能描述
1	GEC 主机	1	(1) 内含 MCU（型号：STM32L431）、5V 转 3.3V 电源等 (2) 2.8 寸（240 像素×320 像素）彩色 LCD (3) 接口底板：含光敏、热敏、磁阻等，外设接口 UART、SPI、I2C、A/D、PWM 等
2	TTL-USB 串口线	1	两个标准 USB 口
3	摄像头	1	获取图像。LCD 显示图像的默认设置为 112 像素×112 像素

13.1.2 硬件测试导引

产品出厂时已经将测试工程下载到 MCU 芯片中，可以进行 0~9 十个数字识别，测试步骤如下。

步骤一：通电。使用双头一致的 USB 线给设备供。电压为 5V，可选择计算机、充电宝等的 USB 接口（注意：供电要足）。

步骤二：测试。上电后，正常情况下，LCD 彩色显示屏会显示出图像，可识别盒子内"一页纸硬件测试方法"上的 0~9 数字，显示各自识别概率及系统运行状态等参数。AHL-EORS 初始上电检测书中"3"的正确现象如图 13-1 所示。

图 13-1　AHL-EORS 初始上电检测书中"3"的正确现象

操作方法：①将本页测试纸背面的数字放在光照良好的场景下，并将要识别的数字卡片放置在距离摄像头 20cm 左右的位置，即从开发板的边缘到数字纸张大约一支普通圆珠笔的距离；②以 LCD 显示屏的红线框中，可以清楚地显示数字为标准；③数字方向与显示屏文字方向保持一致。观察结果：正确情况下，LCD 显示屏上显示识别到的对应数字及该数字的识别概率，同时通过串口输出该数字。

13.2 卷积神经网络概述

本系统所使用的图像分类算法是基于深度学习算法的一种。深度学习网络模型，如深度置信网络（Deep Belief Network，DBN）、堆叠降噪自动编码机（Stacked Deoising Autoencoders，SDA）、卷积神经网络（Convolutional Neural Network，CNN）都已经应用在日常生活与工业生产的各个场景，如常见的无人驾驶、自然语言处理、人脸识别等。其中，卷积神经网络由于独有的权值共享特征，对图像数据的处理效率更高，因此本系统选用的 MobileNetV2 及 NCP 两种模型都运用到了卷积神经网络。

13.2.1 卷积神经网络的技术特点

传统的人工神经网络中相邻的两层网络的每个神经元节点之间都是通过全连接的方式互相连接的，在处理图像等数据量较大类型的数据输入时，往往会消耗更多的计算与存储资源，并且过多的参数会造成模型的过拟合，并不符合人类的认知特性，人类往往是通过比较物体中固有的特征与其他物体的不同来进行物体分类，并非学习物体的所有特征。而卷积神经网络所具有的局部感知、权值共享、池化操作等众多优良特性便解决了这一问题。卷积网络通过卷积核与图像进行卷积的方式实现了不同神经元之间的权值共享，降低了网络参数数量，同时降低了网络计算量。池化操作的引入也使卷积神经网络具有一定的平移不变性和变换不变性，提升了网络的泛化能力。因此，卷积神经网络具备了更强大的健壮性与容错能力，对大量信息特征的处理性能高于一般的全连接神经网络，所以将卷积神经网络应用在图像分类中是非常合适的。

13.2.2　卷积神经网络原理

从数学角度来看，最基本的卷积神经网络包含卷积、激活与池化 3 个组成部分，如图 13-2 所示。若将 CNN 应用于图像分类，则输出结果是输入图像的高级特征的集合。

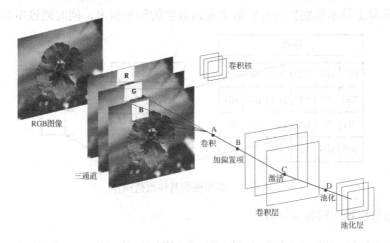

图 13-2　基础卷积神经网络结构图

1. 卷积

从数学角度来说，卷积是通过两个函数 h 和 g 生成第 3 个函数的一种数学算子，表示函数 h 与 g 经过翻转和平移的重叠部分函数值乘积对重叠长度的积分。翻转，即卷积的"卷"，指的是函数的翻转，从 $g(t)$ 变成 $g(-t)$ 这个过程。平移求积分，即卷积的"积"，连续情况下指的是对两个函数的乘积求积分，离散情况下就是加权求和。

在图像处理中，卷积操作是卷积神经网络的重要组成部分。卷积网络通过卷积核与输入图像进行卷积操作提取图像的特征，同时过滤掉图像中的一些干扰。简单来说，卷积就是对输入的图像二维数组和卷积核进行内积操作，即输入矩阵与卷积核矩阵进行对应元素相乘并最终求和，所以单次卷积操作的结果输出是一个自然数。卷积核遍历输入图像数组的所有成员，最终得到一个二维矩阵，矩阵中每个元素的数值代表着每次卷积核与输入图像的卷积结果。一次完整的卷积操作，实际上就是每个卷积核在图像上滑动，与滑动过程中的指定区域进行卷积操作后得到卷积结果，最终得到输出矩阵的过程。

在图像处理中，卷积核的一般数学表现形式为 $P \times Q$ 大小的矩阵（$P<M, Q<N$）。设卷积核中第 i 个元素为 u_i，输入图像矩阵区域的第 i 个元素为 v_i，卷积得到的输出矩阵 conv 中第 x 行第 y 列元素为 $\mathrm{conv}_{x,y}$，那么我们可以得出计算公式：

$$\mathrm{conv}_{x,y} = \sum_{i}^{PQ} u_i v_i \tag{13-1}$$

卷积核会依次从左往右、从上往下滑过该图像所有的区域，与滑动过程中每一个覆盖到的局部图像（M×N）进行卷积，最终得到特征图像。每一次滑动，卷积核都会获得特征图像中的一个元素。卷积核每次平移的像素点个数，称为卷积核的滑动步长。卷积核的具体数值操作如图 13-3 所示，此时图中输出的卷积结果便是图像中灰色区域与卷积核进行卷积操作后得到的结果。具体来说，就是图像灰色区域第 1 行第 1 列的元素"105"乘以卷积核第 1 行第 1 列的元素"0"，第 1 行第 2 列的元素"102"乘以卷积核第 1 行第 2 列的元素"−1"，…，第 3 行第 3 列的元素"104"乘以卷积核第 3 行第 3 列的元素"0"，最后对所有的计算结果进行求和。

LCD 显示屏上显示识别到的对应数字及该数字的识别概率，同时通过串口输出该数字。

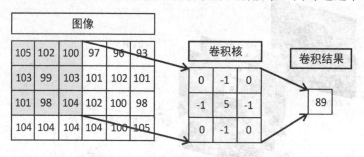

图 13-3　卷积核的具体数值操作

上例中的卷积对应的数学计算为

$$105\times 0+102\times(-1)+100\times 0+103\times(-1)+99\times 5+103\times(-1)+101\times 0+98\times(-1)+104\times 0=89$$

图 13-3 中的图像与卷积核进行卷积操作后，最终可得到一个 2 行 4 列的二维矩阵。

卷积核在对整个图像滑动进行卷积处理时，每经过一个图像区域得到的值越高，则该区域与卷积核检测的特定特征相关度越高。而想要得到需求的图像特征，如何选用合适的卷积核是个十分关键的问题。我们可以根据需要选择特定的卷积核，不同的卷积核可以实现不同的检测效果，如检测弧度、锐化/模糊图像等。而在卷积神经网络中，通过在训练过程中不断更新每一个卷积核的参数来调整卷积核的所有参数，使提取的图像特征更接近我们的需求。

2. 激活

在卷积神经网络中，上层节点的输出和下层节点的输入之间具有一个函数关系，这个函数关系称为激活函数，定义为 $f()$。激活层通过激活函数把卷积层输出结果进行非线性映射。如果不使用激活函数，那么每一层输出都是上一层输入的线性函数，无论拥有多少层神经网络，输出都是输入的线性组合，这样的效果等同只有一层的神经网络。

在卷积神经网络的传播过程中，每层网络的输出神经元节点与将要传播到下一层神经元节点之间通常具有固定的函数关系，这个函数关系被定义为激活函数 $f()$。激活函数对每一层神经网络的输出结果做非线性映射，激活函数改变了原有神经网络的线性特征，避免了原有的多层神经网络中的线性传播。

卷积神经网络在激活层，通过激活函数的方法，将处理的数据限制在一个合理的范围内，同时提升数据处理速度。激活函数会将输出数值压缩在 0 到 1 之间，将较大数值变为接近 1 的数，小的数值变为接近 0 的数。因此，在最后计算每种可能所占比重时，大的数值比重较大。

例如,卷积层中卷积核的部分参数数值低于 0.00001,而图像输入的大小为 0 到 255 之间,这样通过卷积层卷积处理后的特征图像的元素值在 0.0001 左右,在经过激活函数后,将这类数值尽可能的归零,而把计算重点放在激活数值较大的特征图像上,输出大的数值,这样的情况就可以看作激活。

用公式说明,卷积输出矩阵的第 x 行第 y 列元素及该层偏置 b 经过激活函数 f 后的结果 $z_{x,y}$ 的计算公式为

$$z_{x,y} = f\left(\sum_{i}^{PQ} u_i v_i + b\right) \tag{13-2}$$

常用的激活函数有 sigmoid、tanh、LeakyReLU 等。相对其他图像来说,物体识别场景的环境噪声小,层次结构单一,因此本系统采用的激活函数为修正线性单元(The Rectified Linear Unit,ReLU),它的特点是收敛快,求梯度简单,但较脆弱。ReLU 函数的计算公式如下:

$$f(x) = \max(kx, 0) \tag{13-3}$$

其中,k 为上升梯度。在 ReLU 激活函数中,k 的取值为 1。

3. 池化

池化操作通常在卷积操作之后,是降采样的一种形式,通过降低输入特征图层分辨率的方式获得具有空间不变性的图像特征。池化使用矩形窗体在输入图像上进行滑动扫描,并且通过取滑动窗口中所有成员中最大值、平均值或其他的操作来获得最终的输出值。池化层对每一个输入的特征图像都会进行缩减操作,进而减少后续的模型计算量,同时模型可以抽取更加广泛的特征。

池化层一般包括最大池化(Max Pooling)、均值池化(Average Pooling)、高斯池化等。目前主要的池化操作有以下两种。
(1)最大值池化:2×2 大小的最大值池化就是取像素点中的最大值保留,如图 13-4 所示。
(2)平均值池化:平均值池化就是取四个像素点的平均值保留,如图 13-4 所示。

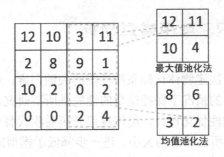

图 13-4 两种池化方法

4. 全连接

在将网络应用处理图像分类任务时,通常的做法是将 CNN 输出的高级图像特征集作为全连接神经网络(Fully Connected Neural Network,FCN)的输入,用 FCN 来完成输入图像到对应物体标签的映射,即图像分类。

神经网络,即由具有适应性的简单单元组成的互联网络,其原理是模拟生物神经系统对

真实世界物体所做出的交互反应。全连接神经网络是一种多层次的全连接的网络。它的输入是多次卷积/池化得到的结果，输出是分类结果。

图 13-5 所示为全连接神经网络结构图，假设给定输入样本集为 $\{x_1, x_2, \cdots, x_3\}$，第 l 层的第 i 个神经元为 $a_i(l)$，神经元的总层数为 L。

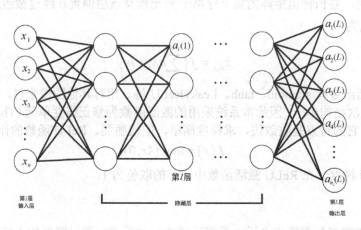

图 13-5 全连接神经网络结构图

在计算完这一层的所有神经元后，将计算结果作为分类依据，将输出神经元与分类结果一一映射，将神经元的输出作为训练时更新参数和推理时进行分类的依据。

假设 $M \times N$ 的图像在经过卷积与池化后，变为了 d 个包含高级图像特征的参数，此时我们可以将这 d 个数值作为全连接神经网络的输入，将全连接神经网络的输出作为图像分类的判断标准。在经过全连接神经网络的传播后，我们便可以将一个 $M \times N$ 的矩阵最终转变为全连接神经网络的输出，其中每一个输出值即为每一类物体的输出值，通过比较对应数值的大小来判定图像属于哪一类物体。

13.3 AHL-EORS 选用模型分析

网络模型本身的性能是决定物体认知系统性能的关键因素，针对低资源嵌入式环境，在降低网络模型资源所占大小的情况下保持模型的性能是所要研究的重点之一。MobileNetV2[1] 模型对传播网络进行了结构性优化设计，用深度可分离卷积代替传统的卷积方式，在保证模型性能的情况下降低了模型所占资源的大小，进一步降低了模型部署门槛。而 NCP[2]（Neural Circuit Policies，神经回路策略）模型是一种基于线虫神经网络结构的模型结构，此模型首先通过普通卷积来降维，提取特征，然后传入自定义神经网络进行分类计算，从而得到结果。由于 NCP 是自定义网络，所以可以调整神经元的个数，从而减小模型的所占资源。

---

[1] Howard A G, Zhu M, Chen B, et al. MobileNets: Efficient Convolutional Neural Networks for Mobile Vision Applications[Z]. [S.l.]: [s.n.], 2017.

[2] Lechner M, Hasani R, Amini A, et al. Neural circuit policies enabling auditable autonomy[J]. Nature Machine Intelligence, 2020, 2(10): 642-652.

13.3.1 MobileNetV2 模型

深度可分离卷积方法是将标准卷积拆分为深度卷积（Depthwise Convolution）和逐点卷积（Pointwise Convolution）两个部分。深度卷积对每个通道的输入图像使用唯一对应的卷积核进行卷积，随后利用逐点卷积，即 1×1×N 的卷积核将输出变为深度卷积。这种分解的卷积方法具有显著减少计算量和模型参数数量的效果。标准卷积和深度可分离卷积图如图 13-6 所示。

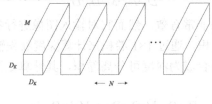

（a）标准卷积

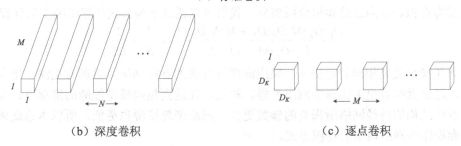

（b）深度卷积　　　　　　　　　　（c）逐点卷积

图 13-6　标准卷积和深度可分离卷积图

设标准卷积的输入图像 f 的大小为 $D_F \times D_F \times M$，并产生 $D_G \times D_G \times N$ 特征图像 g，其中 D_F 是正方形输入图像 Map 的空间宽度和高度，M 是输入通道的数量（输入深度），D_G 是正方形输出特征图像的空间宽度和高度，N 是输出通道（输出深度）。标准卷积层由大小为 $D_K \times D_K \times M \times N$ 的卷积核 K 提取特征，其中 D_K 是正方形卷积核的空间维度，M 是输入通道的数量，N 是先前定义的输出通道的数量。

设标准卷积的图像输入 f 的大小为 $D_F \times D_F \times M$ 并且输出 g 图像特征的大小为 $D_G \times D_G \times N$，其中 D_F 是输入图像的宽度与高度，D_G 是输出图像特征的宽度与高度，M 是输入通道数，N 是输出通道数。标准卷积层由大小为 $D_K \times D_K \times M \times N$ 的卷积核 K 提取特征，其中 D_K 是卷积核的宽度与高度。

假设使用边缘填充并且设滑动步长 step 为 1，标准卷积的输出特征图计算如下：

$$G_{k,L,n} = \sum_{i,j,m} K_{i,j,m,n} * F_{k+i-1,l+j-1,m} \tag{13-4}$$

标准卷积的计算成本如下：

$$D_K \cdot D_K \cdot M \cdot N \cdot D_F \cdot D_F \tag{13-5}$$

其中，计算成本取决于输入通道的数量、输出通道的数量、卷积核大小 $D_K \times D_K$ 和特征映射大小为 $D_F \times D_F$。标准卷积运算通过卷积操作选择特征并组合特征从而得到新的特征图。

深度可分离卷积由深度卷积和逐点卷积组成。我们使用深度卷积对每个输入通道（输入深度）应用单个卷积核。逐点卷积是一种简单的 1×1 卷积，将深度卷积得到的特征图在深度方向上进行加权组合。

设 K' 是 $D_K \times D_K \times M$ 大小的深度卷积核，其中 K' 是第 m_{th} 卷积核被应用于 F 中第 m_{th} 通道，以产生经过滤波的输出特征映射 G' 的第 m_{th} 通道的特征图，计算公式如下：

$$G'_{k,L,n} = \sum_{i,j,m} K'_{i,j,m,n} * F_{k+i-1,l+j-1,m} \tag{13-6}$$

深度卷积的计算成本如下：

$$D_K \cdot D_K \cdot M \cdot D_F \cdot D_F \tag{13-7}$$

深度卷积相对于标准卷积非常有效，然而它对输入图像进行卷积，并没有得到最终的输出特征，所以又添加了逐点卷积，通过 1×1 卷积来计算深度卷积输出的线性组合。

深度卷积和逐点卷积的组合成为深度可分离卷积，其计算是深度方向和逐点卷积的和，具体计算公式如下：

$$D_K \cdot D_K \cdot M \cdot D_F \cdot D_F + M \cdot N \cdot D_F \cdot D_F \tag{13-8}$$

通过将卷积表示为过滤和组合两部分，我们可以通过下列公式计算出减少的计算量：

$$\frac{D_K \cdot D_K \cdot M \cdot D_F \cdot D_F + M \cdot N \cdot D_F \cdot D_F}{D_K \cdot D_K \cdot M \cdot N \cdot D_F \cdot D_F} = \frac{1}{N} + \frac{1}{D_K^2} \tag{13-9}$$

因此在参数数量相同的前提下，采用深度可分离的卷积网络可以拥有更深、更复杂的网络结构，这也意味着更加优秀的网络性能。相反，在达到相同模型性能的情况下，采用深度可分离卷积结构的神经网络所需要的参数更少，网络消耗资源也更低，所以本系统采用深度可分离卷积作为网络模型的卷积方式。

终端模型在每层的传播过程中共需要使用到前一层输出的特征图像、本层的权重及偏置数组和输出的特征图像数组。由于本系统选取的 STM32L431RC 芯片存储资源为 64KB 大小 RAM 空间，所以这三个数组的占用空间之和不能超过 64KB。根据此原则，本节设计出 MobileNetV2 终端推理模型架构，如表 13-2 所示，其中 SortNum 代表物体种类数，此处假设 SortNum=3。

表 13-2 MobileNetV2 推理模型结构表

层序	层名	输入特征大小	输出特征大小	卷积核参数	占用空间
1	卷积层	28×28×1	14×14×6	3×3×6	7.87KB
2	反向残差层	14×14×6	14×14×18	1×1×(6×t)	18.446KB
		14×14×18	7×7×18	3×3×(6×t)	17.859KB
		7×7×18	7×7×8	1×1×8	5.008KB
		7×7×8	7×7×24	1×1×(8×t)	8.133KB
		7×7×24	7×7×24	3×3×(8×t)	10.032KB
		7×7×24	7×7×8	1×1×8	6.157KB
3	卷积层	7×7×8	4×4×10	3×3×10	2.508KB
4	卷积层	4×4×10	4×4×14	3×3×14	1.993KB
5	卷积层	4×4×14	4×4×16	1×1×16	1.938KB
6	全局平均池化层	4×4×16	16	—	0.063KB
7	卷积层	1×1×16	1×1×SortNum	1×1×SortNum	0.086KB

13.3.2 NCP 模型

NCP 模型主要分为两个部分，首先是通过普通的卷积神经网络来降低维度，提取特征，然后传入全连接层进一步降低维度，最后传入 NCP 网络结构。具体来说，NCP 一共分为 4 层，第 1 层是感知层，用于接收输入数据，第 2 层是中间层，第 3 层是指令层，第 4 层是运动层，也就是输出结果，总体结构如下图 13-7 所示。NCP 中的基本神经构建模块称为液体时间常数（LTC，Liquid Time Constant）神经元，在由一组 LTC 神经元通过突触[①]连接到目标神经元 j，从而构造 NCP 网络时，每个 LTC 神经元的状态方程如下：

$$\dot{x} = -\left(\frac{1}{\tau_i} + \frac{w_{ij}}{C_{m_i}}\sigma_i(x_j)\right)x_i + \left(\frac{x_{\text{leak}_i}}{\tau_i} + \frac{w_{ij}}{C_{m_i}}\sigma_i(x_j)E_{ij}\right) \quad (13\text{-}10)$$

其中，$\tau_i = C_{m_i}/g_{l_i}$ 是神经元 i 的时间常数；C_{m_i} 是膜电容[②]；g_{l_i} 是漏电导[③]；w_{ij} 是从神经元 i 到 j 的突触权重；$\sigma_i(x_j(t)) = 1/\left(1 + e^{-\gamma_{ij}(x_j - \mu_{ij})}\right)$ 是 sigmod 函数并以此作为神经元激活函数；x_j 是神经元 j 的值；γ_{ij} 和 μ_{ij} 用于调整 x_j 的权重；x_{leak_i} 是静息电位[④]；E_{ij} 是反转突触电位[⑤]。LTC 神经元的整体耦合灵敏度（时间常数）由下式定义：

$$\tau_{\text{system}_i} = \frac{1}{\frac{1}{\tau_i} + \frac{w_{ij}}{C_{m_i}}\sigma_i(x_j)} \quad (13\text{-}11)$$

这个可变的时间常数决定了神经元在决策过程中的反应速度。以上描述的所有参数在模型中都是可训练的。

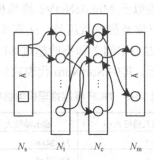

图 13-7 NCP 四层连接示意图

在 NCP 中层与层神经元之间的连接类似于线虫神经网络，具体步骤如下。

（1）建立 4 个神经层。N_s 代表感觉神经元，N_i 代表中间神经元，N_c 代表指令神经元，N_m 代表运动神经元。

（2）在每两个连续的神经层之间进行突触神经元和目标神经元的连接。对于任意目标神经元，都会有 $n_{\text{so-t}}$ 个源神经元作为突触与之相连，并设置连接的极性。其中，$n_{\text{so-t}} \leq N_t$，$n_{\text{so-t}}$ 是从源神经元到目标神经元的突触数量（SO 表示源神经元，t 表示目标神经元，SO-t 表示源神经元与目标神经元的连接），N_t 是目标神经元的数量。对于神经元的极性设置，有兴奋性或

---

① 突触，生物学上指一个神经元的冲动传到另一个神经元或传到另一细胞间相互接触的结构，在此处指源神经元与目标神经元的连接部分。
② 膜电容（Membrane Capacity），指的是细胞、组织对交流电显示电容性电抗。
③ 漏电导，指两个导体之间的漏电流 I 与它们之间的电压 U 的比值。
④ 静息电位，指细胞膜未受刺激时，存在于细胞膜内外两侧的外正内负的电位差。
⑤ 反转突触电位，用于定义突触的极性，有兴奋性或抑制性之分，即 1 或 -1。

抑制性，其选择服从二项分布 $\sim \text{Binomial}(n_{\text{so-t}}, p_2)$[①]，而对于源神经元与目标神经元的选择同样服从二项分布 $\sim \text{Binomial}(n_{\text{so-t}}, p_1)$。$p_1$ 和 p_2 是与其分布相对应的概率，从而充分保证神经元连接过程的随机性。

（3）在每两个连续的神经层之间，进行非突触神经元与目标神经元的连接。对于任意未与突触进行连接的目标神经元 j，从源神经元中选择 $m_{\text{so-t}}$ 个神经元作为突触与目标神经元进行连接，其中 $m_{\text{so-t}} \leq \frac{1}{N_t}\sum_{i=1, i\neq j}^{N_t} L_{t_i}$，而 L_{t_i} 是针对目标神经元的突触数量。同样也设置其连接的极性，具有兴奋性或抑制性，其设置服从二项分布 $\sim \text{Binomial}(m_{\text{so-t}}, p_2)$，而对于神经元的选择则服从二项分布 $\sim \text{Binomial}(m_{\text{so-t}}, p_3)$。$m_{\text{so-t}}$ 是无突触连接的从源神经元到目标神经元的突触数量，p_3 是与其分布相对应的概率。

（4）指令神经层的循环连接。从指令神经层中选择 $l_{\text{so-t}}$ 个指令神经元作为突触连接到同层的指令神经元上，并且可与自身建立连接，同样设置连接的极性，其具有兴奋性或抑制性。对于指令神经层的极性设置服从二项分布 $\sim \text{Binomial}(l_{\text{so-t}}, p_2)$，而对于指令神经元的选择服从二项分布 $\sim \text{Binomial}(l_{\text{so-t}}, p_4)$。$l_{\text{so-t}}$ 是指令神经元作为突触的数量，p_4 是与其分布相对应的概率。

应用上述 NCP 设计原则可使 LTC 神经元的网络非常简洁，同时能保证其高效性。

在内存空间占用方面，除了类似于 MobileNetV2 终端模型在每层的传播过程中需要使用前一层输出的特征图像、本层的权重及偏置数组外，还需要存储 NCP 层中使用的膜电容、静息电位等参数。同样，所有运算的占用空间之和不能超过 64KB。根据此原则，本节设计出 NCP 终端推理模型架构，如表 13-3 所示，其中 SortNum 代表物体种类数，此处也假设 SortNum=3。

表 13-3 NCP 终端推理模型结构

层 序	层 名	输入特征大小	输出特征大小	卷积核参数	占用空间
1	卷积层	28×28×1	24×24×6	5×5×6	17.172KB
2	最大池化层	24×24×6	12×12×6	—	3.375KB
3	卷积层	12×12×6	8×8×6	5×5×6×6	5.016KB
4	最大池化层	8×8×6	4×4×6	—	0.094KB
5	平铺层	4×4×6	1×96	—	0.094KB
6	全连接层	1×96	1×(2×SortNum)	—	2.648KB
7	NCP 层	1×(2×SortNum)	1×1×SortNum	—	7.031KB

[①] $\sim \text{Binomial}(n, p)$，对于 $X \sim \text{Binomial}(n, p)$ 这样一个二项分布，X 是呈现出二项分布的随机变量，n 表示试验的总数，p 每个试验中得到成功结果的概率。模型中使用详细解释可查阅 02 文件夹下电子文档"Neural circuit policies enabling auditable autonomy"。

13.4 AHL-EORS 的数据采集与训练过程

以识别数字"0, 1, …, 9"为例,用户通过本样例熟悉并掌握 AHL-EORS 图像数据采集与标记、模型训练及部署模型这 3 个步骤。

13.4.1 数据采集程序

要进行机器学习,首先要有学习样本。第一步就是对这 10 个数字进行图像特征的提取,并且分别保存在 10 个 txt 格式文件中,这 10 组图像数据的集合称为"数据集",其中每一组图像数据称为一个"样本"。

下面将具体说明如何实现终端的数据采集,该过程主要通过 4 个线程及 1 个定时器中断实现。

(1) 主线程 app_init 负责串口、摄像头及 LCD 显示屏等外设的初始化,并创建用户线程 thread_gray。

(2) thread_gray_get 为灰度图像采集线程,负责采集灰度图像。

(3) thread_gray_send 为灰度图像发送线程,负责传输灰度图像到上位机。

具体代码可参见"CH13.4-EORS_DataSend"文件夹。

1. 主线程 app_init

声明和运行线程,在 includes.h 文件中声明全局图像指针、数据采集线程及数据发送线程函数。

```
uint16_t*       image_orginal;              //图像指针
void thread_gray_get();                     //数据采集线程函数
void thread_gray_send();                    //数据发送线程函数
```

在 threadauto_appinit.c 文件中创建数据采集线程并启动它们开始运行。

```
//创建数据采集线程
thd_gray_get=thread_create("gray_get", (void *)thread_gray_get,(1024*7),
                    10, 10, 1, thread_red_stack);      //灰度
//创建数据发送线程
thd_gray_send=thread_create("gray_send", (void *)thread_gray_send, (1024*7),
                    10, 10, 1, thread_red_stack);      //灰度
printf("0-1.启动 thd_gray_get 线程\n");
thread_startup(thd_gray_get);
printf("0-2.启动 thd_gray_send 线程\n");
thread_startup(thd_gray_send);
```

2. 数据采集线程 thread_gray_get

```
#include "includes.h"
extern sem_t SP;
//============================================================
//函数名称: thread_gray_get
//函数返回: 无
```

```
//参数说明：无
//功能概要：灰度图像采集
//内部调用：无
//=================================================================
void thread_gray_get(void)
{
    while (1)
    {
        sem_take(SP,WAITING_FOREVER);              //获取一个信号量
        LCD_show_status(RUN);                       //LCD 显示 正常运行
        LCD_DrawRectangle(30,24,214,195,RED);       //标注显示屏红框
        LCD_show_status(GETIMG);                    //LCD 显示 获取图像
        image_orginal=cam_getimg_5656();
        sem_release(SP);                            //释放一个信号量
    }
}
```

3．数据发送线程 thread_gray_send

```
#include "includes.h"
extern sem_t SP;
//=================================================================
//函数名称：thread_gray_send
//函数返回：无
//参数说明：无
//功能概要：灰度图像发送
//内部调用：无
//=================================================================
void thread_gray_send(void)
{
    image_28    image_Gray_predict;                 //灰度推理输入图像数组指针
    while (1)
    {
        sem_take(SP,WAITING_FOREVER);               //获取一个信号量
        LCD_show_status(SENDINGDATA);               //LCD 显示发送数据
        Model_GetInputImg(image_orginal,image_Gray_predict);
        printf("sg\n");
        for(int h=2;h<30;h++)
        {
            for(int w=2;w<30;w++)
            {
                printf("%d ",image_Gray_predict[h][w]);
            }
            printf("\n");
        }
        printf("e\n");
        sem_release(SP);                            //释放一个信号量
    }
}
```

4. 运行流程

主线程创建并启动数据采集线程后,通过信号量机制循环调用 thread_gray_get 线程和 thread_gray_send 线程,在 thread_gray_get 线程中通过 while 循环不断采集图像信息,并在 thread_gray_send 线程中通过 while 循环不断进行数据传输。灰度图像采集界面如图 13-8 所示。

5. 结果采集

目前数据集格式默认是灰度,并通过 PC 端软件实现数据集的获取,打开"...\EORS_PC.exe"文件,可看到如图 13-8 所示的功能选择界面。

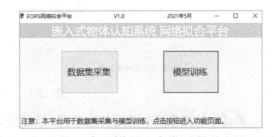

图 13-8 灰度图像采集界面   图 13-9 功能选择界面

单击"数据集采集"按钮,打开保存数据界面,如图 13-10 所示。

图 13-10 保存数据界面

首先选择串口,单击"打开串口"按钮,然后单击"选择路径"按钮,出现选择文件路径界面,选择我们要保存的具体文件位置,最后单击"开始采集"按钮,这样采集到的图像数据便源源不断地通过串口传输并保存到 PC 端。此时存放数据集的文件名为"ModelTrain x 年 x 月 x 日 x 时 x 分模型.txt"。

采集 1 张完整的图像数据后,系统会显示采集到的这张图像,如图 13-11 所示。

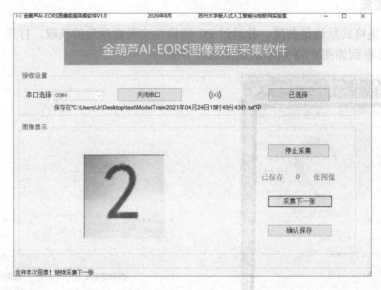

图 13-11　显示图像界面

若显示的图像清晰且无其他干扰,满足采集要求,则单击"确认保存"按钮,将本张图像添加到物体数据集中,否则单击"采集下一张",丢弃本张数据。

在采集完成所有的该图像数据集之后,将所有的 txt 文本文件按照类别合并,存放在对应的 txt 格式文件中。最后将文件名改为对应的类别名,如"0.txt""1.txt"…"9.txt"。

注意:在图像的采集即数据集的获取过程中,应对物体在整张图像中的相对位置与大小进行尺寸的全面采集。有了好的训练集就代表着有一本好的教材,这样才能够教出好的学生。

这样我们便完成了 3 个步骤中的第一步,即"标记"。

13.4.2　模型训练与部署

在嵌入式及通用计算机系统中,我们用来判断看到的物体是什么的"知识"通常以"数据"的形式存储。因此,我们让系统学习的主要内容,就是让系统通过这些数据产生"模型"的算法。系统将采集到的数据集经过训练得到推理模型,在面对新的情况时,通过计算告诉我们系统认为的是什么。模型训练与部署过程如下。

(1) 打开"...\EORS_PC.exe"可执行文件,单击"模型训练"按钮,打开过程较为缓慢,打开时长大于 10s,具体时间与个人计算机性能相关,请耐心等待不要多次单击。

(2) 训练模型的第一步是读取数据集,可以先使用该例程提供的数据集,存放在"...\Numbers"文件夹下,此时单击对应每个类别的数据集后面的"选择文件"按钮,选择对应的数据集文件。在确定每个类别的训练集与测试集之后,我们再选择模型构件的保存位置。单击"模型生成路径"后面的"选择路径"按钮,选择模型输出的文件夹。最后单击"开始训练"按钮，系统便开始训练模型。训练结束后，模型的准确率将会在提示窗口中显示，如图 13-12 所示。

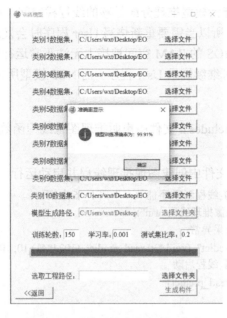

图 13-12 模型的准确率显示信息

（3）训练完成后，若对模型准确率不满意，可再次单击"开始训练"按钮，继续对模型训练，直到模型准确率趋于平稳或者准确率达到用户预期为止。需要重新训练或选取物体种类时，可单击左下角"返回"按钮，返回上一个界面。

注意：返回后将丢失目前的模型和训练进度。

（4）在得到用户满意的模型准确率之后，单击软件界面下方的"选择文件夹"按钮，选择指定的 AHL-EORS 推理工程 "...\ CH13.5_EORS_MobileNetV2" 选项或 "...\ CH13.5_EORS_NCP"选项，选择完毕后单击"生成构件"按钮更新工程推理模型参数构件，即对本次训练得到的网络模型进行再部署。

13.5 在通用嵌入式计算机 GEC 上进行的推理过程

用户此时可以选择 "...\CH13.5_EORS_MobileNetV2"或 "...\CH13.5_EORS_NCP"工程作为自己的样例工程，每一个样例工程对应一个模型，根据 13.4.2 节所提到的模型参数构件的更新方法，更新成用户自己训练出的推理模型参数构件，再重新编译烧录，系统便认识了这 10 个数字。下面将具体说明如何实现终端的推理识别。

图像推理过程主要通过两个线程实现：①主线程 app_init 负责串口、摄像头及 LCD 显示屏等外设的初始化，并创建用户线程 thread_predict；②thread_predict 为图像推理线程，通过 LCD 显示图像和推理结果。

具体代码可参见 "...\ CH13.5_EORS_MobileNetV2"或 "...\ CH13.5_EORS_NCP"文件。

需要注意的是，由于 MobileNetV2 模型运行所需 RAM 空间较大，所以需要修改此工程中的链接文件"../03_MCU/Linker_file/STM32L431RCTX_FLASH.ld"，将 GEC_USER_RAM_START 改为 0x20001200，这样才能为模型推理分配足够的线程栈空间，线程才能够正常运行。由于扩大了 User 的 RAM 空间，所以当需要重新烧写 User 程序时会发现连接不上串口，或者连接串口处显示乱码，这是由 BIOS 的 RAM 空间被挤占无法正常运行导致的，只需要按下复位键 6 次，调回 BIOS 运行，便可继续烧录 User 程序。而 NCP 模型所需 RAM 较小，可以不修改。

1. 主线程 app_init

声明和运行线程，在 includes.h 文件中声明推理图像线程函数。

```
void thread_predict();
```

在 threadauto_appinit.c 文件中创建图像推理线程并启动运行。

```
//（7）【根据实际需要增删】线程创建,不能放在步骤 1~6 之间
printf("金葫芦提示：进入图像推理线程 \r\n");
//41 正常运行，40 能运行结果异常
thd_predict=thread_create("predict", (void *)thread_predict, (1024*41),10, 10, 1, thread_predict_stack);
//（8）【根据实际需要增删】线程启动
thread_startup(thd_predict,thread_predict);
//（9）阻塞自启动线程
block();
```

2. 图像推理线程 thread_predict

```
#include "includes.h"

//=================================================================
//函数名称：thread_predict
//函数返回：无
//参数说明：无
//功能概要：图像推理
//内部调用：无
//=================================================================
void thread_predict(void)
{
    uint16_t* mPrimitiveImagePtr;              //原始图像指针
  float* mPredictResultPtr;                    //推理输出数组指针
    float image_normalized[1][28][28];         //存放归一化后的数组
    image_28 mPredictImgeArray;                //推理输入图像数组

    while (1)
    {
     LCD_show_status(RUN);
     LCD_DrawRectangle(30,24,214,195,RED);     //标注显示屏红框

     //(2.2)从摄像头模块中获得 56×56 大小的彩色图像
     LCD_show_status(GETIMG);                  //LCD 显示 获取图像
```

```
        //获取56×56大小的16位一维图像数组 并 在LCD显示图像
    mPrimitiveImagePtr=cam_getimg_5656();

    //(2.3)将一维图像数组转换为28×28的灰度数组 同时对数组进行滤波操作
    if(Model_GetInputImg(mPrimitiveImagePtr,mPredictImgeArray)==0)
    {
        LCD_show_status(FILTERERROR);         //滤波背景失败
    }
    //(2.4)将图像载入模型进行推理并得到推理类别
        else
    {
        LCD_show_status(PRDICT);              //LCD显示推理
    //(2.4.1)进行归一化处理
    Model_Normalization(mPredictImgeArray,image_normalized);

    //(2.4.2)推理
    mPredictResultPtr = Model_PredictImage(image_normalized);

    //(2.4.3)输出结果
    LCD_show_result(mPredictResultPtr);
    }
  }
}
```

3. 运行流程和结果

首先启动图像采集线程，当完成灰度图像采集时，会触发推理图像事件，即thread_predict 线程开始执行，将获取到的图像传入模型中；当推理完成时，会触发输出图像识别结果事件，即 thread_printRes 线程开始执行；当显示出结果后，又会触发图像采集事件。循环这一流程，就会不断地输出图像推理结果。图13-13所示是推理识别数字"2"的正确现象。

图13-13　推理识别数字"2"的正确现象

13.6 本章小结

人工智能要真正落地，必然是各种各样融入人工智能算法的具体产品，这些产品中计算机程序起到重要作用。当这些程序基于实时操作系统场景编程，将使一个大的工程分解为一个个小工程，变得清晰、易维护、可移植。Mbed OS 可以很好地服务于嵌入式人工智能的编程场景，本章给出的基于 Mbed OS 的嵌入式物体认证系统，可以作为嵌入式人工智能入门的实践案例。

第 14 章 基于 Mbed OS 的 NB-IoT 应用开发

本章从技术科学角度，把 NB-IoT 应用知识体系归纳为终端（Ultimate-Equipment，UE）[①]、信息邮局（Mssage Post Office，MPO）、人机交互系统（Human-computer interaction，HCI）3 个有机组成部分。针对终端，以 GEC 概念为基础，基于 Mbed OS 的实时操作系统，给出应用程序模板。针对信息邮局，将其抽象为固定 IP 地址与端口，给出云侦听程序模板；针对人机交互系统，给出 Wed 网页及微信小程序模板。这些工作是"照葫芦画瓢"似的为具体应用提供共性技术，形成了以 GEC 为核心、以构件为支撑、以工程模板为基础的 NB-IoT 应用开发生态系统，可有效地降低 NB-IoT 应用开发的技术门槛。

14.1 窄带物联网应用开发概述

本节从物联网连接的分类、窄带物联网的起源及技术特点等角度给出窄带物联网的简介，分析窄带物联网应用开发所面临的难题，给出解决这些难题的基本对策，并对金葫芦 NB-IoT 开发套件进行简要介绍。

14.1.1 窄带物联网简介

窄带物联网（Narrow Band Internet of Things，NB-IoT）是第 3 代合作伙伴计划（3rd Generation Partnership Project，3GPP）于 2016 年 5 月完成其核心标准制定的一种蜂窝网络。其主要面向低流量、低功耗的智能抄表、智能交通、工厂设备远程测控、智能农业、远程环境监测、智能家居等应用领域的新一代物联网通信体系，是 5G 时代低速率应用的一种通信模式。为了快速了解 NB-IoT，下面从物联网连接分类、NB-IoT 的起源、NB-IoT 技术特点等角度对 NB-IoT 进行简要阐述。

1. 物联网无线通信连接方式的分类

从通信速率角度划分，可以将物联网连接分为高速率、中速率与低速率 3 种类型。针对不同的应用场景，需要选择合适的通信模式。

（1）高速率（速率>1Mbit/s）：以视频信息为特征，流量高，一般对功耗不敏感，如视频

[①] 终端的英文是 Ultimate-Equipment，简写为 UE，人们也称为 User-Equipment，简写仍为 UE，是一种巧合。因此 UE 可以代表终端设备，也可以代表用户设备，含义一致。

监控、远程医疗、机器人等,目前主要使用 4G、5G。

(2) 中速率(100Kbit/s<速率<1Mbit/s):以语音及图片信息为特征,流量中等,一般功耗不敏感,如内置语音功能的可穿戴设备、智能家防等。

(3) 低速率(速率<100Kbit/s):以文本信息为特征,流量不高,一般对功耗敏感,如智能仪表、环境监测、智能家居、物流、不带语音功能的可穿戴设备、工厂设备远程控制等。若要实现广覆盖,则需要选择新型连接方式,如 **NB-IoT**。

2. NB-IoT 发展的简明历程

从 2014 年 5 月,华为提出 NB-M2M 技术,到 2016 年 5 月核心标准冻结,到 2018 年 1 月开始 NB-IoT 规模市场化应用,NB-IoT 的初期发展经历了酝酿、标准制定、开始应用 3 个阶段。表 14-1 所示为 NB-IoT 的发展历程。

表 14-1 NB-IoT 的发展历程

阶　段	年　　月	阶段性标志
酝酿阶段	2014 年 5 月	华为提出 NB-M2M 技术
	2015 年 5 月	NB-M2M 技术与 NB-OFDMA 融合形成 NB-CIoT
	2015 年 5 月	爱立信和诺基亚联合推出窄带蜂窝技术 NB-LTE
	2015 年 7 月	NB-CIoT 与 NB-LTE 融合形成 NB-IoT
标准制定阶段	2015 年 9 月	3GPP 正式宣布 NB-IoT 标准立项
	2016 年 5 月	3GPP 完成 NB-IoT 物理层、核心部分、性能部分的标准制定
	2016 年 9 月	华为推出第一款正式商用的 NB-IoT 商用芯片
开始应用阶段	2016 年 12 月	NB-IoT 协议一致性测试完成,正式标志着进入商用阶段
	2017 年 12 月	中国电信、中国移动、中国联通完成了部分 NB-IoT 基站建设
	2018 年 1 月	开始 NB-IoT 规模市场化应用

3. NB-IoT 的技术特点

概括地说,NB-IoT 技术有大连接、广覆盖、深穿透、低成本、低功耗 5 个基本特点。

(1) 大连接。在同一基站的情况下,NB-IoT 可以比现有无线技术提供 50~100 倍的接入数,终端连接数可达 200000 个/小区。

(2) 广覆盖。一个基站可以覆盖几千米的范围,对农村这样广覆盖需求的区域,亦可满足。

(3) 深穿透。室内穿透能力强。对于厂区、地下车库、井盖这类对深度覆盖有要求的应用也可以适用。以井盖监测为例,使用 GPRS 方式需要伸出一根天线,由于车辆来往极易被损坏,而 NB-IoT 只要部署得当,就可以解决这一难题。

(4) 低成本。这一特点体现在 3 个方面:一是在建设期可以使用原先的设备,成本低;二是流量费低;三是终端模块成本低(目前为 5 美元左右,随着大规模应用,将进一步降低)。

(5) 低功耗:终端工作在低功耗模式下,终端电池工作时间长达 10 年之久。

14.1.2　NB-IoT 应用开发所面临的难题及解决思路

虽然 NB-IoT 具有广阔的应用前景,但 NB-IoT 应用开发涉及传感器应用设计、微控制器编程、终端的 NB-IoT 通信、数据库系统、PC 方侦听程序设计、人机交互系统的软件设计等过程,是一个融合多学科领域的综合性系统,因而具有较高的技术门槛。

1. NB-IoT 应用开发所面临的难题

在相当长的一段时间内，物联网智能制造系统已经得到许多实体行业的广泛重视。然而，进行物联网智能系统的软硬件设计往往具有较高的技术门槛，主要表现在以下方面：需要软硬件协同设计，涉及软件、硬件及行业领域知识；一些系统具有较高的实时性要求；许多物联网智能产品必须具有较强的抗干扰性与稳定性；开发过程中需要不断的软硬件联合测试等。因此，开发物联网智能产品会出现成本高、周期长、稳定性难以保证等困扰，对技术人员的综合开发能力提出了更高的要求，这些问题是许多中小型终端产品企业技术转型的重要瓶颈之一。

大多数具体的物联网智能系统是针对特定应用而开发的，许多终端企业的技术人员往往从"零"做起，对移植与复用重视不足，新项目的大多数工作必须重新开发，不同开发组之间也难以共用技术积累。通常，系统的设计、开发与维护交由不同的人员负责，由于设计思想不统一，会使人员分工不明确、开发效率低下，给系统的开发与维护工作带来更多困难。

2. 解决 NB-IoT 应用开发所面临难题的基本思路

解决 NB-IoT 应用开发所面临难题的基本思路是，从技术科学层面，研究抽象物联网应用系统的技术共性，加以凝练分析，形成可复用、可移植的构件、类、框架，实现整体建模，合理分层，达到软硬件可复用与可移植的目的。因此，本章提出物联网智能系统的应用架构及应用方法，给出软硬件模板（"葫芦"），以便使技术人员可以在此模板基础上，进行特定应用的开发（"照葫芦画瓢"）。这个架构抽象物联网智能系统的共性技术，厘清共性与个性的衔接关系，封装软硬件构件，实现软件分层与复用，以此来有效降低技术门槛、缩短开发周期、降低开发成本、明确人员职责定位、减少重复劳动、提高开发效率。从形式上说，可以把这些内容称为"中间件"。它不是终端产品，但为终端产品服务，有了它，就可以大幅降低技术门槛。

14.1.3 直观体验 NB-IoT 数据传输

为了快速从感性上先认识一下 NB-IoT 的通信过程，下面介绍如何通过微信小程序、网页等来查看苏州大学 NB-IoT 终端（以下简称苏大终端）的数据。

1. 通过微信小程序体验数据传输

为了方便体验 NB-IoT 的通信过程，苏州大学嵌入式人工智能与物联网实验室发布了一个可以获取终端数据并对终端 UE 进行干预的微信小程序"窄带物联网教材"。运行方法如下：在安装了微信的手机上，通过微信扫一扫如图 14-1 所示的二维码，即可访问 NB-IoT 微信小程序，也可以在打开手机微信→发现→小程序→搜到"窄带物联网教材"后，单击即可访问。运行微信小程序后，将进入主页面，"实时数据"页面主要是显示苏大终端实时发送的数据。

图 14-1 AHL-NB-IoT 微信小程序二维码

2. 通过网页体验数据传输

通过搜索引擎搜索"苏州大学嵌入式学习社区"官网，随后进入金葫芦专区→窄带物联网教材→金葫芦 Web 实时数据网页，即可进入已经发布的 NB-IoT 通信实例 Web 网页，如图 14-2 所示。由于网站兼容性问题，建议使用谷歌或 IE10 以上的浏览器。

图 14-2 Web 网页实时数据界面

14.1.4 金葫芦 NB-IoT 开发套件简介

为了能够实现"照葫芦画瓢"这个核心理念，首先要设计好"葫芦"。为此设计了金葫芦 NB-IoT 开发套件。该套件不同于一般评估系统，它根据软件工程的基本原则设计了各类的标准模板（"葫芦"），为"照葫芦画瓢"打下坚实基础，该套件由文档、硬件、软件 3 个部分组成。

1. 金葫芦 NB-IoT 开发套件设计思想

金葫芦 NB-IoT 开发套件的特点在于完全从实际产品可用角度设计终端板，一般"评估板"与"学习板"仅为学习所用，并不能应用于实际产品。该套件的软件部分给出了各组成要素较为规范的模板，且注重文档撰写。其设计思想及基本特点主要有立即检验 NB-IoT 通信状况、透明理解 NB-IoT 通信流程、实现复杂问题简单化、兼顾物联网应用系统的完整性、考虑组件的可增加性及环境多样性、考虑"照葫芦画瓢"的可操作性。

2. 金葫芦 NB-IoT 开发套件硬件组成

金葫芦 NB-IoT 开发套件的硬件部分由金葫芦 NB-IoT 主板、TTL-USB 串口线、彩色 LCD 等部分组成。金葫芦 NB-IoT 开发套件主板实物图如图 14-3 所示。

金葫芦 NB-IoT 的硬件设计目标是将 MCU、通信模组、电子卡、MCU 硬件最小系统等形成一个整体，集中在一个 SOC 片子上，能够满足大部分终端 UE 产品的设计需要。金葫芦 NB-IoT 内含电子卡，在业务方面，包含一定流量费。在出厂时含有硬件检测程序（基本输入输出系统 BIOS+基本用户程序），直接供电即可运行程序，实现联网通信。金葫芦 NB-IoT 的软件设计目标是把硬件驱动按规范设计好并固化于 BIOS，提供静态连接库及工程模板（"葫芦"），可节省开发人员大量时间，同时给出与人机交互系统的工程模板级实例，并开源全部用户级源代码，可以实现快速应用开发。

图 14-3　金葫芦 NB-IoT 开发套件主板实物图

3．硬件测试导引

产品出厂时已经将测试工程下载到 MCU 芯片中，可以连接上 IP 为 116.62.63.164、端口为 20000 的云服务器，测试步骤如下。

步骤一：通电。使用盒内双头一致的 USB 线给开发套件供电，注意不能接错口。正确的接法如图 14-4 所示。电压为 5V，可选择计算机、手机充电器、充电宝等的 USB 口（注意供电要足），不要使用其他的 USB 口供电，否则有被烧坏的可能性。

步骤二：观察。上电之后，正常情况下，液晶显示屏显示如图 14-4 所示，AHL-NB-IoT 上红灯亮，同时 LCD 屏显示初始数据，并显示 "AHL Send Successfully" 字样；若显示 "AHL link base error" 字样，请将设备置于开阔地带上电，以保证信号源稳定；若仍旧无法连接成功，可联系当地电信运营商咨询附近是否部署基站。

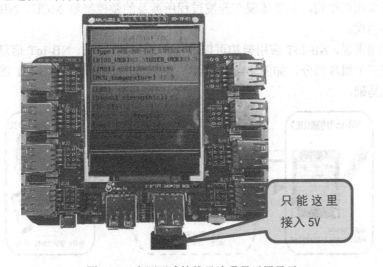

图 14-4　电源正确接线及液晶显示屏显示

14.2 NB-IoT 应用架构及通信基本过程

本节从 NB-IoT 应用开发共性技术的角度，把 NB-IoT 应用架构抽象为 NB-IoT 的终端、信息邮局、人机交互系统三个组成部分，分别给出其定义。理解这些概念，NB-IoT 应用开发技术的基本要素也就一目了然了。本节还给出从信息邮局角度理解终端与人机交互系统的基本通信过程。

14.2.1 建立 NB-IoT 应用架构的基本原则

运营商建立 NB-IoT 网络，其目的是为 NB-IoT 应用产品提供信息传送的基础设施。有了这个基础设施，就可以进行 NB-IoT 应用开发研究及物联网工程专业的教学。但是，NB-IoT 应用开发涉及许多较为复杂的技术问题。14.1 节提出的解决 NB-IoT 应用开发所面临难题的基本思路是，从技术科学层面，研究抽象 NB-IoT 应用开发过程的技术共性。本节将遵循人的认识过程由个别到一般，又由一般到个别的哲学原理，从技术科学范畴，以面向应用的视角，抽取 NB-IoT 应用开发的技术共性，建立起能涵盖 NB-IoT 应用开发知识要素的应用架构，为实现快速规范的应用开发提供理论基础。

从个别到一般，就是要把 NB-IoT 应用开发所涉及的软硬件体系的共性抽象出来，概括好、梳理好，建立与其知识要素相适应的抽象模型，为具体的 NB-IoT 应用开发提供模板（"葫芦"），为"照葫芦画瓢"提供技术基础。

从一般到个别，就是要厘清共性与个性的关系，充分利用模板（"葫芦"），依据"照葫芦画瓢"方法，快速实现具体应用的开发。

14.2.2 终端、信息邮局与人机交互系统的基本定义

NB-IoT 应用架构（Application Architecture）是从技术科学角度整体描述 NB-IoT 应用开发所涉及的基本知识结构，主要体现在开发过程所涉及的微控制器 MCU、NB-IoT 通信、人机交互系统等层次。

从应用层面来说，NB-IoT 应用架构可以抽象为 NB-IoT 终端、NB-IoT 信息邮局、NB-IoT 人机交互系统三个组成部分，如图 14-5 所示，这种抽象为深入理解 NB-IoT 的应用层面开发共性提供理论基础。

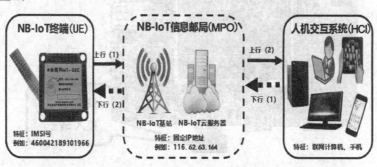

图 14-5　NB-IoT 应用架构

1. NB-IoT 终端

NB-IoT 终端是一种以微控制器 MCU 为核心，具有数据采集、控制、运算等功能及 NB-IoT 通信功能，甚至包含机械结构，用于实现特定功能的软硬件实体，如 NB-IoT 燃气表、NB-IoT 水表、NB-IoT 电子牌、NB-IoT 交通灯、NB-IoT 智能农业设备、NB-IoT 机床控制系统等。

终端一般以 MCU 为核心，辅以通信模组及其他输入输出电路构成，MCU 负责数据采集、处理、分析，干预执行机构，以及与通信模组的板内通信连接。通信模组将 MCU 的板内连接转为 NB-IoT 通信，以便借助基站与远程服务器通信。UE 甚至可以包含短距离无线通信机构，与其他物联网节点实现通信。

2. NB-IoT 信息邮局

NB-IoT 信息邮局是一种基于 NB-IoT 协议的信息传送系统，由 NB-IoT 基站 eNodeB（eNB）[①] 与 NB-IoT 云服务器组成。在 NB-IoT 终端与 NB-IoT 人机交互系统之间起信息传送的作用，由信息运行商负责建立与维护。

从物理角度来看，NB-IoT 基站由户外的铁塔与 NB-IoT 基站路由器构成。铁塔是基站路由器支撑机构，其作用是把 NB-IoT 基站路由器高高地挂起，提高 NB-IoT 基站路由器的无线覆盖范围。从应用开发用户编程角度来看，NB-IoT 基站路由器起到中间过渡的作用，编程者可以忽略它。

信息邮局中的云服务器（Cloud server，CS），可以是一个实体服务器，也可以是几处分散的云服务器，对编程者来说，它就是具体信息侦听功能的固定 IP 地址与端口。这是要向信息邮局运营商或第三方机构申请并交纳费用的。

3. NB-IoT 人机交互系统

NB-IoT 人机交互系统是实现人与 NB-IoT 信息邮局（NB-IoT 云服务器）之间信息交互、信息处理与信息服务的软硬件系统。目标是使人们能够利用个人计算机、笔记本电脑、平板电脑、手机等设备，通过 NB-IoT 信息邮局，实现获取 NB-IoT 终端的数据及对终端的控制等功能。

从应用开发角度来看，人机交互系统就是与信息邮局的固定 IP 地址与端口打交道，通过这个固定 IP 地址与端口，实现与终端的信息传输。

14.2.3 基于信息邮局粗略了解基本通信过程

本节基于信息邮局来初步了解一下 NB-IoT 通信流程。这种了解，有助于形成 NB-IoT 应用开发的编程蓝图。

在有了 NB-IoT 应用架构之后，类比通过邮局寄信的过程，理解 NB-IoT 的通信过程。虽然流程不完全一样，但仍然可以做一定的对比理解。

注意：取其意，忘其形，不能牵强对比。

图 14-6 给出了基于信息邮局的 NB-IoT 通信流程，分为上行过程与下行过程。

---

① eNB：evolved Node B，演进型基站。

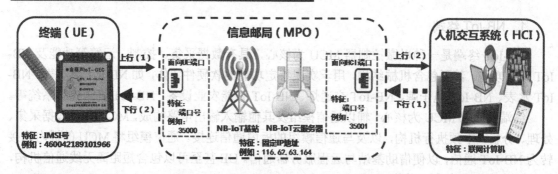

图 14-6 基于信息邮局的 NB-IoT 通信流程

设云服务器的 IP 地址为 IPa（如 116.62.63.164），面向终端的端口号为 Px（如 35000），面向人机交互系统的端口号为 Py（如 35001）。

1. 数据上行过程

终端要"寄"信息过程（上行过程）：终端有个唯一标识——SIM 卡号，即 IMSI（自身地址，即寄件人地址）；对方地址是个中转站（这就是收件人地址了），即固定 IP 地址与端口；信息邮局把通过安装在通信铁塔上的基站传来的"信件"送到固定 IP 地址与端口这个中转站；人机交互系统"侦听"着这个固定 IP 地址与端口，一旦来"信"，则把"信件"取走。具体流程简要描述如下。

（1）在云服务器上运行云侦听 CS-Monitor 程序，该程序中设定了云服务器面向终端的端口为"IPa: Px"，它把"耳朵竖起来"侦听着是否有终端发来的数据；同时该程序打开面向人机交互系统客户端的端口"IPa: Py"，等待客户端的请求。

（2）在人机交互系统的客户端计算机上运行客户端程序，建立与云服务器的连接。

（3）终端会根据云服务器面向终端的端口"IPa:Px"，通过基站与云服务器建立连接，并将数据发送给云服务器，云服务器将收到的数据存入数据库的上行表中。

（4）人机交互系统客户端有一个专门负责侦听云服务器是否发送过来数据的线程，当侦听到有数据发送来时，将对这些数据进行解析，并进行处理。

2. 数据下行过程

人机交互系统要"寄"信息给终端过程（下行过程）：把标有收件人地址（终端的 SIM 卡号）的"信件"送到固定 IP 地址与端口，信息邮局会根据收件人地址送到相应的终端。

当然，这个过程的实际工作要复杂得多，但从应用开发角度理解就简单多了，即信息传送过程由信息邮局负责，NB-IoT 应用产品开发人员只须专注于终端的软硬件设计，以及人机交互系统的软件开发。

14.3 终端与云侦听程序的通信过程

NB-IoT 终端负责数据采集及基本运行，控制执行机构，并把数据送往信息邮局，此时信息邮局已经抽象成具有固定 IP 地址的云服务器的某一端口。信息邮局则"竖起耳朵"侦听着终端发来的数据，一旦"听"到数据，就把它接收下来存入数据库，这就是数据上行过程。反之,信息邮局下发数据到终端(以 IMSI 号作为其唯一标识),触发终端内部中断接收数据,这就是数据下行过程。

14.3.1 基于 mbed 的终端模板工程设计

终端模板工程在 User_NB 文件夹中。下面介绍终端的运行过程,包括线程启动和分线程运行。

1. 终端硬件接口描述

硬件接口相关介绍如表 14-2 所示。

表 14-2 硬件接口相关介绍

硬件模块	名 称	引脚或模块	备 注
红色指示灯	LIGHT_RED	(PTB_NUM|7)	初始化小灯时,将其设置为 GPIO 输出模式,设置为亮
终端串口	UART_UE	UART_1	
TSI 触摸	GPIO_TSI	(PTD_NUM|2)	
定时器	TIMER_USER	TIMERC	
光照采集通道	AD_LIGHT	13(PTC_NUM|4)	
内部温度采集通道	AD_MCU_TEMP	17	内部温度检测,需要使能 TEMPSENSOR

2. 终端程序功能

(1) 初始化部分。上电启动后初始化工作主要包括以下内容:① 给通信模组供电;② 初始化红色运行指示灯、Flash 模块、LCD 模块,初始化 TIMERC 定时器为 20ms 中断;③ 设置系统时间初值,"年-月-日 时:分:秒";④ 使能 TIMERC 中断及 TSI 中断;⑤ 通信模组初始化,其过程信息显示在 LCD 上,包括 IMSI 卡号、MCU 温度[MCU_temperature]、定位信息[LBS]、信息邮局的 IP 地址及端口[IP:PT]、触摸次数[TSI]、发送频率[Freq]等,同时显示相关提示信息。

(2) 周期性环功能主要包括以下内容:① 每秒更新 LCD 上的显示时间;② 控制运行指示灯每秒闪烁一次;③ 根据发送频率,定时向 CS-Monitor 发送数据;④ 当触摸按键 TSI 次数达到 3 的倍数时,重新发送数据;⑤ 接收 CS-Monitor 回发的数据;⑥ 根据下行命令修改存储在 Flash 中的相关参数。

(3) 中断处理程序功能如下:① 在 TIMERC 中断处理程序中进行计时;② TSI 中断主要是记录 TSI 有效触摸次数,并显示在 LCD 上;③ MCU 与通信模组相连接的串口中断,UE 与 CS-Monitor 通信使用该中断。

3. 线程划分

按照功能集中原则、时间紧迫原则及周期执行原则进行线程的划分。

(1) 初始化线程 thread_init 负责完成上电启动后初始化工作。

(2) 小灯线程 thread_light 负责的工作包括以下内容:① 控制运行指示灯每秒闪烁一次;② 每秒更新 LCD 时间;③ 每到发送频率 30s 时,将待发送数据组帧放入消息队列 mq_data 中并设置数据发送事件 SEND_EVENT。

(3) TSI 触摸线程 thread_touch 负责的工作包括以下内容:当触摸次数达到 3 的倍数时,

将待发送数据放入消息队列 mq_data，设置数据发送事件 SEND_EVENT。

（4）发送数据线程 thread_send 负责的工作如下：从消息队列 mq_data 中取出待发送数据，然后发送给 CS-Monitor。

（5）接收数据线程 thread_receive，在中断处理程序接收到来自 CS-Monitor 的回发数据并判断数据无误后，存入全局变量 g_RecvBuf 中，由该线程对 g_RecvBuf 进行处理并修改存储在 Flash 中的相关参数。

4．线程和中断处理程序执行流程

终端模板工程在 Mbed OS 系统下实现，运行流程主要由 5 个线程（thread_init.c、thread_light.c、thread_touch.c、thread_send.c、thread_receive.c）和中断处理程序 6 个部分组成。因该程序代码量较大，这里给出各线程的执行流程，如图 14-7 所示，以及中断处理程序的执行流程，如图 14-8 所示。

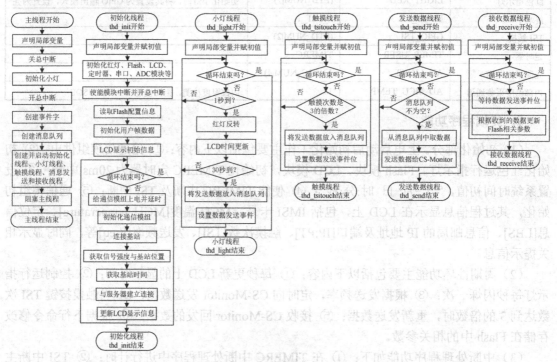

图 14-7　各线程的执行流程

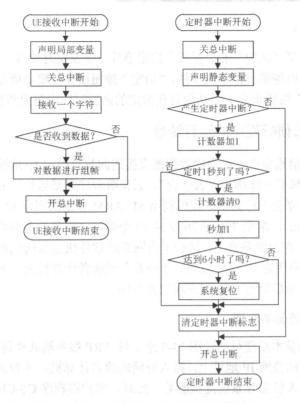

图 14-8 中断处理程序的执行流程

14.3.2 云侦听模板工程功能简介

云侦听模板工程在"CS-Monitor"文件夹下。

云侦听程序是指运行在云服务器上负责侦听终端和人机交互系统(包括 Web 网页、微信小程序等),并对数据进行接收、存储和处理的程序。可以形象地理解为,云服务器"竖起耳朵"侦听着终端发来的数据,一旦"听"到数据,就把它接收下来,因此称为 CS-Monitor。

1. 界面加载处理程序

界面加载过程主要包括以下内容:① 从 Program.cs 文件的应用程序主入口点 main 函数开始执行,创建并启动主窗体 FrmMain;② 先在主窗体加载事件处理程序 FrmMain_Load 中初始化数据库表结构,然后跳转至实时数据界面 frmRealtimeData 窗体运行;③ 在 frmRealtime Data 窗体中,动态加载界面待显示数据的标签和文本框,显示侦听终端的 IMSI 号、侦听面向终端数据的端口,将 IoT_rec 函数注册为接收终端上行数据的事件处理程序,开启 websocket,服务于终端回发数据,以及 CS-Monitor 与人机交互系统的数据交互。

2. 云侦听事件处理程序

云侦听事件包括接收终端数据的 DataReceivedEvent 事件和接收人机交互系统数据的 OnMessage 事件。DataReceivedEvent 事件绑定的处理函数是 IoT_recv,其主要功能如下:① 解析并显示终端的数据;② 将数据存入数据库的上行表中;③ 向 HCI 广播数据到达信息。OnMessage 事件的主要功能如下:① 接收人机交互系统发来的数据;② 将数据回发给终端。

3. 控件单击事件

控件单击事件包括"清空"和"回发"按钮事件，以及实时曲线、历史数据、历史曲线、基本参数、帮助和退出等菜单栏单击事件。"清空"按钮事件主要功能是清除实时数据界面的文本框内容，"回发"按钮事件主要功能是在指定的回发时间内将更新后的数据发送给终端。

14.3.3 建立云侦听程序的运行场景

在 NB-IoT 的通信模型中，终端的数据是直接送向具有固定 IP 地址的计算机，本书把具有固定 IP 地址的计算机一律称为"云平台"。云侦听程序需要运行在云平台上，才能正确接收终端的数据，并建立上下行通信。我们利用 SD-ARM 租用的固定 IP 地址"116.62.63.164"（域名为 suda-mcu.com），拿出 7000~7009 共 10 个端口，服务于本书教学，这个服务器简称为"苏大云服务器"。在此服务器上，运行了内网穿透软件快速反向代理（Fast Reverse Proxy，FRP）的服务器端，将固定 IP 地址与端口"映射"到读者计算机上。下面首先简要介绍 FRP 内网穿透基本原理，然后给出 FRP 客户端配置方法。

1. FRP 内网穿透基本原理

FRP 内网穿透的基本原理可通过图 14-9 来了解。FRP 服务端软件将内网的 CS-Monitor 服务器映射到云服务器的公网 IP 地址上，接入外网的读者计算机，并和云服务器一起组成新的信息邮局，为终端与人机交互系统提供服务。此时，客户端程序 CS-Client、Web 网页程序、微信小程序、Android App、终端都可以像访问公网 IP 地址那样，访问读者计算机上运行的 CS-Monitor 服务器。

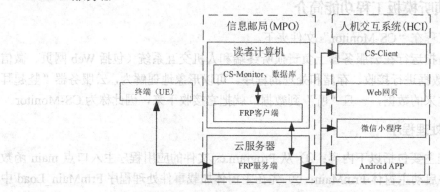

图 14-9 FRP 内网穿的基本原理

2. 利用苏大云服务器搭建读者的临时服务器

CS-Monitor 的运行需要两个端口，一个服务于终端，另一个服务于人机交互系统。假设读者手中的终端的卡号（IMSI 号）为"460113003225036"，面向终端的映射名称为"UE_map"，本机服务侦听的终端端口为 32221，映射到公网的终端端口为 32221，这两个端口号必须相同；面向人机交互系统各客户端的映射名称为"HCI_map"，本机服务侦听的人机交互系统端口为 32222，映射到公网的人机交互系统端口为 32222，这两个端口号必须相同。

1）复制 FRP 文件夹

将电子资源中 frp 文件夹复制到读者计算机 C 盘的根目录下，就完成了 FRP 客户端的安装,即 C 盘具有了"C:\frp"文件夹,这就是读者计算机上的 FRP 客户端软件文件夹。

2) 修改客户端配置文件 frpc.ini

在读者计算机上,用记事本打开"C:\frp\frpc.ini"文件并进行修改,需要配置字段的说明如表 14-3 所示。

表 14-3 配置文件字段说明

字 段	说 明
server_addr	云服务器 IP 地址,设置为 116.62.63.164(苏大云服务器)
server_port	FRP 服务器侦听端口,可设置 7000~7009 中的一个端口号
[xxx_map]	xxx_map 为映射名称,读者可自定义,不重复即可
type	连接类型,设置为 tcp
local_ip	读者计算机的 IP 地址,一般直接使用 0.0.0.0
local_port	本机服务侦听的端口,范围为 0~65535(其中 80 和 443 不能使用),可自定义不重复即可
remote_port	映射到公网的端口,范围为 0~65535(其中 80 和 443 不能使用),可自定义不重复即可
#	用于注释说明

```
#frpc.ini
[common]
server_addr = 116.62.63.164
#FRP 服务器端口,苏大云服务器提供了 7000~7009 共 10 个端口,读者可选用其中之一
server_port = 7000
#UE 的内网穿透配置,可修改,不重复即可
[UE_map]
#连接类型为 tcp
type = tcp
#读者计算机的 IP 地址
local_ip = 0.0.0.0
#本机端口,范围 0~65535(其中 80 和 443 不能使用),读者可自定义,不重复即可
local_port = 32221
#映射到公网的端口,与 local_port 相同
remote_port = 322221(多个 2)
#HCI 的内网穿透配置,可修改,不重复即可
[HCI_map]
#连接类型为 tcp
type = tcp
#读者计算机的本机 IP 地址
local_ip = 0.0.0.0
#本机端口,范围 0~65535(其中 80 和 443 不能使用),读者可自定义,不重复即可
local_port = 32222
#映射到公网的端口,与 local_port 相同
remote_port = 32222
```

通过以上配置,就可以把面向终端服务的本地计算机 IP 地址和端口(0.0.0.0:32221)映射到云服务器 IP 地址和端口(116.62.63.164:32221),面向人机交互系统服务的本地计算机 IP 地址和端口(0.0.0.0:32222)映射到云服务器 IP 地址和端口(116.62.63.164:32222 或 sudamcu.com:32222)。云服务器与本地计算机的映射关系如表 14-4 所示。

表 14-4 云服务器与本地计算机的映射关系

功 能 名 称	本地计算机 IP 地址和端口	映射的云服务器 IP 地址和端口
UE 服务	0.0.0.0:32221	116.62.63.164:32221
HCI 服务	0.0.0.0:32222	116.62.63.164:32222 或 suda-mcu.com:32222

3）启动 FRP 客户端

双击"C:\frp\frp.bat"文件，启动 FRP 客户端。若成功启动 FRP 服务端，则命令行会提示以下信息。

```
2021/03/16 16:02:40 [I] [proxy_manager.go:144] [36936630d83c7cce] proxy added: [UE_mapcl HCI_mapcl]
2021/03/16 16:02:40 [I] [control.go:164] [36936630d83c7cce] [UE_mapcl] start proxy success
2021/03/16 16:02:40 [I] [control.go:164] [36936630d83c7cce] [HCI_mapcl] start proxy success
```

至此，FRP 客户端已经启动，读者的临时服务器已经搭建完毕，终端是与"116.62.63.164:32221"这个地址及端口打交道，人机交互系统是与"116.62.63.164:32222"这个地址及端口打交道。接下来，将介绍云侦听程序 CS-Monitor 与终端模板工程的设置及运行。

14.3.4 运行云侦听与终端模板工程

在完成上节工作并启动了 FRP 客户端后，此时读者已经拥有了自己的临时云服务器，形象地说，拥有了"一朵临时云"，它是运行 CS-Monitor 程序的基础。

1. 运行终端模板工程

为了对终端模板工程有个初步的认识，下面简要阐述运行终端程序的基本步骤。

1）修改终端数据送向的 IP 地址与端口号

利用开发环境 AHL-GEC-IDE 打开电子资源中的"User_NB"终端模板工程，打开 thread_linkcs.c 线程文件，修改 FlashData，服务器 IP 地址修改为 116.62.63.164，服务器端口修改为 32221（此端口号为面向终端的端口号）。此时，就确定了终端的数据是发向 116.62.63.164:32221 这个地址和端口的。

2）编译下载

对修改好的终端程序进行编译，建议先删除 Debug 文件再进行编译，将编译好的 hex 文件烧录进终端中。

3）观察终端的运行情况

完成前面两个步骤后，读者可以观察终端的 LCD 显示屏对应的服务器 IP 地址和服务器端口号是否与上面所设置的一致，若相同则表示读者已经完成了自己的终端的基本配置，此时如果直接上电运行，就会发现 LCD 显示屏初始化失败，显示屏最下方提示"AHL.....Link CS-Monitor Error"。产生该错误信息的原因是读者未启动 CS-Monitor 侦听程序，UE 与 CS-Monitor 通信过程无法交互。下面将介绍运行 CS-Monitor 模板工程。

2. 运行 CS-Monitor 模板工程

1）修改 AHL.xml 文件的连接配置

本书电子资源所提供的 CS-Monitor 无法直接在新服务器上正常工作，因为运行的环境已经发生了变化，读者需要根据自己设置的 FRP 客户端或云服务器对端口进行修改。

打开电子资源中的 CS-Monitor 工程,其目录如图 14-10 所示。其中,"04_Resource\AHL.xml"是 CS-Monitor 提供给读者配置服务器地址、侦听终端端口号和人机交互系统端口号的文件。

(1) 设置面向终端的端口号。

HCIComTarget 值表示 CS-Monitor 面向终端的 IP 地址和端口号,由于侦听的是本地的 32221 端口,故使用"local:32221"进行表示。

图 14-10 CS-Monitor 工程目录

```
<!--【2】【根据需要进行修改】指定 HCICom 连接与 WebSocket 连接-->
    <!--【2.1】指定连接的方式和目标地址-->
    <!--例<1>:监听本地的 32221 端口时,使用"local: 32221"表示-->
    <HCIComTarget>local:32221</HCIComTarget>
```

(2) 设置面向人机交互系统的端口号。

WebSocketTarget 键值是表示 CS-Monitor 面向人机交互系统的 IP 地址和端口号,由于侦听的是本地的 32222 端口,故使用"ws://0.0.0.0:32222"。WebSocketDirection 键值是表示 WebSocket 服务器二级目录地址,此处设置为"/wsServices/"。

```
<!--【2.2】指定 WebSocket 服务器地址和端口号与二级目录地址-->
<!--【2.2.1】指定 WebSocket 服务器地址和端口号-->
<WebSocketTarget>ws://0.0.0.0:32222</WebSocketTarget>
<!--【2.2.2】指定 WebSocket 服务器二级目录地址-->
<WebSocketDirection>/wsServices/</WebSocketDirection>
```

2) 运行 CS-Monitor 程序

单击"启动"按钮,就可以运行 CS-Monitor 程序,此时若终端未启动或未重新发送数据,则出现如图 14-11 所示的运行结果,界面上各文本框的内容为空。

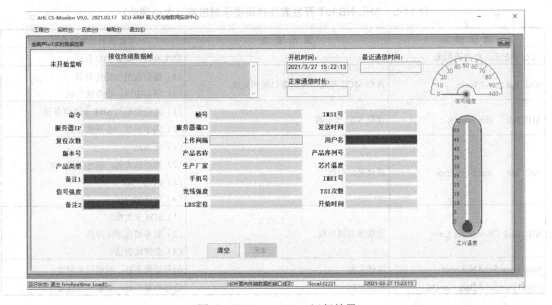

图 14-11 CS-Monitor 运行结果

当终端重新启动后,LCD 显示屏上出现发送数据成功的提示"AHL Send Successfully",就可以在 CS-Monitor 中看到终端发来的数据,如图 14-12 所示。CS-Monitor 程序还提供了实时曲线、历史数据、历史曲线、终端 UE 基本参数配置、程序使用说明和退出等功能。

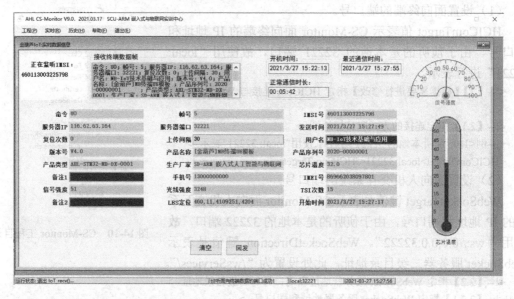

图 14-12　CS-Monitor 侦听到终端数据

14.3.5　通信过程中的常见错误说明

要实现终端和 CS-Monitor 之间的正常数据通信,需要确保以下几步正确执行:① 设置并启动 FRP 客户端;② 您的计算机已联网;③ 设置并启动 CS-Monitor;④ 设置并启动终端。否则,"运行状态"将会提示错误信息,如表 14-5 所示。

表 14-5　AHL-NB-IoT 开发套件错误提示对应表(大小调动)

错误提示	提示含义	可能原因及解决办法
LCD 不显示、红灯不闪烁		供电有误,重新上电尝试
AHL Init … AT Error	内部 MCU 与通信模组串口通信失败	(1) 通信模组初始化有误 (2) 偶尔出现,会继续尝试
AHL Init … sim Error	读取 SIM 卡失败	(1) 通信模组与 SIM 卡通信有误 (2) 偶尔出现,会继续尝试
AHL Init … link base Error	连接基站失败	(1) 无基站 (2) 离基站太远,信号强度太弱 (3) 供电不足 (4) 会继续尝试
AHL Link CS-Monitor Error	连接服务器失败	(1) SIM 卡欠费 (2) 服务器程序未开启 (3) 会继续尝试
Send Error:Send Not Start	发送失败	信号质量不好,观察信号强度
Send Error:Send Data Not OK	发送超时	信号质量不好,观察信号强度

14.4 通过 Web 网页的数据访问

Web 网页程序是一种可以通过浏览器访问的应用程序,其最大的优点是用户容易对其访问,只需要一台已经联网的计算机即可通过 Web 浏览器进行访问,不需要安装其他软件。通过 Web 网页访问 NB-IoT 终端,获取终端数据,实现对终端的干预,是 NB-IoT 应用开发的重要一环,也是 NB-IoT 应用开发生态体系的一个重要知识点。本节将给出如何运行 Web 网页及 Web 网页的模板工程结构。

14.4.1 运行 Web 模板观察终端的数据

先按照 14.3.3 节搭建自己的临时服务器,然后启动 FRP 客户端。运行云侦听模板程序(在"...\04-Soft\ch04-1\CS-Monitor"文件夹中),上电启动终端 UE 模板程序(在"...\04-Soft\ch04-1\User_NB"文件夹中)。

1. 修改 Web.config 的配置

用 VS2019 打开电子资源"...\04-Soft\ch06-1\AHL-NB-WEB\US-Web.sln",将配置文件"Web.config"中 value 值(即 WebSocket 服务器地址)修改为"ws://116.62.63.164:35001/wsServices"。

```
<!--更改此处的 value 为苏大云服务器 IP 地址和端口号-->
<add key="connectionPathString" value="ws://116.62.63.164:32222/wsServices"/>
```

2. 观察 NB-IoT 终端实时数据

单击顶部菜单"HS Express (Goole Chrome)"按钮可运行该工程,出现如图 14-13 所示的"实时数据"页面。也可更改默认的浏览器,单击"HS Express (Goole Chrome)"菜单右侧的下拉按钮,选择"使用以下工具浏览"选项,此时会弹出一个对话框,在对话框右侧选择常用的浏览器,并单击右侧的"设为默认值"按钮,接着单击"浏览"按钮,可完成更改。进入首页之后单击"实时数据"菜单,可以显示终端 UE 的实时数据,可以观察到"实时数据"页面中的 IMSI 号与终端的 IMSI 号一致(设读者终端的 IMSI 号为 460113003239817),表示此时网页上的数据确实是终端的数据。若网页无数据,可重新给终端上电,再继续观察。

3. 数据回发

实时数据侦听网页在接收到数据后的 30s 内,可修改页面中白色背景的输入框中的数据,并单击"回发"按钮,就可将数据更新到终端。如果终端的数据得到更新,就表示数据已成功传输到终端。读者也可以触摸终端的 TSI 触摸键 3 下,会触发终端再次上传数据操作,如果在网页上更新了刚刚修改的数据,可验证数据确实回发至终端。

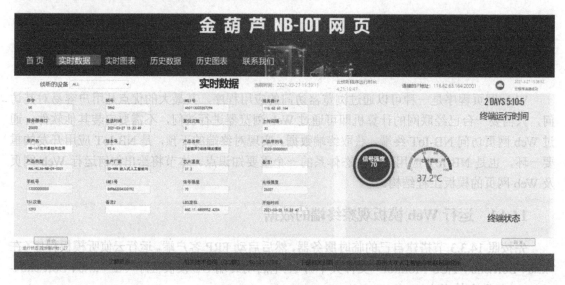

图 14-13 "实时数据"页面

14.4.2 NB-IoT 的 Web 网页模板工程结构

表 14-6 给出了 Web 网页模板的树形工程结构，其物理组织与逻辑组织一致。该模板是在 Visual Studio 2019（简称 VS2019）开发环境下，基于 ASP.NET 的 Web 网页而制作的。

表 14-6 Web 网页模板的树形工程结构

目录	说明
01_Doc	Web 网页模板工程说明文档文件夹
02_Class	抽象提取的类
DataBase	数据库操作相关类
FineUI	引用 FineUI 的类
Frame	帧封装类
03_Web	Web 网页文件夹
04_Resources	引用的资源文件夹
css	样式表文件夹
icon	图标文件夹
images	图片文件夹
js	JavaScript 文件夹

1. 说明文档文件夹

说明文档文件夹（01_Doc）中存放的是"说明.docx"或者 Readme.txt 文件，它是整个 Web 网页模板工程的总描述文件，主要包括项目名称、功能概要、使用说明及版本更新等内容，使用户在首次接触 Web 网页模板工程时，无须打开项目，即可了解项目的实现功能及运行方法。

可修改性：文件夹名不变，文件内容随 Web 网页模板工程的变动而修改。

2. 类文件夹

类文件夹（02_Class）中存放的是 Web 网页模板工程用到的各种工具类，如 SQL 操作类在 Database 文件夹下，界面优化类在 FineUI 文件夹中。

可修改性：文件夹和子文件夹名不变，文件个数和文件内容随 Web 网页模板工程的变动而修改。

3. Web 网页文件夹

Web 网页文件夹（03_Web）中存放的是各个 Web 网页，它们是直接与最终用户交互的界面。任一 Web 网页均包括前台（.aspx 文件）和后台（.aspx.cs 文件）两个部分，前台用于页面的设计，后台负责页面功能的实现。若 Web 网页上使用了服务器控件，则会自动生成设计器文件（.aspx.designer.cs 文件）。

可修改性：文件夹名不变，文件个数和文件内容随 Web 网页模板工程的变动而修改。

4. 资源引用文件夹

资源引用文件夹（04_Resources）包含所引用的 CSS 文件、JS 文件，以及引用的图片、图标等，用于实现网页的样式设计及动画效果。

可修改性：文件夹名不变，文件个数和文件内容随 Web 网页模板工程的变动而修改。

5. Web 工程配置文件

Web 工程配置文件 Web.config 用于设置 Web 网页模板工程的配置信息，如连接字符串设置，是否启用调试、编译及运行，对.Net Framework 版本的要求等。

可修改性：文件名不变，文件内容随 Web 网页模板工程的变动而修改。

14.5 通过微信小程序的数据访问

2017 年 1 月 9 日，腾讯公司推出的微信小程序正式上线，这是一种不需要下载安装即可使用的应用。它实现了应用"触手可及"的梦想，用户通过"扫一扫"或者搜索小程序名称即可打开应用。在有网络的情况下，可以在手机或者平板等移动端设备中，借助微信打开微信小程序访问 NB-IoT 终端的数据，实现对终端数据的查询及控制，具有重要的应用价值。本节将给出如何运行微信小程序及微信小程序的模板工程结构。

14.5.1 运行小程序模板观察终端的数据

先按照 14.3.3 节的描述搭建自己的临时服务器，然后启动 FRP 客户端。运行云侦听模板程序（在"...\04-Soft\ch04-1\CS-Monitor"文件夹中），上电启动终端模板程序（在"...\04-Soft\ch04-1\User_NB"文件夹中）。

1. 修改微信小程序工程的配置

1）修改实时数据和实时曲线的侦听地址

打开微信小程序开发工具，导入电子资源"...\04-Soft\ch07-1\Wx-Client"文件夹，在配置文件 app.js 中将侦听地址修改为自己终端的 IP 地址和端口。

```
//服务器侦听地址
wssue: '侦听地址：116.62.63.164: 32221,
```

2）修改 wss 的访问地址

```
//wss 访问地址(关闭合法域名校验)
wss:'ws://suda-mcu.com: 32222/wsServices',
```

2. 观察 NB-IoT 终端实时数据

进入首页之后可单击"实时数据"按钮进入"实时数据"界面，如图 14-14 所示。正常情况下，可以显示终端的实时数据，可以观察到"实时数据"页面中的 IMSI 号与终端的 IMSI 号一致（设读者终端的 IMSI 号为 460113003207294），表示此时界面上的数据确实是终端的数据。若 IMSI 号不一致，可单击"请选择 imsi 号"下拉按钮选择或者单击"手动输入"按钮输入终端的 IMSI 号。若微信小程序无数据，可重新给终端上电，再继续观察。

3. 数据回发

微信小程序在接收到终端数据的 30s 内，可修改页面中"上传间隔"输入框中的内容，并单击"回发"按钮，如果终端相应的数据得到更新，就表示微信小程序已将数据回发给终端，此为下行数据过程。读者也可以在终端的 TSI 触摸键处触摸 3 下，可触发终端再次上传数据操作，如果在微信小程序上更新了刚刚修改的数据，就表明终端成功将回发的数据上传到微信小程序，此为上行数据过程。

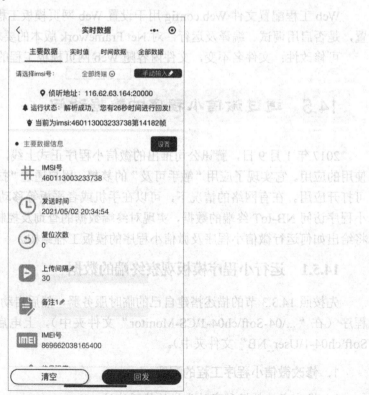

图 14-14 微信小程序"实时数据"界面

14.5.2 NB-IoT 的微信小程序模板工程结构

1. 工程结构

微信小程序工程视图下文件目录结构如表 14-7 所示。

表 14-7 微信小程序工程视图下文件目录结构

目录	名称	功能	备注
doc	文档文件夹	存放与小程序相关的文档文件	
images	图片文件夹	存放小程序中需要使用的图片资源	
pages	页面文件夹	存放小程序的页面文件	文件名不可更改
templates	模板文件夹	存放自定义构件模板	
utils	工具文件夹	存放全局的一些 js 文件	文件名不可更改
.gitignore			
app.js	逻辑文件	小程序运行后首先执行的 .js 代码	文件名不可更改,文件内容根据需要修改
app.json	公共设置文件	小程序运行后首先配置的 .json 文件	文件名不可更改,文件内容根据需要修改
app.wxss	公共样式表	全局的界面美化代码	文件名不可更改,文件内容根据需要修改
project.config.json			
sitemap.json	工具配置文件	对开发工具进行的配置	文件名不可更改

(1) 文档文件夹 (doc):主要存放与微信小程序相关的文档文件,如目录结构介绍、项目相关介绍,以及实现的功能等。

(2) 图片文件夹 (images):用于存放小程序中需要使用的图片资源。

(3) 页面文件夹 (pages):主要存放微信小程序的各个页面文件,内部包含的每个文件夹都对应于一个页面。

(4) 模板文件夹 (templates):保证在页面编写过程中使用的自定义构件模板,与普通的页面类似,但是提供一定的方法,可以被 pages 中的页面调用。

(5) 工具文件夹 (utils):主要用于存放全局使用的一些 JS 文件,公共用到的一些事件处理代码文件可以放到该文件夹下,作为工具用于全局调用。对于允许外部调用的方法,用 module.exports 进行声明后,才能在其他 JS 文件中引用。

(6) 逻辑文件 (app.js):微信小程序运行后首先执行的 JS 代码,在此页面中对微信小程序进行实例化。该文件是系统的方法处理文件,主要处理程序的生命周期的一些方法。例如,程序刚开始运行时的事件处理等。

(7) 公共设置文件 (app.json):其是小程序运行后首先配置的 JSON 文件。该文件是系统全局配置文件,包括微信小程序的所有页面路径、界面表现、网络超时时间、底部 Tab 等设置,具体页面的配置在页面的 JSON 文件中单独修改。文件中的 pages 字段用于描述当前小程序所有页面的路径(默认自动添加),只有在此处声明的页面才能被访问,第一行的页面作为首页被启动。

(8) 公共样式表 (app.wxss):是全局的界面美化代码,需要全局设置的样式可以在此文件中进行编写。

(9) 工具配置文件 (project.config.json):在工具上做的任何配置都会写入 project.config.json 文件,在导入项目时,会自动恢复对该项目的个性化配置,其中包括编辑器的颜色、代码上传时自动压缩等一系列选项。

2. 页面文件夹

在表 14-8 给出的目录结构中,pages 文件夹下的实时数据页面(data)包含的目录内容。

表 14-8 data 文件夹内容

目 录	名 称	功 能	备 注
▼ pages	页面文件夹	存放页面文件,包含多个文件夹	名称不可更改
▼ data	单个页面文件夹	页面文件夹,包含实际页面文件	
data.js	事件交互文件	用于微信小程序逻辑交互功能	
data.json	配置文件	用于修改导航栏显示样式等	文件不必更改
data.wxml	页面文件	用于构造前端界面组件内容	
data.wxss	页面美化文件	用于定义页面外观显示参数	文件不必更改

pages 文件夹下包含多个文件夹,每个文件夹对应一个页面,每个页面包含 4 个文件,其中.wxml 文件是页面文;.js 是事件交互文件,用于实现小程序逻辑交互等功能;.wxss 为页面美化文件,让页面显示的更加美观;.json 为配置文件,用于修改导航栏显示样式等,小程序每个页面必须有.wxml 和.js 文件,其他两种类型的文件可以没有。

注意:文件名称必须与页面的文件夹名称相同,如 index 文件夹,文件只能是 index.wxml、index.wxss、index.js 和 index.json。

参考文献

[1] 王宜怀,史洪玮,孙锦中,等. 嵌入式实时操作系统——基于 RT-Thread 的 EAI&IoT 系统开发[M]. 北京:机械工业出版社,2021.

[2] 邱祎,熊谱翔,朱天龙. 嵌入式实时操作系统:RT-Thread 设计与实现[M]. 北京:机械工业出版社,2019.

[3] 王宜怀,朱仕浪,姚望舒. 嵌入式实时操作系统 MQX 应用开发技术[M]. 北京:电子工业出版社,2014.

[4] RANDAL E B, DAVID R, HALLARON O. Computer systems: a programmer's perspective[M]. 3rd ed. Pittsburgh: Carnegie Mellon University, 2016.

[5] JOSEPH YIU. ARM Cortex-M3 与 Cortex-M4 权威指南[M]. 3 版. 吴常玉,曹孟娟,王丽红,译. 北京:清华大学出版社,2015.

[6] 王宜怀,李跃华,徐文彬,等. 嵌入式技术基础与实践——基于 STM32L431 微控制器[M]. 6 版. 北京:清华大学出版社,2021.

[7] 王宜怀,张建,刘辉,等. 窄带物联网 NB-IoT 应用开发共性技术[M]. 北京:电子工业出版社,2019.

[8] Jack Ganssle. 嵌入式系统设计的方式[M]. 2 版. 李中华,张雨浓,译. 北京:人民邮电出版社,2010.

[9] 张海藩,牟永敏. 软件工程导论[M]. 6 版. 北京:清华大学出版社,2013.

[10] 王万良. 人工智能导论[M]. 5 版. 北京:高等教育出版社,2020.